从零开始学
Python
数据分析与挖掘 ^{第2版}

刘顺祥 著

清华大学出版社
北京

内 容 简 介

本书以 Python 3.7 版本作为数据分析与挖掘实战的应用工具，从 Python 的基础语法开始，陆续介绍有关数值计算的 numpy、数据处理的 pandas、数据可视化的 matplotlib 和数据挖掘的 sklearn 等内容。全书共涵盖 15 种可视化图形以及 10 个常用的数据挖掘算法和实战项目，通过本书的学习，读者可以掌握数据分析与挖掘的理论知识和实战技能。

本书适于统计学、数学、经济学、金融学、管理学以及相关理工科专业的本科生、研究生使用，也能够提高从事数据咨询、研究或分析等人士的专业水平和技能。

图书在版编目（CIP）数据

从零开始学 Python 数据分析与挖掘/刘顺祥著.—2 版.—北京：清华大学出版社，2020.5（2021.1重印）
ISBN 978-7-302-55305-2

Ⅰ. ①从… Ⅱ. ①刘… Ⅲ. ①软件工具—程序设计 Ⅳ. ①TP311.561

中国版本图书馆 CIP 数据核字（2020）第 056227 号

责任编辑： 王金柱
封面设计： 王　翔
责任校对： 闫秀华
责任印制： 杨　艳

出版发行： 清华大学出版社
　　　　　网　　址： http://www.tup.com.cn，http://www.wqbook.com
　　　　　地　　址： 北京清华大学学研大厦 A 座　　　　　**邮　编：** 100084
　　　　　社 总 机： 010-62770175　　　　　　　　　　　**邮　购：** 010-62786544
　　　　　投稿与读者服务： 010-62776969，c-service@tup.tsinghua.edu.cn
　　　　　质量反馈： 010-62772015，zhiliang@tup.tsinghua.edu.cn
印 刷 者： 北京富博印刷有限公司
装 订 者： 北京市密云县京文制本装订厂
经　　销： 全国新华书店
开　　本： 190mm×260mm　　　　**印　张：** 25　　　　**字　数：** 688 千字
版　　次： 2018 年 10 月第 1 版　　2020 年 6 月第 2 版　　**印　次：** 2021 年 1 月第 3 次印刷
定　　价： 79.80 元

产品编号：086801-01

前　言

为什么写这本书

随着大数据时代的演进，越来越多的企业在搜集数据的同时，也开始关注并重视数据分析与挖掘的价值，因为他们正尝到这项技术所带来的甜头。例如，通过该技术可以帮助企业很好地认识其用户的画像特征，为用户提供个性化的优质服务，进而使用户的忠诚度不断提升；通过该技术提前识别出不利于企业健康发展的"毒瘤"用户（如黄牛群体、欺诈群体等），进而降低企业不必要的损失；通过该技术可以为企业实现某些核心指标的判断和预测，进而为企业高层的决策提供参考依据等。企业对数据分析与挖掘技术的重视就意味着对人才的重视，这就要求希望或正在从事数据相关岗位的人员具备该技术的理论知识和实战能力。

Python 作为大数据相关岗位的应用利器，具有开源、简洁易读、快速上手、多场景应用以及完善的生态和服务体系等优点，使其在数据分析与挖掘领域中的地位显得尤为突出。基于 Python 可以对各种常见的脏数据完成清洗、绘制各式各样的统计图形，并实现各种有监督、无监督和半监督的机器学习算法的落地，在数据面前做到游刃有余，所以说 Python 是数据分析与挖掘工作的不二之选。根据多家招聘网站的统计，几乎所有的数据分析或挖掘岗位都要求应聘者掌握至少一种编程语言，其中就包括 Python。

纵观国内的图书市场，关于 Python 的书籍还是非常多的，它们主要偏向于工具本身的用法，如关于 Python 的语法、参数、异常处理、调用以及开发类实例等。但是基于 Python 的数据分析与挖掘书籍并不是特别多，关于这方面技术的书籍更多的是基于 R 语言等工具。本书将通过具体的实例讲解数据的处理和可视化技术，同时也结合数据挖掘的理论知识和项目案例讲解 10 种常用的挖掘算法。

2015 年 9 月，笔者申请了微信公众号，取名为"数据分析 1480"，目前已经陆续更新了近 200 篇文章。一方面是为了将自己所学、所知记录下来，作为自己的知识沉淀；另一方面是希望尽自己的微薄之力，将记录下来的内容分享给更多热爱或从事数据分析与挖掘事业的朋友。但是公众号的内容并没有形成系统的知识框架，在王金柱老师的鼓励和支持下才开始了本书的写作，希望读者能够从中获得所需的知识点。

本书的内容

本书一共分为三大部分，系统地介绍数据分析与挖掘过程中所涉及的数据清洗与整理、数据可视化以及数据挖掘的落地。

第一部分（第 1~3 章）介绍有关数据分析与挖掘的概述以及 Python 的基础知识，并通过一个有趣的案例引入本书内容的学习。本部分内容可以为初学 Python 的朋友奠定基础，进而为后续章节的学习做准备。

第二部分（第 4~6 章）涉及 numpy 模块的数值计算、Pandas 模块的数据清洗与整理以及 Matplotlib 模块的可视化技术。本部分内容可以为数据预处理过程中的清洗、整理以及探索性分析环节提供技术支撑。

第三部分（第 7~16 章）一共包含 10 种数据挖掘算法的应用，如线性回归、决策树、支持向量机、GBDT 等，使用通俗易懂的语言介绍每一个挖掘算法的理论知识，并借助于具体的数据项目完成算法的实战。本部分内容可以提高热爱或从事数据分析相关岗位朋友的水平和技能，也可以作为数据挖掘算法落地的模板。

源码和 PPT 下载

本书每一章都有对应的数据源和完整代码，代码均包含具体的中文注释，另外，还提供了教学 PPT，读者可以扫描下述二维码获取文件。

源码下载　　　　　　　　　　　　　　PPT 下载

如果在下载过程中出现问题，请电子邮件联系 booksaga@126.com，邮件主题为"从零开始学 Python 数据分析与挖掘"。

笔者还在 CSDN 网站推出了有关本书的视频教学课程，有需求的读者可以前去学习。

致谢

特别感谢清华大学出版社的王金柱老师，感谢他的热情相邀和宝贵建议，是他促成了本书的完成，同时他专业而高效的审阅也使本书增色不少。感谢参与本书封面设计的王翔老师、责任校对闫秀华老师，以及其他背后默默支持的出版工作者，在他们的努力和付出下，保证了本书的顺利出版。

最后，感谢我的家人和朋友，尤其是我的妻子许欣女士，是她在我写书期间把家里的一切整理得有条不紊，对我的照顾更是无微不至，才使我能够聚精会神地完成本书全部内容的撰写。

由于笔者水平有限，书中难免会出现不当的地方，欢迎专家和读者朋友给予批评和指正。

刘顺祥（Sim Liu）
2020 年 1 月于上海

目　　录

第1章

数据分析与挖掘概述

马云曾说"中国正迎来从 IT 时代到 DT 时代的变革"，DT 就是大数据时代。随着移动互联网的发展，人们越来越感受到技术所带来的便捷，同时企业也将搜集到越来越多与用户相关的数据，包括用户的基本信息、交易记录、个人喜好、行为特征等。这些数据就相当于隐藏在地球深处的宝贵资源，企业都想从数据红利中分得一杯羹，进而推进企业重视并善加利用数据分析与挖掘相关的技术。

本章将以概述的形式介绍数据分析和挖掘相关的内容，通过本章的学习，你将了解如下几方面的知识点：

- 数据分析与挖掘的认识；
- 数据分析与挖掘的几个应用案例；
- 数据分析与挖掘的几方面区别；
- 数据分析与挖掘的具体操作流程；
- 数据分析与挖掘的常用工具。

1.1 什么是数据分析和挖掘

随着数据时代的蓬勃发展，越来越多的企事业单位开始认识到数据的重要性，并通过各种手段进行数据的搜集。例如，使用问卷调查法获取用户对产品的评价或改善意见；通过每一次的实验获得产品性能的改良状况；基于各种设备记录空气质量状况、人体健康状态、机器运行寿命等；通过网页或 APP 记录用户的每一次登录、浏览、交易、评论等操作；基于数据接口、网络爬虫等手段获取万维网中的公开数据；甚至是企业间的合作实现多方数据的共享。企事业单位花费人力、物力获取各种数据的主要目的就是通过数据分析和挖掘手段实现数据的变现，否则囤积的数据就是资源的浪费。

数据分析和挖掘都是基于搜集来的数据，应用数学、统计、计算机等技术抽取出数据中的有用信息，进而为决策提供依据和指导方向。例如，应用漏斗分析法挖掘出用户体验过程中的不足之处，从而进一步改善产品的用户流程；利用 AB 测试法检验网页布局的变动对交易转化率的影响，从而确定这种变动是否有利；基于 RFM 模型实现用户的价值分析，进而针对不同价值等级的用户采用各自的营销方案，实现精准触达；运用预测分析法对历史的交通数据进行建模，预测城市各路线的车流量，进而改善交通的拥堵状况；采用分类手段，对患者的体检指标进行挖掘，判断其所属的病情状况；利用聚类分析法对交易的商品进行归类，可以实现商品的捆绑销售、推荐销售等营销手段。应用数据分析和挖掘方法，让数据产生价值的案例还有很多，这里就不一一枚举了，所以只有很好地利用数据，它才能产生价值，毫不夸张地说，大部分功劳都要归功于数据分析和挖掘。

1.2　数据分析与挖掘的应用领域

也许读者也曾自我发问——学会了数据分析和挖掘技术，可以从事哪些行业的相关工作呢？在笔者看来，有数据的地方就有用武之地。现在的数据充斥在各个领域，如庞大的互联网行业，包含各种电商平台、游戏平台、社交平台、中介类平台等；金融行业，包含银行、P2P、互联网金融等；影响国计民生的教育、医疗行业；各类乙方数据服务行业；传统行业，如房地产、餐饮、美容等。这些行业都需要借助数据分析和挖掘技术来指导下一步的决策方向，以下仅举 3 个行业应用的例子，进一步说明数据分析和挖掘的用武之地。

1.2.1　电商领域——发现破坏规则的"害群之马"

移动互联网时代下，电商平台之间的竞争都特别激烈，为了获得更多的新用户，往往会针对新用户发放一些诱人的福利，如红包券、满减券、折扣券、限时抢购优惠券等，当用户产生交易时，就能够使用这些券减免一部分交易金额。电商平台通过类似的营销手段一方面可以促进新用户的获取，增添新鲜血液；另一方面也可以刺激商城的交易，增加用户的活跃度，可谓各取所需的双赢效果。

然而，某些心念不正的用户为了从中牟取利益，破坏大环境下的游戏规则。某电商数据分析人员在一次促销活动的复盘过程中发现交易记录存在异常，于是就对这批异常交易作更深层次的分析和挖掘。最终发现这批异常交易都有两个共同特点，那就是一张银行卡对应数百个甚至上千个用户 id，同时，这些 id 自始至终就发生一笔交易。暗示了什么问题？这说明用户很可能通过廉价的方式获得多个手机号，利用这些手机号去注册 APP 成为享受福利的多个新用户，然后利用低价优势买入这些商品，最后再以更高的价格卖出这些商品，这种用户我们一般称为"黄牛"。

这些"害群之马"的行为至少给电商平台造成两方面的影响，一是导致真正想买商品的新用户买不到，因为有限的福利或商品都被这些用户抢走了；二是虚增了很多"薅羊毛"的假用户，因为他们很可能利用完新用户的福利资格后就不会再交易了。如果没有数据分析与挖掘技术在互联网行业的应用，就很难发现这些"害群之马"，企业针对"害群之马"对游戏规则做了相应的调整，从而减少了不必要的损失，同时也挽回了真实用户的利益。

1.2.2　交通出行领域——为打车平台进行私人订制

打车工具的出现，改变了人们的出行习惯，也改善了乘车的便捷性，以前都是通过路边招手才能搭乘出租车，现在坐在家里就可以完成一对一的打车服务。起初滴滴、快滴、优步、易到等打车平台，为了抢占市场份额，不惜花费巨资补贴给司机端和乘客端，在一定程度上获得了用户的青睐，甚至导致用户在短途出行中都依赖上了这些打车工具。然而随着时间的推移，打车市场的格局基本定型，企业为了自身的利益和长远的发展，不再进行这种粗放式的"烧钱"运营手段。

当司机端和乘客端不再享受以前的福利待遇时，在一定程度上影响了乘客端的乘车频率和司机端的接单积极性。为了弥补这方面的影响，某打车平台利用用户的历史交易数据，为司机端和乘客端的定价进行私人订制。

例如，针对乘客端，通过各种广告渠道将折扣券送到用户手中，一方面可以唤醒部分沉默用户（此时的折扣力度会相对比较高），让他们再次回到应用中产生交易，另一方面继续刺激活跃用户的使用频率（此时的折扣力度会相对比较低），进而提高用户的忠诚度。针对司机端，根据司机在平台的历史数据，将其接单习惯、路线熟悉度、路线拥堵状况、距离乘客远近、天气变化、乘客乘坐距离等信息输入到逻辑模型中，可以预测出司机接单的概率大小。这里的概率在一定程度上可以理解为司机接单的意愿，概率越高，说明司机接单的意愿越强，否则意愿就越弱。当模型发现司机接单的意愿比较低时，就会发放较高的补贴给司机端，否则司机就会获得较少的补贴甚至没有补贴。如果不将数据分析与挖掘手段应用于大数据的交通领域，就无法刺激司机端和乘客端的更多交易，同时，也会浪费更多的资金，造成运营成本居高不下，影响企业的发展和股东的利益。

1.2.3　医疗健康领域——找到最佳医疗方案

众所周知，癌症的产生是由于体内某些细胞的 DNA 或 RNA 发生了病变，这种病变会导致癌细胞不断地繁殖，进而扩散至全身，最终形成可怕的肿瘤。早在 2003 年，乔布斯在一次身体检查时发现胰腺处有一块阴影，医生怀疑是一块肿瘤，建议乔布斯马上进行手术，但乔布斯选择了药物治疗。遗憾的是，一年后，医生从乔布斯的身体检查中发现可怕的癌细胞已经扩散到了全身，认为乔布斯的生命即将走到人生的终点。

乐观的乔布斯认为还可以有治疗的希望，于是花费几十万美元，让专业的医疗团队将自己体内的 DNA 与历史肿瘤 DNA 样本进行比对，目的就是找到符合肿瘤病变的 DNA。这样，对于乔布斯体内的 DNA 来说就有了病变与正常的标签，然后基于这个标签构建分类算法。当正常 DNA 出现病变特征时，该算法就能够准确地找出即将病变的 DNA，从而指导医生及时地改变医疗方案和寻找有效的药物。最终，使得原本即将走到终点的生命，延续了八年时间，正是这短短的八年，让乔布斯一次次地创造了苹果的辉煌。如果没有数据分析与挖掘在医疗行业的应用，也许就没有现在的苹果。

1.3 数据分析与挖掘的区别

从广义的角度来说，数据分析的范畴会更大一些，涵盖了数据分析和数据挖掘两个部分。数据分析就是针对搜集来的数据运用基础探索、统计分析、深层挖掘等方法，发现数据中有用的信息和未知的规律与模式，进而为下一步的业务决策提供理论与实践依据。所以广义的数据分析就包含了数据挖掘的部分，正如读者在各招聘网站中所看见的，对于数据分析师的任职资格中常常需要应聘者熟练使用数据挖掘技术解决工作中的问题。从狭义的角度来说，两者存在一些不同之处，主要体现在两者的定义说明、侧重点、技能要求和最终的输出形式。接下来阐述这几个方面的差异。

- 从定义说明出发：数据分析采用适当的统计学方法，对搜集来的数据进行描述性分析和探索性分析，并从描述和探索的结果中发现数据背后存在的价值信息，用以评估现状和修正当前的不足；数据挖掘则广泛交叉数据库知识、统计学、机器学习、人工智能等方法，对搜集来的数据进行"采矿"，发现其中未知的规律和有用的知识，进一步应用于数据化运营，让数据产生更大的价值。

- 从侧重点出发：数据分析更侧重于实际的业务知识，如果将数据和业务分开，往往会导致数据的输出不是业务所需，业务的需求无法通过数据体现，故数据分析需要两者的紧密结合，实现功效的最大化；数据挖掘更侧重于技术的实现，对业务知识的熟练度并没有很高的要求，如何从海量的数据中发现未知的模式和规律，是数据挖掘的目的所在，只有技术过硬，才能实现挖掘项目的落地。

- 从掌握的技能出发：数据分析一般要求具备基本的统计学知识、数据库操作技能、Excel 报表开发和常用可视化图表展现的能力，就可以解决工作中的分析任务；数据挖掘对数学功底和编程能力有较高的要求，数学功底是数据挖掘、机器学习、人工智能等方面的基础，没有好的数学功底，在数据挖掘领域是走不远的，编程能力是从数据中发现未知模式和规律途径，没有编程技能，就无法实现算法的落地。

- 从输出的结果出发：数据分析更多的是统计描述结果的呈现，如平均水平、总体趋势、差异对比、数据转化等，这些结果都必须结合业务知识进行解读，否则一组数据是没有任何实际意义的；数据挖掘更多的是模型或规则的输出，通过模型或规则可对未知标签的数据进行预测，如预测交通的畅通度（预测模型）、判别用户是否响应某种营销活动（分类算法）；通过模型或规则实现智能的商业决策，如推荐用户可能购买的商品（推荐算法）、划分产品所属的群类（聚类算法）等。

为了读者更容易理解和区分两者之间的差异，这里将上面描述的 4 方面内容做一个简短的对比和总结，如表 1-1 所示。

表 1-1 数据分析与挖掘对比

差异角度	数据分析	数据挖掘
定义	描述和探索性分析，评估现状和修正不足	技术性的"采矿"过程，发现未知的模式和规律
侧重点	实际的业务知识	挖掘技术的落地，完成"采矿"过程

（续表）

差异角度	数据分析	数据挖掘
技能	统计学、数据库、Excel、可视化等	过硬的数学功底和编程技术
结果	需结合业务知识解读统计结果	模型或规则

1.4　数据挖掘的流程

本书将安排 10 个章节的内容来讲解具体的数据挖掘算法和应用案例，故需要对数据挖掘的具体流程做一个详细的说明。这里的流程可以理解为数据挖掘过程中的规范，只有熟悉了这些具体的规范，才可以在数据挖掘过程中做到游刃有余。首先通过图 1-1 中的金字塔了解数据挖掘中具体的操作步骤。

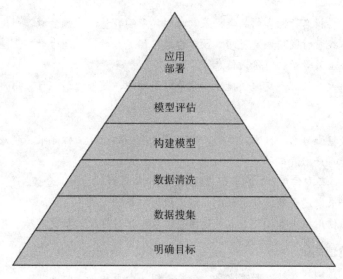

图 1-1　数据挖掘步骤

1.4.1　明确目标

前面讲了几个有关数据分析和数据挖掘在电商行业、交通领域和医疗健康方面的案例，体现了数据分析与挖掘的重要性。你可能非常期待数据分析与挖掘在工作中的应用，先别急，在实施数据挖掘之前必须明确自己需要解决的问题是什么，然后才可以有的放矢。

这里通过三个实际的案例来加以说明数据挖掘流程中的第一步，即明确目标：

- 在餐饮行业，可能都会存在这方面的痛点，即如何调整中餐或晚餐的当班人数，以及为下一餐准备多少食材比较合理。如果解决了这个问题，那么对于餐厅来说既可以降低人工成本，又可以避免食材的浪费。
- 当前互联网经济下的消费信贷和现金信贷都非常流行，对于企业来说可以达到"以钱赚钱"的功效，对于用户来说短期内可以在一定程度上减轻经济压力，从而实现两端的双赢。但是企业会面临给什么样的用户发放信贷的选择，如果选择正确了，可以赚取用户的利息，如果选择错误了，就得赔上本金。所以风险控制（简称"风控"）尤其重要，如果风控做得好，就能够降低损失，否则就会导致大批"坏账"甚至是面临倒闭。

- 对于任何一个企业来说，用户的价值高低决定了企业可从用户身上获得的利润空间。用户越忠诚、价值越高，企业从用户身上获取的利润就越多，反之利润就越少。所以摆在企业眼前的重大问题就是如何提升用户的生命价值。

1.4.2 数据搜集

当读者明确企业面临的痛点或工作中需要处理的问题后，下一步就得规划哪些数据可能会影响到这些问题的答案，这一步就称为数据的搜集过程。数据搜集过程显得尤为重要，其决定了后续工作进展的顺利程度。接下来继续第一步中的例子，说明这三个案例中都需要搜集哪些相关的数据。

1. 餐饮相关

- 食材数据：食材名称、食材品类、采购时间、采购数量、采购金额、当天剩余量等。
- 经营数据：经营时间、预定时间、预定台数、预定人数、上座台数、上座人数、上菜名称、上菜价格、上菜数量、特价菜信息等。
- 其他数据：天气状况、交通便捷性、竞争对手动向、是否为节假日、用户口碑等。

2. 金融授信

- 用户基本数据：姓名、性别、年龄、受教育水平、职业、工作年限、收入状况、婚姻状态、借贷情况、房产、汽车等。
- 刷卡数据：是否有信用卡、刷卡消费频次、刷卡缴费规律、刷卡金额、是否分期、是否逾期、逾期天数、未偿还金额、信用额度、额度使用率等。
- 其他数据：信用报告查询记录、电话核查记录、银行存款、社交人脉、其他 APP 数据等。

3. 影响用户价值高低

- 会员数据：性别、年龄、教育水平、会员等级、会员积分、收入状况等。
- 交易数据：用户浏览记录、交易商品、交易数量、交易频次、交易金额、客单价、最后交易时间、偏好、下单与结账时差等。
- 促销数据：用户活动参与度、优惠券领取率、优惠券使用率、购买数量、购买金额等。
- 客服数据：实时沟通渠道数量、用户沟通次数、用户疑问响应速度、疑问解答率、客户服务满意度等。

1.4.3 数据清洗

为解决企业痛点或面临的问题，需要搜集相关的数据。即使数据搜集上来，也必须保证数据"干净"，因为数据质量的高低将影响最终结果的准确性。通常都有哪些"不干净"的数据会影响后面的建模呢？针对这些数据都有哪些解决方案呢？这里不妨做一个简要的概述。

- 缺失值：由于个人隐私或设备故障导致某些观测在维度上的漏缺，一般称为缺失值。缺失值的存在可能会导致模型结果的错误，所以针对缺失值可以考虑删除法、替换法或插值法解决。

- 异常值：异常值一般指远离正常样本的观测点，它们的存在同样会影响模型的准确性，故可以考虑删除法或单独处理法。当然某些场景下，异常值是有益的，例如通过异常值可以筛选出钓鱼网站。
- 数据的不一致性：主要是由于不同的数据源或系统并发不同步所导致的数据不一致性，例如两个数据源中数据单位的不一致（一个以元为单位，另一个以万元为单位）；系统并发不同步导致一张电影票被多个用户购买。针对这种情况则需要不同数据源的数据更新（SQL）或系统实现同步并发。
- 量纲的影响：由于某些模型容易受到不同量纲的影响，因此需要通过数据的标准化方法将不同量纲的数据进行统一处理，如将数据都压缩至 0~1 的范围。
- 维度灾难：当采集来的数据包含上百乃至成千上万的变量时，往往会提高模型的复杂度，进而影响模型的运行效率，故需要采用方差分析法、相关系数法、递归特征消除法、主成分分析法等手段实现数据的特征提取或降维。

1.4.4　构建模型

"万事俱备，只欠建模"！据不完全统计，建模前的数据准备将占整个数据挖掘流程 80%左右的时间，可谓"地基不牢，地动山摇"。接下来，在数据准备充分的前提下，需要考虑企业面临的痛点或难题可以通过什么类型的挖掘模型解决。

- 对于餐饮业需要预测下一餐将有多少消费者就餐的问题，可以归属于预测类型的挖掘模型。如基于整理好的餐饮相关数据使用线性回归模型、决策树、支持向量机等实现预测，进而为下一顿做好提前准备。
- 对于选择什么样的用户发放信贷问题，其实就是判断该用户是否具有良好信用的特征，属于分类类型的挖掘模型。例如，基于 Logistic 模型、决策树、神经网络等完成用户的分类，为选择优良用户提供决策支持。
- 对于用户的价值分析，不再具有现成的标签，故无法使用预测或分类类型的模型解决，可以考虑无监督的聚类类型模型，因为"物以类聚，人以群分"。例如，使用 K 均值模型、DBSCAN、最大期望 EM 等实现不同价值人群的划分。

1.4.5　模型评估

到此阶段，已经完成了数据挖掘流程中的绝大部分工作，并且通过数据得到解决问题的多个方案（模型），接下来要做的就是从这些模型中挑选出最佳的模型，主要目的就是让这个最佳的模型能够更好地反映数据的真实性。例如，对于预测或分类类型的模型，即使其在训练集中的表现很好，但在测试集中结果一般，则说明该模型存在过拟合的现象，需要从数据或模型角度做进一步修正。

1.4.6　应用部署

通常，模型构建和评估工作的完成，并不代表整个数据挖掘流程的结束，往往还需要最后的应用部署。尽管模型构建和评估是数据分析师或挖掘工程师所擅长的，但是这些挖掘出来的模式或规律是给真正的业务方或客户服务的，故需要将这些模式重新部署到系统中。

例如，疾控中心将网民在互联网上的搜索记录进行清洗和统计，并将整理好的数据输入某个系统中，就可以预测某地区发生流感的概率；用户在申请贷款时，前端业务员通过输入贷款者的信息，就可以知道其是否满足可贷款的结论；利用用户在电商平台留下的浏览、收藏、交易等记录，就可以向用户推荐其感兴趣的商品。这些应用的背后，都将数据中的模式或规律做了重新部署，进而便于使用方的操作。

1.5　常用的数据分析与挖掘工具

"欲先善其事，必先利其器！"这里的"器"含有两方面的意思，一方面是软实力，包含对企业业务逻辑的理解、理论知识的掌握和施展工作的清醒大脑；另一方面是硬实力，即对数据挖掘工具的掌握。接下来就针对数据分析和挖掘过程中所使用的几种常用工具做简单介绍。

1. R 语言

R 语言是由奥克兰大学统计系的 Robert Gentleman 和 Ross Ihaka 共同开发的，并在 1993 年首次亮相。其具备灵活的数据操作、高效的向量化运算、优秀的数据可视化等优点，受到用户的广泛欢迎。近年来，由于其易用性和可扩展性也大大提高了 R 语言的知名度。同时，它也是一款优秀的数据挖掘工具，用户可以借助强大的第三方扩展包，实现各种数据挖掘算法的落地。

2. Python

Python 是由荷兰人 Guido van Rossum 于 1989 年发明的，并在 1991 年首次公开发行。它是一款简单易学的编程类工具，同时，其编写的代码具有简洁性、易读性和易维护性等优点，也受到广大用户的青睐。其原本主要应用于系统维护和网页开发，但随着大数据时代的到来，数据挖掘、机器学习、人工智能等技术越发热门，进而促使了 Python 进入数据科学的领域。Python 同样拥有各种五花八门的第三方模块，用户可以利用这些模块完成数据科学中的工作任务。例如，pandas、statsmodels、scipy 等模块用于数据处理和统计分析；matplotlib、seaborn、bokeh 等模块实现数据的可视化功能；sklearn、PyML、keras、tensorflow 等模块实现数据挖掘、深度学习等操作。

3. Weka

Weka 由新西兰怀卡托大学计算机系 Ian Written 博士于 1992 年末发起开发，并在 1996 年公开发布 Weka 2.1 版本。它是一款公开的数据挖掘平台，包含数据预处理、数据可视化等功能，以及各种常用的回归、分类、聚类、关联规则等算法。对于不擅长编程的用户，可以通过 Weka 的图形化界面完成数据分析或挖掘的工作内容。

4. SAS

SAS 是由美国北卡罗来纳州大学开发的统计分析软件，当时主要是为了解决生物统计方面的数据分析。在 1976 年成立 SAS 软件研究所，经过多年的完善和发展，最终在国际上被誉为统计分析的标准软件，进而受到各个领域的广泛应用。SAS 由数十个模块构成，其中 Base 为核心模块，主要用于数据的管理和清洗、GHAPH 模块可以帮助用户实现数据的可视化、STAT 模块则涵盖了所有的实用统计分析方法、EM 模块则是更加人性化的图形界面，通过托拉拽的方式实现各种常规挖掘算法的应用。

5. SPSS

SPSS 是世界上最早的统计分析软件，最初由斯坦福大学的三个研究生在 1968 年研发成功，并成立 SPSS 公司，而且在 1975 年成立了 SPSS 芝加哥总部。用户可以通过 SPSS 的界面实现数据的统计分析和建模、数据可视化及报表输出，其简单的操作受到了众多用户的喜爱。除此之外，SPSS 还有一款 Modeler 工具，其前身是 Clementine，2009 年被 IBM 收购后，对其性能和功能做了大幅的改进和提升。该工具充分体现了数据挖掘的各个流程，例如数据的导入、清洗、探索性分析、模型选择、模型评估和结果输出，用户可基于界面化的操作完成数据挖掘的各个环节。

上面向读者介绍了 5 款较为常用的数据分析与挖掘工具，其中 R 语言、Python 和 Weka 都属于开源工具，读者不需要支付任何费用就可以从官网下载并安装使用；而 SAS 和 SPSS 则为商业软件，需要支付一定的费用方可使用。本书将基于开源的 Python 工具来讲解有关数据分析和挖掘方面的应用和实战。

1.6　本 章 小 结

本章主要站在读者的角度，回答了有关数据分析与挖掘的定义、应用的领域、两者的差异、实际的操作流程和常用的落地工具，同时，通过一个个小案例来说明数据分析和挖掘在实际应用中的价值体现，让读者对其拥有足够的重视。通过本章的学习，希望读者能够对数据分析与挖掘有一个清晰地认识，进而为后续章节的学习做铺垫。

1.7　课 后 练 习

1. 请简单罗列几个生活中与数据分析与挖掘技术相关的应用案例。
2. 谈谈你对数据分析与挖掘的理解，并描述出两者之间的区别。
3. 数据挖掘的具体步骤有哪些？你觉得哪些环节是至关重要的？
4. 在你平时的学习过程中都使用过哪些数据分析与挖掘的工具？请简单描述它们之间的优劣。

第2章

从收入的预测分析开始

在数据分析与挖掘过程中，预测性或分类性问题往往是企业需要解决的主要问题，例如下一季度的营收可能会达到多少、什么样的用户可能会流失、一场营销活动中哪些用户的参与度会比较高等。

本章将通过 Python 语言，以一个实战案例介绍分类性问题的解决步骤（如果读者没有 Python 基础，建议跳过 2.2 节）。通过本章的学习，你将会了解到基于 Python 的数据处理和建模方法：

- 外部数据的读取；
- 数据的预处理；
- 数据的探索性分析；
- 数据建模；
- 模型预测与评估。

2.1 下载与安装 Anaconda

本书中的所有代码都是基于 Python 3.7 实现的，所以必须确保你的计算机已经安装好了 Python 工具。如果没有安装也不用担心，本节的主要内容就是引导读者如何下载并安装一款好用的 Python 工具。

专门用于科学计算的 Python 发行版 Anaconda 是不错的选择，支持 Windows、Linux 和 Mac 系统，可以很方便地解决多版本 Python 并存、切换以及各种第三方模块安装的问题。更重要的是，当你下载并安装好 Anaconda 后，它就已经集成了上百个科学计算的第三方模块，例如本书中将要使用的 numpy、pandas、matplotlib、seaborn、statsmodels、sklearn 等。用户需要使用这些模块时，直接导入即可，不用再去下载。

接下来将针对 Windows、Linux 和 Mac 系统，分别介绍各自的安装方法，以便读者按步操作。

首先你需要到 Anaconda 官网（https://www.anaconda.com/download/）下载对应系统的 Anaconda 工具。注意，本书是基于 Python 3 的应用，所以你需要下载 Python 3.x 的 Anaconda。

2.1.1　基于 Windows 系统安装

步骤01 从官网中下载 Windows 版本的 Anaconda 后，双击该软件并进入安装向导，并单击 "Next" 按钮，如图 2-1 所示。

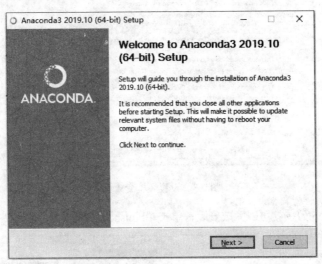

图 2-1　安装引导页

步骤02 进入阅读 "License Agreement" 窗口，单击 "I Agree" 按钮。

步骤03 推荐选择 "Just Me (recommended)"，如果选择的是 "All Users"，就需要 Windows 的管理员权限。

步骤04 选择目标路径用于 Anaconda 工具的安装，并单击 "Next" 按钮，如图 2-2 所示。

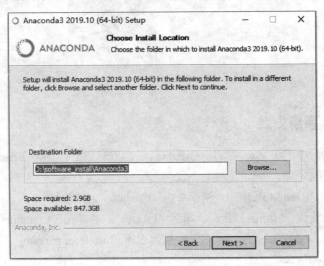

图 2-2　选择安装路径

步骤05 建议添加 Anaconda 到环境变量中，因为这样可以直接通过 cmd 命令窗口实现软件的激活和开启。单击"Install"按钮，进入安装环节，如图 2-3 所示。

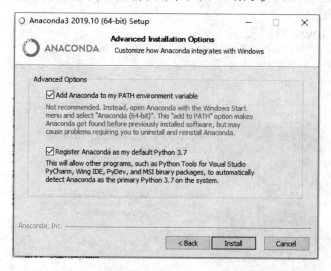

图 2-3　设置环境变量页

步骤06 大概 5 分钟就可以完成安装，单击"Finish"按钮即可，如图 2-4 所示。

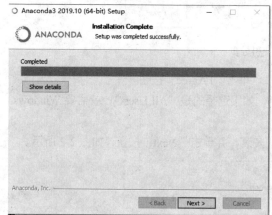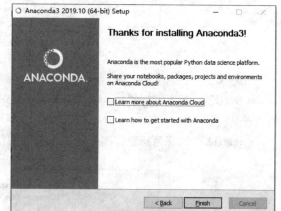

图 2-4　安装成功页

2.1.2　基于 Mac 系统安装

步骤01 从官网中下载 Mac 版本的 Anaconda 后，双击该软件，进入 Anaconda 的安装向导，单击"Continue"按钮。

步骤02 进入"Read Me"窗口，继续单击"Continue"按钮。

步骤03 进入阅读"License"窗口，勾选"I Agree"，并单击"Continue"按钮。

步骤04 进入"Destination Select"窗口，推荐选择"Install for me only"，并单击"Continue"按钮，如图 2-5 所示。

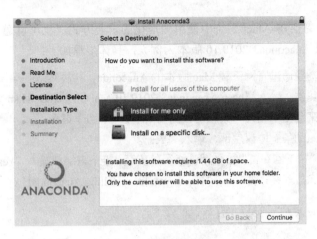

图 2-5 目标选择页

步骤05 进入"Installation Type"窗口，推荐默认设置（将 Anaconda 安装在主目录下），无须改动安装路径，单击"Install"按钮，进入安装环节，如图 2-6 所示。

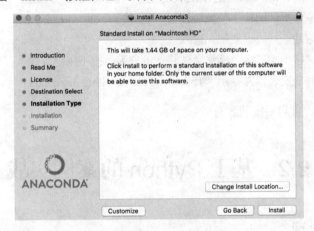

图 2-6 安装类型页

步骤06 经过几分钟，即完成整个安装流程，如图 2-7 所示。

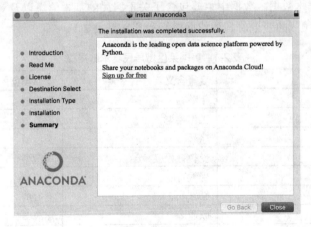

图 2-7 安装成功页

当然，如果你不习惯在 Mac 系统中使用图形化的安装方式，也可以通过命令行的方式完成 Anaconda 的安装（以 Anaconda3-2019.10 版本为例），具体步骤如下：

步骤01 同样需要通过官网下载 Mac 版本的 Anaconda，并将其放在桌面。

步骤02 打开终端，输入"bash Anaconda3-2019.10-MacOSX-x86_64.sh"。

步骤03 接下来会提示阅读"条款协议"，只需按一下回车键即可。

步骤04 滑动滚动条到协议底部，输入"Yes"。

步骤05 提示"按下回车键"接受默认路径的安装，接下来继续输入"Yes"，进入安装环节。

步骤06 最终完成安装，并提示"Thank you for installing Anaconda!"。

注意，关闭终端，重启后安装才有效。

2.1.3 基于 Linux 系统安装

步骤01 从官网中下载 Linux 版本的 Anaconda，并将其放在桌面。

步骤02 打开终端，输入"bash Anaconda3-2019.10-Linux-ppc64le.sh"。

步骤03 接下来会提示阅读"条款协议"，只需按一下回车键即可。

步骤04 滑动滚动条到协议底部，输入"Yes"。

步骤05 提示"按下回车键"接受默认路径的安装，接下来继续输入"Yes"。

步骤06 最终完成安装，并提示"Thank you for installing Anaconda3!"。

注意，关闭终端，重启后安装才有效。

2.2 基于 Python 的案例实战

2.2.1 数据的预处理

1994 年 Ronny Kohavi 和 Barry Becker 针对美国某区域的居民做了一次人口普查，经过筛选，一共得到 32 561 条样本数据。数据中主要包含了关于居民的基本信息以及对应的年收入，其中年收入就是本章中需要预测的变量，具体数据指标和含义见表 2-1。

表 2-1 美国某区域居民基本数据集

变量名称	变量含义	变量类型
age	年龄	数值型
workclass	工作类型	离散型
fnlwgt	序号	数值型
education	受教育程度	离散型
education-num	受教育时长	数值型
marital-status	婚姻状态	离散型
occupation	职业	离散型
relationship	家庭成员关系	离散型

（续表）

变量名称	变量含义	变量类型
race	种族	离散型
sex	性别	离散型
capital-gain	资本收益	数值型
capital-loss	资本损失	数值型
hours-per-week	每周工作小时数	数值型
native-country	国籍	离散型
income	收入	离散型

基于上面的数据集，需要预测居民的年收入是否会超过 5 万美元，从表 2-1 的变量描述信息可知，有许多变量都是离散型的，如受教育程度、婚姻状态、职业、性别等。通常数据拿到手后，都需要对其进行清洗，例如检查数据中是否存在重复观测、缺失值、异常值等，而且，如果建模的话，还需要对字符型的离散变量做相应的重编码。首先将上面的数据集读入 Python 的工作环境中：

```
# 导入第三方包
import pandas as pd
import numpy as np
import seaborn as sns


# 数据读取
income = pd.read_excel(r'C:\Users\Administrator\Desktop\income.xlsx')
# 查看数据集是否存在缺失值
income.apply(lambda x:np.sum(x.isnull()))
```

表 2-2 显示，居民的收入数据集中有 3 个变量存在数值缺失，分别是居民的工作类型、职业和国籍。缺失值的存在一般都会影响分析或建模的结果，所以需要对缺失数值做相应的处理。

表 2-2　变量缺失概览

变　量　名	缺失个数	变　量　名	缺失个数
age	0	race	0
workclass	1836	sex	0
fnlwgt	0	capital-gain	0
education	0	capital-loss	0
education-num	0	hours-per-week	0
marital-status	0	native-country	583
occupation	1843	income	0
relationship	0		

缺失值的处理一般采用三种方法：一是删除法，即将存在缺失的观测进行删除，如果缺失比例非常小，则删除法是比较合理的，反之，删除比例比较大的缺失值将会丢失一些有用的信息；二是替换法，即使用一个常数对某个变量的缺失值进行替换，如果缺失的变量是离散型，则可以考虑用众数替换缺失值，如果缺失的变量是数值型，则可以考虑使用均值或中位数替换缺失值；三是插

补法，即运用模型方法，基于未缺失的变量预测缺失变量的值，如常见的回归插补法、多重插补法、拉格朗日插补法等。

由于收入数据集中的 3 个缺失变量都是离散型变量，这里不妨使用各自的众数来替换缺失值：

```
# 缺失值处理
income.fillna(value = {'workclass':income.workclass.mode()[0],
                       'occupation':income.occupation.mode()[0],
                       'native-country':income['native-country'].mode()[0]},
              inplace = True)
```

2.2.2 数据的探索性分析

在上面的数据清洗过程中，对缺失值采用了替换处理的方法，接下来对居民收入数据集做简单的探索性分析，目的是了解数据背后的特征，如数据的集中趋势、离散趋势、数据形状和变量间的关系等。

首先，需要知道每个变量的基本统计值，如均值、中位数、众数等，只有了解了所需处理的数据特征，才能做到"心中有数"：

```
# 数值型变量的统计描述
income.describe()
```

如表 2-3 所示，描述了有关数值型变量的简单统计值，包括非缺失观测的个数（count）、平均值（mean）、标准差（std）、最小值（min）、下四分位数（25%）、中位数（50%）、上四分位数（75%）和最大值（max）。以 3 万多居民的年龄为例，他们的平均年龄为 38.6 岁；最小年龄为 17 岁；最大年龄为 90 岁；四分之一的居民年龄不超过 28 岁；一半的居民年龄不超过 37 岁；四分之三的居民年龄不超过 48 岁；并且年龄的标准差为 13.6 岁。同理，读者也可以类似地解释其他数值变量的统计值。

表 2-3　数值变量的统计描述

	age	fnlwgt	education-num	capital-gain	capital-loss	hours-per-week
count	32561.000000	3.256100e+04	32561.000000	32561.000000	32561.000000	32561.000000
mean	38.581647	1.897784e+05	10.080679	1077.648844	87.303830	40.437456
std	13.640433	1.055500e+05	2.572720	7385.292085	402.960219	12.347429
min	17.000000	1.228500e+04	1.000000	0.000000	0.000000	1.000000
25%	28.000000	1.178270e+05	9.000000	0.000000	0.000000	40.000000
50%	37.000000	1.783560e+05	10.000000	0.000000	0.000000	40.000000
75%	48.000000	2.370510e+05	12.000000	0.000000	0.000000	45.000000
max	90.000000	1.484705e+06	16.000000	99999.000000	4356.000000	99.000000

接下来，再来看看数据集中离散型变量的描述性统计值：

```
# 离散型变量的统计描述
income.describe(include =[ 'object'])
```

　　如表 2-4 所示，得到的是关于离散变量的统计值，包含每个变量非缺失观测的数量（count）、不同离散值的个数（unique）、出现频次最高的离散值（top）和最高频次数（freq）。以受教育水平变量为例，一共有 16 种不同的教育水平；3 万多居民中，高中毕业的学历是出现最多的；并且一共有 10 501 名。

表 2-4　离散变量的统计描述

	workclass	education	marital-status	occupation	relationship	race	sex	native-country	income
count	32561	32561	32561	32561	32561	32561	32561	32561	32561
unique	8	16	7	14	6	5	2	41	2
top	Private	HS-grad	Married-civ-spouse	Prof-specialty	Husband	White	Male	United-States	<=50K
freq	24532	10501	14976	5983	13193	27816	21790	29753	24720

　　数据的分布形状（如偏度、峰度等）可以通过可视化的方法进行展现，这里仅以被调查居民的年龄和每周工作小时数为例，绘制各自的分布形状图：

```
# 导入绘图模块
import matplotlib.pyplot as plt
# 设置绘图风格
plt.style.use('ggplot')
# 设置多图形的组合
fig, axes = plt.subplots(2, 1)
# 绘制不同收入水平下的年龄核密度图
income.age[income.income == ' <=50K'].plot(kind = 'kde', label = '<=50K',
        ax = axes[0], legend = True, linestyle = '-')
income.age[income.income == ' >50K'].plot(kind = 'kde', label = '>50K',
        ax = axes[0], legend = True, linestyle = '--')
# 绘制不同收入水平下的周工作小时数核密度图
income['hours-per-week'][income.income == ' <=50K'].plot(kind = 'kde',
        label = '<=50K', ax = axes[1], legend = True, linestyle = '-')
income['hours-per-week'][income.income == ' >50K'].plot(kind = 'kde',
        label = '>50K', ax = axes[1], legend = True, linestyle = '--')
# 显示图形
plt.show()
```

　　如图 2-8 所示，上半部分展现的是，在不同收入水平下，年龄的核密度分布图，对于年收入超过 5 万美元的居民来说，他们的年龄几乎呈现正态分布，而收入低于 5 万美元的居民，年龄呈现右偏特征，即年龄偏大的居民人数要比年龄偏小的人数多；下半部分展现了不同收入水平下，周工作小时数的核密度图，很明显，两者的分布趋势非常相似，并且出现局部峰值。如果读者需要研究其他数值型变量的分布形状，按照上面的代码稍做修改即可。

　　同理，也可以针对离散型变量，对比居民的收入水平高低在性别、种族状态、家庭关系等方面的差异，进而可以发现这些离散变量是否影响收入水平：

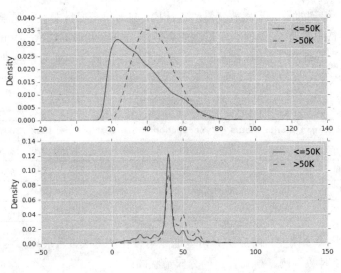

图 2-8　核密度曲线

```
# 构造不同收入水平下各种族人数的数据
race = pd.DataFrame(income.groupby(by = ['race','income']).
aggregate(np.size).loc[:,'age'])
# 重设行索引
race = race.reset_index()
# 变量重命名
race.rename(columns={'age':'counts'}, inplace=True)
# 排序
race.sort_values(by = ['race','counts'], ascending=False, inplace=True)

# 构造不同收入水平下各家庭关系人数的数据
relationship = pd.DataFrame(income.groupby(by =
['relationship','income']).aggregate(np.size).loc[:,'age'])
relationship = relationship.reset_index()
relationship.rename(columns={'age':'counts'}, inplace=True)
relationship.sort_values(by = ['relationship','counts'], ascending=False,
inplace=True)

# 设置图框比例并绘图
plt.figure(figsize=(9,5))
sns.barplot(x="race", y="counts", hue = 'income', data=race)
plt.show()

plt.figure(figsize=(9,5))
sns.barplot(x="relationship", y="counts", hue = 'income', data=relationship)
plt.show()
```

在图 2-9 中，左图反映的是相同的种族下，居民年收入水平高低的人数差异；右图反映的是相同的家庭成员关系下，居民年收入水平高低的人数差异。但无论怎么比较，都发现一个规律，即在某一个相同的水平下（如白种人或未结婚人群中），年收入低于 5 万美元的人数都要比年收入高于 5 万美元的人数多，这个应该是抽样导致的差异（数据集中年收入低于 5 万和高于 5 万的居民比例大致在 75%:25%）。如果读者需要研究其他离散型变量与年收入水平的关系，可以稍稍修改上面的代码，实现可视化的绘制。

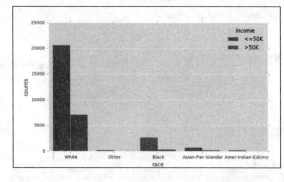 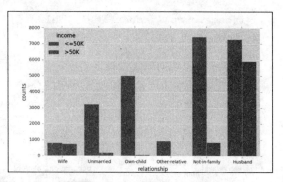

图 2-9　收入水平的对比条形图

2.2.3　数据建模

1. 对离散变量重编码

前面提到，由于收入数据集中有很多离散型变量，这样的字符变量是不能直接用于建模的，需要对这些变量进行重编码，关于重编码的方法有多种，如将字符型的值转换为整数型的值、哑变量处理（0-1 变量）、One-Hot 热编码（类似于哑变量）等。在本案例中，将采用"字符转数值"的方法对离散型变量进行重编码，具体可以通过下面的代码实现：

```
# 离散变量的重编码
for feature in income.columns:
    if income[feature].dtype == 'object':
        income[feature] = pd.Categorical(income[feature]).codes
income.head()
```

表 2-5 中的结果就是对字符型离散变量的重编码效果，所有的字符型变量都变成了整数型变量，如 workclass、education、marital-status 等，接下来就基于这个处理好的数据集对收入水平 income 进行预测。

表 2-5　离散变量的数值化编码

	age	workclass	fnlwgt	education	education-num	marital-status	occupation	relationship	race	sex	capital-gain	capital-loss	hours-per-week	native-country	income
0	39	6	77516	9	13	4	0	1	4	1	2174	0	40	38	0
1	50	5	83311	9	13	2	3	0	4	1	0	0	13	38	0
2	38	3	215646	11	9	0	5	1	4	1	0	0	40	38	0
3	53	3	234721	1	7	2	5	0	2	1	0	0	40	38	0
4	28	3	338409	9	13	2	9	5	2	0	0	0	40	4	0

在原本的居民收入数据集中，关于受教育程度的有两个变量，一个是 education（教育水平），另一个是 education-num（受教育时长），而且这两个变量的值都是一一对应的，只不过一个是字符型，另一个是对应的数值型，如果将这两个变量都包含在模型中的话，就会产生信息的冗余；fnlwgt 变量代表的是一种序号，其对收入水平的高低并没有实际意义。故为了避免冗余信息和无意义变量对模型的影响，考虑将 education 变量和 fnlwgt 变量从数据集中删除：

```
# 删除变量
income.drop(['education','fnlwgt'], axis = 1, inplace = True)
income.head()
```

表 2-6 中呈现的就是经处理"干净"的数据集，所要预测的变量是 income，该变量是二元变量，对其预测的实质就是对年收入水平的分类（一个新样本进来，通过分类模型，可以将该样本分为哪一种收入水平）。

表 2-6 数据集的前 5 行预览

	age	workclass	education-num	marital-status	occupation	relationship	race	sex	capital-gain	capital-loss	hours-per-week	native-country	income
0	39	6	13	4	0	0	4	1	2174	0	40	38	0
1	50	5	13	2	3	0	4	1	0	0	13	38	0
2	38	3	9	0	5	1	4	1	0	0	40	38	0
3	53	3	7	2	5	0	2	1	0	0	40	38	0
4	28	3	13	2	9	5	2	0	0	0	40	4	0

关于分类模型有很多种，如 Logistic 模型、决策树、K 近邻、朴素贝叶斯模型、支持向量机、随机森林、梯度提升树 GBDT 模型等。本案例将对比使用 K 近邻和 GBDT 两种分类器，因为通常情况下，都会选用多个模型作为备选，通过对比才能得知哪种模型可以更好地拟合数据。接下来就进一步说明如何针对分类问题，从零开始完成建模的步骤。

2. 拆分数据集

基于上面的"干净"数据集，需要将其拆分为两个部分，一部分用于分类器模型的构建，另一部分用于分类器模型的评估，这样做的目的是避免分类器模型过拟合或欠拟合。如果模型在训练集上表现很好，而在测试集中表现很差，则说明分类器模型属于过拟合状态；如果模型在训练过程中都不能很好地拟合数据，那说明模型属于欠拟合状态。通常情况下，会把训练集和测试集的比例分配为 75% 和 25%：

```
# 导入 sklearn 包中的函数
from sklearn.model_selection import train_test_split
# 数据拆分
X_train, X_test, y_train, y_test = train_test_split(income.loc[:,'age':
                                    'native-country'], income['income'],
                                    train_size = 0.75, random_state = 1234)
print('训练数据集共有%d条观测' %X_train.shape[0])
print('测试数据集共有%d条观测' %X_test.shape[0])
```

out:
训练数据集共有 24 420 条观测
测试数据集共有 8 141 条观测

　　结果显示，运用随机抽样的方法，将数据集拆分为两部分，其中训练数据集包含 24 420 条样本，测试数据集包含 8 141 条样本，下面将运用拆分好的训练数据集开始构建 K 近邻和 GBDT 两种分类器。

3. 默认参数的模型构建

```
# 导入 K 近邻模型的类
from sklearn.neighbors import KNeighborsClassifier

# 构建 K 近邻模型
kn = KNeighborsClassifier()
kn.fit(X_train, y_train)
print(kn)
```

out:
```
KNeighborsClassifier(algorithm='auto', leaf_size=30, metric='minkowski',
                     metric_params=None, n_jobs=1, n_neighbors=5, p=2,
                     weights='uniform')
```

　　首先，针对 K 近邻模型，这里直接调用 sklearn 子模块 neighbors 中的 KNeighborsClassifier 类，并且使用模型的默认参数，即让 K 近邻模型自动挑选最佳的搜寻近邻算法（algorithm='auto'）、使用欧氏距离公式计算样本间的距离（p=2）、指定未知分类样本的近邻个数为 5（n_neighbors=5），而且所有近邻样本的权重都相等（weights='uniform'）。如果读者想了解更多有关 K 近邻算法的理论可以翻阅第 11 章。

```
# 导入 GBDT 模型的类
from sklearn.ensemble import GradientBoostingClassifier

# 构建 GBDT 模型
gbdt = GradientBoostingClassifier()
gbdt.fit(X_train, y_train)
print(gbdt)
```

out:
```
GradientBoostingClassifier(init=None, learning_rate=0.1, loss='deviance',
            max_depth=3, max_features=None, max_leaf_nodes=None,
            min_samples_leaf=1, min_samples_split=2,
            min_weight_fraction_leaf=0.0, n_estimators=100,
            presort='auto', random_state=None, subsample=1.0, verbose=0,
            warm_start=False)
```

其次，针对 GBDT 模型，可以调用 sklearn 子模块 ensemble 中的 GradientBoostingClassifier 类，同样先尝试使用该模型的默认参数，即让模型的学习率（迭代步长）为 0.1（learning_rate=0.1）、损失函数使用的是对数损失函数（loss='deviance'）、生成 100 棵基础决策树（n_estimators=100），并且每棵基础决策树的最大深度为 3（max_depth=3），中间节点（非叶节点）的最小样本量为 2（min_samples_split=2），叶节点的最小样本量为 1（min_samples_leaf=1），每一棵树的训练都不会基于上一棵树的结果（warm_start=False）。如果读者想继续了解更多 GBDT 相关的理论知识点，可以参考第 14 章。

如上 K 近邻模型和 GBDT 模型都是直接调用第三方模块，并且都是基于默认参数的模型构建，虽然这个方法可行，但是往往有时默认参数并不能得到最佳的拟合效果。所以，需要不停地调整模型参数，例如 K 近邻模型设置不同的 K 值、GBDT 模型中设置不同的学习率、基础决策树的数量、基础决策树的最大深度等。然后基于这些不同的参数值，验证哪种组合的参数会得到效果最佳的模型，看似可以通过 for 循环依次迭代来完成，但是效率会比较慢。一个好的方法是，读者可以不用手写 for 循环找到最佳的参数，在 Python 的 sklearn 模块中提供了网格搜索法，目的就是找到上面提到的最佳参数。接下来，就带着大家使用 Python 中的网格搜索法来完成模型的参数选择。

4. 模型网格搜索

同样，先对 K 近邻模型的参数进行网格搜索，这里仅考虑模型中 n_neighbors 参数的不同选择。执行脚本如下：

```
# K 近邻模型的网格搜索法
# 导入网格搜索法的函数
from sklearn.model_selection import GridSearchCV
# 选择不同的参数
k_options = list(range(1,12))
parameters = {'n_neighbors':k_options}
# 搜索不同的 K 值
grid_kn = GridSearchCV(estimator = KNeighborsClassifier(), param_grid = parameters, cv=10, scoring='accuracy')
grid_kn.fit(X_train, y_train)
# 结果输出
grid_kn.cv_results_, grid_kn.best_params_, grid_kn.best_score_

out:
([mean: 0.81478, std: 0.00641, params: {'n_neighbors': 1},
  mean: 0.83845, std: 0.00702, params: {'n_neighbors': 2},
  mean: 0.83698, std: 0.00852, params: {'n_neighbors': 3},
  mean: 0.84521, std: 0.00977, params: {'n_neighbors': 4},
  mean: 0.84201, std: 0.00817, params: {'n_neighbors': 5},
  mean: 0.84771, std: 0.00842, params: {'n_neighbors': 6},
  mean: 0.84431, std: 0.00694, params: {'n_neighbors': 7},
  mean: 0.84558, std: 0.00746, params: {'n_neighbors': 8},
  mean: 0.84476, std: 0.00688, params: {'n_neighbors': 9},
```

```
  mean: 0.84640, std: 0.00552, params: {'n_neighbors': 10},
  mean: 0.84529, std: 0.00487, params: {'n_neighbors': 11}],
 {'n_neighbors': 6},
 0.84770679770679769)
```

简单解释一下 GridSearchCV 函数中几个参数的含义，estimator 参数接受一个指定的模型，这里为 K 近邻模型的类；param_grid 用来指定模型需要搜索的参数列表对象，这里是 K 近邻模型中 n_neighbors 参数的 11 种可能值；cv 是指网格搜索需要经过 10 重交叉验证；scoring 指定模型评估的度量值，这里选用的是模型预测的准确率。

通过网格搜索的计算，得到三部分的结果，第一部分包含了 11 种 K 值下的平均准确率（因为做了 10 重交叉验证）；第二部分选择出了最佳的 K 值，K 值为 6；第三部分是当 K 值为 6 时模型的最佳平均准确率，且准确率为 84.78%。

接下来，对 GBDT 模型的参数进行网格搜索，搜索的参数包含三个，分别是模型的学习速率、生成的基础决策树个数和每个基础决策树的最大深度。具体执行代码如下：

```
# GBDT 模型的网格搜索法
# 选择不同的参数
learning_rate_options = [0.01,0.05,0.1]
max_depth_options = [3,5,7,9]
n_estimators_options = [100,300,500]
parameters = {'learning_rate':learning_rate_options,'max_depth':
              max_depth_options,'n_estimators':n_estimators_options}

grid_gbdt = GridSearchCV(estimator = GradientBoostingClassifier(),
              param_grid = parameters, cv=10, scoring='accuracy')
grid_gbdt.fit(X_train, y_train)

# 结果输出
grid_gbdt.cv_results_, grid_gbdt.best_params_, grid_gbdt.best_score_

out:
([mean: 0.84267, std: 0.00727, params: {'max_depth': 3, 'learning_rate': 0.01,
'n_estimators': 100},
  mean: 0.85393, std: 0.00826, params: {'max_depth': 3, 'learning_rate': 0.01,
'n_estimators': 300},
  mean: 0.85950, std: 0.00743, params: {'max_depth': 3, 'learning_rate': 0.01,
'n_estimators': 500},
  mean: 0.85135, std: 0.00817, params: {'max_depth': 5, 'learning_rate': 0.01,
'n_estimators': 100},
  mean: 0.86241, std: 0.00818, params: {'max_depth': 5, 'learning_rate': 0.01,
'n_estimators': 300},
  mean: 0.86900, std: 0.00772, params: {'max_depth': 5, 'learning_rate': 0.01,
'n_estimators': 500},
  mean: 0.85389, std: 0.00726, params: {'max_depth': 7, 'learning_rate': 0.01,
'n_estimators': 100},
```

```
    mean: 0.86941, std: 0.00946, params: {'max_depth': 7, 'learning_rate': 0.01,
'n_estimators': 300},
    ……
    mean: 0.87133, std: 0.01022, params: {'max_depth': 9, 'learning_rate': 0.1,
'n_estimators': 100},
    mean: 0.85811, std: 0.01004, params: {'max_depth': 9, 'learning_rate': 0.1,
'n_estimators': 300},
    mean: 0.85442, std: 0.00941, params: {'max_depth': 9, 'learning_rate': 0.1,
'n_estimators': 500}],
    {'learning_rate': 0.05, 'max_depth': 5, 'n_estimators': 300},
    0.87506142506142504)
```

输出的结果与 K 近邻结构相似，仍然包含三个部分。限于篇幅，上面的结果中并没有显示所有参数的组合，从第二部分的结果可知，最佳的模型学习率为 0.05，生成的基础决策树个数为 300 棵，并且每棵基础决策树的最大深度为 5。这样的组合可以使 GBDT 模型的平均准确率达到 87.51%。

5. 模型预测与评估

上文中，我们花了一部分的篇幅来介绍基于"干净"数据集的模型构建，下一步要做的就是使用得到的分类器对测试数据集进行预测，进而验证模型在样本外的表现能力，同时，也可以从横向的角度来比较模型之间的好坏。

通常，验证模型好坏的方法有多种。例如，对于预测的连续变量来说，常用的衡量指标有均方误差（MSE）和均方根误差（RMSE）；对于预测的分类变量来说，常用的衡量指标有混淆矩阵中的准确率、ROC 曲线下的面积 AUC、K-S 值等。接下来，依次对上文中构建的 4 种模型进行预测和评估。

6. 默认的 K 近邻模型

```
# K 近邻模型在测试集上的预测
kn_pred = kn.predict(X_test)
print(pd.crosstab(kn_pred, y_test))

# 模型得分
print('模型在训练集上的准确率%f' %kn.score(X_train,y_train))
print('模型在测试集上的准确率%f' %kn.score(X_test,y_test))
```

见表 2-7。

表 2-7　KNN 算法的混淆矩阵

	<=50K	>50K
<=50K	5637	723
>50K	589	1192

```
模型在训练集上的准确率 0.890500
模型在测试集上的准确率 0.838840
```

如上结果所示，第一部分是混淆矩阵，矩阵中的行是模型的预测值，矩阵中的列是测试集的实际值，主对角线就是模型预测正确的数量（5637 和 1192），589 和 723 就是模型预测错误的数量。经过计算，得到第二部分的结论，即模型在训练集中的准确率为 89.1%，但在测试集上的错误率超过 16%（1-0.839），说明默认参数下的 KNN 模型可能存在过拟合的风险。

模型的准确率就是基于混淆矩阵计算的，但是该方法存在一定的弊端，即如果数据本身存在一定的不平衡时（正负样本的比例差异较大），一定会导致准确率很高，但并不一定说明模型就是理想的。这里再介绍一种常用的方法，就是绘制 ROC 曲线，并计算曲线下的面积 AUC 值：

```python
# 导入模型评估模块
from sklearn import metrics


# 计算 ROC 曲线的 x 轴和 y 轴数据
fpr, tpr, _ = metrics.roc_curve(y_test, kn.predict_proba(X_test)[:,1])
# 绘制 ROC 曲线
plt.plot(fpr, tpr, linestyle = 'solid', color = 'red')
# 添加阴影
plt.stackplot(fpr, tpr, color = 'steelblue')
# 绘制参考线
plt.plot([0,1],[0,1], linestyle = 'dashed', color = 'black')
# 往图中添加文本
plt.text(0.6,0.4,'AUC=%.3f' % metrics.auc(fpr,tpr), fontdict = dict(size = 18))
plt.show()
```

图 2-10 中绘制了模型的 ROC 曲线，经计算得知，该曲线下的面积 AUC 为 0.865。如果读者使用 AUC 来评估模型的好坏，那应该希望 AUC 越大越好。一般而言，当 AUC 的值超过 0.8 时，基本上就可以认为模型比较合理。所以，基于默认参数的 K 近邻模型在居民收入数据集上的表现还算理想。

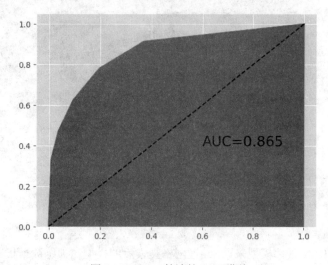

图 2-10　KNN 算法的 ROC 曲线

7. 网格搜索的 K 近邻模型

```
# 预测测试集
grid_kn_pred = grid_kn.predict(X_test)
print(pd.crosstab(grid_kn_pred, y_test))


# 模型得分
print('模型在训练集上的准确率%f' %grid_kn.score(X_train,y_train))
print('模型在测试集上的准确率%f' %grid_kn.score(X_test,y_test))


# 绘制 ROC 曲线
fpr, tpr, _ = metrics.roc_curve(y_test, grid_kn.predict_proba(X_test)[:,1])
plt.plot(fpr, tpr, linestyle = 'solid', color = 'red')
plt.stackplot(fpr, tpr, color = 'steelblue')
plt.plot([0,1],[0,1], linestyle = 'dashed', color = 'black')
plt.text(0.6,0.4,'AUC=%.3f' % metrics.auc(fpr,tpr), fontdict = dict(size = 18))
plt.show()
```

见表 2-8。

表 2-8 网格搜索 KNN 算法的混淆矩阵

	<=50K	>50K
<=50K	5834	867
>50K	392	1048

```
模型在训练集上的准确率 0.882473
模型在测试集上的准确率 0.845351
```

见图 2-11。

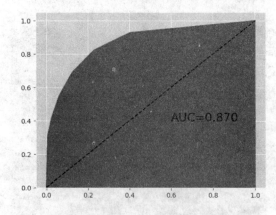

图 2-11 网格搜索 KNN 算法的 ROC 曲线

　　相比于默认参数的 K 近邻模型来说，经过网格搜索后的模型在训练数据集上的准确率下降了，但在测试数据集上的准确率提高了，这也是我们所期望的，说明优化后的模型在预测效果上更加优秀，并且两者差异的缩小也能够降低模型过拟合的可能。再来看看 ROC 曲线下的面积，网格搜索后的 K 近邻模型所对应的 AUC 为 0.87，相比于原先的 KNN 模型提高了一点。所以，从模型的稳定性来看，网格搜索后的 K 近邻模型比原始的 K 近邻模型更加优秀。

8. 默认的 GBDT 模型

```python
# 预测测试集
gbdt_pred = gbdt.predict(X_test)
print(pd.crosstab(gbdt_pred, y_test))

# 模型得分
print('模型在训练集上的准确率%f' %gbdt.score(X_train,y_train))
print('模型在测试集上的准确率%f' %gbdt.score(X_test,y_test))

# 绘制 ROC 曲线
fpr, tpr, _ = metrics.roc_curve(y_test, gbdt.predict_proba(X_test)[:,1])
plt.plot(fpr, tpr, linestyle = 'solid', color = 'red')
plt.stackplot(fpr, tpr, color = 'steelblue')
plt.plot([0,1],[0,1], linestyle = 'dashed', color = 'black')
plt.text(0.6,0.4,'AUC=%.3f'% metrics.auc(fpr,tpr), fontdict = dict(size = 18))
plt.show()
```

见表 2-9。

表 2-9　GBDT 算法的混淆矩阵

	<=50K	>50K
<=50K	5862	784
>50K	364	1131

```
模型在训练集上的准确率 0.869451
模型在测试集上的准确率 0.858985
```

见图 2-12。

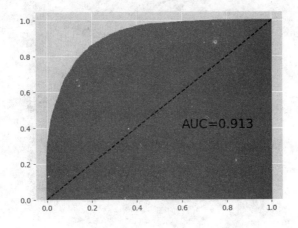

图 2-12　GBDT 算法的 ROC 曲线

如上结果所示，集成算法 GBDT 在测试集上的表现明显要比 K 近邻算法优秀，这就是基于多棵决策树进行投票的优点。该模型在训练集和测试集上的表现都非常好，准确率均超过 85%，而且 AUC 值也是前面两种模型中最高的，达到了 0.913。

9. 网络搜索的 GBDT 模型

```
# 预测测试集
grid_gbdt_pred = grid_gbdt.predict(X_test)
print(pd.crosstab(grid_gbdt_pred, y_test))

# 模型得分
print('模型在训练集上的准确率%f' %grid_gbdt.score(X_train,y_train))
print('模型在测试集上的准确率%f' %grid_gbdt.score(X_test,y_test))

# 绘制 ROC 曲线
fpr, tpr, _ = metrics.roc_curve(y_test, grid_gbdt.predict_proba(X_test)[:,1])
plt.plot(fpr, tpr, linestyle = 'solid', color = 'red')
plt.stackplot(fpr, tpr, color = 'steelblue')
plt.plot([0,1],[0,1], linestyle = 'dashed', color = 'black')
plt.text(0.6,0.4,'AUC=%.3f' % metrics.auc(fpr,tpr), fontdict = dict(size = 18))
plt.show()
```

见表 2-10。

表 2-10 网格搜索 GBDT 算法的混淆矩阵

	<=50K	>50K
<=50K	5842	667
>50K	384	1248

模型在训练集上的准确率 0.890336
模型在测试集上的准确率 0.870900

见图 2-13。

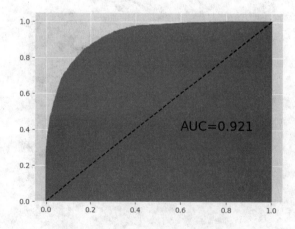

图 2-13 网格搜索 GBDT 算法的 ROC 曲线

如上展示的是基于网格搜索后的 GBDT 模型的表现，从准确率来看，是 4 个模型中表现最佳的，该模型在训练集上的准确率接近 90%，同时，在测试集上的准确率也超过 87%；从绘制的 ROC 曲线来看，AUC 的值也是最高的，超过 0.92。

不论是 K 近邻模型，还是梯度提升树 GBDT 模型，都可以通过网格搜索法找到各自的最佳模型参数，而且这些最佳参数的组合一般都会使模型比较优秀和健壮。所以，纵向比较默认参数的模型和网格搜索后的最佳参数模型，后者可能是比较好的选择（尽管后者可能会花费更多的运行时间）；横向比较单一模型和集成模型，集成模型一般会比单一模型表现优秀。

2.3　本章小结

本章解决的是一个分类问题的预测，通过实际的案例介绍了有关数据挖掘的重要流程，包括数据的清洗、数据的探索性分析、模型构建和模型的评估。通过本章的学习，进一步加强对数据挖掘流程的理解，以便读者在实际的学习和工作中能够按部就班地完成数据挖掘任务。

2.4　课后练习

1. 根据读者自己的计算机系统，安装对应的 Anaconda 软件。
2. 本章案例中读取 Excel 文件所使用的 Python 模块是什么？案例都涉及了数据分析与挖掘的哪些步骤？
3. 本章案例中的数据可视化都使用了哪个 Python 模块？
4. 本章案例中的数据挖掘模型的落地，又使用了什么 Python 模块？

第**3**章

Python 基础与数据抓取

本章重点介绍有关 Python 的基础知识，这是每一个 Python 用户所要走过的必经之路，因为任何一段 Python 代码中都会包含一些基础知识。对于读者来说，只有基础夯实牢了，在之后的代码编程中才会轻松自如。如果你是从零开始的 Python 用户，希望能够认真学完本章的 Python 入门基础知识，相信本章内容对你将有很大的帮助；如果你是 Python 的中级或高级用户，通过本章内容的阅读，也许多少会有一点查缺补漏的功效，当然读者也可以直接跳过本章内容，进入下一章节的学习。

通过本章内容的学习，读者将会掌握如下的 Python 常用基础知识以及一个简单的爬虫案例：

- 常用的数据结构及对应方法；
- 三种控制流的使用；
- 字符串的常用处理方法；
- 正则表达式的使用；
- 自定义函数的编写；
- 上海历史天气数据的抓取。

3.1 数据结构及方法

本节所介绍的 Python 数据结构，并非等同于数据库中的数据结构，而是指列表、元组和字典，它们都属于存储数据的容器。如何构建和灵活使用这三种数据结构将是本节的主要内容。

3.1.1 列表

关于列表，需要对其说明如下三点：

- 列表的构造是通过英文状态下的方括号完成的，即[]。可以将每一个元素存放在中括号中，而且列表中的元素是不受任何限制的，可以存放数值、字符串及其他数据结构的内容。
- 列表是一种序列，即每个列表元素是按照顺序存入的，这些元素都有一个属于自己的位置（或下标）。
- 列表是一种可变类型的数据结构，即可以实现对列表的修改，包括增加、删除和修改列表中的元素值。

"列表是一种序列"指的是可以通过索引（或下标）的方式实现列表元素的获取，Python 中的索引都是用英文状态下的方括号表示，而且，对于位置索引来说，都是从 0 开始。接下来通过具体的例子来解释 4 种常见的索引方式。

1. 正向单索引

正向单索引指的是只获取列表中的某一个元素，并且是从左到右的方向数元素所在的位置，可以用[n]表示，例如：

```
list1 = ['张三','男',33,'江苏','硕士','已婚',['身高178','体重72']]
# 取出第一个元素
print(list1[0])
# 取出第四个元素
print(list1[3])
# 取出最后一个元素
print(list1[6])
# 取出"体重72"这个值
print(list1[6][1])

out:
张三
江苏
['身高178', '体重72']
体重72
```

如上结果显示，变量 list1 是一个含有 7 个元素的列表，包含字符串（注意，字符串必须用引号引起来）、数值和列表。由于位置索引是从 0 开始，所以索引号与实际的位置正好差 1，最后使用 print 函数将取回的元素打印出来。列表中最后一个元素正好又是一个列表（一般称为嵌套列表），所以要取出嵌套列表中的元素就需要两层索引实现。

2. 负向单索引

负向单索引是指在正向单索引的基础上添加一个负号"-"，所表达的含义是从右向左的方向获取元素，可以用[-n]表示，例如：

```
# 取出最后一个元素
print(list1[-1])
# 取出"身高178"这个值
print(list1[-1][0])
```

```
# 取出倒数第三个元素
print(list1[-3])
```

out:
```
['身高178', '体重72']
身高178
硕士
```

如果列表元素特别多，而需要获取的数据恰好又是最后几个，那么负向单索引就显得尤为方便和简单，否则从头开始数下去，就显得非常麻烦。注意，最后一个列表元素可以用[-1]表示，千万不要写成[-0]，这是初学者容易犯错的地方。

3. 切片索引

切片索引指的是按照固定的步长，连续取出多个元素，可以用[start:end:step]表示。start 指索取元素的起始位置；end 指索取元素的终止位置（注意，end 位置的元素是取不到的！）；step 指索取元素的步长，默认为1，表示逐个取出一连串的列表元素；切片，你可以把它理解成高中所学的值域范围，属于左闭右开的效果。例如：

```
list2 = ['江苏','安徽','浙江','上海','山东','山西','湖南','湖北']
# 取出"浙江"至"山西"四个元素
print(list2[2:6])
# 取出"安徽"、"上海"、"山西"三个元素
print(list2[1:6:2])
# 取出最后三个元素
print(list2[-3:-1])
```

out:
```
['浙江', '上海', '山东', '山西']
['安徽', '上海', '山西']
['山西', '湖南']
```

如上结果显示，第一个切片是逐个获取元素；第二个切片是隔元素返回；第三个切片并没有获得所有的最后三个元素，不管你把-1 换成 0 还是换成别的值，返回的结果中都无法得到"湖北"这个元素。为解决这个末尾元素取不到的难题，我们下面介绍无限索引。

4. 无限索引

无限索引是指在切片过程中不限定起始元素的位置或终止元素的位置，甚至起始和终止元素的位置都不限定，可以用[::step]表示。第一个冒号是指从列表的第一个元素开始获取；第二个冒号是指到最后一个元素结束（包含最后一个元素值）。例如：

```
# 取出头三个元素
print(list2[:3])
# 取出最后三个元素
print(list2[-3:])
# 取出所有元素
```

```
print(list2[::])
# 取出奇数位置的元素
print(list2[::2])
```

out:
```
['江苏', '安徽', '浙江']
['山西', '湖南', '湖北']
['江苏', '安徽', '浙江', '上海', '山东', '山西', '湖南', '湖北']
['江苏', '浙江', '山东', '湖南']
```

如上结果显示，如果需要从头开始返回元素，可以将切片中的 start 设置为冒号（:）；如果需要返回至结尾的元素，可以将切片中的 end 设置为冒号；当然，start 和 end 都设置为冒号的话，返回的是整个列表元素（等同于复制的功效），再通过 step 控制步长，实现有规律地跳格取数。

"列表是可变类型的数据结构"指的是可以通过列表特有的"方法"，实现列表元素的增加、删除和修改，一旦通过这些方法完成列表的操作，列表本身就发生变化了。注意，这里说的是特有的"方法"，而不是函数，对于初学者来说，不易分清 Python 中的"方法"和函数。

为了让读者容易理解两者的区别，这里举个形象的例子加以说明。"方法"可以理解为"婴幼儿专用商品"，写成 Python 的语法就是 object.method，这里的 object 就是婴幼儿，method 就是专用商品，例如儿童玩具、奶嘴、尿不湿等商品就是给婴幼儿使用的，这些商品是限定用户的，就像"方法"是限定特有对象一样；函数可以理解为普通商品，写成 Python 的语法就是 function(object)，这里的 object 就是普通大众，function 就是大众商品，例如雨伞、自行车、米饭等商品是不限定任何人群的，就像函数可以接受任何一类参数对象一样（如所有可迭代对象）。上面是从狭义的角度简单理解两者的区别，如果从广义的角度来看"方法"和函数，它们都属于对象的处理函数。

5. 列表元素的增加

如果需要往列表中增加元素，可使用 Python 提供的三种方法，即 append、extend 和 insert。下面通过例子来解释三者的区别：

```
list3 = [1,10,100,1000,10000]
# 在列表末尾添加数字 2
list3.append(2)
print(list3)
```

out:
```
[1, 10, 100, 1000, 10000, 2]
```

append 是列表所特有的方法，其他常见对象是没有这个方法的，该方法是往列表的尾部增加元素，而且每次只能增加一个元素。如果需要一次增加多个元素，该方法无法实现，只能使用列表的 extend 方法。

```
# 在列表末尾添加 20,200,2000,20000 四个值
list3.extend([20,200,2000,20000])
print(list3)
```

out:
```
[1, 10, 100, 1000, 10000, 2, 20, 200, 2000, 20000]
```

使用 extend 方法往列表尾部增加多个元素时，一定要将多个元素捆绑为列表传递给该方法，即使只有一个元素，也需要以列表的形式传递。

```
# 在数字 10 后面增加 11 这个数字
list3.insert(2,11)
print(list3)
# 在 10000 后面插入['a','b','c']
list3.insert(6,['a','b','c'])
print(list3)

out:
[1, 10, 11, 100, 1000, 10000, 2, 20, 200, 2000, 20000]
[1, 10, 11, 100, 1000, 10000, ['a', 'b', 'c'], 2, 20, 200, 2000, 20000]
```

insert 方法可以在列表的指定位置插入新值，该方法需要传递两个参数：一个是索引（或下标）参数，如上面的 2，是指在列表元素的第三个位置插入；另一个参数是具体插入的值，既可以是一个常量，也可以是一个列表，如果是列表，就是以嵌套列表的形式插入。

6. 列表元素的删除

能往列表中增加元素，就能从列表中删除元素。关于列表元素的删除有三种方法，分别是 pop、remove 和 clear，下面举例说明：

```
# 删除 list3 中 20000 这个元素
list3.pop()
print(list3)
# 删除 list3 中 11 这个元素
list3.pop(2)
print(list3)
out:
[1, 10, 11, 100, 1000, 10000, ['a', 'b', 'c'], 2, 20, 200, 2000]
[1, 10, 100, 1000, 10000, ['a', 'b', 'c'], 2, 20, 200, 2000]
```

如上结果所示，通过 pop 方法，可以完成列表元素两种风格的删除，一种是默认删除列表的末尾元素，另一种是删除指定位置的列表元素，而且都只能删除一个元素。

```
# 删除 list3 中的['a', 'b', 'c']
list3.remove(['a', 'b', 'c'])
print(list3)
out:
[1, 10, 100, 1000, 10000, 2, 20, 200, 2000]
```

remove 方法提供了删除指定值的功能，该功能非常棒，但是它只能删除首次出现的指定值。如果你的列表元素特别多，通过 pop 方法删除指定位置的元素就显得非常笨拙，因为你需要数出删除值的具体位置，而使用 remove 方法就很方便。

```
# 删除 list3 中所有元素
list3.clear()
```

```
print(list3)
```

out:
```
[]
```

clear 从字面理解就是清空的意思，确实，该方法就是将列表中的所有元素全部删除。如上结果所示，通过 clear 方法返回的是一个空列表。

7. 列表元素的修改

如果列表元素值存在错误该如何修改呢？不幸的是对于列表来说，没有具体的方法可言，但可以使用"取而改之"的思想实现元素的修改。下面通过具体的例子来加以说明：

```
list4 = ['洗衣机','冰响','电视机','计算机','空调']
# 将"冰响"修改为"冰箱"
print(list4[1])
list4[1] = '冰箱'
print(list4)
```

out:
```
冰响
['洗衣机', '冰箱', '电视机', '计算机', '空调']
```

"取而改之"是指先通过错误元素的获取（通过索引的方法），再使用正确的值重新替换即可。正如上面的结果所示，就是用新值替换旧值，完成列表元素的修改。

当然，除了上面介绍的列表元素增加和删除所涉及的"方法"外，还有其他"方法"，如排序、计数、查询位置、逆转，接下来仍然通过具体的例子来说明它们的用法：

```
list5 = [7,3,9,11,4,6,10,3,7,4,4,3,6,3]
# 计算列表中元素 3 的个数
print(list5.count(3))
# 找出元素 6 所在的位置
print(list5.index(6))
# 列表元素的颠倒
list5.reverse()
print(list5)
# 列表元素的降序
list5.sort(reverse=True)
print(list5)
```

out:
```
4
5
[3, 6, 3, 4, 4, 7, 3, 10, 6, 4, 11, 9, 3, 7]
[11, 10, 9, 7, 7, 6, 6, 4, 4, 4, 3, 3, 3, 3]
```

count 方法是用来对列表中的某个元素进行计数，每次只能往 count 方法中传递一个值；index 方法则返回指定值在列表中的位置，遗憾的是只返回首次出现该值的位置；reverse 方法是将列表元素全部翻转，最后一个元素重新排到第一个位置，倒数第二个元素排到第二个位置，以此类推；sort 方法可以实现列表元素的排序，默认是升序，可以将 reverse 参数设置为 True，进而调整为降序。需要注意的是，sort 方法只能对同质数据进行排序，即列表元素统一都是数值型或字符型，不可以混合多种数据类型或数据结构。

3.1.2　元组

元组与列表类似，关于元组同样需要做如下三点说明：

- 元组通过英文状态下的圆括号构成，即()。其存放的元素与列表一样，可以是不同的数值类型，也可以是不同的数据结构。
- 元组仍然是一种序列，所以几种获取列表元素的索引方法同样可以使用到元组对象中。
- 与列表最大的区别是，元组不再是一种可变类型的数据结构。

由于元组只是存储数据的不可变容器，因此其只有两种可用的"方法"，分别是 count 和 index。它们的功能与列表中的 count 和 index 方法完全一样，这里就简单举例，不再详细赘述：

```
t = ('a','d','z','a','d','c','a')
# 计数
print(t.count('a'))
# 元素位置
print(t.index('c'))


out:
3
5
```

3.1.3　字典

字典是非常常用的一种数据结构，它与 json 格式的数据非常相似，核心就是以键值对的形式存储数据，关于 Python 中的字典做如下 4 点说明：

- 构造字典对象需要使用大括号表示，即{}，每一个字典元素都是以键值对的形式存在，并且键值对之间用英文状态下的冒号隔开，即 key:value。
- 键在字典中是唯一的，不能有重复，对于字符型的键需要用引号引起来。值可以是单个值，也可以是多个值构成的列表、元组或字典。
- 字典不再是序列，无法通过位置索引完成元素值的获取，只能通过键索引实现。
- 字典与列表一样，都是可变类型的数据结构。

首先介绍字典的键索引如何实现元素值的获取，举例如下：

```
dict1 = {'姓名':'张三','年龄':33,'性别':'男','子女':{'儿子':'张四','女儿':'张美'},
        '兴趣':['踢球','游泳','唱歌']}
# 打印字典
print(dict1)
```

```
# 取出年龄
print(dict1['年龄'])
# 取出子女中的儿子姓名
print(dict1['子女']['儿子'])
# 取出兴趣中的游泳
print(dict1['兴趣'][1])

out:
{'姓名': '张三', '子女': {'女儿': '张美', '儿子': '张四'}, '兴趣': ['踢球',
 '游泳', '唱歌'], '年龄': 33, '性别': '男'}
33
张四
游泳
```

对于字典来说，它不再是序列，通过第一条输出结果可知，构造时的字典元素与输出时的字典元素顺序已经发生了变化，要想获取元素值，只能在索引里面写入具体的键；在字典 dict1 中，键"子女"对应的值是另一个字典，属于 dict1 的嵌套字典，所以需要通过双层键索引获取张三儿子的姓名；键"兴趣"对应的值是列表，所以"游泳"这个值只能通过先锁定字典的键再锁定列表元素的位置才能获得。

接下来介绍字典的可变性。关于可变性，仍然是对字典元素进行增加、删除和修改的操作，这些操作都可以通过字典的"方法"实现，下面将依次介绍字典的各个操作。

1. 字典元素的增加

针对字典元素的增加，可以使用如下三种方式实现，分别为 setdefault 方法、update 方法和键索引方法：

```
# 往字典 dict1 中增加户籍信息
dict1.setdefault('户籍','合肥')
print(dict1)
# 增加学历信息
dict1.update({'学历':'硕士'})
print(dict1)
# 增加身高信息
dict1['身高'] = 178
print(dict1)

out:
{'姓名': '张三', '兴趣': ['踢球', '游泳', '唱歌'], '户籍': '合肥', '年龄': 33,
 '子女': {'女儿': '张美', '儿子': '张四'}, '性别': '男'}
{'姓名': '张三', '兴趣': ['踢球', '游泳', '唱歌'], '户籍': '合肥', '年龄': 33,
 '子女': {'女儿': '张美', '儿子': '张四'}, '学历': '硕士', '性别': '男'}
{'姓名': '张三', '兴趣': ['踢球', '游泳', '唱歌'], '户籍': '合肥', '年龄': 33,
 '身高': 178, '子女': {'女儿': '张美', '儿子': '张四'}, '学历': '硕士', '性别': '
男'}
```

如上结果所示，setdefault 方法接受两个参数，第一个参数为字典的键，第二个参数是键对应的值；update 从字面理解是对字典的更新，关于 update 方法完成字典元素的修改可参见后面的内容，除此，它还可以增加元素，与 setdefault 不同的是该方法接受的是一个字典对象；第三种方法是通过键索引实现的，如果原字典中没有指定的键，就往字典中增加元素，否则，起到修改字典元素的功能。

2. 字典元素的删除

关于字典元素的删除可以使用 pop、popitem 和 clear 三种"方法"实现，具体操作如下：

```
# 删除字典中的户籍信息
dict1.pop('户籍')
print(dict1)
# 删除字典中女儿的姓名
dict1['子女'].pop('女儿')
print(dict1)
# 删除字典中的任意一个元素
dict1.popitem()
print(dict1)
# 清空字典元素
dict1.clear()
print(dict1)

out:
{'姓名': '张三', '兴趣': ['踢球', '游泳', '唱歌'], '年龄': 33, '身高': 178,
'子女': {'女儿': '张美', '儿子': '张四'}, '学历': '硕士', '性别': '男'}
{'姓名': '张三', '兴趣': ['踢球', '游泳', '唱歌'], '年龄': 33, '身高': 178,
'子女': {'儿子': '张四'}, '学历': '硕士', '性别': '男'}
{'兴趣': ['踢球', '游泳', '唱歌'], '年龄': 33, '身高': 178, '子女': {'儿子': '
张四'},
'学历': '硕士', '性别': '男'}
{}
```

如上结果显示，pop 方法在列表中同样起到删除元素的作用，如果不传递任何参数给 pop 方法，则表示删除列表末尾的一个元素，否则就是删除指定下标的一个元素，但是在字典中 pop 方法必须指定需要删除的键，否则就会引起语法错误；如果需要删除嵌套字典中的某个键，就必须先通过键索引取出对应的字典，然后使用 pop 方法完成嵌套字典元素的删除；popitem 方法不需要传递任何值，它的功能就是任意删除字典中的某个元素；clear 方法则可以干净利落地清空字典中的所有元素。

3. 字典元素的修改

最后来看一下字典元素的修改，关于修改部分，可以使用如下两种方法：

```
dict1 = {'身高': 178,'年龄':33,'性别':'男','子女':{'儿子':'张四','女儿':'张美'},
'兴趣':['踢球','游泳','唱歌']}
# 将学历改为本科
```

```
dict1.update({'学历':'本科'})
print(dict1)
# 将年龄改为35
dict1['年龄'] = 35
print(dict1)
# 将兴趣中的唱歌改为跳舞
dict1['兴趣'][2] = '跳舞'
print(dict1)
out:
{'身高': 178, '年龄': 33, '性别': '男', '子女': {'儿子': '张四', '女儿': '张美'},
'兴趣': ['踢球', '游泳', '唱歌'], '学历': '本科'}
{'身高': 178, '年龄': 35, '性别': '男', '子女': {'儿子': '张四', '女儿': '张美'},
'兴趣': ['踢球', '游泳', '唱歌'], '学历': '本科'}
{'身高': 178, '年龄': 35, '性别': '男', '子女': {'儿子': '张四', '女儿': '张美'},
'兴趣': ['踢球', '游泳', '跳舞'], '学历': '本科'}
```

正如"字典元素的增加"部分所提到的，也可以使用 update 方法和键索引方法完成字典元素的修改，具体如上面的例子所示。需要注意的是，如果字典中的值是另一个字典或列表，需要先通过键索引实现字典元素的查询，然后在查询的基础上应用对应的修改方法即可（如 update 方法或"取而改之"的方法）。

列表还有一些其他"方法"，这里列出几个比较重要的方法并通过例子来解释：

```
dict2 = {'电影':['三傻大闹宝莱坞','大话西游之大圣娶亲','疯狂动物城'],
         '导演':['拉吉库马尔·希拉尼','刘镇伟','拜伦·霍华德 '],
         '评分':[9.1,9.2,9.2]}
# 取出键'评分'所对应的值
print(dict2.get('评分'))
# 取出字典中的所有键
print(dict2.keys())
# 取出字典中的所有值
print(dict2.values())
# 取出字典中的所有键值对
print(dict2.items())

out:
[9.1, 9.2, 9.2]
dict_keys(['导演', '评分', '电影'])
dict_values([['拉吉库马尔·希拉尼', '刘镇伟', '拜伦·霍华德 '], [9.1, 9.2, 9.2],
            ['三傻大闹宝莱坞', '大话西游之大圣娶亲', '疯狂动物城']])
dict_items([('导演', ['拉吉库马尔·希拉尼', '刘镇伟', '拜伦·霍华德 ']), ('评分',
            [9.1, 9.2, 9.2]), ('电影', ['三傻大闹宝莱坞', '大话西游之大圣娶亲',
            '疯狂动物城'])])
```

get 方法的功能与键索引已知，可以从字典中取出键对应的值。所不同的是，如果某个键在字典中不存在，应用键索引的方法会产生"键错误"的信息；而 get 方法则不会报错，也就不会影响其他脚本的正常执行。keys、values 和 items 方法分别取出字典中的所有键、值和键值对。

3.2 控 制 流

Python 中的控制流语句和其他编程软件的控制流语句相似，主要包含 if 分支、for 循环和 while 循环，而且控制流的使用非常频繁。例如，分不同情况执行不同的内容就可以使用 if 分支完成；对每一个对象进行相同的操作可以使用 for 循环实现；当无法确定循环的对象是什么时，还可以使用 while 循环完成重复性的操作。下面就详细介绍 if 分支、for 循环和 while 循环的具体使用说明。

3.2.1 if 分支

if 分支是用来判别某个条件是否满足时所对应的执行内容，常见的分支类型有二分支类型和多分支类型。二分支是指条件只有两种情况，例如年龄是否大于 18 周岁，收入是否超过 15000 元等。多分支是指条件个数超过两种，例如将考试成绩分成合格、良好和优秀三种等级，将年龄分为少年、青年、中年和老年 4 个阶段。可以将 if 分支形象地表示如图 3-1 所示。

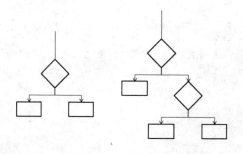

图 3-1　if 分支流程图

如图 3-1 所示，菱形代表条件，矩形代表不同条件下执行的语句块。左图展示的就是二分支的情况，右图为三分支的判断风格。在 Python 中二分支和三分支的语法可以写成表 3-1 的形式。

表 3-1　if 分支的二分支和三分支的语法

二分支语法	三分支语法
	if condition1:
	expression1
if condition1:	elif condition2:
expression1	expression2
else:	else:
expression2	expression3

关于上面的语法，有如下 4 点需要注意：

- 对于多分支的情况，else if 在 Python 缩写为 elif。

- 不论是关键词 if、elif 还是 else，其所在的行末尾都必须加上英文状态的冒号。
- 在条件之后的执行语句（expression 部分）都需要缩进，而且在整个语句块中，保持缩进风格一致。
- else 关键词后面千万不要再加上具体的条件。

针对上面的语法，通过简单的例子（见表 3-2）来加以说明，希望读者能够比较好地理解 if 分支的语法和注意事项。

表 3-2　if 语句二分支和多分支的例子

二分支：返回一个数的绝对值	多分支：返回成绩对应的等级

x = -3
if x >= 0:
　　print(x)
else:
print(-1*x)
 	
out:
3
	score = 68
	if score < 60:
	　　print('不及格')
	elif score < 70:
	　　print('合格')
	elif score < 80:
	　　print('良好')
	else:
	print('优秀')
	
	out:
	合格

3.2.2　for 循环

循环的目的一般都是为了解决重复性的工作，如果你需要对数据集中的每一行做相同的处理，如不使用循环的话，就会导致代码量剧增，而且都是无意义的重复代码。如果使用循环的语法解决类似上面的问题，也许只要 10 行左右的代码即可，既保证代码的简洁性，又保证问题得到解决。为了使读者形象地理解 for 循环的操作流程，可将其表示为如图 3-2 所示的效果。

如图 3-2 所示，对于 for 循环来说，就是把可迭代对象中的元素（如列表中的每一个元素）通过漏斗的小口依次倒入之后的执行语句中。在图 3-2 中，漏斗代表

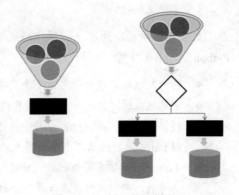

图 3-2　for 循环的操作流程

可迭代对象，小球代表可迭代对象中的元素，黑框是对每一个元素的具体计算过程，菱形是需要对每一个元素进行条件判断，圆柱体则存放了计算后的结果。

对于左图来说，直接将漏斗中的每一个元素进行某种计算，最终把计算结果存储起来；右图相对复杂一些，多了一步计算前的判断，这个就需要 if 分支和 for 循环搭配完成，然后将各分支的结果进行存储。接下来，分别对如上两种 for 循环用法加以案例说明。

```
# 将列表中的每个元素使用平方加 1 处理
list6 = [1,5,2,8,10,13,17,4,6]
result = []
for i in list6:
    y = i ** 2 + 1
    result.append(y)
print(result)
```

out:
```
[2, 26, 5, 65, 101, 170, 290, 17, 37]
```

如上展示的就是对列表 list6 中每个元素使用平方加 1 的结果，在 for 循环之前先构造了空列表 result，用于最终计算结果的存储；Python 中的指数运算可以使用两个星号表示，如 3 的 5 次方可以写成 3**5；最后通过列表的 append 方法将每个元素的计算结果依次存入 result 变量中。下面再看一个有判断条件的 for 循环用法。

```
# 计算 1 到 100 之间的偶数和
s1_100 = 0
for i in range(1,101):
if i % 2 == 0:
        s1_100 = s1_100 + i
else:
        pass
print('1 到 100 之间的偶数和为%d'%s1_100)
```

out:
```
1 到 100 之间的偶数和为 2550
```

如上结果所示，通过 for 循环可以非常方便地计算出所有 1～100 之间的偶数和。对于上面 Python 语句有如下 5 点说明：

- 在进入循环之前必须定义一个变量，并将 0 赋给它，目的是用于和的累加。
- 虽然可以通过方括号[]实现列表的构建，但是手工写入 1～100 的数字很麻烦，如果使用 Python 提供的 range 函数就可以非常方便地生成有规律的可迭代对象，但是该函数取不到上限，所以 range 函数的第二个参数写入的是 101。
- 判断一个数值是否为偶数，就将该数值与 2 相除求其余数，如果余数等于 0 则为偶数，否则为奇数，所以用%表示计算两个数商的余数，判断余数是否等于 0，用双等号 "="表示。
- 由于计算的是偶数和，所以 if 分支属于二分支类型，这里只关心偶数的和，对于 else 部分就直接使用关键词 pass 表示忽略，当然读者也可以省略掉 else:和 pass 两行。
- 最后的 print 输出部分使用了格式化的输出方法，如代码中的%d 代表一个整数型的坑，%s1_100 就是往坑中填入的值，如果有多个待填入坑，就得指定多个填入的值，这样的格式化输出可以写成%（值 1,值 2,值 3）。除了有整数型的坑，还有%s、%f 和.2f%等，分别代表字符型的坑、浮点型（小数型）的坑和保留两位小数点的浮点型坑等。

如果是对可迭代对象中的每一个元素做相同处理的话，正如上面的例子中对列表 list6 的每个元素做平方加 1 的计算，不仅可以使用 for 循环，还可以通过更简单的列表表达式完成。对于列表表达式，可以写成如下语法：

```
[expression for i in iterable if condition]
```

在上面的列表表达式中，expression 就是对每一个元素的具体操作表达式；iterable 是某个可迭代对象，如列表、元组或字符串等；if condition 是对每一个元素进行分支判断，如果条件符合，则 expression 操作对应的元素。为了更好地说明列表表达式，下面举一个示例：

```
# 对列表中的偶数做三次方并减 10 的处理
list7 = [3,1,18,13,22,17,23,14,19,28,16]
result = [i ** 3 - 10 for i in list7 if i % 2 == 0]
print(result)

out:
[5822, 10638, 2734, 21942, 4086]
```

如上结果所示，在原列表 list7 中通过余数判断获得 5 个偶数，分别是 18、22、14、28 和 16，再对这些数做三次方并减 10 的操作就得到了最终的输出结果，而且结果还是列表型的数据结构。Python 中除了有列表表达式，还有元组表达式和字典表达式，它们的语法同列表表达式类似，由于它们在实际工作中的使用并不是很频繁，所以就不对它们做详细说明了。

如果读者在学习或工作中需要解决的问题既可以用 for 循环实现也可以通过列表表达式完成，建议优先选择列表表达式的方法，因为其语法简洁，而且在计算的效率上也比多行的 for 循环高得多。关于 for 循环的内容就讲解这么多，最后介绍控制流中的 while 循环。

3.2.3　while 循环

while 循环与 for 循环有一些相似之处，有时 for 循环的操作和 while 循环的操作是可以互换的，但 while 循环更适合无具体迭代对象的重复性操作。这句话理解起来可能比较吃力，下面通过一个比较形象的例子来说明两者的差异。

当你登录某手机银行 APP 账号时，一旦输入错误，就会告知用户还剩几次输入机会，很明显，其背后的循环就是限定用户只能在 N 次范围内完成正确的输入，否则当天就无法再进行用户名和密码的输入，对于 for 循环来说，就有了具体的迭代对象，如从 1 到 N；当你在登录邮箱账号时，输入错误的用户名或密码，只会告知"您的用户名或密码错误"，并不会限定还有几次剩余的输入机会，所以对于这种重复性的输入操作，对方服务器不确定用户将会输入多少次才会正确，对于 while 循环来说，就相当于一个无限次的循环，除非用户输入正确。

首先来了解一下 while 循环在 Python 中的语法表达：

```
while condition:
    if condition1:
        expression1
    elif condition2:
        expression2
```

```
else:
    expression3
```

当 while 关键词后面的条件满足时，将会重复执行第二行开始的所有语句块。一般情况下，while 循环都会与 if 分支搭配使用，就像 for 循环与 if 分支搭配一样，如上面的 while 循环语法中就内嵌了三分支的 if 判断，读者可以根据具体的情况调整分支的个数。针对上文提到的两种账号登录模式，进一步通过实例（见表 3-3）代码来比较 for 循环和 while 循环的操作差异。

表 3-3　for 循环和 while 的例子

for 循环	while 循环

# 使用 for 循环登录某手机银行 APP 	
for i in range(1,6):
　　user = input('请输入用户名：')
　　password = int(input('请输入密码：'))
　　if (user == 'test') & (password == 123):
　　　　print('登录成功！')
　　　　break
　　else:
　　　　if i < 5:
　　　　　　print('错误！您今日还剩%d 次输入机会。' %(5-i))
　　　　else:
　　　　　　print('请 24 小时后再尝试登录！')
out:
请输入用户名：test
请输入密码：111
错误！您今日还剩 4 次输入机会。
请输入用户名：test
请输入密码：123
登录成功！
	# 使用 while 循环登录邮箱账号
	while True:
	　　user = input('请输入用户名：')
	　　password = int(input('请输入密码：'))
	　　if (user == 'test') & (password == 123):
	　　　　print('登录成功！')
	　　　　break
	　　else:
	　　　　print('您输入的用户名或密码错误！')
	out:
	请输入用户名：dag
	请输入密码：111
	您输入的用户名或密码错误！
	请输入用户名：dasg
	请输入密码：111
	您输入的用户名或密码错误！
	请输入用户名：test
	请输入密码：123
	登录成功！

对如上呈现的代码做几点解释：

- input 函数可以实现人机交互式的输入，一旦运行，用户填入的任何内容都会以字符型的值赋值给 user 变量和 password 变量，由于实际的密码为数字 123，因此必须将 input 函数的结果套在 int 函数内，将其转换为整数型。
- 如果有多个条件，条件之间的逻辑关系不管是"且"（用&表示）还是"或"（用|表示），所有的条件都必须用圆括号括起来，否则可能会得到诡异的结果。
- 在 while 循环中，while 关键词后面直接跟上 True 值，就表示循环将无限次执行，正如用户无限次输入错误的用户名和密码一般，直到输入正确并遇到 break 关键词时才会退出循环。
- break 关键字在 Python 的循环过程中会比较常见，其功能是退出离它最近的循环系统（可能是 for 循环或 while 循环）。如代码所示，当正确填入用户名和密码时，就会执行 break 关键字，此时就会退出整个循环系统。与 break 类似的另一个关键字是 continue，不同的是，continue 只是结束循环系统中的当前循环，还得继续下一轮的循环操作，并不会退出整个循环。

3.3　字符串处理方法

3.3.1　字符串的常用方法

在平时的工作中，也会碰见字符串型数据的处理，例如如何截取字符串中的某一段内容、如何将字符串按照某个指定的分隔符将其切割开、如何对字符串中的某些值进行替换等。本节内容重点讲述有关字符串的几种常见处理"方法"，首先介绍一下 Python 中的字符串有哪些构造方法：

```
# 单引号构造字符串
string1 = '"commentTime":"2018-01-26 08:59:30","content":"包装良心！馅料新鲜！
还会回购"'
# 双引号构造字符串
string2 = "ymd:'2017-01-01',bWendu:'5℃',yWendu:'-3℃',tianqi:'霾~晴',
fengxiang:'南风',aqiInfo:'严重污染'"
# 三引号构造字符串
string3 = '''nickName':"美美",'content':"环境不错，服务态度超好，就是有点小贵",
'createTimestring':"2017-09-30"'''
string4 = '''据了解，持续降雪造成安徽部分地区农房倒损、种植养殖业大棚损毁，
其中合肥、马鞍山、铜陵 3 市倒塌农房 8 间、紧急转移安置 8 人。'''
```

构造字符串可以使用三种形式的引号，如果字符串的内容不包含任何引号，那么单引号、双引号和三引号都可以使用；如果字符串的内容仅包含双引号，类似变量 string1 的形式，那么只能使用单引号或三引号构造字符串；如果字符串的内容仅包含单引号，类似变量 string2 的形式，那么只能使用双引号或三引号完成字符串的创建；如果字符串的内容既包含单引号，又包含双引号，类似变量 string3 所示，那只能使用三引号构建字符串。所以，三引号是适用情况最多的字符串构造方法，而且三引号允许长字符串的换行，这是其他两种引号无法实现的，如变量 string4 所示。

接下来将字符串的常用"方法"汇总到表 3-4 中，以便读者学习和查阅。

表 3-4　字符串的常用方法

方　　法	使用说明	方　　法	使用说明
string[start:end:step]	字符串的切片	string.replace	字符串的替换
string.split	字符串的分割	sep.join	将可迭代对象按 sep 分割符拼接为字符串
string.strip	删除首尾空白	string.lstrip	删除字符串左边空白
string.rstrip	删除字符串右边空白	string.count	对字符串的子串计数
string.index	返回子串首次出现的位置	string.find	返回子串首次出现的位置（找不到返回-1）
string.startswith	字符串是否以什么开头	string.endswith	字符串是否以什么结尾
string.format	字符串的格式化处理		

为了使读者很好地理解表 3-4 中的字符串"方法"，下面通过一些小例子作为字符串常用"方法"的解释：

```python
# 获取身份证号码中的出生日期
print('123456198901017890'[6:14])
# 将手机号中的中间四位替换为四颗星
tel = '1361234****'
print(tel.replace(tel[3:7],'****'))
# 将邮箱使用@符分隔开
print('12345@qq.com'.split('@'))
# 将 Python 的每个字母用减号连接
print('-'.join('Python'))
# 删除" 今天星期日   "的首尾空白
print("   今天星期日   ".strip())
# 删除"   今天星期日   "的左边空白
print("   今天星期日   ".lstrip())
# 删除"   今天星期日   "的右边空白
print("   今天星期日   ".rstrip())
# 计算子串"中国"在字符串中的个数
string5 = '中国方案引领世界前行，展现了中国应势而为、勇于担当的大国引领作用！'
print(string5.count('中国'))
# 查询"Python"单词所在的位置
string6 = '我是一名 Python 用户，Python 给我的工作带来了很多便捷。'
print(string6.index('Python'))
print(string6.find('Python'))
# 字符串是否以"2018 年"开头
string7 = '2017 年匆匆走过，迎来崭新的 2018 年'
print(string7.startswith('2018 年'))
# 字符串是否以"2018 年"年结尾
print(string7.endswith('2018 年'))
# 字符串的格式化处理
print('尊敬的{}先生，您的话费余额为{:.2f}，请及时充值，以免影响正常通话！'.format('刘',8.669))
```

```
out:
19890101
136****5678
['12345', 'qq.com']
P-y-t-h-o-n
今天星期日
今天星期日
   今天星期日
2
```

```
4
4
False
True
尊敬的刘先生，您的话费余额为 8.67，请及时充值，以免影响正常通话！
```

　　需要说明的是，字符串的 index 和 find 方法都是只能返回首次发现子串的位置，如果子串在原字符串中没有找到，对于 index 方法来说，则返回报错信息，对于 find 方法，则返回值-1。所以，推荐使用 find 方法寻找子串的位置，因为即使找不到子串也不会因为错误而影响其他程序的正常执行。

　　有时，光靠字符串的这些"方法"无法实现字符串的其他处理功能，例如，怎样在字符串中找到有规律的目标值、怎样替换那些不是固定值的目标内容、怎样按照多个分隔符将字符串进行切割等。关于这方面问题的解决，需要用到字符串的正则表达式，接下来我们就进入正则表达式的学习。

3.3.2　正则表达式

　　正则表达式就是从字符串中发现规律，并通过"抽象"的符号表达出来。打个比方，对于2,5,10,17,26,37 这样的数字序列，如何计算第 7 个值，肯定要先找该序列的规律，然后用 n^2+1 这个表达式来描述其规律，进而得到第 7 个值为 50。对于需要匹配的字符串来说，同样把发现规律作为第一步，本节主要使用正则表达式完成字符串的查询匹配、替换匹配和分割匹配。在进入字符串的匹配之前，先来了解一下都有哪些常用的正则符号，如表 3-5 所示。

表 3-5　常用的正则符号

符　　号	含　　义	示　　例
.	可以匹配任意字符，但不包含换行符 '\n'	Pyt.on→Pytmon
\	转义符，一般用于保留字符串中的特殊元字符	10\.3→10.3
|	逻辑或	人 a|A→人 a 或者人 A
[]	用于匹配的一组字符	m[aA]n→man 或者 mAn
\d 与 \D	\d 匹配任意数字，\D 代表所有非\d	今天\d 号→今天 3 号
\s 与 \S	\s 匹配任意空白字符，\S 代表所有非\s	你\s 好→你 好
\w 与 \W	\w 匹配字母数字和下划线，\W 代表所有非\w	P\wy→Pay 或者 P3y
*	匹配前一个字符 0 到无穷次	OK*→O 或者 OK 或者 OKK
+	匹配前一个字符 1 到无穷次	OK+→OK 或者 OKK
?	匹配前一个字符 0 到 1 次	OK?→O 或者 OK
{m}	匹配前一个字符 m 次	OK{3}→OKKK
{m,n}	匹配前一个字符 m 到 n 次	OK{1,2}→OK 或者 OKK
(.*?)	用于分组，默认返回括号内的匹配内容	可见后续案例

　　如果读者能够比较熟练地掌握表 3-5 中的内容，相信在字符串处理过程中将会游刃有余。如前文所说，本节将基于正则表达式完成字符串的查询、替换和分割操作，这些操作都需要导入 re 模块，并使用如下几个函数。

1. 匹配查询函数

findall(pattern, string, flags=0)

findall 函数可以对指定的字符串进行遍历匹配，获取字符串中所有匹配的子串，并返回一个列表结果。该函数的参数含义如下：

- pattern：指定需要匹配的正则表达式。
- string：指定待处理的字符串。
- flags：指定匹配模式，常用的值可以是 re.I、re.M、re.S 和 re.X。re.I 的模式是让正则表达式对大小写不敏感；re.M 的模式是让正则表达式可以多行匹配；re.S 的模式指明正则符号.可以匹配任意字符，包括换行符\n；re.X 模式允许正则表达式可以写得更加详细，如多行表示、忽略空白字符、加入注释等。

2. 匹配替换函数

sub(pattern, repl, string, count=0, flags=0)

sub 函数的功能是替换，类似于字符串的 replace 方法，该函数根据正则表达式把满足匹配的内容替换为 repl。该函数的参数含义如下：

- pattern：同 findall 函数中的 pattern。
- repl：指定替换成的新值。
- string：同 findall 函数中的 string。
- count：用于指定最多替换的次数，默认为全部替换。
- flags：同 findall 函数中的 flags。

3. 匹配分割函数

split(pattern, string, maxsplit=0, flags=0)

split 函数是将字符串按照指定的正则表达式分隔开，类似于字符串的 split 方法。该函数的具体参数含义如下：

- pattern：同 findall 函数中的 pattern。
- maxsplit：用于指定最大分割次数，默认为全部分割。
- string：同 findall 函数中的 string。
- flags：同 findall 函数中的 flags。

如果上面的函数和参数含义都已经掌握了，还需要进一步通过案例加强理解，接下来举例说明上面的三个函数：

```
# 导入用于正则表达式的 re 模块
import re
# 取出字符中所有的天气状态
string8 = "{ymd:'2018-01-01',tianqi:'晴',aqiInfo:'轻度污染'},
{ymd:'2018-01-02',tianqi:'阴~小雨',aqiInfo:'优'},{ymd:'2018-01-03',tianqi:'小雨
```

```
~中雨',aqiInfo:'优'},{ymd:'2018-01-04',tianqi:'中雨~小雨',aqiInfo:'优'}"
    print(re.findall("tianqi:'(.*?)'", string8))

    # 取出所有含 o 字母的单词
    string9  = 'Together, we discovered that a free market only thrives when there
are rules to ensure competition and fair play, Our celebration of initiative and
enterprise'
    print(re.findall('\w*o\w*',string9, flags = re.I))

    # 将标点符号、数字和字母删除
    string10 = '据悉，这次发运的 4 台蒸汽冷凝罐属于国际热核聚变实验堆（ITER）项目的核二级压
力设备，先后完成了压力试验、真空试验、氢气检漏试验、千斤顶试验、吊耳载荷试验、叠装试验等验收试
验。'
    print(re.sub('[,。、a-zA-Z0-9（）]','',string10))

    # 将每一部分的内容分割开
    string11 = '2室2厅 | 101.62平 | 低层/7层 | 朝南 \n 上海未来 - 浦东 - 金杨 - 2005
年建'
    split = re.split('[-\|\n]', string11)
    print(split)
    split_strip = [i.strip() for i in split]
    print(split_strip)

    out:
    ['晴', '阴~小雨', '小雨~中雨', '中雨~小雨']
    ['Together', 'discovered', 'only', 'to', 'competition', 'Our', 'celebration',
'of']
    据悉这次发运的台蒸汽冷凝罐属于国际热核聚变实验堆项目的核二级压力设备先后完成了压力试验真
空试验氢气检漏试验千斤顶试验吊耳载荷试验叠装试验等验收试验
    ['2室2厅 ', ' 101.62平 ', ' 低层/7层 ', ' 朝南 ', ' 上海未来 ', ' 浦东 ', ' 金
杨 ', ' 2005年建']
    ['2室2厅', '101.62平', '低层/7层', '朝南', '上海未来', '浦东', '金杨', '2005
年建']
```

如上结果所示，在第一个例子中通过正则表达式"tianqi:'(.*?)'"实现目标数据的获取，如果不使用括号的话，就会产生类似"tianqi:'晴'", "tianqi:'阴~小雨'"这样的值，所以，加上括号就是为了分组，且仅返回组中的内容；第二个例子并没有将正则表达式写入圆括号，如果写上圆括号也是返回一样的结果，所以 findall 就是用来返回满足匹配条件的列表值，如果有括号，就仅返回括号内的匹配值；第三个例子使用替换的方法，将所有的标点符号换为空字符，进而实现删除的效果；第四个例子是对字符串的分割，如果直接按照正则 '[,。、a-zA-Z0-9（）]' 分割的话，返回的结果中包含空字符，如 '2室2厅' 后面就有一个空字符。为了删除列表中每个元素的首尾空字符，使用了列表表达式，并且结合字符串的 strip 方法完成空字符的压缩。

3.4 自定义函数

3.4.1 自定义函数语法

虽然 Python 的标准库中自带了很多"方法"或函数，并且第三方模块也提供了更多的现成"方法"与函数，但有时还是不能满足学习或工作中的需求，这时就需要自定义函数了。另外，为了避免重复代码的编写，也可以将常用的代码块封装为函数，在需要时调用函数即可，这样也会使代码简洁易读。

在 Python 中有一种自定义函数为匿名函数，可以用 lambda 关键字定义。通过 lambda 构造的函数可以没有名称，最大特点是"一气呵成"，即在自定义匿名函数时，所有代码只能在一行内完成，语法如下：

```
lambda parameters : function_expression
```

如上语法中，lambda 为匿名函数的关键起始词；parameters 是函数可能涉及的形参，如果有多个参数，需要用英文状态的逗号隔开；function_expression 为具体的函数体。需要再次强调的是，如果需要构造的函数不是很复杂，可以使用 lambda 匿名函数一气呵成地表达完，否则就只能使用 def 关键字构造有名称的自定义函数了。下面举一个实例来描述 lambda 匿名函数的使用：

```python
# 统计列表中每个元素的频次
list6 = ['A','A','B','A','A','B','C','B','C','B','B','D','C']

# 构建空字典，用于频次统计数据的存储
dict3 = {}
# 循环计算
for i in set(list6):
    dict3[i] = list6.count(i)
print(dict3)

# 取出字典中的键值对
key_value = list(dict3.items())
print(key_value)

# 列表排序
key_value.sort()
print(key_value)

# 按频次高低排序
key_value.sort(key = lambda x : x[1], reverse=True)
print(key_value)
```

```
out:
{'D': 1, 'B': 5, 'A': 4, 'C': 3}
[('D', 1), ('B', 5), ('A', 4), ('C', 3)]
[('A', 4), ('B', 5), ('C', 3), ('D', 1)]
[('B', 5), ('A', 4), ('C', 3), ('D', 1)]
```

本案例的目的是统计列表中的元素频次，并根据频次从高到低排序。首先在统计元素频次时使用了 for 循环，其中 set 函数是构造集合对象，可以实现列表元素的去重；然后直接对存储键值对的列表直接排序，发现默认是按照字母排序，见第三行输出，并不是以实际的频次排序；最后通过构建匿名函数，对列表元素（每一个键值对元组）的第二个元素降序排序，进而实现输出结果中的最后一行效果。

虽然匿名函数用起来很灵活，会在很多代码中遇到，但是它的最大特点也是它的短板，即无法通过 lambda 函数构造一个多行而复杂的函数。为了弥补其缺陷，Python 提供了另一个关键字 def 构造复杂的自定义函数，其语法如下：

```
def function_name(parameters):
    function_expression
    return(result)
```

如上语法中，def 是 define 单词的缩写，表示自定义；function_name 为自定义的函数名称；parameters 为自定义函数的形参，需要放在圆括号内；第一行的结束必须要加上英文状态的冒号，这是很多初学者容易忽略的细节；function_expression 是具体的函数体（注意，第二行开始需要缩进），根据自定义的需求，可以很简单也可以很复杂；return 用于返回函数的计算结果，如果有多个值需要返回，可以全部写在 return 的括号内，并以逗号隔开。首先，编写一段猜数字游戏的自定义函数，用于说明自定义函数的语法：

```
# 猜数字
def game(min,max):
    import random
    number = random.randint(min,max)  # 随机生成一个需要猜的数字
    while True:
        guess = float(input('请在%d到%d之间猜一个数字: ' %(min, max)))

        # if分支判断下一轮应在什么范围内猜数字
        if guess < number:
            min = guess
            print('不好意思，你猜的数偏小了！请在%d到%d之间猜一个数！' %(min,max))
        elif guess > number:
            max = guess
            print('不好意思，你猜的数偏大了！请在%d到%d之间猜一个数！' %(min,max))
        else:
            print('恭喜你猜对了！')
            print('游戏结束！')
            break    # 如果猜对，通过break关键词退出整个循环体
```

```
# 调用函数
game(10,20)
```

out:
请在 10 到 20 之间猜一个数字：18
不好意思，你猜的数偏大了！请在 10 到 18 之间猜一个数！
请在 10 到 18 之间猜一个数字：15
不好意思，你猜的数偏小了！请在 15 到 18 之间猜一个数！
请在 15 到 18 之间猜一个数字：17
不好意思，你猜的数偏大了！请在 15 到 17 之间猜一个数！
请在 15 到 17 之间猜一个数字：16
恭喜你猜对了！
游戏结束！

如上的猜数字游戏代码，大家可能见过，这里在《Python 简明教程》的基础上做了一定的修改，进而可以更加"智能"地告知参与游戏的用户可以在什么范围内猜数。代码中用到的知识点都是前面介绍过的基础内容，这里就不对代码做详细解释了。

3.4.2 自定义函数的几种参数

通过构造自定义函数，可以避免冗余代码的出现。关于 Python 中的自定义函数，还有 4 类重要的参数需要跟读者一一解释，即必选参数、默认参数、可变参数和关键字参数。

1. 必选参数

必选参数，顾名思义就是当你在调用一个自定义函数时必须给函数中的必选参数赋值，否则程序将会报错，并提醒用户"缺少一些必选的位置参数"。就以上面的猜数字函数为例，如果不给该函数的 max 参数传递一个值，结果就是这样的：

```
# 缺少位置参数值的传递
game(min = 10)
---------------------------------------------------------------------------
TypeError                                 Traceback (most recent call last)
<ipython-input-2-7387fa08e542> in <module>()
----> 1 game(min = 10)

TypeError: game() missing 1 required positional argument: 'max'
```

如上所示，返回"类型错误"的提示，再具体查看最后一行的反馈信息，结论为"game 函数缺少一个必要的位置参数 max"表明 game 函数需要给 max 参数传值。

2. 默认参数

默认参数是指在构造自定义函数的时候就已经给某些参数赋予了各自的初值，当调用函数时，这样的参数可以不用传值。例如计算 1 到 n 的 p 次方和：

```
# 自定义函数
def square_sum(n, p = 2):
```

```
    result = sum([i ** p for i in range(1,n+1)])
    return(n,p,result)
print('1 到%d 的%d 次方和为%d！' %square_sum(200))
print('1 到%d 的%d 次方和为%d！' %square_sum(200,3))
```

out:
1 到 200 的 2 次方和为 2686700！
1 到 200 的 3 次方和为 404010000！

如上构造的自定义函数中，n 为必选参数，p 为默认参数。根据结果显示，在第一次调用函数时，并没有给 p 参数传递任何值，函数正常运行，而且默认计算平方和；在第二次调用函数时，给 p 传递了新值 3，此时 p 参数由原来的 2 换成了 3，进而可以计算立方和。

3. 可变参数

上面讲解的必选参数和默认参数都是在已知这个自定义函数需要多少个形参的情况下构建的，如果不确定该给自定义函数传入多少个参数值时，该如何自定义函数呢？这么说可能有点抽象，接下来通过对比的例子来说明。

例如，小明的弟弟小亮刚读一年级，老师布置了一些关于两个数的求和运算，针对这个问题，我们可以构建如下的自定义函数：

```
# 两个数的求和
def add(a,b):
    s = sum([a,b])
    return(a,b,s)
print('%d 加%d 的和为%d！' %add(10,13))
```

out:
10 加 13 的和为 23！

如果只是两个数求和的问题可以很简单地利用自定义函数 add 解决，但如果不是两个数之和，而是三个数或四个数或五个数之和，也就是说不确定接下来会计算几个数的和，这时再使用上面的 add 函数似乎就不合理了。好在 Python 给自定义函数提供了可变参数，目的就是解决这类问题。举例如下：

```
# 任意个数的数据求和
def adds(*args):
    print(args)
    s = sum(args)
    return(s)
print('和为%d！' %adds(10,13,7,8,2))
print('和为%d！' %adds(7,10,23,44,65,12,17))
```

out:
(10, 13, 7, 8, 2)

```
和为 40!
(7, 10, 23, 44, 65, 12, 17)
和为 178!
```

如上自定义函数中，参数 args 前面加了一个星号*，这样的参数就称为可变参数，该参数是可以接纳任意多个实参的。之所以能够接纳任意多个实参，是因为该类型的参数将这些输入的实参进行了捆绑，并且组装到元组中，正如输出结果中的第一行和第三行，就是自定义函数中 print(args) 语句的效果。

4. 关键字参数

虽然一个可变参数可以接受多个实参，但是这些实参都被捆绑为元组了，而且无法将具体的实参指定给具体的形参，那有没有一种参数既可以接受多个实参，又可以把多个实参指定给各自的实参名呢？答案是关键字参数，而且这种参数会把带参数名的参数值组装到一个字典中，键就是具体的实参名，值就是传入的参数值。为了帮助读者理解关键字参数的含义，下面举一个例子来解释关键字参数。

例如某电商平台，在用户注册时，用户的手机号及出生日期为必填项，其他信息为选填项。对于选填项来说，电商平台并不知道用户会不会填，以及可能填多少个信息，而且这些信息都是有对应含义的。为了搜集信息，可以创建一个含关键字参数的自定义函数：

```python
# 关键字参数
def info_collection(tel, birthday, **kwargs):
    user_info = {}    # 构造空字典，用于存储用户信息
    user_info['tel'] = tel
    user_info['birthday'] = birthday
    user_info.update(kwargs)
    # 用户信息返回
    return(user_info)

# 调用函数
info_collection(13612345678,'1990-01-01',nickname='月亮',gender = '女',edu = '硕士',income = 15000,add = '上海市浦东新区',interest = ['游泳','唱歌','看电影'])

out:
{'add': '上海市浦东新区', 'nickname': '月亮', 'income': 15000, 'interest': ['游泳', '唱歌', '看电影'], 'gender': '女', 'edu': '硕士'}
{'add': '上海市浦东新区',
 'birthday': '1990-01-01',
 'edu': '硕士',
 'gender': '女',
 'income': 15000,
 'interest': ['游泳', '唱歌', '看电影'],
 'nickname': '月亮',
 'tel': 13612345678}
```

如上结果所示，在自定义函数 info_collection 中，tel 和 birthday 都是必选参数，kwargs 为关键字参数。当调用函数时，tel 和 birthday 两个参数必须要传入对应的值，而其他的参数都是用户任意填写的，并且关键字参数会把这些任意填写的信息组装为字典，如输出中的第一行信息；为了把必选参数的值和关键字参数的值都汇总起来，在自定义函数时初设了空字典 user_info，并通过字典元素增加的方法完成用户信息的搜集，如输出的第二个结果。

3.5　一个爬虫案例

虽然前面的基础知识点都通过一些小例子加以解释和说明，但毕竟都是零散的。为了能够将前文的基础知识点串起来，下面给出一个简单的爬虫案例，希望读者在学习该案例的同时，更进一步地认识到基础知识的重要性。

该案例主要是为了获取某城市的历史天气数据，字段包含日期、最低气温、最高气温、风向、风力、天气状况、空气质量指标值、空气质量等级和空气质量说明，所有数据一共包含 2544 天的记录。下面就详细写出整个爬虫的代码：

```python
# 导入第三方包
import requests             # 用于 URL 的请求和数据获取
import time                 # 用于时间的停顿
import random               # 用于随机数的生成
import pandas as pd         # 用于数据的导出
import re                   # 用于正则表达式的使用

# 构造请求头
headers = {
'Accept':'*/*',
'Accept-Encoding':'gzip, deflate',
'Accept-Language':'zh-CN,zh;q=0.9',
'Connection':'keep-alive',
'User-Agent':'Mozilla/5.0 (Windows NT 6.1; WOW64) AppleWebKit/537.36 (KHTML,
                    like Gecko) Chrome/63.0.3236.0 Safari/537.36'
}

# 生成所有需要抓取的链接
urls = []
for year in range(2011,2018):  # 遍历 2011 年至 2017 年
for month in range(1,13):  # 遍历 1 月份至 12 月份
    # 由于 2011 年~2016 年的链接与 2017 年的链接存在一点点差异，需要分支处理
        if year <= 2016:
            urls.append('http://tianqi.2345.com/t/wea_history/js/
                    58362_%s%s.js' %(year,month))
```

```
        else:
            # 2017 年的月份中，1~9 前面都有数字 0，需要分支处理
            if month<10:
                urls.append('http://tianqi.2345.com/t/wea_history/js/%s0%s/
                        58362_%s0%s.js' %(year,month,year,month))
            else:
                urls.append('http://tianqi.2345.com/t/wea_history/js/%s%s/
                        58362_%s%s.js' %(year,month,year,month))

# 循环并通过正则匹配获取相关数据
info = []      # 构建空列表，用于所有天气数据的存储
for url in urls:
    seconds = random.randint(3,6)      # 每次循环，都随机生成一个 3~6 之间的整数
    response = requests.get(url, headers = headers).text      # 发送 url 链接的请
求，并返回响应数据
    ymd = re.findall("ymd:'(.*?)',",response)      # 正则表达式获取日期数据
    high = re.findall("bWendu:'(.*?)℃',",response) # 正则表达式获取最高气温数据
    low = re.findall("yWendu:'(.*?)℃',",response)   # 正则表达式获取最低气温数据
    tianqi = re.findall("tianqi:'(.*?)',",response)  # 正则表达式获取天气状况数据
    fengxiang = re.findall("fengxiang:'(.*?)',",response)  # 正则表达式获取风
向数据
    fengli = re.findall(",fengli:'(.*?)'",response)  # 正则表达式获取风力数据
    aqi = re.findall("aqi:'(.*?)',",response)  # 正则表达式获取空气质量指标数据
    aqiInfo = re.findall("aqiInfo:'(.*?)',",response)  # 正则表达式获取空气质量
说明数据
    aqiLevel = re.findall(",aqiLevel:'(.*?)'",response)  # 正则表达式获取空气质
量水平数据

    # 由于 2011~2015 没有空气质量相关的数据，故需要分开处理
    if len(aqi) == 0:
        aqi = None
        aqiInfo = None
        aqiLevel = None
        info.append(pd.DataFrame({'ymd':ymd,'high':high,'low':low,
                'tianqi':tianqi,'fengxiang':fengxiang, 'fengli':fengli,
                'aqi':aqi,'aqiInfo':aqiInfo,'aqiLevel':aqiLevel}))
    else:
        info.append(pd.DataFrame({'ymd':ymd,'high':high,'low':low,
                'tianqi':tianqi,'fengxiang':fengxiang,'fengli':fengli,
                'aqi':aqi,'aqiInfo':aqiInfo,'aqiLevel':aqiLevel}))
    time.sleep(seconds)  # 每循环一次，都随机停顿几秒

# 将存储的所有天气数据进行合并，生成数据表格
weather = pd.concat(info)
```

```
# 数据导出
weather.to_csv('weather.csv',index = False)
```

代码说明：如上所示的爬虫代码中，绝大多数都添加了相应的注释性语言，另外再解释两点，一个是爬虫中添加字典类型的请求头 headers，这样做的目的是为了将 Python 伪装成一个真实的浏览器，进而促使被访问的网站（或者称服务器）将 Python 当作一个正常的访问用户；另一个是在爬虫的循环中随机停顿几秒，这样做的目的是为了减轻被访问网站的流量压力，否则单机在一秒内访问对方十几次甚至上百次，会消耗对方很多资源。之所以在代码中添加这两方面的内容，都是为了防止被访问的网站对爬虫代码实施反爬举措，如访问需要输入验证码、重新登录甚至是封闭 IP。

最终运行完上面的 Python 爬虫代码，就可以获得如表 3-6 所示的数据表。

表 3-6　爬虫获取的天气预报数据表

ymd	low	high	tianqi	fengxiang	fengli	aqi	aqiLevel	aqiInfo
2015/12/29	4	9	多云	北风~东北风	微风			
2015/12/30	4	12	多云	西北风	微风			
2015/12/31	3	10	晴	北风~东北风	微风			
2016/1/1	4	12	晴~多云	东南风	微风	89	2	良
2016/1/2	9	16	多云~小雨	西南风	微风	167	4	中度污染
2016/1/3	10	15	小雨	东南风	微风	210	5	重度污染
2016/1/4	9	15	小雨~中雨	东北风	微风	144	3	轻度污染
2016/1/5	7	10	小雨	东北风	3-4级	46	1	优
2016/1/6	5	9	小雨~多云	东北风	微风	81	2	良
2016/1/7	4	9	阴~多云	北风	微风	110	3	轻度污染
2016/1/8	3	8	多云	西北风	微风	126	3	轻度污染
2016/1/9	4	9	多云~阴	东风	微风	149	3	轻度污染
2016/1/10	7	10	小雨~中雨	东风	微风	78	2	良
2016/1/11	4	8	小雨	东北风	3-4级	47	1	优
2016/1/12	1	6	阴~多云	北风	微风	67	2	良
2016/1/13	0	5	多云	西北风	微风	189	4	中度污染
2016/1/14	1	7	多云	西风	微风	229	5	重度污染
2016/1/15	4	10	晴~多云	西风	微风	180	4	中度污染
2016/1/16	4	10	多云~小雨	东风	微风	157	4	中度污染
2016/1/17	3	8	小雨~多云	北风	3-4级	169	4	中度污染
2016/1/18	-1	5	多云~晴	西北风	3-4级	128	3	轻度污染
2016/1/19	-1	4	晴~多云	北风	微风	71	2	良
2016/1/20	1	5	阴~雨夹雪	东北风	微风	31	1	优
2016/1/21	2	4	雨夹雪	东北风	微风	34	1	优
2016/1/22	1	5	小雨~雨夹雪	东北风	3-4级	76	2	良

3.6　本章小结

本章主要向读者介绍了有关 Python 的基础知识，包含三种基本的数据结构及对应的常用方法、三类控制流语法、字符串的常用处理方法、正则表达式的灵活使用、如何编写自定义函数以及如何基于这些知识点完成一个小的爬虫案例。通过本章内容的学习，希望读者能够牢牢掌握基础，为后续章节的学习做好充分的准备。

最后，回顾一下本章中学到的 Python"方法"和函数，以便读者查询和记忆：

Python 模块	Python 函数或方法	函数说明
列表方法	append	在列表末尾增加一个元素的"方法"
	extend	在列表末尾增加多个元素的"方法"（需传入列表对象）
	insert	在列表的指定位置插入一个元素值的"方法"
	pop	删除末尾或指定位置（键）的列表（字典）元素的"方法"
	remove	删除指定列表元素值的"方法"
	count	统计列表、元组或字符串中某元素的个数的"方法"
	index	返回列表、元组或字符串中某元素首次出现位置的"方法"
	sort	列表元素排序的"方法"
	reverse	列表元素逆转的"方法"
	copy	列表或字典元素复制的"方法"
字典方法	update	字典元素增加或更改的"方法"
	setdefault	字典元素增加的"方法"
	popitem	删除某个字典元素的"方法"
	clear	列表或字典元素清空的"方法"
	keys	返回字典中所有键的"方法"
	values	返回字典中所有值的"方法"
	items	返回字典中所有键值对的"方法"
字符串方法	strip/lstrip/rstrip	删除字符串首尾/左边/右边空白符的"方法"
	find	返回字符串中某字符首次出现位置的"方法"（找不到返回-1）
	split	字符串分割的"方法"
	replace	字符串替换的"方法"
	startswith	检查字符串是否以某字符开头的"方法"
	endswith	检查字符串是否以某字符结尾的"方法"
	join	根据分隔符将可迭代对象连接为字符串的"方法"
re	findall	字符串正则匹配查询的函数
	sub	字符串正则匹配替换的函数
	split	字符串正则匹配分割的函数
/	int	整型转换函数
	str	字符型转换函数
	float	浮点型转换函数
	print	打印函数
	range	用于生成序列的函数
random	randint	随机整数生成函数
requests	get	网页的 get 请求函数
time	sleep	睡眠函数
pandas	dataFrame	数据框转换函数
	concat	数据集的横（纵）向拼接函数
	to_csv	数据导出函数

3.7　课　后　练　习

1. 构造一个含 1,1,2,3,5,8,13 元素的列表，并向列表中追加一个元素，其值为 21。

2. 构造一个含'语文','数学','英语','物理'元素的列表，并向列表中追加两个元素，其值为'化学','美术'。

3. 请简单描述列表与元组的区别。

4. 请使用两种方法，将字典{'name':'Lucy','age':27,'gender':'female'}中年龄对应的值提取出来。

5. 请使用三种方法，向字典{'name':'Lucy','age':27,'gender':'female'}中添加收入信息，收入值为10000。

6. 提取出价格信息中的价格值，string = '18.69 元/500g'。

7. 提取出身份证中的性别码（即倒数第二位），ID='123456199001107890'。

8. 提取出身份证中的出生日期，ID='123456199001107890'。

9. 判断 23 是否与 3 相关，相关的依据是该数字能够被 3 整除，或者数字中含有 3。

10. 提取出列表中含'e'字母的元素，ls3 = ['one','two','three','four','five','six','seven','eight','nine']。

11. 构造一个自定义函数，用于计算等比数列 $a_n = 3 \times 2^{n-1}$ 的前 n 项和。

12. 统计列表中各元素的频数，并以字典的形式返回，['A','A','B','A','C','A','B','A','C','B','C','A','C']

13. 账号登录的模拟测试（实际的用户名为'python'，密码为'abc123'），假设某平台最多有 5 次登录机会，如果登录失败返回一种信息，登录成功则返回另一种信息，同时退出循环。请按照下方的结果展示，编写对应的代码。

```
请输入用户名：python
请输入密码：123
用户名或密码错误，你还剩4次尝试机会！
请输入用户名：python
请输入密码：1112
用户名或密码错误，你还剩3次尝试机会！
请输入用户名：python
请输入密码：abc112
用户名或密码错误，你还剩2次尝试机会！
请输入用户名：python
请输入密码：12344
用户名或密码错误，你还剩1次尝试机会！
请输入用户名：python
请输入密码：123344
用户名或密码错误，请24小时后重试！
```

```
请输入用户名：python
请输入密码：1234
用户名或密码错误，你还剩4次尝试机会！
请输入用户名：python
请输入密码：abc
用户名或密码错误，你还剩3次尝试机会！
请输入用户名：python
请输入密码：abc123
恭喜你，登录成功！
```

14. 提取出如下列表中的二手房面积（不含"平方米"字样）和建筑年代，并将提取的信息存储到 size 变量和 year 变量内。

```
ls5 = ['1室1厅 | 44.39平方米 | 南 | 简装 - 高楼层(共6层) | 1996年建','1室0厅 | 29.39平米 | 北 - 精装修 | 低楼层(共5层) | 1957年建',
   '2室1厅 | 56.65平方米 | 南 | 简装 - 高楼层(共6层) | 1995年建','3室2厅 | 118.41平方米 | 南 - 精装 | 低楼层(共39层)']
```

第4章

Python 数值计算——numpy 的高效技能

尽管在第 3 章中介绍了有关存储数据的列表对象，但是其无法直接参与数值运算（虽然可以使用加法和乘法，但分别代表列表元素的增加和重复）。本章将介绍另一种非常有用的数据结构，那就是数组，通过数组可以实现各种常见的数学运算，而且基于数组的运算，也是非常高效的。

本章的重点是讲解有关 Python 数值运算的 numpy 模块，通过 numpy 模块的学习，你将掌握如下几方面的内容，进而为后面章节的统计运算和机器学习打下基础：

- 数组的创建与操作；
- 数组的基本数学运算；
- 常用数学和统计函数；
- 线性代数的求解；
- 伪随机数的创建。

4.1 数组的创建与操作

通过 numpy 模块中的 array 函数实现数组的创建，如果向函数中传入一个列表或元组，将构造简单的一维数组；如果传入多个嵌套的列表或元组，则可以构造一个二维数组。构成数组的元素都是同质的，即数组中的每一个值都具有相同的数据类型，下面分别构造一个一维数组和二维数组。

4.1.1 数组的创建

```
# 导入模块，并重命名为 np
import numpy as np
# 单个列表创建一维数组
arr1 = np.array([3,10,8,7,34,11,28,72])
```

```
# 嵌套元组创建二维数组
arr2 = np.array(((8.5,6,4.1,2,0.7),(1.5,3,5.4,7.3,9),
                (3.2,3,3.8,3,3),(11.2,13.4,15.6,17.8,19)))
print('一维数组：\n',arr1)
print('二维数组：\n',arr2)


out:
一维数组：
 [ 3  10  8  7  34  11  28  72]
二维数组：
 [[  8.5   6.    4.1   2.    0.7]
 [  1.5   3.    5.4   7.3   9. ]
 [  3.2   3.    3.8   3.    3. ]
 [ 11.2  13.4  15.6  17.8  19. ]]
```

如上结果所示，可以将列表或元组转换为一个数组，在第二个数组中，输入的元素含有整数型和浮点型两种数据类型，但输出的数组元素全都是浮点型（原来的整型会被强制转换为浮点型，从而保证数组元素的同质性）。

使用位置索引可以实现数组元素的获取，虽然在列表中讲解过如何通过正向单索引、负向单索引、切片索引和无限索引获取元素，但都无法完成不规律元素的获取，如果把列表转换为数组，这个问题就可以解决了，下面介绍具体的操作。

4.1.2   数组元素的获取

先来看一下一维数组元素与二维数组元素获取的例子，代码如下：

```
# 一维数组元素的获取
print(arr1[[2,3,5,7]])


# 二维数组元素的获取
# 第 2 行第 3 列元素
print(arr2[1,2])
# 第 3 行所有元素
print(arr2[2,:])
# 第 2 列所有元素
print(arr2[:,1])
# 第 2 至 4 行，2 至 5 列
print(arr2[1:4,1:5])


out:
[ 8  7  11  72]
5.4
[ 3.2  3.   3.8  3.   3. ]
[ 6.   3.   3.   13.4]
```

```
[[  3.    5.4   7.3   9. ]
 [  3.    3.8   3.    3. ]
 [ 13.4  15.6  17.8  19. ]]
```

如上结果是通过位置索引获取一维和二维数组中的元素，在一维数组中，列表的所有索引方法都可以使用在数组上，而且还可以将任意位置的索引组装为列表，用作对应元素的获取；在二维数组中，位置索引必须写成[rows,cols]的形式，方括号的前半部分用于控制二维数组的行索引，后半部分用于控制数组的列索引。如果需要获取所有的行或列元素，那么，对应的行索引或列索引需要用英文状态的冒号表示。但是，要是从数组中取出某几行和某几列，通过[rows,cols]的索引方法就不太有效了，例如：

```
# 第一行、最后一行和第二列、第四列构成的数组
print(arr2[[0,-1],[1,3]])
# 第一行、最后一行和第二列、第三列、第四列构成的数组
print(arr2[np.ix_([0,-1],[1,2,3])])
```

out:
```
[  6.    17.8]
-------------------------------------------------------------------------
IndexError                                Traceback (most recent call last)
<ipython-input-98-c98fd95714b3> in <module>()
     2 print(arr2[[0,-1],[1,3]])
     3 # 第一行、最后一行和第一列、第三列、第四列构成的数组
----> 4 print(arr2[[0,-1],[1,2,3]])

IndexError: shape mismatch: indexing arrays could not be broadcast together
with shapes (2,) (3,)
```

如上结果所示，第一个打印结果并不是 2×2 的数组，而是含两个元素的一维数组，这是因为 numpy 将[[0,-1],[1,3]]组合理解为了[0,1]和[-1,3]；同样，在第二个元素索引中，numpy 仍然将[[0,-1],[1,2,3]]组合理解为拆分单独的[rows,cols]形式，最终导致结果中的错误信息。实际上，numpy 的理解是错误的，第二个输出应该是一个 2×3 的数组。为了克服[rows,cols]索引方法的弊端，建议读者使用 ix_函数，具体操作如下：

```
# 第一行、最后一行和第二列、第四列构成的数组
print(arr2[np.ix_([0,-1],[1,3])])
# 第一行、最后一行和第二列、第三列、第四列构成的数组
print(arr2[np.ix_([0,-1],[1,2,3])])
```

out:
```
[[  6.    2. ]
 [ 13.4  17.8]]

[[  6.    4.1   2. ]
 [ 13.4  15.6  17.8]]
```

4.1.3　数组的常用属性

如果不是手工写入的数组，而是从外部读入的数据，此时也许对数据就是一无所知，如该数据的维数、行列数、数据类型等信息，下面通过简短的代码来了解数组的几个常用属性，进而跨出了解数据的第一步。

在 numpy 模块中，可以通过 genfromtxt 函数读取外部文本文件的数据，这里的文本文件主要为 csv 文件和 txt 文件。关于该函数的语法和重要参数含义如下：

```
np.genfromtxt(fname, dtype=<class 'float'>, comments='#', delimiter=None,
skip_header=0, skip_footer=0, converters=None, missing_values=None,
filling_values=None, usecols=None, names=None,)
```

- fname：指定需要读入数据的文件路径。
- dtype：指定读入数据的数据类型，默认为浮点型，如果原数据集中含有字符型数据，必须指定数据类型为 "str"。
- comments：指定注释符，默认为 "#"，如果原数据的行首有 "#"，将忽略这些行的读入。
- delimiter：指定数据集的列分割符。
- skip_header：是否跳过数据集的首行，默认不跳过。
- skip_footer：是否跳过数据集的脚注，默认不跳过。
- converters：将指定列的数据转换成其他数值。
- miss_values：指定缺失值的标记，如果原数据集中含有指定的标记，读入后这样的数据就为缺失值。
- filling_values：指定缺失值的填充值。
- usecols：指定需要读入哪些列。
- names：为读入数据的列设置列名称。

接下来通过上面介绍的数据读入函数，读取学生成绩表数据，然后使用数组的几个属性，进一步掌握数据的结构情况。

```
# 读入数据
stu_score = np.genfromtxt(fname = r'C:\Users\Administrator\Desktop\
                          stu_socre.txt', delimiter='\t' ,skip_header=1)
# 查看数据结构
print(type(stu_score))
# 查看数据维数
print(stu_score.ndim)
# 查看数据行列数
print(stu_score.shape)
# 查看数组元素的数据类型
print(stu_score.dtype)
# 查看数组元素个数
print(stu_score.size)
```

```
out:
<class 'numpy.ndarray'>
2
(1380, 5)
float64
6900
```

如上结果所示，读入的学生成绩表是一个二维的数组（type 函数和 ndim 方法），一共包含 1380 行观测和 5 个变量（shape 方法），形成 6900 个元素（size 方法），并且这些元素都属于浮点型（dtype 方法）。通过上面的几个数组属性，就可以大致了解数组的规模。

4.1.4 数组的形状处理

数组形状处理的手段主要有 reshape、resize、ravel、flatten、vstack、hstack、row_stack 和 colum_stack，下面通过简单的案例来解释这些"方法"或函数的区别。

```
arr3 = np.array([[1,5,7],[3,6,1],[2,4,8],[5,8,9],[1,5,9],[8,5,2]])
# 数组的行列数
print(arr3.shape)
# 使用 reshape 方法更改数组的形状
print(arr3.reshape(2,9))
# 打印数组 arr3 的行列数
print(arr3.shape)

# 使用 resize 方法更改数组的形状
print(arr3.resize(2,9))
# 打印数组 arr3 的行列数
print(arr3.shape)

out:
(6, 3)
[[1 5 7 3 6 1 2 4 8]
 [5 8 9 1 5 9 8 5 2]]
(6, 3)
None
(2, 9)
```

如上结果所示，虽然 reshape 和 resize 都是用来改变数组形状的"方法"，但是 reshape 方法只是返回改变形状后的预览，但并未真正改变数组 arr3 的形状；而 resize 方法则不会返回预览，而是会直接改变数组 arr3 的形状，从前后两次打印的 arr3 形状就可以发现两者的区别。如果需要将多维数组降为一维数组，利用 ravel、flatten 和 reshape 三种方法均可以轻松解决：

```
# 构造 3×3 的二维矩阵
arr4 = np.array([[1,10,100],[2,20,200],[3,30,300]])
```

```
print('原数组: \n',arr4)
# 默认排序降维
print('数组降维: \n',arr4.ravel())
print(arr4.flatten())
print(arr4.reshape(-1))
# 改变排序模式的降维
print(arr4.ravel(order = 'F'))
print(arr4.flatten(order = 'F'))
print(arr4.reshape(-1, order = 'F'))
```

out:
```
原数组:
 [[  1  10 100]
 [  2  20 200]
 [  3  30 300]]
数组降维:
 [  1  10 100   2  20 200   3  30 300]
 [  1  10 100   2  20 200   3  30 300]
 [  1  10 100   2  20 200   3  30 300]
 [  1   2   3  10  20  30 100 200 300]
 [  1   2   3  10  20  30 100 200 300]
 [  1   2   3  10  20  30 100 200 300]
```

如上结果所示，在默认情况下，优先按照数组的行顺序，逐个将元素降至一维（参见数组降维的前三行打印结果）；如果按原始数组的列顺序，将数组降为一维的话，需要设置 order 参数为"F"（参见数组降维的后三行打印结果）。尽管这三者的功能一致，但之间是否存在差异呢？接下来对降维后的数组进行元素修改，看是否会影响到原数组 arr4 的变化：

```
# 更改预览值
arr4.flatten()[0] = 2000
print('flatten 方法: \n',arr4)
arr4.ravel()[1] = 1000
print('ravel 方法: \n',arr4)
arr4.reshape(-1)[2] = 3000
print('reshape 方法: \n',arr4)
```

out:
```
flatten 方法:
 [[  1  10 100]
 [  2  20 200]
 [  3  30 300]]
ravel 方法:
 [[   1 1000  100]
 [   2   20  200]
 [   3   30  300]]
```

```
reshape 方法：
[[    1 1000 3000]
 [    2   20  200]
 [    3   30  300]]
```

如上结果所示，通过 flatten 方法实现的降维返回的是复制，因为对降维后的元素做修改，并没有影响到原数组 arr4 的结果；相反，ravel 方法与 reshape 方法返回的则是视图，通过对视图的改变，是会影响到原数组 arr4 的。

vstack 用于垂直方向（纵向）的数组堆叠，其功能与 row_stack 函数一致，而 hstack 则用于水平方向（横向）的数组合并，其功能与 colum_stack 函数一致，下面通过具体的例子对这 4 种函数的用法和差异加以说明。

```
arr5 = np.array([1,2,3])
print('vstack 纵向堆叠数组：\n',np.vstack([arr4,arr5]))
print('row_stack 纵向堆叠数组：\n',np.row_stack([arr4,arr5]))
arr6 = np.array([[5],[15],[25]])
print('hstack 横向合并数组：\n',np.hstack([arr4,arr6]))
print('column_stack 横向合并数组：\n',np.column_stack([arr4,arr6]))

out:
vstack 纵向堆叠数组：
 [[    1 1000 3000]
 [    2   20  200]
 [    3   30  300]
 [    1    2    3]]
row_stack 纵向堆叠数组：
 [[    1 1000 3000]
 [    2   20  200]
 [    3   30  300]
 [    1    2    3]]
hstack 横向合并数组：
 [[    1 1000 3000    5]
 [    2   20  200   15]
 [    3   30  300   25]]
column_stack 横向合并数组：
 [[    1 1000 3000    5]
 [    2   20  200   15]
 [    3   30  300   25]]
```

如上结果所示，前两个输出是纵向堆叠的效果，后两个则是横向合并的效果。如果是多个数组的纵向堆叠，必须保证每个数组的列数相同；如果将多个数组按横向合并的话，则必须保证每个数组的行数相同。

4.2　数组的基本运算符

本章开头就提到列表是无法直接进行数学运算的，一旦将列表转换为数组后，就可以实现各种常见的数学运算，如四则运算、比较运算、广播运算等。

4.2.1　四则运算

在 numpy 模块中，实现四则运算的计算既可以使用运算符号，也可以使用函数，具体如下例所示：

```python
# 加法运算
math = np.array([98,83,86,92,67,82])
english = np.array([68,74,66,82,75,89])
chinese = np.array([92,83,76,85,87,77])
tot_symbol = math+english+chinese
tot_fun = np.add(np.add(math,english),chinese)
print('符号加法：\n',tot_symbol)
print('函数加法：\n',tot_fun)

# 除法运算
height = np.array([165,177,158,169,173])
weight = np.array([62,73,59,72,80])
BMI_symbol = weight/(height/100)**2
BMI_fun = np.divide(weight,np.divide(height,100)**2)
print('符号除法：\n',BMI_symbol)
print('函数除法：\n',BMI_fun)
```

```
out:
符号加法：
 [258 240 228 259 229 248]
函数加法：
 [258 240 228 259 229 248]
符号除法：
 [ 22.77318641  23.30109483  23.63403301  25.20920136  26.7299275 ]
函数除法：
 [ 22.77318641  23.30109483  23.63403301  25.20920136  26.7299275 ]
```

四则运算中的符号分别是 "+、-、*、/"，对应的 numpy 模块函数分别是 np.add、np. subtract、np.multiply 和 np.divide。需要注意的是，函数只能接受两个对象的运算，如果需要多个对象的运算，就得使用嵌套方法，如上所示的符号加法和符号除法。不管是符号方法还是函数方法，都必须保证操作的数组具有相同的形状，除了数组与标量之间的运算（如除法中的身高与 100 的商）。另外，还有三个数学运算符，分别是余数、整除和指数：

```
arr7 = np.array([[1,2,10],[10,8,3],[7,6,5]])
arr8 = np.array([[2,2,2],[3,3,3],[4,4,4]])
print('数组arr7: \n',arr7)
print('数组arr8: \n',arr8)
# 求余数
print('计算余数: \n',arr7 % arr8)
# 求整除
print('计算整除: \n',arr7 // arr8)
# 求指数
print('计算指数: \n',arr7 ** arr8)

out:
数组arr7:
 [[ 1  2 10]
 [10  8  3]
 [ 7  6  5]]
数组arr8:
 [[2 2 2]
 [3 3 3]
 [4 4 4]]
计算余数:
 [[1 0 0]
 [1 2 0]
 [3 2 1]]
计算整除:
 [[0 1 5]
 [3 2 1]
 [1 1 1]]
计算指数:
 [[   1    4  100]
 [1000  512   27]
 [2401 1296  625]]
```

可以使用 "%、//、**" 计算数组元素之间商的余数、整除部分以及数组元素之间的指数。当然，如果读者比较喜欢使用函数实现这三种运算的话，可以使用 np.fmod、np.modf 和 np.power，但是整除的函数应用会稍微复杂一点，需要写成 np.modf(arr7/arr8)[1]，其中 modf 可以返回数值的小数部分和整数部分，而整数部分就是要取的整除值。

4.2.2　比较运算

除了数组的元素之间可以实现上面提到的数学运算，还可以做元素间的比较运算。关于比较运算符有表 4-1 所示的 6 种情况。

表 4-1　比较运算符及其含义

符　号	函　数	含　义
>	np.greater(arr1,arr2)	判断 arr1 的元素是否大于 arr2 的元素
>=	np.greater_equal(arr1,arr2)	判断 arr1 的元素是否大于等于 arr2 的元素
<	np.less(arr1,arr2)	判断 arr1 的元素是否小于 arr2 的元素
<=	np.less_equal(arr1,arr2)	判断 arr1 的元素是否小于等于 arr2 的元素
==	np.equal(arr1,arr2)	判断 arr1 的元素是否等于 arr2 的元素
!=	np.not_equal(arr1,arr2)	判断 arr1 的元素是否不等于 arr2 的元素

运用比较运算符可以返回 bool 类型的值，即 True 和 False。在笔者看来，有两种情况会普遍使用到比较运算符，一个是从数组中查询满足条件的元素，另一个是根据判断的结果执行不同的操作。例如：

```
# 取子集
# 从 arr7 中取出 arr7 大于 arr8 的所有元素
print(arr7)
print('满足条件的二维数组元素获取：\n',arr7[arr7>arr8])
# 从 arr9 中取出大于 10 的元素
arr9 = np.array([3,10,23,7,16,9,17,22,4,8,15])
print('满足条件的一维数组元素获取：\n',arr9[arr9>10])

# 判断操作
# 将 arr7 中大于 7 的元素改成 5，其余的不变
print('二维数组的条件操作：\n',np.where(arr7>7,5,arr7))
# 将 arr9 中大于 10 的元素改为 1，否则改为 0
print('一维数组的条件操作：\n',np.where(arr9>10,1,0))

out:
[[ 1  2 10]
 [10  8  3]
 [ 7  6  5]]
满足条件的二维数组元素获取：
 [10 10  8  7  6  5]
满足条件的一维数组元素获取：
 [23 16 17 22 15]
二维数组的条件操作：
 [[1 2 5]
 [5 5 3]
 [7 6 5]]
一维数组的条件操作：
 [0 0 1 0 1 0 1 1 0 0 1]
```

运用 bool 索引，将满足条件的元素从数组中挑选出来，但不管是一维数组还是多维数组，通过 bool 索引返回的都是一维数组；np.where 函数与 Excel 中的 if 函数一样，就是根据判定条件执行不同的分支语句。

4.2.3　广播运算

前面所介绍的各种数学运算符都是基于相同形状的数组，当数组形状不同时，也能够进行数学运算的功能称为数组的广播。但是数组的广播功能是有规则的，如果不满足这些规则，运算时就会出错。数组的广播规则是：

- 各输入数组的维度可以不相等，但必须确保从右到左的对应维度值相等。
- 如果对应维度值不相等，就必须保证其中一个为 1。
- 各输入数组都向其 shape 最长的数组看齐，shape 中不足的部分都通过在前面加 1 补齐。

从字面上理解这三条规则可能比较困难，下面通过几个例子对每条规则加以说明，希望能够帮助读者理解它们的含义：

```
# 各输入数组维度一致，对应维度值相等
arr10 = np.arange(12).reshape(3,4)
arr11 = np.arange(101,113).reshape(3,4)
print('3×4 的二维矩阵运算: \n',arr10 + arr11)
# 各输入数组维度不一致，对应维度值相等
arr12 = np.arange(60).reshape(5,4,3)
arr10 = np.arange(12).reshape(4,3)
print('维数不一致，但末尾的维度值一致: \n',arr12 + arr10)
# 各输入数组维度不一致，对应维度值不相等，但其中有一个为 1
arr12 = np.arange(60).reshape(5,4,3)
arr13 = np.arange(4).reshape(4,1)
print('维数不一致，维度值也不一致，但维度值至少一个为1: \n',arr12 + arr13)
# 加 1 补齐
arr14 = np.array([5,15,25])
print('arr14 的维度自动补齐为(1,3): \n',arr10 + arr14)

out:
3×4 的二维矩阵运算:
 [[101 103 105 107]
 [109 111 113 115]
 [117 119 121 123]]

维数不一致，但末尾的维度值一致:
 [[[ 0  2  4]    [[12 14 16]
  [ 6  8 10]     [18 20 22]
  [12 14 16]     [24 26 28]
```

```
 [18 20 22]]    [30 32 34]]
[[24 26 28]    [[36 38 40]     [[48 50 52]
 [30 32 34]     [42 44 46]      [54 56 58]
 [36 38 40]     [48 50 52]      [60 62 64]
 [42 44 46]]    [54 56 58]]     [66 68 70]]]
```

维数不一致，维度值也不一致，但维度值至少一个为 1：

```
[[[ 0  1  2]    [[12 13 14]
  [ 4  5  6]     [16 17 18]
  [ 8  9 10]     [20 21 22]
  [12 13 14]]    [24 25 26]]
 [[24 25 26]    [[36 37 38]     [[48 49 50]
  [28 29 30]     [40 41 42]      [52 53 54]
  [32 33 34]     [44 45 46]      [56 57 58]
  [36 37 38]]    [48 49 50]]     [60 61 62]]]
```

arr14 的维度自动补齐为(1,3)：

```
[[ 5 16 27]
 [ 8 19 30]
 [11 22 33]
 [14 25 36]]
```

　　如上结果所示，第一个打印结果其实并没有用到数组的广播，因为这两个数组具有同形状；第二个打印结果是三维数组和两维数组的和，虽然维数不一样，但末尾的两个维度值是一样的，都是 4 和 3，最终得到 5×4×3 的数组；第三个打印中的两个数组维数和维度值均不一样，但末尾的两个维度值中必须含一个 1，且另一个必须相同，都为 4，相加之后得到 5×4×3 的数组；第四个打印结果反映的是 4×3 的二维数组和(3,)的一维数组的和，两个数组维度不一致，为了能够运算，广播功能会自动将(3,)的一维数组补齐为(1,3)的二维数组，进而得到 4×3 的数组。通过对上面例子的解释，希望读者能够掌握数组广播功能的操作规则，以防数组运算时发生错误。

4.3　常用的数学和统计函数

　　numpy 模块的核心就是基于数组的运算，相比于列表或其他数据结构，数组的运算效率是最高的。在统计分析和挖掘过程中，经常会使用到 numpy 模块的函数，接下来将常用的数学函数和统计函数汇总到表 4-2 中，以便读者查询和使用。

表 4-2　数学函数与统计函数

分　类	函　　数	函数说明
数学函数	np.pi	常数π
	np.e	常数 e
	np.fabs(arr)	计算各元素的浮点型绝对值
	np.ceil(arr)	对各元素向上取整
	np.floor(arr)	对各元素向下取整
	np.round(arr)	对各元素四舍五入
	np.fmod(arr1,arr2)	计算 arr1/arr2 的余数
	np.modf(arr)	返回数组元素的小数部分和整数部分
	np.sqrt(arr)	计算各元素的算术平方根
	np.square(arr)	计算各元素的平方值
	np.exp(arr)	计算以 e 为底的指数
	np.power(arr, α)	计算各元素的指数
	np.log2(arr)	计算以 2 为底各元素的对数
	np.log10(arr)	计算以 10 为底各元素的对数
	np.log(arr)	计算以 e 为底各元素的对数
统计函数	np.min(arr,axis)	按照轴的方向计算最小值
	np.max(arr,axis)	按照轴的方向计算最大值
	np.mean(arr,axis)	按照轴的方向计算均值
	np.median(arr,axis)	按照轴的方向计算中位数
	np.sum(arr,axis)	按照轴的方向计算和
	np.std(arr,axis)	按照轴的方向计算标准差
	np.var(arr,axis)	按照轴的方向计算方差
	np.cumsum(arr,axis)	按照轴的方向计算累计和
	np.cumprod(arr,axis)	按照轴的方向计算累计乘积
	np.argmin(arr,axis)	按照轴的方向返回最小值所在的位置
	np.argmax(arr,axis)	按照轴的方向返回最大值所在的位置
	np.corrcoef(arr)	计算皮尔逊相关系数
	np.cov(arr)	计算协方差矩阵

　　根据上面的表格，需要对统计函数重点介绍，这些统计函数都有 axis 参数，该参数的目的就是在统计数组元素时需要按照不同的轴方向计算，如果 axis=1，则表示按水平方向计算统计值，即计算每一行的统计值；如果 axis=0，则表示按垂直方向计算统计值，即计算每一列的统计值。为了简单起见，这里做一组对比测试，以便读者明白轴的方向具体指什么：

```
print(arr4)
print('垂直方向计算数组的和：\n',np.sum(arr4,axis = 0))
print('水平方向计算数组的和：\n',np.sum(arr4, axis = 1))

out:
[[    1 1000 3000]
```

```
 [  2   20  200]
 [  3   30  300]]
垂直方向计算数组的和：
[6 1050 3500]
水平方向计算数组的和：
[4001 222 333]
```

如上结果所示，垂直方向就是对数组中的每一列计算总和，而水平方向就是对数组中的每一行计算总和。同理，如果读者想小试牛刀的话，就以 4.1.3 节中读取的学生考试成绩为例，计算每一个学生（水平方向）的总成绩和每一门科目（垂直方向）的平均分。

4.4　线性代数的相关计算

数据挖掘的理论背后几乎离不开有关线性代数的计算问题，如矩阵乘法、矩阵分解、行列式求解等。本章介绍的 numpy 模块同样可以解决各种线性代数相关的计算，只不过需要调用 numpy 的子模块 linalg（线性代数的缩写），该模块几乎提供了线性代数所需的所有功能。

表 4-3 给出了一些 numpy 模块中有关线性代数的重要函数，以便读者快速查阅和掌握函数的用法。

表 4-3　numpy 模块中有关线性代数的重要函数

函　数	说　明	函　数	说　明
np.zeros	生成零矩阵	np.ones	生成所有元素为 1 的矩阵
np.eye	生成单位矩阵	np.transpose	矩阵转置
np.dot	计算两个数组的点积	np.inner	计算两个数组的内积
np.diag	矩阵主对角线与一维数组间的转换	np.trace	矩阵主对角线元素的和
np.linalg.det	计算矩阵行列式	np.linalg.eig	计算矩阵特征根与特征向量
np.linalg.eigvals	计算方阵特征根	np.linalg.inv	计算方阵的逆
np.linalg.pinv	计算方阵的 Moore-Penrose 伪逆	np.linalg.solve	计算 Ax=b 的线性方程组的解
np.linalg.lstsq	计算 Ax=b 的最小二乘解	np.linalg.qr	计算 QR 分解
np.linalg.svd	计算奇异值分解	np.linalg.norm	计算向量或矩阵的范数

4.4.1　矩阵乘法

```
# 一维数组的点积
vector_dot = np.dot(np.array([1,2,3]), np.array([4,5,6]))
print('一维数组的点积：\n',vector_dot)
# 二维数组的乘法
print('两个二维数组：')
print(arr10)
print(arr11)
arr2d = np.dot(arr10,arr11)
print('二维数组的乘法：\n',arr2d)
```

```
out:
一维数组的点积：
 32
两个二维数组：
[[ 0  1  2]
 [ 3  4  5]
 [ 6  7  8]
 [ 9 10 11]]
[[101 102 103 104]
 [105 106 107 108]
 [109 110 111 112]]
二维数组的乘法：
[[ 323  326  329  332]
 [1268 1280 1292 1304]
 [2213 2234 2255 2276]
 [3158 3188 3218 3248]]
```

　　点积函数 dot，使用在两个一维数组中，实际上是计算两个向量的乘积，返回一个标量；使用在两个二维数组中，即矩阵的乘法，矩阵乘法要求第一个矩阵的列数等于第二个矩阵的行数，否则会报错。

4.4.2　diag 函数的使用

```
arr15 = np.arange(16).reshape(4,-1)
print('4×4 的矩阵：\n',arr15)
print('取出矩阵的主对角线元素：\n',np.diag(arr15))
print('由一维数组构造的方阵：\n',np.diag(np.array([5,15,25])))
```

```
out:
4×4 的矩阵：
 [[ 0  1  2  3]
 [ 4  5  6  7]
 [ 8  9 10 11]
 [12 13 14 15]]
取出矩阵的主对角线元素：
 [ 0  5 10 15]
由一维数组构造的方阵：
 [[ 5  0  0]
 [ 0 15  0]
 [ 0  0 25]]
```

　　如上结果所示，如果给 diag 函数传入的是二维数组，则返回由主对角元素构成的一维数组；如果向 diag 函数传入一个一维数组，则返回方阵，且方阵的主对角线就是一维数组的值，方阵的非主对角元素均为 0。

4.4.3　特征根与特征向量

我们知道，假设 A 为 n 阶方阵，如果存在数λ和非零向量 α，使得Ax = λx（x ≠ 0），则称λ为 A 的特征根，x 为特征根λ对应的特征向量。如果需要计算方阵的特征根和特征向量，可以使用子模块 linalg 中的 eig 函数：

```
# 计算方阵的特征向量和特征根
arr16 = np.array([[1,2,5],[3,6,8],[4,7,9]])
print('计算 3×3 方阵的特征根和特征向量：\n',arr16)
print('求解结果为：\n',np.linalg.eig(arr16))
```

```
out:
计算 3×3 方阵的特征根和特征向量：
 [[1 2 5]
 [3 6 8]
 [4 7 9]]
求解结果为：
 (array([ 16.75112093,  -1.12317544,   0.37205451]),
 array([[-0.30758888, -0.90292521,  0.76324346],
     [-0.62178217, -0.09138877, -0.62723398],
     [-0.72026108,  0.41996923,  0.15503853]]))
```

如上结果所示，特征根和特征向量的结果存储在元组中，元组的第一个元素就是特征根，每个特征根对应的特征向量存储在元组的第二个元素中。

4.4.4　多元线性回归模型的解

多元线性回归模型一般用来预测连续的因变量，如根据天气状况预测游客数量，根据网站的活动页面预测支付转化率，根据城市人口的收入、教育水平、寿命等预测犯罪率等。该模型可以写成$Y = X\beta + \varepsilon$，其中 Y 为因变量，X 为自变量，ε为误差项。要想根据已知的 X 来预测 Y 的话，必须得知道偏回归系数β的值。对于熟悉多元线性回归模型的读者来说，一定知道偏回归系数的求解方程，即$\beta = (X'X)^{-1}X'Y$。如果读者并不是很熟悉多元线性回归模型的相关知识，可以查看第 7 章的内容。

```
# 计算偏回归系数
X = np.array([[1,1,4,3],[1,2,7,6],[1,2,6,6],[1,3,8,7],[1,2,5,8],[1,3,7,5],
[1,6,10,12],[1,5,7,7],[1,6,3,4],[1,5,7,8]])
Y = np.array([3.2,3.8,3.7,4.3,4.4,5.2,6.7,4.8,4.2,5.1])

X_trans_X_inverse = np.linalg.inv(np.dot(np.transpose(X),X))
beta = np.dot(np.dot(X_trans_X_inverse,np.transpose(X)),Y)
print('偏回归系数为：\n',beta)
```

```
out:
```
偏回归系数为：

```
 [ 1.78052227  0.24720413  0.15841148  0.13339845]
```

如上所示，X 数组中，第一列全都是 1，代表了这是线性回归模型中的截距项，剩下的三列代表自变量，根据β的求解公式，得到模型的偏回归系数，从而可以将多元线性回归模型表示为 $Y = 1.781 + 0.247x_1 + 0.158x_2 + 0.133x_3$。

4.4.5　多元一次方程组的求解

在中学的时候就学过有关多元一次方程组的知识，例如《九章算术》中有一题是这样描述的：今有上禾三秉，中禾二秉，下禾一秉，实三十九斗；上禾二秉，中禾三秉，下禾一秉，实三十四斗；上禾一秉，中禾二秉，下禾三秉，实二十六斗；问上、中、下禾实秉各几何？解答这个问题就需要应用三元一次方程组，该方程组可以表示为：

$$\begin{cases} 3x + 2y + z = 39 \\ 2x + 3y + z = 34 \\ x + 2y + 3z = 26 \end{cases}$$

在线性代数中，这个方程组就可以表示成 $AX = b$，A 代表等号左边数字构成的矩阵，X 代表三个未知数，b 代表等号右边数字构成的向量。如需求解未知数 X，可以直接使用 linalg 子模块中的 solve 函数，具体代码如下：

```
# 多元线性方程组
A = np.array([[3,2,1],[2,3,1],[1,2,3]])
b = np.array([39,34,26])
X = np.linalg.solve(A,b)
print('三元一次方程组的解: \n',X)
```

```
out:
```
三元一次方程组的解：

```
 [ 9.25  4.25  2.75]
```

如上结果所示，得到方程组x、y、z的解分别是9.25、4.25和2.75。

4.4.6　范数的计算

范数常常用来度量某个向量空间（或矩阵）中的每个向量的长度或大小，它具有三方面的约束条件，分别是非负性、齐次性和三角不等性。最常用的范数就是 p 范数，其公式可以表示成 $\|x\|_p = (|x_1|^p + |x_2|^p + \cdots + |x_n|^p)^{1/p}$。关于范数的计算，可以使用 linalg 子模块中的 norm 函数，举例如下：

```
# 范数的计算
arr17 = np.array([1,3,5,7,9,10,-12])
# 一范数
res1 = np.linalg.norm(arr17, ord = 1)
```

```
print('向量的一范数: \n',res1)
# 二范数
res2 = np.linalg.norm(arr17, ord = 2)
print('向量的二范数: \n',res2)
# 无穷范数
res3 = np.linalg.norm(arr17, ord = np.inf)
print('向量的无穷范数: \n',res3)

out:
向量的一范数:
 47.0
向量的二范数:
 20.2237484162
向量的无穷范数:
 12.0
```

如上结果所示，向量的无穷范数是指从向量中挑选出绝对值最大的元素。

4.5　伪随机数的生成

虽然在 Python 内置的 random 模块中可以生成随机数，但是每次只能随机生成一个数字，而且随机数的种类也不够丰富。如果读者想一次生成多个随机数，或者在内置的 random 模块中无法找到所需的分布函数，笔者推荐使用 numpy 模块中的子模块 random。关于各种常见的随机数生成函数，可见表 4-4，以供读者查阅。

表 4-4　常见随机数生成函数

函　　数	说　　明
seed(n)	设置随机种子
beta(a, b, size=None)	生成贝塔分布随机数
chisquare(df, size=None)	生成卡方分布随机数
choice(a, size=None, replace=True, p=None)	从 a 中有放回地随机挑选指定数量的样本
exponential(scale=1.0, size=None)	生成指数分布随机数
f(dfnum, dfden, size=None)	生成 F 分布随机数
gamma(shape, scale=1.0, size=None)	生成伽马分布随机数
geometric(p, size=None)	生成几何分布随机数
hypergeometric(ngood, nbad, nsample, size=None)	生成超几何分布随机数
laplace(loc=0.0, scale=1.0, size=None)	生成拉普拉斯分布随机数
logistic(loc=0.0, scale=1.0, size=None)	生成 Logistic 分布随机数
lognormal(mean=0.0, sigma=1.0, size=None)	生成对数正态分布随机数
negative_binomial(n, p, size=None)	生成负二项分布随机数

（续表）

函　　数	说　　明
multinomial(n, pvals, size=None)	生成多项分布随机数
multivariate_normal(mean, cov[, size])	生成多元正态分布随机数
normal(loc=0.0, scale=1.0, size=None)	生成正态分布随机数
pareto(a, size=None)	生成帕累托分布随机数
poisson(lam=1.0, size=None)	生成泊松分布随机数
rand(d0, d1, ..., dn)	生成 n 维的均匀分布随机数
randn(d0, d1, ..., dn)	生成 n 维的标准正态分布随机数
randint(low, high=None, size=None, dtype='l')	生成指定范围的随机整数
random_sample(size=None)	生成[0,1)的随机数
standard_t(df, size=None)	生成标准的 t 分布随机数
uniform(low=0.0, high=1.0, size=None)	生成指定范围的均匀分布随机数
wald(mean, scale, size=None)	生成 Wald 分布随机数
weibull(a, size=None)	生成 Weibull 分布随机数

读者可能熟悉上面的部分分布函数，但并不一定了解它们的概率密度曲线。为了直观展现分布函数的概率密度曲线，这里以连续数值的正态分布和指数分布为例进行介绍。如果读者想绘制更多其他连续变量的分布概率密度曲线，可以对如下代码稍做修改。

```python
import seaborn as sns
import matplotlib.pyplot as plt
from scipy import stats
# 生成各种正态分布随机数
np.random.seed(1234)
rn1 = np.random.normal(loc = 0, scale = 1, size = 1000)
rn2 = np.random.normal(loc = 0, scale = 2, size = 1000)
rn3 = np.random.normal(loc = 2, scale = 3, size = 1000)
rn4 = np.random.normal(loc = 5, scale = 3, size = 1000)
# 绘图
plt.style.use('ggplot')
sns.distplot(rn1, hist = False, kde = False, fit = stats.norm,
        fit_kws = {'color':'black','label':'u=0,s=1','linestyle':'-'})
sns.distplot(rn2, hist = False, kde = False, fit = stats.norm,
        fit_kws = {'color':'red','label':'u=0,s=2','linestyle':'--'})
sns.distplot(rn3, hist = False, kde = False, fit = stats.norm,
        fit_kws = {'color':'blue','label':'u=2,s=3','linestyle':':'})
sns.distplot(rn4, hist = False, kde = False, fit = stats.norm,
        fit_kws = {'color':'purple','label':'u=5,s=3','linestyle':'-.'})
# 呈现图例
plt.legend()
# 呈现图形
plt.show()
```

如图 4-1 所示，呈现的是不同均值和标准差下的正态分布概率密度曲线。当均值相同时，标准差越大，密度曲线越矮胖；当标准差相同时，均值越大，密度曲线越往右移。

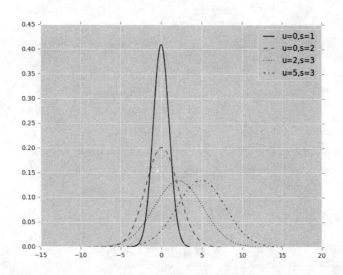

图 4-1　各形态的正态分布密度曲线

```
# 生成各种指数分布随机数
np.random.seed(1234)
re1 = np.random.exponential(scale = 0.5, size = 1000)
re2 = np.random.exponential(scale = 1, size = 1000)
re3 = np.random.exponential(scale = 1.5, size = 1000)
# 绘图
sns.distplot(re1, hist = False, kde = False, fit = stats.expon,
            fit_kws = {'color':'black','label':'lambda=0.5',
'linestyle':'-'})
sns.distplot(re2, hist = False, kde = False, fit = stats.expon,
            fit_kws = {'color':'red','label':'lambda=1','linestyle':'--'})
sns.distplot(re3, hist = False, kde = False, fit = stats.expon,
            fit_kws = {'color':'blue','label':'lambda=1.5','linestyle':':'})
# 呈现图例
plt.legend()
# 呈现图形
plt.show()
```

图 4-2 展现的是指数分布的概率密度曲线，通过图形可知，指数分布的概率密度曲线呈现在 y=0 的右半边，而且随着 lambda 参数的增加，概率密度曲线表现得越矮，同时右边的"尾巴"会更长而厚。

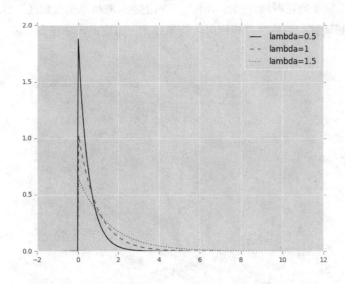

图 4-2　各形态的指数分布密度曲线

4.6　本章小结

本章介绍了有关数值计算的 numpy 模块，包括数组的创建、基本操作、数学运算、常用的数学和统计函数、线性代数以及随机数的生成。通过本章内容的学习，希望能够为读者在之后的数据分析和挖掘方面的学习打下基础。

下面对本章中涉及的 Python 函数进行汇总，主要是正文中没有写入表格的函数，以便读者查询和记忆，见表 4-5。

表4-5　Python各模块中的函数（方法）及函数说明

Python 模块	Python 函数或方法	函数说明
numpy	arange	类似于 Python 内建函数 range
	array	构造数组的函数
	ix_	构造数组索引的函数
	genfromtxt	读取文本文件数据的函数
	shape	返回数组形状的"方法"
	ndim	返回数组维数的"方法"
	size	返回数组元素个数的"方法"
	dtype	返回数组数据类型的"方法"
	reshape	重塑数组形状的"方法"
	resize	同上
	flatten	将多维数组降为一维数组的"方法"

（续表）

Python 模块	Python 函数或方法	函数说明
numpy	ravel	同上
	vstack、row_stack	数组的垂直堆叠函数
	hstack、column_stack	数组的水平合并函数
	where	类似于 Excel 的 if 函数
seaborn	distplot	绘制概率密度曲线的函数
matplotlib	legend	呈现图例的函数
	show	呈现图形的函数

4.7　课后练习

1. 请构造一个包含 10 以内的质数数组。
2. 请使用两种方法将数组 array([1, 12, 11, 17, 13, 18, 12, 14])中的偶数元素取出来。
3. 分别取出数组 np.array([[1,12,11,17],[13,18,12,14],[8,11,14,10],[6,8,19,22]])中第三行和二列的元素。
4. 使用循环的方式计算数组 np.array([[1,12,11,17],[13,18,12,14],[8,11,14,10],[6,8,19,22]])每一行元素的和。
5. 利用本章的 stu_socre.txt 数据集，计算每一列的平均值。
6. 创建一个 5×3 的随机矩阵 A 和一个 3×2 随机矩阵 B，并对它们计算矩阵的点积。
7. 如何将数组 np.array([[1,12,11,17],[13,18,12,14],[8,11,14,10],[6,8,19,22]])转换为 8 行 2 列的数组。
8. 如何将数组 a = np.arange(10).reshape(2,-1)和数组 b = np.repeat(1, 10).reshape(2,-1)实现垂直堆叠？
9. 请使用两种方法，将数组 np.array([1,2,3,2,3,4,3,4,5,6])中的元素做排重处理。
10. 请将数组 np.array([[1,12,11,17],[13,18,12,14],[8,11,14,10],[6,8,19,22]])中的偶数元素替换为-1。
11. 使用 numpy 模块中的函数，求解下方二元一次方程组：

$$\begin{cases} x+y=7 \\ 2x+3y=18 \end{cases}$$

12. 请问如何基于已知的自变量 x 和因变量 y，计算出多元线性回归模型的系数？
13. 请创建一个含 10 个元素的随机整数数组，并将其中的最大值替换为 0。
14. 某人带 1000 元去赌场娱乐，假设参与赌博的输赢概率相等，且赢一次可得 8 元，输一次则赔 8 元。请利用本章介绍的均匀分布，编写一段代码，实现 1000 轮赌局后该人还剩多少钱的问题？

第 5 章

Python 数据处理——
展现 pandas 的强大

上一章向读者介绍了有关数值计算的 numpy 模块，通过 numpy 模块可以非常方便地调用各种常用的数学和统计函数。本章将介绍强大的数据处理模块 pandas，该模块可以帮助数据分析师轻松地解决数据的预处理问题，如数据类型的转换、缺失值的处理、描述性统计分析、数据的汇总等。

通过本章内容的学习，读者将会掌握如下知识点，进而在数据处理过程中做到游刃有余，为后续的数据分析或机器学习做准备：

- 两种重要的数据结构，即序列和数据框；
- 如何读取外部数据（如文本文件、电子表格或数据库中的数据）；
- 数据类型转换及描述性统计分析；
- 字符型与日期型数据的处理；
- 常见的数据清洗方法；
- 如何应用 iloc、loc 与 ix 完成数据子集的生成；
- 实现 Excel 中的透视表操作；
- 多表之间的合并与连接；
- 数据集的分组聚合操作。

5.1 序列与数据框的构造

pandas 模块的核心操作对象就是序列（Series）和数据框（DataFrame）。序列可以理解为数据集中的一个字段，数据框是指含有至少两个字段（或序列）的数据集。首先需要向读者说明哪些方式可以构造序列和数据框，之后才能实现基于序列和数据框的处理和操作。

5.1.1　构造序列

构造一个序列可以使用如下方式实现：

- 通过同质的列表或元组构建。
- 通过字典构建。
- 通过 numpy 中的一维数组构建。
- 通过数据框 DataFrame 中的某一列构建。

为了使读者能够理解上面所提到的 4 种构造方法，这里通过具体的代码案例加以解释和说明：

```
# 导入模块
import pandas as pd
import numpy as np

# 构造序列
gdp1 = pd.Series([2.8,3.01,8.99,8.59,5.18])
gdp2 = pd.Series({'北京':2.8,'上海':3.01,'广东':8.99,'江苏':8.59,'浙江':5.18})
gdp3 = pd.Series(np.array((2.8,3.01,8.99,8.59,5.18)))
print(gdp1)
print(gdp2)

out:
0    2.80
1    3.01
2    8.99
3    8.59
4    5.18
dtype: float64
上海    3.01
北京    2.80
广东    8.99
江苏    8.59
浙江    5.18
dtype: float64
```

由于数据框的知识点还没有介绍到，上面的代码展示的是通过 Series 函数将列表、字典和一维数组转换为序列的过程。不管是列表、元组还是一维数组，构造的序列结果都是第一个打印的样式。该样式会产生两列，第一列属于序列的行索引（可以理解为行号），自动从 0 开始，第二列才是序列的实际值。通过字典构造的序列就是第二个打印样式，仍然包含两列，所不同的是第一列不再是行号，而是具体的行名称（label），对应到字典中的键，第二列是序列的实际值，对应到字典中的值。

序列与一维数组有极高的相似性，获取一维数组元素的所有索引方法都可以应用在序列上，而且数组的数学和统计函数也同样可以应用到序列对象上，不同的是，序列会有更多的其他处理方法。下面通过几个具体的例子来加以测试：

```
# 取出 gdp1 中的第一、第四和第五个元素
print('行号风格的序列：\n',gdp1[[0,3,4]])
# 取出 gdp2 中的第一、第四和第五个元素
print('行名称风格的序列：\n',gdp2[[0,3,4]])
# 取出 gdp2 中上海、江苏和浙江的 GDP 值
print('行名称风格的序列：\n',gdp2[['上海','江苏','浙江']])
# 数学函数--取对数
print('通过 numpy 函数：\n',np.log(gdp1))
# 平均 gdp
print('通过 numpy 函数：\n',np.mean(gdp1))
print('通过序列的方法：\n',gdp1.mean())
```

```
out:
行号风格的序列：
 0    2.80
 3    8.59
 4    5.18
dtype: float64
行名称风格的序列：
 上海    3.01
江苏    8.59
浙江    5.18
dtype: float64
行名称风格的序列：
 上海    3.01
江苏    8.59
浙江    5.18
dtype: float64
通过 numpy 函数：
 0    1.029619
 1    1.101940
 2    2.196113
 3    2.150599
 4    1.644805
dtype: float64
通过 numpy 函数：
 5.714
通过序列的方法：
 5.714
```

　　针对上面的代码需要说明几点，如果序列是行名称风格，既可以使用位置（行号）索引，又可以使用标签（行名称）索引；如果需要对序列进行数学函数的运算，一般首选 numpy 模块，因为 pandas 模块在这方面比较缺乏；如果是对序列做统计运算，既可以使用 numpy 模块中的函数，

也可以使用序列的"方法"，笔者一般首选序列的"方法"，因为序列的"方法"更加丰富，如计算序列的偏度、峰度等，而 numpy 是没有这样的函数的。

5.1.2　构造数据框

前面提到，数据框实质上就是一个数据集，数据集的行代表每一条观测，数据集的列则代表各个变量。在一个数据框中可以存放不同数据类型的序列，如整数型、浮点型、字符型和日期时间型，而数组和序列则没有这样的优势，因为它们只能存放同质数据。构造一个数据框可以应用如下方式：

- 通过嵌套的列表或元组构造。
- 通过字典构造。
- 通过二维数组构造。
- 通过外部数据的读取构造。

接下来通过几个简单的例子来说明数据框的构造：

```
# 构造数据框
df1 = pd.DataFrame([['张三',23,'男'],['李四',27,'女'],['王二',26,'女']])
df2 = pd.DataFrame({'姓名':['张三','李四','王二'],'年龄':[23,27,26],'性别':
['男','女','女']})
df3 = pd.DataFrame(np.array([['张三',23,'男'],['李四',27,'女'],['王二',26,
'女']]))
print('嵌套列表构造数据框：\n',df1)
print('字典构造数据框：\n',df2)
print('二维数组构造数据框：\n',df3)

out:
嵌套列表构造数据框：
      0   1  2
0  张三  23  男
1  李四  27  女
2  王二  26  女
字典构造数据框：
     姓名  年龄 性别
0  张三  23  男
1  李四  27  女
2  王二  26  女
二维数组构造数据框：
      0   1  2
0  张三  23  男
1  李四  27  女
2  王二  26  女
```

构造数据框需要使用到 pandas 模块中的 DataFrame 函数，如果通过嵌套列表或元组构造数据框，则需要将数据框中的每一行观测作为嵌套列表或元组的元素；如果通过二维数组构造数据框，则需要将数据框的每一行写入到数组的行中；如果通过字典构造数据框，则字典的键构成数据框的变量名，对应的值构成数据框的观测。尽管上面的代码都可以构造数据框，但是将嵌套列表、元组或二维数组转换为数据框时，数据框是没有具体的变量名的，只有从 0 到 N 的列号。所以，如果需要手工构造数据框的话，一般首选字典方法。剩下一种构造数据框的方法并没有在代码中体现，那就是外部数据的读取，这个内容将在下一节中重点介绍。

5.2　外部数据的读取

很显然，每次通过手工构造数据框是不现实的，在实际工作中，更多的情况则是通过 Python 读取外部数据集，这些数据集可能包含在本地的文本文件（如 csv、txt 等）、电子表格 Excel 和数据库中（如 MySQL、SQL Server 等）。本节内容就是重点介绍如何基于 pandas 模块实现文本文件、电子表格和数据库数据的读取。

5.2.1　文本文件的读取

如果读者需要使用 Python 读取 txt 或 csv 格式中的数据，可以使用 pandas 模块中的 read_table 函数或 read_csv 函数。这里的"或"并不是指每个函数只能读取一种格式的数据，而是这两种函数均可以读取文本文件的数据。由于这两个函数在功能和参数使用上类似，因此这里仅以 read_table 函数为例，介绍该函数的用法和几个重要参数的含义。

```
pd.read_table(filepath_or_buffer, sep='\t', header='infer', names=None,
              index_col=None, usecols=None,dtype=None, converters=None,
              skiprows=None,skipfooter=None, nrows=None, na_values=None,
              skip_blank_lines=True, parse_dates=False, thousands=None,
              comment=None, encoding=None)
```

- filepath_or_buffer: 指定 txt 文件或 csv 文件所在的具体路径。
- sep: 指定原数据集中各字段之间的分隔符，默认为 Tab 制表符。
- header: 是否需要将原数据集中的第一行作为表头，默认将第一行用作字段名称。
- names: 如果原数据集中没有字段，可以通过该参数在数据读取时给数据框添加具体的表头。
- index_col: 指定原数据集中的某些列作为数据框的行索引（标签）。
- usecols: 指定需要读取原数据集中的哪些变量名。
- dtype: 读取数据时，可以为原数据集的每个字段设置不同的数据类型。
- converters: 通过字典格式，为数据集中的某些字段设置转换函数。
- skiprows: 数据读取时，指定需要跳过原数据集开头的行数。
- skipfooter: 数据读取时，指定需要跳过原数据集末尾的行数。
- nrows: 指定读取数据的行数。
- na_values: 指定原数据集中哪些特征的值作为缺失值。
- skip_blank_lines: 读取数据时是否需要跳过原数据集中的空白行，默认为 True。

- parse_dates：如果参数值为 True，则尝试解析数据框的行索引；如果参数为列表，则尝试解析对应的日期列；如果参数为嵌套列表，则将某些列合并为日期列；如果参数为字典，则解析对应的列（字典中的值），并生成新的字段名（字典中的键）。
- thousands：指定原始数据集中的千分位符。
- comment：指定注释符，在读取数据时，如果遇到行首指定的注释符，则跳过该行。
- encoding：如果文件中含有中文，有时需要指定字符编码。

为了说明 read_table 函数中一些参数所起到的作用，这里构造一个稍微复杂点的数据集用于测试，数据存放在 txt 中，具体如图 5-1 所示。

图 5-1 所呈现的 txt 格式数据集存在一些常见的问题，具体如下：

图 5-1　待读取的 txt 数据

- 数据集并不是从第一行开始，前面几行实际上是数据集的来源说明，读取数据时需要注意什么问题。
- 数据集的末尾 3 行仍然不是需要读入的数据，如何避免后 3 行数据的读入。
- 中间部分的数据，第四行前加了#号，表示不需要读取该行，该如何处理。
- 数据集中的收入一列，千分位符是&，如何将该字段读入为正常的数值型数据。
- 如果需要将 year、month 和 day 三个字段解析为新的 birthday 字段，该如何做到。
- 数据集中含有中文，一般在读取含有中文的文本文件时都会出现编码错误，该如何解决。

针对这样一个复杂的数据集，该如何通过 read_table 函数将数据正常读入到 Python 内存中，并构成一个合格的数据框呢？这里给出具体的数据读入代码，希望读者能够理解其中每一个参数所起到的作用：

```
# 读取文本文件中的数据
user_income = pd.read_table(r'C:\Users\Administrator\Desktop\
            data_test01.txt', sep = ',',
parse_dates = {'birthday':[0,1,2]},
            skiprows=2, skipfooter=3, comment='#', encoding='utf8',
            thousands='&')
user_income
```

读取的数据如表 5-1 所示。代码说明：由于 read_table 函数在读取数据时，默认将字段分隔符 sep 设置为 Tab 制表符，而原始数据集是使用逗号分隔每一列，所以需要改变 sep 参数；parse_dates 参数通过字典实现前三列的日期解析，并合并为新字段 birthday；skiprows 和 skipfooter 参数分别实现原数据集开头几行和末尾几行数据的跳过；由于数据部分的第四行前面加了#号，因此通过 comment 参数指定跳过的特殊行；这里仅改变字符编码参数 encoding 是不够的，还需要将原始的 txt 文件另存为 UTF-8 格式；最后，对于收入一列，由于千分位符为&，因此为了保证数值型数据的正常读入，需要设置 thousands 参数为&。

表 5-1 txt 数据的读取结果

	birthday	gender	occupation	income
0	1990-03-07	男	销售经理	6000
1	1989-08-10	女	化妆师	8500
2	1992-10-07	女	前端设计	6500
3	1985-06-15	男	数据分析师	18000

5.2.2 电子表格的读取

还有一种常见的本地数据格式，那就是 Excel 电子表格，如果读者在学习或工作中需要使用 Python 分析某个 Excel 表格数据，该如何完成第一步的数据读取工作呢？本节将运用 pandas 模块中的 read_excel 函数，教读者完美地读取电子表格数据。首先，介绍该函数的用法及几个重要参数的含义：

```
pd.read_excel(io, sheetname=0, header=0, skiprows=None, skip_footer=0,
          index_col=None, names=None, parse_cols=None, parse_dates=False,
          na_values=None, thousands=None, convert_float=True)
```

- io：指定电子表格的具体路径。
- sheetname：指定需要读取电子表格中的第几个 Sheet，既可以传递整数也可以传递具体的 Sheet 名称。
- header：是否需要将数据集的第一行用作表头，默认为是需要的。
- skiprows：读取数据时，指定跳过的开始行数。
- skip_footer：读取数据时，指定跳过的末尾行数。
- index_col：指定哪些列用作数据框的行索引（标签）。
- names：如果原数据集中没有字段，可以通过该参数在数据读取时给数据框添加具体的表头。
- parse_cols：指定需要解析的字段。
- parse_dates：如果参数值为 True，则尝试解析数据框的行索引；如果参数为列表，则尝试解析对应的日期列；如果参数为嵌套列表，则将某些列合并为日期列；如果参数为字典，则解析对应的列（字典中的值），并生成新的字段名（字典中的键）。
- na_values：指定原始数据中哪些特殊值代表了缺失值。
- thousands：指定原始数据集中的千分位符。
- convert_float：默认将所有的数值型字段转换为浮点型字段。

如图 5-2 所示，该数据集反映的是儿童类服装的产品信息。在读取数据时需要注意两点：一点是该表没有表头，如何读数据的同时就设置好具体的表头；另一点是数据集的第一列实际上是字符型的字段，如何避免数据读入时自动变成数值型字段。

	A	B	C	D
1	00101	儿童裤	黑色	109
2	01123	儿童上衣	红色	229
3	01010	儿童鞋	蓝色	199
4	00100	儿童内衣	灰色	159

图 5-2 待读取的 Excel 数据

```
child_cloth = pd.read_excel(io = r'C:\Users\Administrator\Desktop\
            data_test02.xlsx',header = None, converters = {0:str}
            names = ['Prod_Id','Prod_Name','Prod_Color','Prod_Price'])
child_cloth
```

见表 5-2。

表 5-2　Excel 数据的读取结果

	Prod_Id	Prod_Name	Prod_Color	Prod_Price
0	00101	儿童裤	黑色	109
1	01123	儿童上衣	红色	229
2	01010	儿童鞋	蓝色	199
3	00100	儿童内衣	灰色	159

这里需要重点说明的是 converters 参数，通过该参数可以指定某些变量需要转换的函数。很显然，原始数据集中的商品 ID 是字符型的，如果不将该参数设置为{0:str}，读入的数据与原始的数据集就不一致了。

5.2.3　数据库数据的读取

绝大多数公司都会选择将数据存入数据库中，因为数据库既可以存放海量数据，又可以非常便捷地实现数据的查询。本节将以 MySQL 和 SQL Server 为例，教读者如何使用 pandas 模块和对应的数据库模块（分别是 pymysql 模块和 pymssql 模块，如果读者的 Python 没有安装这两个模块，需要通过 cmd 命令输入 pip install pymysql 和 pip install pysmsql）实现数据的连接与读取。

首先需要介绍 pymysql 模块和 pymssql 模块中的连接函数 connect，虽然两个模块中的连接函数名称一致，但函数的参数并不完全相同，所以需要分别介绍函数用法和几个重要参数的含义。

（1）pymysql中的connect

```
pymysql.connect(host=None, user=None, password='', database=None, port=0,
charset='')
```

- host：指定需要访问的 MySQL 服务器。
- user：指定访问 MySQL 数据库的用户名。
- password：指定访问 MySQL 数据库的密码。
- database：指定访问 MySQL 数据库的具体库名。
- port：指定访问 MySQL 数据库的端口号。
- charset：指定读取 MySQL 数据库的字符集，如果数据库表中含有中文，一般可以尝试将该参数设置为 "utf8" 或 "gbk"。

（2）pymssql中的connect

```
pymssql.connect(server = None, user = None, password = None, database = None,
charset = None)
```

从两个模块的 connect 函数看，两者几乎没有差异，而且参数含义也是一致的，所不同的是 pymysql 模块中 connect 函数的 host 参数表示需要访问的服务器，而 pymssql 函数中对应的参数是 server。为了简单起见，以本地计算机中的 MySQL 和 SQL Server 为例，演示一遍如何使用 Python 连接数据库的操作（如果读者需要在自己计算机上操作，必须确保你的计算机中已经安装了这两种数据库）。图 5-3、图 5-4 所示分别是 MySQL 和 SQL Server 数据库中的数据表。

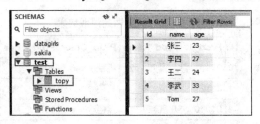

图 5-3　待读取的 MySQL 数据

	name	type	size	region	floow	direction	tot_amt	price_unit	built_date
1	梅园六街坊	2室0厅	47.72	浦东	低区/6层	朝南	500	104777	1992年建
2	碧云新天地（一期）	3室2厅	108.93	浦东	低区/6层	朝南	735	67474	2002年建
3	博山小区	1室1厅	43.79	浦东	中区/6层	朝南	260	59374	1988年建
4	金桥新村四街坊（博兴路986弄）	1室1厅	41.66	浦东	中区/6层	朝南北	280	67210	1997年建
5	博山小区	1室0厅	39.77	浦东	高区/6层	朝南	235	59089	1987年建
6	潍坊三村	1室0厅	34.84	浦东	中区/5层		260	74626	1983年建

图 5-4　待读取的 SQL Server 数据

```
# 读入 MySQL 数据库数据
# 导入第三方模块
import pymysql

# 连接 MySQL 数据库
conn = pymysql.connect(host='localhost', user='root', password='test',
                       database='test', port=3306, charset='utf8')
# 读取数据
user = pd.read_sql('select * from topy', conn)
# 关闭连接
conn.close()
# 数据输出
User
```

见表 5-3。

如上结果所示，将数据库中的数据读入到了 Python 中。由于 MySQL 的原数据集中含有中文，为了避免乱码的现象，将 connect 函数中的 chartset 参数设置为 utf8。读取数据时，需要用到 pandas 模块中的 read_sql 函数，该函数至少传入两个参数，一个是读取数据的查询语句（sql），另一个是连接桥梁（con）；在读取完数据之后，请务必关闭连接 conn，因为它会一直占用计算机的资源，影响计算机的运行效率。

表 5-3　MySQL 数据的读取结果

	id	name	age
0	1	张三	23
1	2	李四	27
2	3	王二	24
3	4	李武	33
4	5	Tom	27

```
# 导入第三方模块
import pymssql

# 连接 SQL Server 数据库
connect = pymssql.connect(server = 'localhost', user = '', password = '',
                          database = 'train', charset = 'utf8')
# 读取数据
data = pd.read_sql("select * from sec_buildings where direction = '朝南'",
con=connect)
# 关闭连接
connect.close()
# 数据输出
data.head()
```

见表 5-4。

表 5-4　SQL Server 数据的读取结果

	name	type	size	region	floow	direction	tot_amt	price_unit	built_date
0	梅园六街坊	2室0厅	47.720001	浦东	低区/6层	朝南	500.0	104777.0	1992年建
1	碧云新天地（一期）	3室2厅	108.930000	浦东	低区/6层	朝南	735.0	67474.0	2002年建
2	博山小区	1室1厅	43.790001	浦东	中区/6层	朝南	260.0	59374.0	1988年建
3	博山小区	1室0厅	39.770000	浦东	高区/6层	朝南	235.0	59089.0	1987年建
4	羽北小区	2室2厅	69.879997	浦东	低区/6层	朝南	560.0	80137.0	1994年建

　　如上所示，连接 SQL Server 的代码与 MySQL 的代码基本相同，由于访问 SQL Server 不需要填入用户名和密码，因此 user 参数和 password 参数需要设置为空字符；在读取数据时，可以写入更加灵活的 SQL 代码，如上代码中的 SQL 语句附加了数据的筛选功能，即所有朝南的二手房；同样，数据导入后，仍然需要关闭连接。

5.3　数据类型转换及描述统计

　　也许读者通过 5.2 节的学习掌握了如何将常用的外部数据读入到 Python 中的技能，但是你可能并不了解该数据，所以需要进一步学习 pandas 模块中的其他知识点。本节内容主要介绍如何了解数据，例如读入数据的规模如何、各个变量都属于什么数据类型、一些重要的统计指标对应的值是多少、离散变量唯一值的频次该如何统计等。下面以某平台二手车信息为例：

```
# 数据读取
sec_cars = pd.read_table(r'C:\Users\Administrator\Desktop\sec_cars.csv',
sep = ',')
# 预览数据的前 5 行
sec_cars.head()
```

表 5-5 所示就是读入的二手车信息，如果读者只需要预览数据的几行信息，可以使用 head 方法和 tail 方法。如上代码中，head 方法可以返回数据集的开头 5 行；如果读者需要查看数据集的末尾 5 行，可以使用 tail 方法。进一步，如果还想知道数据集有多少观测和多少变量，以及每个变量都是什么数据类型，可以按如下代码得知：

表 5-5　二手车数据的前 5 行预览

	Brand	Name	Boarding_time	Km(W)	Discharge	Sec_price	New_price
0	众泰	众泰T600 2016款 1.5T 手动 豪华型	2016年5月	3.96	国4	6.8	9.42万
1	众泰	众泰Z700 2016款 1.8T 手动 典雅型	2017年8月	0.08	国4,国5	8.8	11.92万
2	众泰	大迈X5 2015款 1.5T 手动 豪华型	2016年9月	0.80	国4	5.8	8.56万
3	众泰	众泰T600 2017款 1.5T 手动 精英贺岁版	2017年3月	0.30	国5	6.2	8.66万
4	众泰	众泰T600 2016款 1.5T 手动 旗舰型	2016年2月	1.70	国4	7.0	11.59万

```
# 查看数据的行列数
print('数据集的行列数：\n',sec_cars.shape)
# 查看数据集每个变量的数据类型
print('各变量的数据类型：\n',sec_cars.dtypes)

out:
数据集的行列数：
 (10984, 7)
各变量的数据类型：
Brand              object
Name               object
Boarding_time      object
Km(W)              float64
Discharge          object
Sec_price          float64
New_price          object
dtype: object
```

结果如上，该数据集一共包含了 10 948 条记录和 7 个变量，除二手车价格 Sec_price 和行驶里程数 Km(W) 为浮点型数据之外，其他变量均为字符型变量。但是，从表 5-5 来看，二手车的上牌时间 Boarding_time 应该为日期型，新车价格 New_price 应该为浮点型，为了后面的数据分析，需要对这两个变量进行类型的转换，具体操作如下：

```
# 修改二手车上牌时间的数据类型
sec_cars.Boarding_time = pd.to_datetime(sec_cars.Boarding_time, format = '%Y
年%m 月')
# 修改二手车新车价格的数据类型
sec_cars.New_price = sec_cars.New_price.str[:-1].astype('float')
# 重新查看各变量数据类型
sec_cars.dtypes
```

```
out:
Brand                  object
Name                   object
Boarding_time          datetime64[ns]
Km(W)                  float64
Discharge              object
Sec_price              float64
New_price              float64
dtype: object
```

如上结果所示，经过两行代码的处理，上牌时间 Boarding_time 更改为了日期型数据，新车价格 New_price 更改为了浮点型数据。需要说明的是，pandas 模块中的 to_datetime 函数可以通过 format 参数灵活地将各种格式的字符型日期转换成真正的日期数据；由于二手车新车价格含有"万"字，因此不能直接转换数据类型，为达到目的，需要三步走，首先通过 str 方法将该字段转换成字符串，然后通过切片手段，将"万"字剔除，最后运用 astype 方法，实现数据类型的转换。

接下来，需要对数据做到心中有数，即通过基本的统计量（如最小值、均值、中位数、最大值等）描述出数据的特征。关于数据的描述性分析可以使用 describe 方法：

```
# 数据的描述性统计
sec_cars.describe()
```

见表 5-6。

表 5-6　数值型数据的统计描述

	Km(W)	Sec_price
count	10984.000000	10984.000000
mean	6.266357	25.652192
std	3.480678	52.770268
min	0.020000	0.650000
25%	4.000000	5.200000
50%	6.000000	10.200000
75%	8.200000	23.800000
max	34.600000	808.000000

如上结果所示，通过 describe 方法，直接运算了数据框中所有数值型变量的统计值，包括非缺失个数、平均值、标准差、最小值、下四分位数、中位数、上四分位数和最大值。以二手车的售价 Sec_price 为例，平均价格为 25.7 万（很明显会受到极端值的影响）、中位数价格为 10.2 万（即一半的二手车价格不超过 10.2 万）、最高售价为 808 万、最低售价为 0.65 万、绝大多数二手车价格不超过 23.8 万（上四分位数 75% 对应的值）。

以上都是有关数据的统计描述，但并不能清晰地知道数据的形状分布，如数据是否有偏以及是否属于"尖峰厚尾"的特征，为了一次性统计数值型变量的偏度和峰度，读者可以参考如下代码：

```
# 挑出所有数值型变量
num_variables = sec_cars.columns[sec_cars.dtypes !='object'][1:]
# 自定义函数, 计算偏度和峰度
def skew_kurt(x):
    skewness = x.skew()
    kurtsis = x.kurt()
    # 返回偏度值和峰度值
    return pd.Series([skewness,kurtsis], index = ['Skew','Kurt'])
# 运用 apply 方法
sec_cars[num_variables].apply(func = skew_kurt, axis = 0)
```

代码说明：columns 方法用于返回数据集的所有变量名，通过布尔索引和切片方法获得所有的数值型变量；在自定义函数中，运用到了计算偏度的 skew 方法和计算峰度的 kurt 方法，然后将计算结果组合到序列中；最后使用 apply 方法，该方法的目的就是对指定轴（axis=0，即垂直方向的各列）进行统计运算（运算函数即自定义函数）。

代码运行结果见表 5-7。

表 5-7　数值型数据的偏度和峰度

	Km(W)	Sec_price	New_price
Skew	0.829915	6.313738	4.996912
Kurt	2.406258	55.381915	33.519911

如上结果所示正是每个数值型变量的偏度和峰度，这三个变量都属于右偏（因为偏度值均大于 0），而且三个变量也是尖峰的（因为峰度值也都大于 0）。

以上的统计分析全都是针对数值型变量的，对于数据框中的字符型变量（如二手车品牌 Brand、排放量 Discharge 等）该如何做统计描述呢？仍然可以使用 describe 方法，所不同的是，需要设置该方法中的 include 参数，具体代码如下：

```
# 离散型变量的统计描述
sec_cars.describe(include = ['object'])
```

见表 5-8。

表 5-8　离散型数据的统计描述

	Brand	Name	Discharge
count	10984	10984	10984
unique	104	4374	33
top	别克	经典全顺 2010款 柴油 短轴 多功能 中顶 6座	国4
freq	1346	126	4262

如上结果包含离散变量的 4 个统计值，分别是非缺失观测数、唯一水平数、频次最高的离散值和具体的频次。以二手车品牌为例，一共有 10 984 辆二手车，包含 104 种品牌，其中别克品牌

最多，高达 1 346 辆。需要注意的是，如果对离散型变量作统计分析，需要将"object"以列表的形式传递给 include 参数。

对于离散型变量，运用 describe 方法只能得知哪个离散水平属于"明星"值。如果读者需要统计的是各个离散值的频次，甚至是对应的频率，该如何计算呢？这里直接给出如下代码（以二手车品的标准排量 Discharge 为例）：

```
# 离散变量频次统计
Freq = sec_cars.Discharge.value_counts()
Freq_ratio = Freq/sec_cars.shape[0]
Freq_df = pd.DataFrame({'Freq':Freq,'Freq_ratio':Freq_ratio})
Freq_df.head()
```

见表 5-9。

如上结果所示，构成的数据框包含两列，分别是二手车各种标准排量对应的频次和频率，数据框的行索引（标签）就是二手车不同的标准排量。如果读者需要把行标签设置为数据框中的列，可以使用 reset_index 方法，具体操作如下：

```
# 将行索引重设为变量
Freq_df.reset_index(inplace = True)
Freq_df.head()
```

见表 5-10。

表 5-9　变量值的频次统计

	Freq	Freq_ratio
国4	4262	0.388019
欧4	1848	0.168245
欧5	1131	0.102968
国4,国5	843	0.076748
国3	772	0.070284

表 5-10　将行索引转为字段

	index	Freq	Freq_ratio
0	国4	4262	0.388019
1	欧4	1848	0.168245
2	欧5	1131	0.102968
3	国4,国5	843	0.076748
4	国3	772	0.070284

reset_index 方法的使用还是比较频繁的，它可以非常方便地将行标签转换为数据框的变量。在如上代码中，将 reset_index 方法中的 inplace 参数设置为 True，表示直接对原始数据集进行操作，影响到原数据集的变化，否则返回的只是变化预览，并不会改变原数据集。

5.4　字符与日期数据的处理

在本书第 3 章的 Python 基础知识讲解中就已经介绍到有关字符串的处理和正则表达式，但那都是基于单个字符串或字符串列表的操作，在本节中将会向读者介绍如何基于数据框操作字符型变量，希望对读者在后期的学习和工作中处理字符串时有所帮助。同时，本节也会介绍有关日期型数据的处理，比方说，如何从日期型变量中取出年份、月份、星期几等，如何计算两个日期间的时间差。

为了简单起见，这里就以自己手工编的数据为例，展示如何通过 pandas 模块中的知识点完成字符串和日期数据的处理。表 5-11 所示就是即将处理的数据。

表 5-11　待处理的数据表

	A	B	C	D	E	F	G	H
1	name	gender	birthday	start_work	income	tel	email	other
2	赵一	男	1989/9/8	2012/9/8	15,000	136■■■1234	zhaoyi@qq.com	{教育：本科，专业：电子商务，爱好：运动}
3	王二	男	1990/10/2	2014/3/6	12,500	135■■■2234	wanger@163.com	{教育：大专，专业：汽修，爱好：}
4	张三	女	1987/3/12	2009/1/8	18,500	135■■■3330	zhangsan@qq.com	{教育：本科，专业：数学，爱好：打篮球}
5	李四	女	1991/8/16	2014/6/4	13,000	139■■■3388	lisi@gmail.com	{教育：硕士，专业：统计学，爱好：唱歌}
6	刘五	女	1992/5/24	2014/8/10	8,500	178■■■7890	liuwu@qq.com	{教育：本科，专业：美术，爱好：}
7	雷六	女	1986/12/10	2010/3/10	15,000	137■■■5612	leiliu@126.com	{教育：本科，专业：化学，爱好：钓鱼}
8	贾七	男	1993/4/10	2015/8/1	9,000	131■■■4511	jiaqi@136.com	{教育：硕士，专业：物理，爱好：健身}
9	吴八	女	1988/7/19	2014/10/12	13,500	178■■■5317	wuba@qq.com	{教育：本科，专业：政治学，爱好：读书}

针对如上数据，读者可以在不看下方代码的情况下尝试着回答这些关于字符型及日期型的问题：

- 如何更改出生日期 birthday 和手机号 tel 两个字段的数据类型。
- 如何根据出生日期 birthday 和开始工作日期 start_work 两个字段新增年龄和工龄两个字段。
- 如何将手机号 tel 的中间 4 位隐藏起来。
- 如何根据邮箱信息新增邮箱域名字段。
- 如何基于 other 字段取出每个人员的专业信息。

```python
# 数据读入
df = pd.read_excel(r'C:\Users\Administrator\Desktop\data_test03.xlsx')
# 各变量数据类型
df.dtypes
# 将 birthday 变量转换为日期型
df.birthday = pd.to_datetime(df.birthday, format = '%Y/%m/%d')
# 将手机号转换为字符串
df.tel = df.tel.astype('str')
# 新增年龄和工龄两列
df['age'] = pd.datetime.today().year - df.birthday.dt.year
df['workage'] = pd.datetime.today().year - df.start_work.dt.year
# 将手机号中间 4 位隐藏起来
df.tel = df.tel.apply(func = lambda x : x.replace(x[3:7], '****'))
# 取出邮箱的域名
df['email_domain'] = df.email.apply(func = lambda x : x.split('@')[1])
# 取出人员的专业信息
df['profession'] = df.other.str.findall('专业: (.*?), ')
# 去除 birthday、start_work 和 other 变量
df.drop(['birthday','start_work','other'], axis = 1, inplace = True)
df.head()
```

见表 5-12。

表 5-12　问题的解答结果

```
name            object
gender          object
birthday        object
start_work      datetime64[ns]
income          int64
tel             int64
email           object
other           object
dtype: object
```

	name	gender	income	tel	email	age	workage	email_domain	profession
0	赵一	男	15000	136****1234	zhaoyi@qq.com	29	6	qq.com	[电子商务]
1	王二	男	12500	135****2234	wanger@163.com	28	4	163.com	[汽修]
2	张三	女	18500	135****3330	zhangsan@qq.com	31	9	qq.com	[数学]
3	李四	女	13000	139****3388	lisi@gmail.com	27	4	gmail.com	[统计学]
4	刘五	女	8500	178****7890	liuwu@qq.com	26	4	qq.com	[美术]

如上结果所示，回答了上面提到的 5 个问题。为了使读者理解上面的代码，接下来对代码做详细的解释：

- 通过 dtypes 方法返回数据框中每个变量的数据类型，由于出生日期 birthday 为字符型、手机号 tel 为整型，不便于第二问和第三问的回答，所以需要进行变量的类型转换。这里通过 pandas 模块中的 to_datetime 函数将 birthday 转换为日期型（必须按照原始的 birthday 格式设置 format 参数）；使用 astype 方法将 tel 转换为字符型。

- 对于年龄和工龄的计算，需要将当前日期与出生日期和开始工作日期进行减法运算，而当前日期的获得，则使用了 pandas 子模块 datetime 中的 today 函数。由于计算的是相隔的年数，所以还需进一步取出日期中的年份（year 方法）。需要注意的是，对于 birthday 和 start_work 变量，使用 year 方法之前，还需使用 dt 方法，否则会出错。

- 隐藏手机号的中间 4 位和衍生出邮箱域名变量，都是属于字符串的处理范畴，两个问题的解决所使用的方法分布是字符串中的替换法（replace）和分割法（split）。由于替换法和分割法所处理的对象都是变量中的每一个观测，属于重复性工作，所以考虑使用序列的 apply 方法。需要注意的是，apply 方法中的 func 参数都是使用匿名函数，对于隐藏手机号中间 4 位的思路就是用星号替换手机号的中间 4 位；对于邮箱域名的获取，其思路就是按照邮箱中的@符风格，然后取出第二个元素（列表索引为 1）。

- 从 other 变量中获取人员的专业信息，该问题的解决使用了字符串的正则表达式，不管是字符串"方法"还是字符串正则，在使用前都需要对变量使用一次 str 方法。由于 findall 返回的是列表值，因此衍生出的 email_domain 字段值都是列表类型，如果读者不想要这个中括号，可以参考第三问或第四问的解决方案，这里就不再赘述了。

- 如果需要删除数据集中的某些变量，可以使用数据框的 drop 方法。该方法接受的第一个参数，就是被删除的变量列表，尤其要注意的是，需要将 axis 参数设置为 1，因为默认 drop 方法是用来删除数据框中的行记录。

关于更多数据框中字符型变量的处理"方法"可以参考第 3 章，最后，再针对日期型数据罗列一些常用的"方法"，见表 5-13，希望对读者的学习和记忆有所帮助。

表 5-13　常用的日期时间处理"方法"

方　法	含　义	方　法	含　义
year	返回年份	month	返回月份
day	返回月份中的日	hour	返回时
minute	返回分钟	second	返回秒
date	返回日期	time	返回时间
dayofyear	返回年中第几天	weekofyear	返回年中第几周
dayofweek	返回周几（0~6）	weekday_name	返回具体的周几名称
quarter	返回第几季度	days_in_month	返回月中多少天

接下来，挑选几个日期处理"方法"用以举例说明：

```
# 常用日期处理方法
dates = pd.to_datetime(pd.Series(['1989-8-18 13:14:55','1995-2-16']),
                                      format = '%Y-%m-%d %H:%M:%S')
print('返回日期值：\n',dates.dt.date)
print('返回季度：\n',dates.dt.quarter)
print('返回几点钟：\n',dates.dt.hour)
print('返回年中的天：\n',dates.dt.dayofyear)
print('返回年中的周：\n',dates.dt.weekofyear)
print('返回星期几的名称：\n',dates.dt.weekday_name)
print('返回月份的天数：\n',dates.dt.days_in_month)

out:
返回日期值：
0    1989-08-18
1    1995-02-16
dtype: object
返回季度：
0    3
1    1
dtype: int64
返回几点钟：
0    13
1     0
dtype: int64
返回年中的天：
0    230
1     47
dtype: int64
返回年中的周：
0    33
1     7
dtype: int64
```

```
返回星期几的名称:
0       Friday
1     Thursday
dtype: object
返回月份的天数:
0     31
1     28
dtype: int64
```

5.5　常用的数据清洗方法

在数据处理过程中，一般都需要进行数据的清洗工作，如数据集是否存在重复、是否存在缺失、数据是否具有完整性和一致性、数据中是否存在异常值等。当发现数据中存在如上可能的问题时，都需要有针对性地处理，本节将重点介绍如何识别和处理重复观测、缺失值和异常值。

5.5.1　重复观测处理

重复观测，顾名思义是指观测行存在重复的现象，重复观测的存在会影响数据分析和挖掘结果的准确性，所以在数据分析和建模之前需要进行观测的重复性检验，如果存在重复观测，还需要进行重复项的删除。

在搜集数据过程中，可能会存在重复观测的出现，例如通过网络爬虫，就比较容易产生重复数据。如表 5-14 所示，就是通过爬虫获得某 APP 市场中电商类 APP 的下载量数据（部分），通过肉眼，是能够发现这 10 行数据中的重复项的，例如，唯品会出现了两次、当当出现了三次。如果搜集上来的数据不是 10 行，而是 10 万行，甚至更多时，就无法通过肉眼的方式检测数据是否存在重复项了。下面将介绍如何运用 Python 对读入的数据进行重复项检查，以及如何删除数据中的重复项。

表 5-14　待清洗数据

	appcategory	appname	comments	install	love	size	update
1	**appcategory**	**appname**	**comments**	**install**	**love**	**size**	**update**
2	网上购物-商城-团购-优惠-快递	每日优鲜	1297	204.7万	89.00%	15.16MB	2017年10月11日
3	网上购物-商城	苏宁易购	577	7996.8万	73.00%	58.9MB	2017年09月21日
4	网上购物-商城-优惠	唯品会	2543	7090.1万	86.00%	41.43MB	2017年10月13日
5	网上购物-商城-优惠	唯品会	2543	7090.1万	86.00%	41.43MB	2017年10月13日
6	网上购物-商城	拼多多	1921	3841.9万	95.00%	13.35MB	2017年10月11日
7	网上购物-商城-优惠	寺库奢侈品	1964	175.4万	100.00%	17.21MB	2017年09月30日
8	网上购物-商城	淘宝	14244	4.6亿	68.00%	73.78MB	2017年10月13日
9	网上购物-商城-团购-优惠	当当	134	1615.3万	61.00%	37.01MB	2017年10月17日
10	网上购物-商城-团购-优惠	当当	134	1615.3万	61.00%	37.01MB	2017年10月17日
11	网上购物-商城-团购-优惠	当当	134	1615.3万	61.00%	37.01MB	2017年10月17日

```
# 数据读入
df = pd.read_excel(r'C:\Users\Administrator\Desktop\data_test04.xlsx')
```

```
# 重复观测的检测
print('数据集中是否存在重复观测: \n',any(df.duplicated()))

out:
数据集中是否存在重复观测:
True
```

检测数据集的记录是否存在重复，可以使用 duplicated 方法进行验证，但是该方法返回的是数据集每一行的检验结果，即 10 行数据会返回 10 个 bool 值。很显然，这样也不能直接得知数据集的观测是否重复，为了能够得到最直接的结果，可以使用 any 函数。该函数表示的是在多个条件判断中，只要有一个条件为 True，则 any 函数的结果就为 True。正如结果所示，any 函数的运用返回 True 值，说明该数据集是存在重复观测的。接下来，删除数据集中的重复观测：

```
# 删除重复项
df.drop_duplicates(inplace = True)
df
```

如表 5-15 所示，原先的 10 行观测在排重后得到 7 行，被删除的行号为 3、8 和 9。同样，该方法中也有 inplace 参数，设置为 True 就表示直接在原始数据集上做操作。

表 5-15 重复观测的删除结果

	appcategory	appname	comments	install	love	size	update
0	网上购物-商城-团购-优惠-快递	每日优鲜	1297	204.7万	89.00%	15.16MB	2017年10月11日
1	网上购物-商城	苏宁易购	577	7996.8万	73.00%	58.9MB	2017年09月21日
2	网上购物-商城-优惠	唯品会	2543	7090.1万	86.00%	41.43MB	2017年10月13日
4	网上购物-商城	拼多多	1921	3841.9万	95.00%	13.35MB	2017年10月11日
5	网上购物-商城-优惠	寺库奢侈品	1964	175.4万	100.00%	17.21MB	2017年09月30日
6	网上购物-商城	淘宝	14244	4.6亿	68.00%	73.78MB	2017年10月13日
7	网上购物-商城-团购-优惠	当当	134	1615.3万	61.00%	37.01MB	2017年10月17日

5.5.2 缺失值处理

缺失值是指数据集中的某些观测存在遗漏的指标值，缺失值的存在同样会影响到数据分析和挖掘的结果。导致观测的缺失可能有两方面的原因，一方面是人为原因（如记录过程中的遗漏、个人隐私而不愿透露等），另一方面是机器或设备的故障所导致（如断电或设备老化等原因）。

一般而言，当遇到缺失值（Python 中用 NaN 表示）时，可以采用三种方法处置，分别是删除法、替换法和插补法。删除法是指当缺失的观测比例非常低时（如 5% 以内），直接删除存在缺失的观测，或者当某些变量的缺失比例非常高时（如 85% 以上），直接删除这些缺失的变量；替换法是指用某种常数直接替换那些缺失值，例如，对连续变量而言，可以使用均值或中位数替换，对于离散变量，可以使用众数替换；插补法是指根据其他非缺失的变量或观测来预测缺失值，常见的插补法有回归插补法、K 近邻插补法、拉格朗日插补法等。

为了简单起见，本节就重点介绍删除法和替换法，采用的数据来自于某游戏公司的用户注册信息（仅以 10 行记录为例），见表 5-16。

表 5-16　待处理的缺失值数据

	uid	regit_date	gender	age	income
0	81200457	2016-10-30	M	23.0	6500.0
1	81201135	2016-11-08	M	27.0	10300.0
2	80043782	2016-10-13	F	NaN	13500.0
3	84639281	2017-04-17	M	26.0	6000.0
4	73499801	2016-03-21	NaN	NaN	4500.0
5	72399510	2016-01-18	M	19.0	NaN
6	63881943	2015-10-07	M	21.0	10000.0
7	35442690	2015-04-10	F	NaN	5800.0
8	77638351	2016-07-12	M	25.0	18000.0
9	85200189	2017-05-18	M	22.0	NaN

从表 5-16 展现的数据可知，该数据集存在 4 条缺失观测，行号分别是 4、5、7 和 9，表中的缺失值用 NaN 表示。接下来要做的是如何判断数据集是否存在缺失值（尽管记录数少的时候可以清楚地发现）：

```
# 数据读入
df = pd.read_excel(r'C:\Users\Administrator\Desktop\data_test05.xlsx')
# 缺失观测的检测
print('数据集中是否存在缺失值：\n',any(df.isnull()))


out:
数据集中是否存在缺失值：
True
```

检测数据集是否存在重复观测使用的是 isnull 方法，该方法仍然是基于每一行的检测，所以仍然需要使用 any 函数，返回整个数据集中是否存在缺失的结果。从代码返回的结果看，该数据集确实是存在缺失值的。接下来分别使用两种方法实现数据集中缺失值的处理：

```
# 删除法之记录删除
df.dropna()
# 删除法之变量删除
df.drop('age', axis = 1)
```

如表 5-17 所示，左表为行删除法，即将所有含缺失值的行记录全部删除，使用 dropna 方法；右表为变量删除法，由于原数据集中 age 变量的缺失值最多，所以使用 drop 方法将 age 变量删除。

表 5-17　观测删除与变量删除

	uid	regit_date	gender	age	income
0	81200457	2016-10-30	M	23.0	6500.0
1	81201135	2016-11-08	M	27.0	10300.0
3	84639281	2017-04-17	M	26.0	6000.0
6	63881943	2015-10-07	M	21.0	10000.0
8	77638351	2016-07-12	M	25.0	18000.0

	uid	regit_date	gender	income
0	81200457	2016-10-30	M	6500.0
1	81201135	2016-11-08	M	10300.0
2	80043782	2016-10-13	F	13500.0
3	84639281	2017-04-17	M	6000.0
4	73499801	2016-03-21	NaN	4500.0
5	72399510	2016-01-18	M	NaN
6	63881943	2015-10-07	M	10000.0
7	35442690	2015-04-10	F	5800.0
8	77638351	2016-07-12	M	18000.0
9	85200189	2017-05-18	M	NaN

```
# 替换法之前向替换
df.fillna(method = 'ffill')
# 替换法之后向替换
df.fillna(method = 'bfill')
```

见表 5-18。

表 5-18　缺失观测的前向填充与后向填充

	uid	regit_date	gender	age	income
0	81200457	2016-10-30	M	23.0	6500.0
1	81201135	2016-11-08	M	27.0	10300.0
2	80043782	2016-10-13	F	27.0	13500.0
3	84639281	2017-04-17	M	26.0	6000.0
4	73499801	2016-03-21	M	26.0	4500.0
5	72399510	2016-01-18	M	19.0	4500.0
6	63881943	2015-10-07	M	21.0	10000.0
7	35442690	2015-04-10	F	21.0	5800.0
8	77638351	2016-07-12	M	25.0	18000.0
9	85200189	2017-05-18	M	22.0	18000.0

	uid	regit_date	gender	age	income
0	81200457	2016-10-30	M	23.0	6500.0
1	81201135	2016-11-08	M	27.0	10300.0
2	80043782	2016-10-13	F	26.0	13500.0
3	84639281	2017-04-17	M	26.0	6000.0
4	73499801	2016-03-21	M	19.0	4500.0
5	72399510	2016-01-18	M	19.0	10000.0
6	63881943	2015-10-07	M	21.0	10000.0
7	35442690	2015-04-10	F	25.0	5800.0
8	77638351	2016-07-12	M	25.0	18000.0
9	85200189	2017-05-18	M	22.0	NaN

缺失值的替换需要借助于 fillna 方法，该方法中的 method 参数可以接受'ffill'和'bfill'两种值，分别代表前向填充和后向填充。前向填充是指用缺失值的前一个值替换（如左表所示），而后向填充则表示用缺失值的后一个值替换（如右表所示）。右表中的最后一个记录仍包含缺失值，是因为后向填充法找不到该缺失值的后一个值用于替换。缺失值的前向填充或后向填充一般适用于时间序列型的数据集，因为这样的数据前后具有连贯性，而一般的独立性样本并不适用该方法。

```
# 替换法之常数替换
df.fillna(value = 0)
# 替换法之统计值替换
df.fillna(value = {'gender':df.gender.mode()[0], 'age':df.age.mean(),
                   'income':df.income.median()})
```

见表 5-19。

表 5-19　缺失观测的值填充

	uid	regit_date	gender	age	income
0	81200457	2016-10-30	M	23.0	6500.0
1	81201135	2016-11-08	M	27.0	10300.0
2	80043782	2016-10-13	F	0.0	13500.0
3	84639281	2017-04-17	M	26.0	6000.0
4	73499801	2016-03-21	0	0.0	4500.0
5	72399510	2016-01-18	M	19.0	0.0
6	63881943	2015-10-07	M	21.0	10000.0
7	35442690	2015-04-10	F	0.0	5800.0
8	77638351	2016-07-12	M	25.0	18000.0
9	85200189	2017-05-18	M	22.0	0.0

	uid	regit_date	gender	age	income
0	81200457	2016-10-30	M	23.000000	6500.0
1	81201135	2016-11-08	M	27.000000	10300.0
2	80043782	2016-10-13	F	23.285714	13500.0
3	84639281	2017-04-17	M	26.000000	6000.0
4	73499801	2016-03-21	M	23.285714	4500.0
5	72399510	2016-01-18	M	19.000000	8250.0
6	63881943	2015-10-07	M	21.000000	10000.0
7	35442690	2015-04-10	F	23.285714	5800.0
8	77638351	2016-07-12	M	25.000000	18000.0
9	85200189	2017-05-18	M	22.000000	8250.0

　　另一种替换手段仍然是使用 fillna 方法，只不过不再使用 method 参数，而是使用 value 参数。左表是使用一个常数 0 替换所有的缺失值（有些情况是有用的，例如某人确实没有工作，故收入为0），但是该方法就是典型的"以点概面"，非常容易导致错误，例如结果中的性别莫名多出异样的 0 值；右表则是采用了更加灵活的替换方法，即分别对各缺失变量使用不同的替换值（需要采用字典的方式传递给 value 参数），性别使用众数替换，年龄使用均值替换，收入使用中位数替换。

　　需要说明的是，如上代码并没有实际改变 df 数据框的结果，因为 dropna、drop 和 fillna 方法并没有使 inplace 参数设置为 True。读者可以在实际的学习和工作中挑选一个适当的缺失值处理方法，然后将该方法中的 inplace 参数设置为 True，进而可以真正地改变你所处理的数据集。

5.5.3　异常值处理

　　异常值是指那些远离正常值的观测，即"不合群"观测。导致异常值的出现一般是人为的记录错误或者是设备的故障等，异常值的出现会对模型的创建和预测产生严重的后果。当然异常值也不一定都是坏事，有些情况下，通过寻找异常值就能够给业务带来良好的发展，如销毁"钓鱼"网站、关闭"薅羊毛"用户的权限等。

　　对于异常值的检测，一般采用两种方法：一种是 n 个标准差法；另一种是箱线图判别法。标准差法的判断公式是 outlinear $> |\bar{x} \pm n\sigma|$，其中 $\bar{x}$ 为样本均值，σ 为样本标准差，当 $n = 2$ 时，满足条件的观测就是异常值，当 $n = 3$ 时，满足条件的观测就是极端异常值；箱线图的判断公式是 outlinear $> Q3 + nIQR$ 或者 outlinear $< Q1 - nIQR$，其中 Q1 为下四分位数（25%），Q3 为上四位数（75%），IQR 为四分位差（上四分位数与下四分位数的差），当 $n = 1.5$ 时，满足条件的观测为异常值，当 $n = 3$ 时，满足条件的观测即为极端异常值。为了方便读者理解异常值（图中的红色点）的两种判别方法，可以参见图 5-5。

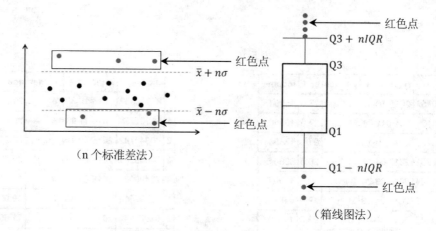

图 5-5　异常值判断的两种方法

　　这两种方法的选择标准是，如果数据近似服从正态分布时，优先选择 n 个标准差法，因为数据的分布相对比较对称；否则优先选择箱线图法，因为分位数并不会受到极端值的影响。当数据存在异常时，一般可以使用删除法将异常值删除（前提是异常观测的比例不能太大）、替换法（可以考虑使用低于判别上限的最大值或高于判别下限的最小值替换、使用均值或中位数替换等）。下面将以年为单位的太阳黑子个数为例（时间范围：1700—1988），识别并处理异常值：

```
# 数据读入
sunspots = pd.read_table(r'C:\Users\Administrator\Desktop\sunspots.csv',
sep = ',')
# 异常值检测之标准差法
xbar = sunspots.counts.mean()
xstd = sunspots.counts.std()
print('标准差法异常值上限检测：\n',any(sunspots.counts > xbar + 2 * xstd))
print('标准差法异常值下限检测：\n',any(sunspots.counts < xbar - 2 * xstd))
# 异常值检测之箱线图法
Q1 = sunspots.counts.quantile(q = 0.25)
Q3 = sunspots.counts.quantile(q = 0.75)
IQR = Q3 - Q1
print('箱线图法异常值上限检测：\n',any(sunspots.counts > Q3 + 1.5 * IQR))
print('箱线图法异常值下限检测：\n',any(sunspots.counts < Q1 - 1.5 * IQR))


out:
标准差法异常值上限检测：
True
标准差法异常值下限检测：
False
箱线图法异常值上限检测：
True
箱线图法异常值下限检测：
False
```

　　如上结果所示，不管是标准差检验法还是箱线图检验法，都发现太阳黑子数据中存在异常值，而且异常值都是超过上限临界值的。接下来，通过绘制太阳黑子数量的直方图和核密度曲线图，检验数据是否近似服从正态分布，进而选择一个最终的异常值判别方法：

```
# 导入绘图模块
import matplotlib.pyplot as plt
# 设置绘图风格
plt.style.use('ggplot')
# 绘制直方图
sunspots.counts.plot(kind = 'hist', bins = 30, normed = True)
# 绘制核密度图
sunspots.counts.plot(kind = 'kde')
# 图形展现
plt.show()
```

　　如图 5-6 所示，不管是直方图还是核密度曲线，所呈现的数据分布形状都是有偏的，并且属于右偏。基于此，这里选择箱线图法来判定太阳黑子数据中的那些异常值。接下来要做的就是选用删除法或替换法来处理这些异常值，由于删除法的 Python 代码已经在 5.5.2 小节的缺失值处理中介绍过，这里就使用替换法来处理异常值，即使用低于判别上限的最大值或高于判别下限的最小值替换，代码如下：

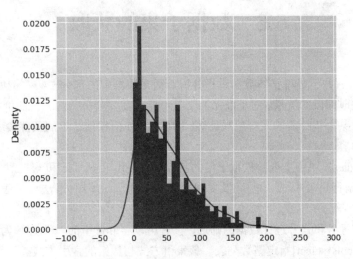

图 5-6　太阳黑子直方图和核密度曲线

```
# 替换法处理异常值
print('异常值替换前的数据统计特征: \n',sunspots.counts.describe())
# 箱线图中的异常值判别上限
UL = Q3 + 1.5 * IQR
print('判别异常值的上限临界值: \n',UL)
# 从数据中找出低于判别上限的最大值
replace_value = sunspots.counts[sunspots.counts < UL].max()
print('用以替换异常值的数据: \n',replace_value)
```

```
# 替换超过判别上限异常值
sunspots.counts[sunspots.counts > UL] = replace_value
print('异常值替换后的数据统计特征：\n',sunspots.counts.describe())

out:
判别异常值的上限临界值：148.85
用以替换异常值的数据：141.7
```

如果使用箱线图法判别异常值，则认定太阳黑子数目一年内超过 148.85 时即为异常值年份，对于这些年份的异常值使用 141.7 替换。为了比较替换前后的差异，将太阳黑子数量的统计值汇总到表 5-20 中。

表 5-20   异常值处理前后的统计描述对比

	count	mean	std	min	25%	50%	75%	max
替换前	289	48.61	39.47	0	15.6	39	68.9	190.2
替换后	289	48.07	37.92	0	15.6	39	68.9	141.7

由表 5-20 可知，对于异常值的替换，改变了原始数据的均值、标准差和最大值，并且这些值改变后都降低了，这是显而易见的，因为是将所有超过 148.85 的异常值改为了较低的 141.7。

5.6   数据子集的获取

有时数据读入后并不是对整体数据进行分析，而是数据中的部分子集，例如，对于地铁乘客量可能只关心某些时间段的流量、对于商品的交易可能只需要分析某些颜色的价格变动、对于医疗诊断数据可能只对某个年龄段的人群感兴趣等。所以，该如何根据特定的条件实现数据子集的获取将是本节的主要内容。

通常，在 pandas 模块中实现数据框子集的获取可以使用 iloc、loc 和 ix 三种"方法"，这三种方法既可以对数据行进行筛选，也可以实现变量的挑选，它们的语法可以表示成[rows_select, cols_select]。

iloc 只能通过行号和列号进行数据的筛选，读者可以将 iloc 中的"i"理解为"integer"，即只能向[rows_select, cols_select]指定整数列表。该索引方式与数组的索引方式类似，都是从 0 开始，可以间隔取号，对于切片仍然无法取到上限。

loc 要比 iloc 灵活一些，读者可以将 loc 中的"l"理解为"label"，即可以向[rows_select, cols_select]指定具体的行标签（行名称）和列标签（字段名）。注意，这里是标签不再是索引。而且，还可以将 rows_select 指定为具体的筛选条件，在 iloc 中是无法做到的。

ix 是 iloc 和 loc 的混合，读者可以将 ix 理解为"mix"，该"方法"吸收了 iloc 和 loc 的优点，使数据框子集的获取更加灵活。为了使读者理解这三种方法的使用和差异，接下来通过具体的代码加以说明：

```
# 构造数据集
df1 = pd.DataFrame({'name':['张三','李四','王二','丁一','李五'],
                    'gender':['男','女','女','女','男'],
                    'age':[23,26,22,25,27]},
                    columns = ['name','gender','age'])
df1
# 取出数据集的中间三行(即所有女性)，并且返回姓名和年龄两列
df1.iloc[1:4,[0,2]]
df1.loc[1:3, ['name','age']]
df1.ix[1:3,[0,2]]
```

见表 5-21。

表 5-21　数据子集的获取结果

	name	gender	age
0	张三	男	23
1	李四	女	26
2	王二	女	22
3	丁一	女	25
4	李五	男	27

	name	age
1	李四	26
2	王二	22
3	丁一	25

	name	age
1	李四	26
2	王二	22
3	丁一	25

	name	age
1	李四	26
2	王二	22
3	丁一	25

　　如上结果所示，如果原始数据的行号与行标签（名称）一致，iloc、loc 和 ix 三种方法都可以取出满足条件的数据子集。所不同的是，iloc 运用了索引的思想，故中间三行的表示必须用 1:4，因为切片索引取不到上限，同时，姓名和年龄两列也必须用数值索引表示；loc 是指获取行或列的标签（名称），由于该数据集的行标签与行号一致，所以 1:3 就表示对应的 3 个行名称，而姓名和年龄两列的获取就不能使用数值索引了，只能写入具体的变量名称；ix 则混合了 iloc 与 loc 的优点，如果数据集的行标签与行号一致，则 ix 对观测行的筛选与 loc 的效果一样，但是 ix 对变量名的筛选既可以使用对应的列号（如代码所示），也可以使用具体的变量名称。

　　假如数据集没有行号，而是具体的行名称，该如何使用这三种方法实现中间三行数据的获取？代码如下：

```
# 将员工的姓名用作行标签
df2 = df1.set_index('name')
df2
# 取出数据集的中间三行
df2.iloc[1:4,:]
df2.loc[['李四','王二','丁一'],:]
df2.ix[1:4,:]
```

见表 5-22。

　　注意，这时的数据集是以员工姓名作为行名称，不再是之前的行号，对于目标数据的返回同样可以使用 iloc、loc 和 ix 三种方法。对于 iloc 来说，不管什么形式的数据集都可以使用，始终表示行索引，即取哪些行下标的观测；loc 就不能使用数值表示行标签了，因为此时数据集的行标签是姓名，所以需要写入中间三行对应的姓名；通过 ix 方法，既可以用行索引（如代码所示）表示，

也可以用行标签表示，可根据读者的喜好选择。由于并没有对数据集的变量做任何限制，所以 cols_select 用英文冒号表示，代表取出数据集的所有变量。

表 5-22 数据子集的获取结果

name	gender	age
张三	男	23
李四	女	26
王二	女	22
丁一	女	25
李五	男	27

name	gender	age
李四	女	26
王二	女	22
丁一	女	25

name	gender	age
李四	女	26
王二	女	22
丁一	女	25

name	gender	age
李四	女	26
王二	女	22
丁一	女	25

很显然，在实际的学习和工作中，观测行的筛选很少是通过写入具体的行索引或行标签，而是对某些列做条件筛选，进而获得目标数据。例如，在上面的 df1 数据集中，如何返回所有男性的姓名和年龄，代码如下：

```
# 使用筛选条件，取出所有男性的姓名和年龄
# df1.iloc[df1.gender == '男',]
df1.loc[df1.gender == '男',['name','age']]
df1.ix[df1.gender == '男',['name','age']]
```

见表 5-23。

表 5-23 数据子集的获取结果

	name	gender	age
0	张三	男	23
1	李四	女	26
2	王二	女	22
3	丁一	女	25
4	李五	男	27

	name	age
0	张三	23
4	李五	27

	name	age
0	张三	23
4	李五	27

如果是基于条件的记录筛选，只能使用 loc 和 ix 两种方法。正如代码所示，对 iloc 方法的那行代码做注释，是因为 iloc 不允许使用条件筛选，这行代码是无法运行成功的。对变量名的筛选，loc 必须指定具体的变量名，而 ix 既可以使用变量名，也可以使用字段的数值索引。

综上所述，ix 方法几乎可以实现所有情况中数据子集的获取，是 iloc 和 loc 两种方法的优点合成体，而且对于行号与行名称一致的数据集来说（如 df1 数据集），名称索引的优先级在位置索引之前（如本节第一段代码中的 df1.ix[1:3,[0,2]]）。

5.7 透视表功能

相信读者在平时的学习或工作中经常会使用到 Excel 的透视表功能，该功能的主要目的就是实现数据的汇总统计。例如，按照某个分组变量统计商品的平均价格、销售数量、最大利润等，或者

按照某两个分组变量构成统计学中的列联表（计数统计），甚至是基于多个分组变量统计各组合下的均值、中位数、总和等。如果你使用 Excel，只需要简单的托拉拽就可以迅速地形成一张统计表，如图 5-7 所示（数据是关于珠宝的重量、颜色、纯度、价格、面积等）。

图 5-7　Excel 中的透视表（统计表）

图 5-7 所呈现的就是基于单个分组变量实现的均值统计，读者只需将分组变量 color 拖入"行标签"框中、数值变量 price 拖入到"数值"框中，然后下拉"数值"单击"值字段设置"选择"平均值"的计算类型就可以实现均值的分组统计（因为默认是统计总和）。如果需要构造列联表（见图 5-8），可以按照下面的步骤实现。

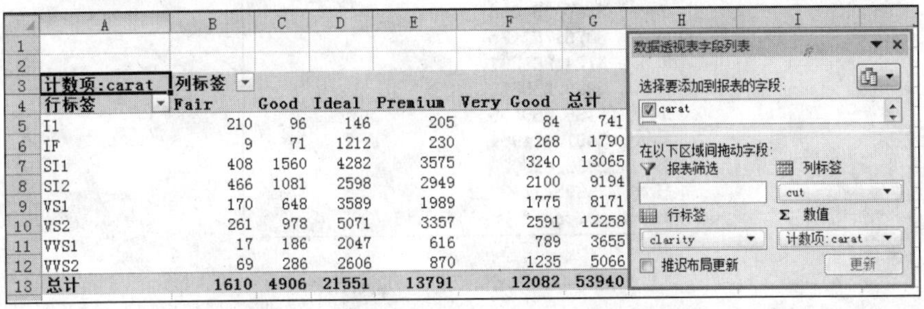

图 5-8　Excel 中的透视表（单个分组变量均值统计）

图 5-8 是关于频次的列联表，将分组变量 clarity 和 cut 分别拖至"行标签"框和"列标签"框，然后将其他任意一个变量拖入"数值"框中，接下来就是选择"计数"的计算类型。同理，如果需要生成多个分组变量的汇总表，只需将这些分组变量根据实际情况分散到"行标签"和"列标签"框中。

如果这样的汇总过程不是在 Excel 中，而是在 Python 中，该如何实现呢？pandas 模块提供了实现透视表功能的 pivot_table 函数，该函数简单易用，与 Excel 的操作思想完全一致，相信读者一定可以快速掌握函数的用法及参数含义。接下来，向读者介绍一下有关该函数的参数含义：

```
pd.pivot_table(data, values=None, index=None, columns=None,
               aggfunc='mean', fill_value=None, margins=False,
               dropna=True, margins_name='All')
```

- data：指定需要构造透视表的数据集。
- values：指定需要拉入"数值"框的字段列表。
- index：指定需要拉入"行标签"框的字段列表。

- columns: 指定需要拉入 "列标签" 框的字段列表。
- aggfunc: 指定数值的统计函数, 默认为统计均值, 也可以指定 numpy 模块中的其他统计函数。
- fill_value: 指定一个标量, 用于填充缺失值。
- margins: bool 类型参数, 是否需要显示行或列的总计值, 默认为 False。
- dropna: bool 类型参数, 是否需要删除整列为缺失的字段, 默认为 True。
- margins_name: 指定行或列的总计名称, 默认为 All。

为了说明该函数的灵活功能, 这里以上面的珠宝数据为例, 重现 Excel 制作成的透视表。首先来尝试一下单个分组变量的均值统计, 具体代码如下:

```
# 数据读取
diamonds = pd.read_table(r'C:\Users\Administrator\Desktop\diamonds.csv',
sep = ',')
# 单个分组变量的均值统计
pd.pivot_table(data = diamonds, index = 'color', values = 'price', margins
= True, margins_name = '总计')
```

见图 5-9。

```
color
D    3169.954096
E    3076.752475
F    3724.886397
G    3999.135671
H    4486.669196
I    5091.874954
J    5323.818020
总计   3932.799722
Name: price, dtype: float64
```

图 5-9　Python 的透视表结果

如上结果所示就是基于单个分组变量 color 的汇总统计 (price 的均值), 返回结果属于 pandas 模块中的序列类型, 该结果与 Excel 形成的透视表完全一致。接下来看看如何构造两个分组变量的列联表, 代码如下所示:

```
# 两个分组变量的列联表
# 导入 numpy 模块
import numpy as np
pd.pivot_table(data = diamonds, index = 'clarity', columns = 'cut',
          values = 'carat', aggfunc = np.size,margins = True,
          margins_name = '总计')
```

如表 5-24 所示, 对于列联表来说, 行和列都需要指定某个分组变量, 所以 index 参数和 columns 参数都需要指定一个分组变量, 并且统计的不再是某个变量的均值, 而是观测个数, 所以 aggfunc 参数需要指定 numpy 模块中的 size 函数。通过这样的参数设置, 返回的是一个数据框对象, 结果与 Excel 透视表完全一样。

表 5-24　Python 的透视表结果

cut / clarity	Fair	Good	Ideal	Premium	Very Good	总计
I1	210.0	96.0	146.0	205.0	84.0	741.0
IF	9.0	71.0	1212.0	230.0	268.0	1790.0
SI1	408.0	1560.0	4282.0	3575.0	3240.0	13065.0
SI2	466.0	1081.0	2598.0	2949.0	2100.0	9194.0
VS1	170.0	648.0	3589.0	1989.0	1775.0	8171.0
VS2	261.0	978.0	5071.0	3357.0	2591.0	12258.0
VVS1	17.0	186.0	2047.0	616.0	789.0	3655.0
VVS2	69.0	286.0	2606.0	870.0	1235.0	5066.0
总计	1610.0	4906.0	21551.0	13791.0	12082.0	53940.0

5.8　表之间的合并与连接

在学习或工作中可能会涉及多张表的操作，例如将表结构相同的多张表纵向合并到大表中，或者将多张表的字段水平扩展到一张宽表中。如果你对数据库 SQL 语言比较熟悉的话，那表之间的合并和连接就非常简单了。对于多张表的合并，只需要使用 UNION 或 UNION ALL 关键词；对于多张表之间的连接，只需要使用 INNER JOIN 或者 LEFT JOIN 即可。

如果读者对表的合并和连接并不是很熟悉的话，可以查看图 5-10。上图为两表之间的纵向合并，下图为两表之间的水平扩展并且为左连接操作。

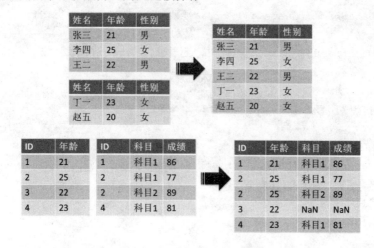

图 5-10　数据合并与连接的预览效果

需要注意的是，对于多表之间的纵向合并，必须确保多表的列数和数据类型一致；对于多表之间的水平扩展，必须保证多表要有共同的匹配字段（如图 5-10 中的 ID 变量）。图 5-10 中的 NaN 代表缺失，表示 3 号用户没有对应的考试科目和成绩。

pandas 模块同样提供了关于多表之间的合并和连接操作函数，分别是 concat 函数和 merge 函数，首先介绍一下这两个函数的用法和重要参数含义。

（1）合并函数concat

```
pd.concat(objs, axis=0, join='outer', join_axes=None, ignore_index=False,
keys=None)
```

- objs：指定需要合并的对象，可以是序列、数据框或面板数据构成的列表。
- axis：指定数据合并的轴，默认为 0，表示合并多个数据的行，如果为 1，就表示合并多个数据的列。
- join：指定合并的方式，默认为 outer，表示合并所有数据，如果改为 inner，表示合并公共部分的数据。
- join_axes：合并数据后，指定保留的数据轴。
- ignore_index：bool 类型的参数，表示是否忽略原数据集的索引，默认为 False，如果设为 True，就表示忽略原索引并生成新索引。
- keys：为合并后的数据添加新索引，用于区分各个数据部分。

针对合并函数 concat，需要强调两点。一点是，如果纵向合并多个数据集，即使这些数据集都含有"姓名"变量，但变量名称不一致，如 Name 和 name，通过合并后，将会得到错误的结果。另一点是 join_axes 参数的使用，例如纵向合并两个数据集 df1 和 df2，可以写成 pd.concat([df1,df2])，如果该参数等于[df1.index]，就表示保留与 df1 行标签一样的数据，但需要配合 axis=1 一起使用；如果等于[df1.columns]，就保留与 df1 列标签一样的数据，但不需要添加 axis=1 的约束。下面举例说明 concat 函数的使用：

```
# 构造数据集 df1 和 df2
df1 = pd.DataFrame({'name':['张三','李四','王二'], 'age':[21,25,22],
                    'gender':['男','女','男']})
df2 = pd.DataFrame({'name':['丁一','赵五'], 'age':[23,22],
                    'gender':['女','女']})
# 数据集的纵向合并
pd.concat([df1,df2] , keys = ['df1','df2'])

# 如果 df2 数据集中的"姓名变量为 Name"
df2 = pd.DataFrame({'Name':['丁一','赵五'], 'age':[23,22],
                    'gender':['女','女']})
# 数据集的纵向合并
pd.concat([df1,df2])
```

见表 5-25。

表 5-25　数据的合并结果

		age	gender	name
df1	0	21	男	张三
	1	25	女	李四
	2	22	男	王二
df2	0	23	女	丁一
	1	22	女	赵五

	Name	age	gender	name
0	NaN	21	男	张三
1	NaN	25	女	李四
2	NaN	22	男	王二
0	丁一	23	女	NaN
1	赵五	22	女	NaN

如上结果所示，为了区分合并后的 df1 数据集和 df2 数据集，代码中的 concat 函数使用了 keys 参数，如果再设置参数 ignore_index 为 True，此时 keys 参数将不再有效。如上右表所示，就是由两个数据集的变量名称不一致（name 和 Name）所致，最终产生错误的结果。

（2）连接函数merge

```
pd.merge(left, right, how='inner', on=None, left_on=None, right_on=None,
         left_index=False, right_index=False, sort=False, suffixes=('_x',
         '_y'))
```

- left：指定需要连接的主表。
- right：指定需要连接的辅表。
- how：指定连接方式，默认为 inner 内连，还有其他选项，如左连 left、右连 right 和外连 outer。
- on：指定连接两张表的共同字段。
- left_on：指定主表中需要连接的共同字段。
- right_on：指定辅表中需要连接的共同字段。
- left_index：bool 类型参数，是否将主表中的行索引用作表连接的共同字段，默认为 False。
- right_index：bool 类型参数，是否将辅表中的行索引用作表连接的共同字段，默认为 False。
- sort：bool 类型参数，是否对连接后的数据按照共同字段排序，默认为 False。
- suffixes：如果数据连接的结果中存在重叠的变量名，则使用各自的前缀进行区分。

该函数的最大缺点是，每次只能操作两张数据表的连接，如果有 n 张表需要连接，则必须经过 n-1 次的 merge 函数使用。接下来，为了读者更好地理解 merge 函数的使用，这里举例说明：

```
# 构造数据集
df3 = pd.DataFrame({'id':[1,2,3,4,5],'name':['张三','李四','王二','丁一',
                    '赵五'],'age':[27,24,25,23,25],'gender':['男','男','男',
                    '女','女']})
df4 = pd.DataFrame({'Id':[1,2,2,4,4,4,5], 'score':[83,81,87,75,86,74,88]
                    'kemu':['科目1','科目1','科目2','科目1','科目2','科目3',
                    '科目1']})
df5 = pd.DataFrame({'id':[1,3,5],'name':['张三','王二','赵五'],
                    'income':[13500,18000,15000]})
# 三表的数据连接
# 首先 df3 和 df4 连接
```

```
merge1 = pd.merge(left = df3, right = df4, how = 'left', left_on='id',
right_on='Id')
merge1
# 再将连接结果与 df5 连接
merge2 = pd.merge(left = merge1, right = df5, how = 'left')
merge2
```

如表 5-26 所示，就是构造的三个数据集，虽然 df3 和 df4 都用共同的字段"编号"，但是一个为 id，另一个为 Id，所以在后面的表连接时需要留意共同字段的写法。

表 5-26　数据的连接结果

	age	gender	id	name
0	27	男	1	张三
1	24	男	2	李四
2	25	男	3	王二
3	23	女	4	丁一
4	25	女	5	赵五

	Id	kemu	score
0	1	科目1	83
1	2	科目1	81
2	2	科目2	87
3	4	科目1	75
4	4	科目2	86
5	4	科目3	74
6	5	科目1	88

	id	income	name
0	1	13500	张三
1	3	18000	王二
2	5	15000	赵五

如果需要将这三张表横向扩展到一张宽表中，需要经过两次 merge 操作。如上代码所示，第一次 merge 连接了 df3 和 df4，由于两张表的共同字段不一致，所以需要分别指定 left_on 和 right_on 的参数值；第二次 merge 连接了首次的结果和 df5，此时并不需要指定 left_on 和 right_on 参数，是因为第一次的 merge 结果就包含了 id 变量，所以 merge 时会自动挑选完全一致的变量用于表连接。如表 5-27 所示，就是经过两次 merge 之后的结果，结果中的 NaN 为缺失值，表示无法匹配的值。

表 5-27　数据的连接结果

	age	gender	id	name	Id	kemu	score
0	27	男	1	张三	1.0	科目1	83.0
1	24	男	2	李四	2.0	科目1	81.0
2	24	男	2	李四	2.0	科目2	87.0
3	25	男	3	王二	NaN	NaN	NaN
4	23	女	4	丁一	4.0	科目1	75.0
5	23	女	4	丁一	4.0	科目2	86.0
6	23	女	4	丁一	4.0	科目3	74.0
7	25	女	5	赵五	5.0	科目1	88.0

	age	gender	id	name	Id	kemu	score	income
0	27	男	1	张三	1.0	科目1	83.0	13500.0
1	24	男	2	李四	2.0	科目1	81.0	NaN
2	24	男	2	李四	2.0	科目2	87.0	NaN
3	25	男	3	王二	NaN	NaN	NaN	18000.0
4	23	女	4	丁一	4.0	科目1	75.0	NaN
5	23	女	4	丁一	4.0	科目2	86.0	NaN
6	23	女	4	丁一	4.0	科目3	74.0	NaN
7	25	女	5	赵五	5.0	科目1	88.0	15000.0

5.9　分组聚合操作

在数据库中还有一种非常常见的操作就是分组聚合，即根据某些分组变量，对数值型变量进行分组统计。以珠宝数据为例，统计各颜色和刀工组合下的珠宝数量、最小重量、平均价格和最大面宽。如果读者对 SQL 比较熟悉的话，可以写成下方的 SQL 代码，实现数据的统计：

```
SELECT color
    ,cut
    ,COUNT(*) AS counts
    ,MIN(carat) AS min_weight
    ,AVG(price) AS avg_price
    ,MAX(face_width) AS max_face_width
FROM diamonds
GROUP BY color,cut;
```

见图 5-11。

	color	cut	counts	min_weight	avg_price	max_face_width
1	D	Fair	163	0.25	4291.06134969325	73
2	D	Good	662	0.23	3405.38217522659	66
3	D	Ideal	2834	0.2	2629.09456598447	62
4	D	Premium	1603	0.2	3631.29257641921	62
5	D	Very Good	1513	0.23	3470.46728354263	64
6	E	Fair	224	0.22	3682.3125	73
7	E	Good	933	0.23	3423.64415862808	65
8	E	Ideal	3903	0.2	2597.55008967461	62
9	E	Premium	2337	0.2	3538.91442019683	62
10	E	Very Good	2400	0.2	3214.65208333333	65
11	F	Fair	312	0.25	3827.00320512821	95
12	F	Good	909	0.23	3495.7502750275	66
13	F	Ideal	3826	0.23	3374.93936225823	63
14	F	Premium	2331	0.2	4324.89017589018	62
15	F	Very Good	2164	0.23	3778.82024029575	65
16	G	Fair	314	0.23	4239.25477707006	76
17	G	Good	871	0.23	4123.4822043628	66

图 5-11　SQL Server 查询结果

如上结果所示，就是通过 SQL Server 完成的统计，在每一种颜色和刀工的组合下，都会对应 4 种统计值。读者如果对 SQL 并不是很熟悉，该如何运用 Python 实现数据的分组统计呢？其实也很简单，只需结合使用 pandas 模块中的 groupby "方法" 和 aggregate "方法"，就可以完美地得到统计结果。详细的 Python 代码如下所示：

```
# 通过 groupby 方法，指定分组变量
grouped = diamonds.groupby(by = ['color','cut'])
# 对分组变量进行统计汇总
result = grouped.aggregate({'color':np.size, 'carat':np.min,
                            'price':np.mean, 'table':np.max})
result
# 调整变量名的顺序
result = pd.DataFrame(result, columns=['color','carat','price','table'])
result
# 数据集重命名
```

```
result.rename(columns={'color':'counts','carat':'min_weight',
                       'price':'avg_price','table':'max_face_width'},
              inplace=True)
result
# 将行索引转换为数据框的变量
result.reset_index(inplace=True)
result
```

见表 5-28。

表 5-28　Python 的聚合操作结果

color	cut	counts	min_weight	avg_price	max_face_width
	Fair	163	0.25	4291.061350	73.0
	Good	662	0.23	3405.382175	66.0
D	**Ideal**	2834	0.20	2629.094566	62.0
	Premium	1603	0.20	3631.292576	62.0
	Very Good	1513	0.23	3470.467284	64.0
	Fair	224	0.22	3682.312500	73.0
	Good	933	0.23	3423.644159	65.0
E	**Ideal**	3903	0.20	2597.550090	62.0
	Premium	2337	0.20	3538.914420	62.0
	Very Good	2400	0.20	3214.652083	65.0

	color	cut	counts	min_weight	avg_price	max_face_width
0	D	Fair	163	0.25	4291.061350	73.0
1	D	Good	662	0.23	3405.382175	66.0
2	D	Ideal	2834	0.20	2629.094566	62.0
3	D	Premium	1603	0.20	3631.292576	62.0
4	D	Very Good	1513	0.23	3470.467284	64.0
5	E	Fair	224	0.22	3682.312500	73.0
6	E	Good	933	0.23	3423.644159	65.0
7	E	Ideal	3903	0.20	2597.550090	62.0
8	E	Premium	2337	0.20	3538.914420	62.0
9	E	Very Good	2400	0.20	3214.652083	65.0

　　如上结果所示，与 SQL Server 形成的结果完全一致，使用 pandas 实现分组聚合需要分两步走，第一步是指定分组变量，可以通过数据框中的 groupby "方法" 完成；第二步是对不同的数值变量计算各自的统计值。在第二步中，需要跟读者说明的是，必须以字典的形式控制变量名称和统计函数（如上代码所示）。

　　通过这样的方式可以实现数值变量的聚合统计，但是最终的统计结果（如代码中的第一次返回 result）可能并不是你所预期的，例如数据框的变量顺序发生了改动，变量名应该是统计后的别名；为了保证与 SQL Server 的结果一致，需要更改结果的变量名顺序（如代码中的第二次返回 result）和变量名的名称（如代码中的第三次返回 result）。

　　通过几次的修改就可以得到如上结果中的左半部分。细心的读者一定会发现，分组变量 color 和 cut 成了数据框的行索引。如果需要将这两个行索引转换为数据框的变量名，可以使用数据框的 reset_index 方法（如倒数第二行代码所示），这样就可以得到右半部分的最终结果。

5.10　本　章　小　结

　　本章重点介绍了有关数据处理过程中应用到的 pandas 模块，内容涉及序列与数据框的创建、外部数据的读取、变量类型的转换与描述性分析、字符型和日期型数据的处理、常用的数据清洗方法、数据子集的生成、如何制作透视表、多表之间的合并与连接以及数据集的分组聚合。通过本章的学习，读者可以掌握数据预处理过程中的绝大部分知识点，进而为之后的数据分析和挖掘做铺垫。

　　由于内容比较多，为了使读者清晰地掌握本章所涉及的函数和"方法"，这里将这些函数和"方法"重新梳理一下，以便读者查阅和记忆，见表 5-29。

表 5-29　Python 各模块中的函数（方法）及函数说明

Python 模块	Python 函数或方法	函数说明
pandas	Series	生成序列类型的函数
	DataFrame	生成数据框类型的函数
	read_table	读取文本文件的函数，如 txt、csv 等
	read_csv	读取文本文件的函数，如 txt、csv 等
	read_excel	读取电子表格的函数
pymysql/pmssql	connect	数据库与 Python 的连接函数
	close	关闭数据库与 Python 之间连接的"方法"
pandas	read_sql	读取数据库数据的函数
	head/tail	显示数据框首/末几行的"方法"
	shape	返回数据框行列数的"方法"
	dtypes	返回数据框中各变量数据类型的"方法"
	to_datetime	将变量转换为日期时间型的函数
	astype	将变量转换为其他类型的"方法"
	describe	统计性描述的"方法"
	columns	返回数据框变量名的"方法"
	index	返回数据框行索引的"方法"
	apply	序列或数据框的映射"方法"
	value_counts	序列值频次统计的"方法"
	reset_index	将行索引转换为变量的"方法"
	duplicated	检验观测是否重复的"方法"
	drop_duplicates	删除重复项的"方法"
	drop	删除变量名或观测的"方法"
	dropna	删除缺失值的"方法"
	fillna	填充缺失值的"方法"
	quantile	统计序列分位数的"方法"
	plot	序列或数据框的绘图"方法"
	iloc/loc/ix	数据框子集获取的"方法"
	pivot_table	构建透视表的函数
	concat	实现多表纵向合并的函数
	merge	实现两表水平扩展的函数
	groupby	分组聚合时，指定分组变量的"方法"
	aggregate	指定聚合统计的"方法"
	rename	修改数据框变量名的"方法"

5.11 课后练习

1. 请找几种不同格式的数据源，尝试使用 Python 读取它们。
2. 在读入数据源后，如何获得它的行数？
3. 如下表所示，为某外卖平台的交易信息，字段含义分别是：用户 ID、订单时间、订单编号、商户 id、订单金额、实付金额、订单状态、联系方式、派送时长。请根据如下问题，尝试使用 Python 工具解决：

某外卖平台交易信息								
uid	order_time	order_id	shop_id	order_amt	pay_amt	order_status	tel	send_time
46317429	2018-1-1 11:26:32	790264744	165	25	18	1	170▮▮9102	27分54秒
67764668	2018-1-1 20:1:14	420796901	170	44	41	1	184▮▮3875	25分41秒
47347162	2018-1-1 22:31:13	426694738	134	41	41	0	131▮▮9348	26分9秒
59224560	2018-1-1 23:19:30	423588025	141	33	25	1	165▮▮3638	24分48秒
55789458	2018-1-10 11:32:9	976519032	171	26	19	1	197▮▮1170	37分44秒
40527392	2018-1-10 18:10:12	350584568	128	23	17	1	162▮▮8407	25分45秒
62678909	2018-1-10 23:51:32	761954171	128	23	16	0	157▮▮1188	33分56秒
45625279	2018-1-10 9:38:24	962606009	207	34	27	1	169▮▮7469	38分55秒
49707948	2018-1-11 13:34:14	434940048	210	43	36	1	156▮▮8377	36分16秒

（1）请读取本章中外卖平台的订单数据，表名为 orders.xlsx。
（2）请对订单金额、支付金额做基本的统计描述，并判断数据是否存在明显的偏态。
（3）请在原有表的基础上生成 subsidy 变量，用于存储每笔订单的补贴额（即订单金额-实付金额）。
（4）请将订单运送时长转换为分钟单位。
（5）请对订单运送时长做基本的统计描述（包含最小值、最大值、平均值、中位数、偏度、峰度和标准差）。
（6）请筛选出补贴额在 8 元及以上的订单。
（7）请将手机号中间 4 位隐藏起来。
（8）请统计午高峰（10~12 点）和晚高峰（18~21 点）的订单比例。
（9）请基于支付金额，将支付金额的前 20%划分为 A 等级，接下来 20%~50%划分为 B 等级，剩下的 50%划分为 C 等级。
（10）请按订单状态，统计各状态下的平均订单金额。

第6章

Python 数据可视化——
分析报告必要元素

"文不如字，字不如表，表不如图"，说的就是可视化的重要性。从事与数据相关的工作者经常会作一些总结或展望性的报告，如果报告中密密麻麻都是文字，相信听众或者老板一定会厌烦；如果报告中呈现的是大量的图形化结果，就会受到众人的喜爱，因为图形更加直观、醒目。

本章内容的重点就是利用 Python 绘制常见的统计图形，例如条形图、饼图、直方图、折线图、散点图等，通过这些常用图形的展现，将复杂的数据简单化。这些图形的绘制可以通过 matplotlib 模块、pandas 模块或者 seaborn 模块实现。通过本章内容的学习，读者将会掌握以下几个方面的知识点：

- 离散型数据都有哪些可用的可视化方法；
- 数值型的单变量可用哪些图形展现；
- 多维数值之间的关系表达；
- 如何将多个图形绘制到一个画框内。

6.1   离散型变量的可视化

如果你需要使用数据可视化的方法来表达离散型变量的分布特征，例如统计某 APP 用户的性别比例、某产品在各区域的销售量分布、各年龄段内男女消费者的消费能力差异等。对于类似这些离散型变量的统计描述，可以使用饼图或者条形图对其进行展现。接下来，通过具体的案例来学习饼图和条形图的绘制，进而掌握 Python 的绘图技能。

6.1.1 饼图——"芝麻信用"失信用户分布

饼图属于最传统的统计图形之一（1801 年由 William Playfair 首次发布使用），它几乎随处可见，例如大型公司的屏幕墙、各种年度论坛的演示稿以及各大媒体发布的数据统计报告等。

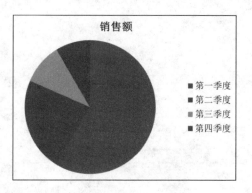

图 6-1　饼图示意图

首先，需要读者了解有关饼图的原理。饼图是将一个圆分割成不同大小的楔形，而圆中的每一个楔形代表了不同的类别值，通常会根据楔形的面积大小来判断类别值的差异。如图 6-1 所示，就是一个由不同大小的楔形组成的饼图。

对于这样的饼图，该如何通过 Python 完成图形的绘制呢？其实很简单，通过 matplotlib 模块和 pandas 模块都可以非常方便地得到一个漂亮的饼图。下面举例说明如何利用 Python 实现饼图的绘制。

1. matplotlib 模块

如果你选择 matplotlib 模块绘制饼图的话，首先需要导入该模块的子模块 pyplot，然后调用模块中的 pie 函数。关于该函数的语法和参数含义如下：

```
pie(x, explode=None, labels=None, colors=None,
    autopct=None, pctdistance=0.6, shadow=False,
    labeldistance=1.1, startangle=None,
    radius=None, counterclock=True, wedgeprops=None,
    textprops=None, center=(0, 0), frame=False)
```

- x: 指定绘图的数据。
- explode: 指定饼图某些部分的突出显示，即呈现爆炸式。
- labels: 为饼图添加标签说明，类似于图例说明。
- colors: 指定饼图的填充色。
- autopct: 自动添加百分比显示，可以采用格式化的方法显示。
- pctdistance: 设置百分比标签与圆心的距离。
- shadow: 是否添加饼图的阴影效果。
- labeldistance: 设置各扇形标签（图例）与圆心的距离。
- startangle: 设置饼图的初始摆放角度。
- radius: 设置饼图的半径大小。
- counterclock: 是否让饼图按逆时针顺序呈现。
- wedgeprops: 设置饼图内外边界的属性，如边界线的粗细、颜色等。
- textprops: 设置饼图中文本的属性，如字体大小、颜色等。
- center: 指定饼图的中心点位置，默认为原点。

● frame: 是否要显示饼图背后的图框,如果设置为 True 的话,需要同时控制图框 x 轴、y 轴的
范围和饼图的中心位置。

该函数的参数虽然比较多,但是应用起来非常灵活,而且绘制的饼图也比较好看。下面以"芝麻信用"失信用户数据为例(数据来源于财新网),分析近 300 万失信人群的学历分布,pie 函数绘制饼图的详细代码如下:

```python
# 导入第三方模块
import matplotlib.pyplot as plt

%matplotlib

# 中文乱码和坐标轴负号的处理
plt.rcParams['font.sans-serif'] = ['Microsoft YaHei']
plt.rcParams['axes.unicode_minus'] = False

# 构造数据
edu = [0.2515,0.3724,0.3336,0.0368,0.0057]
labels = ['中专','大专','本科','硕士','其他']

# 绘制饼图
plt.pie(x = edu, # 绘图数据
        labels=labels, # 添加教育水平标签
        autopct='%.1f%%' # 设置百分比的格式,这里保留一位小数
        )
# 显示图形
plt.show()
```

图 6-2 所示就是使用 pie 函数绘制的一个不加任何修饰的饼图。这里只给 pie 函数传递了三个核心参数,即绘图的数据、每个数据代表的含义(学历标签)以及给饼图添加数值标签。很显然,这样的饼图并不是很完美,例如饼图看上去并不成正圆(如果你还在使用 Python 低版本)、饼图没有对应的标题、没有突出显示饼图中的某个部分等。下面进一步对该饼图做一些修饰,尽可能让饼图看起来更加舒服,代码如下:

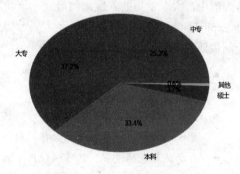

图 6-2　matplotlib 库绘制的饼图

```python
explode = [0,0.1,0,0,0]  # 生成数据,用于突出显示大专学历人群
colors=['#9999ff','#ff9999','#7777aa','#2442aa','#dd5555']  # 自定义颜色

# 中文乱码和坐标轴负号的处理
plt.rcParams['font.sans-serif'] = ['Microsoft YaHei']
plt.rcParams['axes.unicode_minus'] = False

# 将横、纵坐标轴标准化处理,确保饼图是一个正圆,否则为椭圆
plt.axes(aspect='equal')
```

```
# 绘制饼图
plt.pie(x = edu, # 绘图数据
        explode=explode, # 突出显示大专人群
        labels=labels, # 添加教育水平标签
        colors=colors, # 设置饼图的自定义填充色
        autopct='%.1f%%', # 设置百分比的格式，这里保留一位小数
        pctdistance=0.8, # 设置百分比标签与圆心的距离
        labeldistance = 1.1, # 设置教育水平标签与圆心的距离
        startangle = 180, # 设置饼图的初始角度
        radius = 1.2, # 设置饼图的半径
        counterclock = False, # 是否逆时针，这里设置为顺时针方向
        wedgeprops = {'linewidth': 1.5, 'edgecolor':'green'},# 设置饼图内外边
界的属性值
        textprops = {'fontsize':10, 'color':'black'}, # 设置文本标签的属性值
        )
# 添加图标题
plt.title('失信用户的受教育水平分布')
# 显示图形
plt.show()
```

见图 6-3。

此处呈现的饼图，直观上要比之前的饼图好看很多，这些都是基于 pie 函数的灵活参数所实现的。饼图中突出显示大专学历的人群，是因为在这 300 万失信人群中，大专学历的人数比例最高，该功能就是通过 explode 参数完成的。另外，还需要对如上饼图的绘制说明几点：

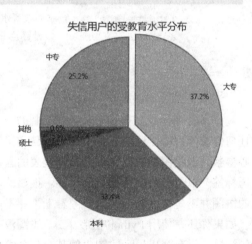

图 6-3　matplotlib 库绘制的饼图

- 如果绘制的图形中涉及中文及数字中的负号，都需要通过 rcParams 进行控制。
- 由于不加修饰的饼图更像是一个椭圆，所以需要 pyplot 模块中的 axes 函数将椭圆强制为正圆。
- 自定义颜色的设置，既可以使用十六进制的颜色，也可以使用具体的颜色名称，如 red、black 等。
- 如果需要添加图形的标题，需要调用 pyplot 模块中的 title 函数。
- 代码 plt.show()用来呈现最终的图形，无论是使用 Jupyter 或 Pycharm 编辑器，都需要使用这行代码呈现图形。

2. pandas 模块

细心的读者一定会发现，在前面的几个章节中或多或少地应用到 pandas 模块的绘图"方法"plot，该方法可以针对序列和数据框绘制常见的统计图形，例如折线图、条形图、直方图、箱线图、核密度图等。同样，plot 也可以绘制饼图，接下来简单介绍一下该方法针对序列的应用和参数含义：

```
Series.plot(kind='line', ax=None, figsize=None, use_index=True, title=None,
            grid=None, legend=False, style=None, logx=False, logy=False,
            loglog=False, xticks=None, yticks=None, xlim=None, ylim=None,
            rot=None, fontsize=None, colormap=None, table=False, yerr=None,
            xerr=None, label=None, secondary_y=False, **kwds)
```

- kind: 指定一个字符串值，用于绘制图形的类型，默认为折线图 line。还可以绘制垂直条形图 bar、水平条形图 hbar、直方图 hist、箱线图 box、核密度图 kde、面积图 area 和饼图 pie。
- ax: 控制当前子图在组图中的位置。例如，在一个 2×2 的图形矩阵中，通过该参数控制当前图形在矩阵中的位置。
- figsize: 控制图形的宽度和高度，以元组形式传递，即(width,hright)。
- use_index: bool 类型的参数，是否将序列的行索引用作 x 轴的刻度，默认为 True。
- title: 用以添加图形的标题。
- grid: bool 类型的参数，是否给图形添加网格线，默认为 False。
- legend: bool 类型的参数，是否添加子图的图例，默认为 False。
- style: 如果 kind 为 line，该参数可以控制折线图的线条类型。
- logx: bool 类型的参数，是否对 x 轴做对数变换，默认为 False。
- logy: bool 类型的参数，是否对 y 轴做对数变换，默认为 False。
- loglog: bool 类型的参数，是否同时对 x 轴和 y 轴做对数变换，默认为 False。
- xticks: 用于设置 x 轴的刻度值。
- yticks: 用于设置 y 轴的刻度值。
- xlim: 以元组或列表的形式，设置 x 轴的取值范围，如(0,3)表示 x 轴落在 0~3 的范围之内。
- ylim: 以元组或列表的形式，设置 y 轴的取值范围。
- rot: 接受一个整数值，用于旋转刻度值的角度。
- fontsize: 接受一个整数，用于控制 x 轴与 y 轴刻度值的字体大小。
- colormap: 接受一个表示颜色含义的字符串，或者 Python 的色彩映射对象，该参数用于设置图形的区域颜色。
- table: 该参数如果为 True，表示在绘制图形的基础上再添加数据表；如果传递的是序列或数据框，则根据数据添加数据表。
- yerr: 如果 kind 为 bar 或 hbar，该参数表示在条形图的基础上添加误差棒。
- xerr: 含义同 yerr 参数。
- label: 用于添加图形的标签。
- secondary_y: bool 类型的参数，是否添加第二个 y 轴，默认为 False。
- **kwds: 关键字参数，该参数可以根据不同的 kind 值，为图形添加更多的修饰性参数（依赖于 pyplot 中的绘图函数）。

　　pandas 模块中的 plot "方法" 可以根据 kind 参数绘制不同的统计图形，而且也包含了其他各种灵活的参数。除此，根据不同的 kind 参数值，可以调用更多对应的关键字参数**kwds，这些关键字参数都源于 pyplot 中的绘图函数。

　　为了帮助读者更好地理解 plot 方法绘制的统计图形，这里仍然以失信用户数据为例，绘制学历的分布饼图，详细代码如下：

```
# 导入第三方模块
import pandas as pd

# 构建序列
data1 = pd.Series({'中专':0.2515,'大专':0.3724,'本科':0.3336,'硕士':0.0368,
'其他':0.0057})
# 将序列的名称设置为空字符，否则绘制的饼图左边会出现 None 这样的字眼
data1.name = ''
# 控制饼图为正圆
plt.axes(aspect = 'equal')
# plot 方法对序列进行绘图
data1.plot(kind = 'pie', # 选择图形类型
        autopct='%.1f%%', # 饼图中添加数值标签
        radius = 1, # 设置饼图的半径
        startangle = 180, # 设置饼图的初始角度
        counterclock = False, # 将饼图的顺序设置为顺时针方向
        title = '失信用户的受教育水平分布', # 为饼图添加标题
        wedgeprops = {'linewidth': 1.5, 'edgecolor':'green'}, # 设置饼图内
外边界的属性值
        textprops = {'fontsize':10, 'color':'black'} # 设置文本标签的属性值
        )
# 显示图形
plt.show()
```

如图 6-4 所示，可见应用 pandas 模块中的 plot 方法也可以得到一个比较好看的饼图。该方法中除了 kind 参数和 title 参数属于 plot 方法，其他参数都是 pyplot 模块中 pie 函数的参数，并且以关键字参数的形式调用。

6.1.2 条形图——胡润排行榜

虽然饼图可以很好地表达离散型变量在各水平上的差异（如会员的性别比例、学历差异、等级高低等），但是其不擅长对比差异不大或水平值过多的离散型变量，因为饼图是通过各楔形面积的大小来表示数值的高低，而人类对扇形面积的比较并不是特别敏感。如果读者手中的数据恰好不适合用饼图展现，可以选择另一种常用的可视化方法，即条形图。

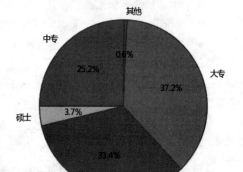

图 6-4 pandas 库绘制的饼图

以垂直条形图为例，离散型变量在各水平上的差异就是比较柱形的高低，柱体越高，代表的数值越大，反之亦然。在 Python 中，可以借助 matplotlib、pandas 和 seaborn 模块完成条形图的绘制。下面将采用这三个模块绘制条形图。

1. matplotlib 模块

应用 matplotlib 模块绘制条形图，需要调用 bar 函数，关于该函数的语法和参数含义如下：

```
bar(x, height, width=0.8, bottom=None, color=None, edgecolor=None,
    linewidth=None, tick_label=None, xerr=None, yerr=None,
    label = None, ecolor=None, align, log=False, **kwargs)
```

- x: 传递数值序列，指定条形图中 x 轴上的刻度值。
- height: 传递数值序列，指定条形图 y 轴上的高度。
- width: 指定条形图的宽度，默认为 0.8。
- bottom: 用于绘制堆叠条形图。
- color: 指定条形图的填充色。
- edgecolor: 指定条形图的边框色。
- linewidth: 指定条形图边框的宽度，如果指定为 0，表示不绘制边框。
- tick_label: 指定条形图的刻度标签。
- xerr: 如果参数不为 None，表示在条形图的基础上添加误差棒。
- yerr: 参数含义同 xerr。
- label: 指定条形图的标签，一般用以添加图例。
- ecolor: 指定条形图误差棒的颜色。
- align: 指定 x 轴刻度标签的对齐方式，默认为 center，表示刻度标签居中对齐，如果设置为 edge，则表示在每个条形的左下角呈现刻度标签。
- log: bool 类型参数，是否对坐标轴进行 log 变换，默认为 False。
- **kwargs: 关键字参数，用于对条形图进行其他设置，如透明度等。

bar 函数的参数同样很多，希望读者能够认真地掌握每个参数的含义，以便使用时得心应手。下面将基于该函数绘制三类条形图，分别是单变量的垂直或水平条形图、堆叠条形图和水平交错条形图。

（1）垂直或水平条形图

首先来绘制单个离散变量的垂直或水平条形图，数据来源于互联网，反映的是 2017 年中国 6 大省份的 GDP，绘图代码如下：

```
# 读入数据
GDP = pd.read_excel(r'C:\Users\Administrator\Desktop\Province GDP
2017.xlsx')
# 设置绘图风格（不妨使用 R 语言中的 ggplot2 风格）
plt.style.use('ggplot')
# 绘制条形图
plt.bar(left = range(GDP.shape[0]), # 指定条形图 x 轴的刻度值
        height = GDP.GDP, # 指定条形图 y 轴的数值
        tick_label = GDP.Province, # 指定条形图 x 轴的刻度标签
        color = 'steelblue', # 指定条形图的填充色
```

```
)
# 添加 y 轴的标签
plt.ylabel('GDP(万亿)')
# 添加条形图的标题
plt.title('2017 年度 6 个省份 GDP 分布')
# 为每个条形图添加数值标签
for x,y in enumerate(GDP.GDP):
    plt.text(x,y+0.1,'%s' %round(y,1),ha='center')
# 显示图形
plt.show()
```

如图 6-5 所示，该条形图比较清晰地反映了 6 个省份 GDP 的差异。针对如上代码需要做几点解释：

- 条形图中灰色网格的背景是通过代码 **plt.style.use('ggplot')** 实现的，如果不添加该行代码，则条形图为白底背景。
- 如果添加图形的 x 轴或 y 轴标签，需要调用 pyplot 子模块中的 xlab 和 ylab 函数。
- 由于 bar 函数没有添加数值标签的参数，因此使用 for 循环对每一个柱体添加数值标签，使用的核心函数是 pyplot 子模块中的 text.

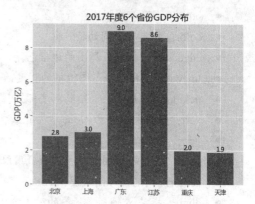

图 6-5　matplotlib 库绘制的垂直条形图

该函数的参数很简单，前两个参数用于定位字符在图形中的位置，第三个参数表示呈现的具体字符值，第四个参数为 ha，表示字符的水平对齐方式为居中对齐。

站在阅读者的角度来看，该条形图可能并不是很理想，因为不能快速地发现哪个省份 GDP 最高或最低。如果将该条形图进行降序或升序处理，可能会更直观一些。这里就以水平条形图为例，代码如下：

```
# 对读入的数据做升序排序
GDP.sort_values(by = 'GDP', inplace = True)
# 绘制条形图
plt.barh(y = range(GDP.shape[0]), # 指定条形图 y 轴的刻度值
        width = GDP.GDP, # 指定条形图 x 轴的数值
        tick_label = GDP.Province, # 指定条形图 y 轴的刻度标签
        color = 'steelblue', # 指定条形图的填充色
        )
# 添加 x 轴的标签
plt.xlabel('GDP(万亿)')
# 添加条形图的标题
plt.title('2017 年度 6 个省份 GDP 分布')
# 为每个条形图添加数值标签
```

```
for y,x in enumerate(GDP.GDP):
    plt.text(x+0.1,y,'%s' %round(x,1),va='center')
# 显示图形
plt.show()
```

图 6-6 所示就是经过排序的水平条形图（实际上是垂直条形图的轴转置）。需要注意的是，水平条形图不再是 bar 函数，而是 barh 函数。读者可能疑惑，为什么对原始数据做升序排序，但是图形看上去是降序（从上往下）？那是因为水平条形图的 y 轴刻度值是从下往上布置的，所以条形图从下往上是满足升序的。

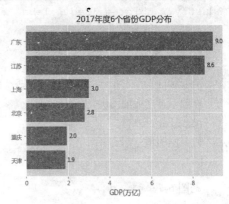

图 6-6　matplotlib 库绘制的水平条形图

（2）堆叠条形图

正如前文所介绍的，不管是垂直条形图还是水平条形图，都只是反映单个离散变量的统计图形，如果想通过条形图传递两个离散变量的信息该如何做到？相信读者一定见过堆叠条形图，该类型条形图的横坐标代表一个维度的离散变量，堆叠起来的"块"代表了另一个维度的离散变量。这样的条形图，最大的优点是可以方便比较累积和，那这种条形图该如何通过 Python 绘制呢？这里以 2017 年四个季度的产业值为例（数据来源于中国统计局），绘制堆叠条形图，详细代码如下：

```
# 读入数据
Industry_GDP = pd.read_excel(r'C:\Users\Administrator\Desktop\
Industry_GDP.xlsx')
# 取出 4 个不同的季度标签，用作堆叠条形图 x 轴的刻度标签
Quarters = Industry_GDP.Quarter.unique()
# 取出第一产业的 4 季度值
Industry1 = Industry_GDP.GPD[Industry_GDP.Industry_Type == '第一产业']
# 重新设置行索引
Industry1.index = range(len(Quarters))
# 取出第二产业的 4 季度值
Industry2 = Industry_GDP.GPD[Industry_GDP.Industry_Type == '第二产业']
# 重新设置行索引
Industry2.index = range(len(Quarters))
# 取出第三产业的 4 季度值
Industry3 = Industry_GDP.GPD[Industry_GDP.Industry_Type == '第三产业']

# 绘制堆叠条形图
# 各季度下第一产业的条形图
plt.bar(x = range(len(Quarters)), height=Industry1, color = 'steelblue',
label = '第一产业', tick_label = Quarters)
# 各季度下第二产业的条形图
```

```
    plt.bar(x = range(len(Quarters)), height=Industry2, bottom = Industry1, color
= 'green', label = '第二产业')
    # 各季度下第三产业的条形图
    plt.bar(x = range(len(Quarters)), height=Industry3, bottom = Industry1 +
Industry2, color = 'red', label = '第三产业')
    # 添加 y 轴标签
    plt.ylabel('生成总值（亿）')
    # 添加图形标题
    plt.title('2017 年各季度三产业总值')
    # 显示各产业的图例
    plt.legend()
    # 显示图形
    plt.show()
```

见图 6-7。

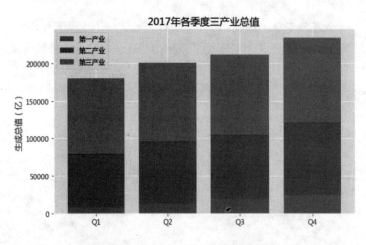

图 6-7　matplotlib 库绘制的堆叠条形图

　　如上就是一个典型的堆叠条形图，虽然绘图的代码有些偏长，但是其思想还是比较简单的，就是分别针对三种产业的产值绘制三次条形图。需要注意的是，第二产业的条形图是在第一产业的基础上做了叠加，故需要将 bottom 参数设置为 Industry1；而第三产业的条形图又是叠加在第一和第二产业之上，所以需要将 bottom 参数设置为 Industry1+ Industry2。

　　读者可能疑惑，通过条件判断将三种产业的值（Industry1、Industry2、Industry3）分别取出来后，为什么还要重新设置行索引？那是因为各季度下每一种产业值前的行索引都不相同，这就导致无法进行 Industry1+ Industry2 的和计算（读者不妨试试不改变序列 Industry1 和 Industry2 的行索引的后果）。

　　（3）水平交错条形图

　　堆叠条形图可以包含两个离散变量的信息，而且可以比较各季度整体产值的高低水平，但是其缺点是不易区分"块"之间的差异，例如二、三季度的第三产业值差异就不是很明显，区分高低就相对困难。而交错条形图恰好就可以解决这个问题，该类型的条形图就是将堆叠的"块"水平排开，如想绘制这样的条形图，可以参考下方代码（数据来源于胡润财富榜，反映的是 5 个城市亿万资产超高净值家庭数）：

```
# 导入第三方模块
import numpy as np

# 读入数据
HuRun = pd.read_excel(r'C:\Users\Administrator\Desktop\HuRun.xlsx')
# 取出城市名称
Cities = HuRun.City.unique()
# 取出 2016 年各城市亿万资产家庭数
Counts2016 = HuRun.Counts[HuRun.Year == 2016]
# 取出 2017 年各城市亿万资产家庭数
Counts2017 = HuRun.Counts[HuRun.Year == 2017]

# 绘制水平交错条形图
bar_width = 0.4
plt.bar(x = np.arange(len(Cities)), height = Counts2016, label = '2016', color
= 'steelblue', width = bar_width)
plt.bar(x = np.arange(len(Cities))+bar_width, height = Counts2017, label =
'2017', color = 'indianred', width = bar_width)
# 添加刻度标签（向右偏移 0.2）
plt.xticks(np.arange(5)+0.2, Cities)
# 添加图例
plt.legend()
# 显示图形
plt.show()
```

　　图 6-8 反映的是 2016 年和 2017 年 5 大城市亿万资产家庭数的条形图，可以很好地比较不同年份下的差异。例如，这 5 个城市中，2017 年的亿万资产家庭数较 2016 年都有所增加。

　　但是对于这种数据，就不适合使用堆叠条形图，因为堆叠条形图可以反映总计的概念。如果将 2016 年和 2017 年亿万资产家庭数堆叠计总，就会出现问题，因为大部分家庭数在这两年内都被重复统计在胡润财富榜中，计算出来的总和会被扩大。

　　另外，再对如上的代码做三点解释，希望能够帮助读者解去疑惑：

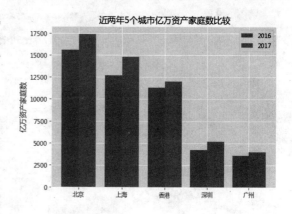

图 6-8　matplotlib 库绘制的水平交错条形图

- 如上的水平交错条形图，其实质就是使用两次 bar 函数，所不同的是，第二次 bar 函数使得条形图往右偏了 0.4 个单位（left=np.arange(len(Cities))+bar_width），进而形成水平交错条形图的效果。

- 每一个 bar 函数，都必须控制条形图的宽度（width=bar_width），否则会导致条形图的重叠。
- 如果利用 bar 函数的 tick_label 参数添加条形图 x 轴上的刻度标签，会发现标签并不是居中对齐在两个条形图之间，为了克服这个问题，使用了 pyplot 子模块中的 xticks 函数，并且使刻度标签的位置向右移 0.2 个单位。

2. pandas 模块

通过 pandas 模块绘制条形图仍然使用 plot 方法，该"方法"的语法和参数含义在前文已经详细介绍过，但是 plot 方法存在一点瑕疵，那就是无法绘制堆叠条形图。下面通过该模块的 plot 方法绘制单个离散变量的垂直条形图或水平条形图以及两个离散变量的水平交错条形图，代码如下：

```
# Pandas 模块之垂直条形图
# 绘图（此时的数据集在前文已经按各省 GDP 做过升序处理）
GDP.GDP.plot(kind = 'bar', width = 0.8, rot = 0, color = 'steelblue',
        title = '2017 年度 6 个省份 GDP 分布')
# 添加 y 轴标签
plt.ylabel('GDP（万亿）')
# 添加 x 轴刻度标签
plt.xticks(range(len(GDP.Province)),   #指定刻度标签的位置
        GDP.Province  # 指出具体的刻度标签值
        )
# 为每个条形图添加数值标签
for x,y in enumerate(GDP.GDP):
    plt.text(x-0.1,y+0.2,'%s' %round(y,1),va='center')
# 显示图形
plt.show()
```

见图 6-9。

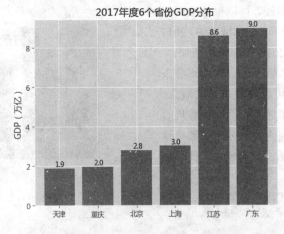

图 6-9　pandas 库绘制的垂直条形图

只要掌握了 matplotlib 模块绘制单个离散变量的条形图方法，就可以套用到 pandas 模块中的 plot 方法，两者是相通的。读者可以尝试 plot 方法绘制水平条形图，这里就不再给出参考代码了。

接下来使用 plot 方法绘制含两个离散变量的水平交错条形图，具体代码如下：

```
# Pandas 模块之水平交错条形图
HuRun_reshape = HuRun.pivot_table(index = 'City', columns='Year',
                                   values='Counts').reset_index()
# 对数据集降序排序
HuRun_reshape.sort_values(by = 2016, ascending = False, inplace = True)
HuRun_reshape.plot(x = 'City', y = [2016,2017], kind = 'bar',
               color = ['steelblue', 'indianred'],
                   rot = 0, # 用于旋转 x 轴刻度标签的角度，0 表示水平显示刻度标签
                   width = 0.8, title = '近两年 5 个城市亿万资产家庭数比较')
# 添加 y 轴标签
plt.ylabel('亿万资产家庭数')
plt.xlabel('')
plt.show()
```

如上代码所示，应用 plot 方法绘制水平交错条形图，必须更改原始数据集的形状，即将两个离散型变量的水平值分别布置到行与列中（代码中采用透视表的方法实现），最终形成的表格变换如图 6-10 所示。

针对变换后的数据，可以使用 plot 方法实现水平交错条形图的绘制，从代码量来看，要比使用 matplotlib 模块简短一些，得到的条形图如图 6-11 所示。

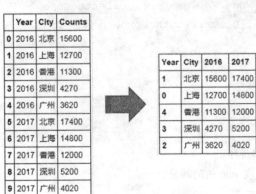

图 6-10　长形表转宽形表　　　　　图 6-11　pandas 库绘制的水平交错条形图

3. seaborn 模块绘制条形图

seaborn 模块是一款专门用于绘制统计图形的利器，通过该模块写出来的代码也是非常通俗易懂的。该模块并不在 Anaconda 集成工具中，故需要读者另行下载。下面就简单介绍一下如何通过该模块完成条形图的绘制（同样无法绘制堆叠条形图）。

```
# seaborn 模块之水平条形图
# 导入第三方模块
import seaborn as sns
sns.barplot(y = 'Province', # 指定条形图 x 轴的数据
            x = 'GDP', # 指定条形图 y 轴的数据
```

```
                data = GDP, # 指定需要绘图的数据集
                color = 'steelblue', # 指定条形图的填充色
                orient = 'horizontal' # 将条形图水平显示
            )
# 重新设置 x 轴和 y 轴的标签
plt.xlabel('GDP（万亿）')
plt.ylabel('')
# 添加图形的标题
plt.title('2017 年度 6 个省份 GDP 分布')
# 为每个条形图添加数值标签
for y,x in enumerate(GDP.GDP):
    plt.text(x,y,'%s' %round(x,1),va='center')
# 显示图形
plt.show()
```

见图 6-12。

如上代码就是通过 seaborn 模块中的 barplot 函数实现单个离散变量的条形图。除此之外，seaborn 模块中的 barplot 函数还可以绘制两个离散变量的水平交错条形图，所以有必要介绍一下该函数的用法及重要参数含义：

```
sns.barplot(x=None, y=None, hue=None, data=None, order=None, hue_order=None,
            ci=95, n_boot=1000, orient=None, color=None, palette=None,
            saturation=0.75, errcolor='.26', errwidth=None, dodge=True,
            ax=None, **kwargs)
```

- x: 指定条形图的 x 轴数据。
- y: 指定条形图的 y 轴数据。
- hue: 指定用于分组的另一个离散变量。
- data: 指定用于绘图的数据集。
- order: 传递一个字符串列表，用于分类变量的排序。
- hur_order: 传递一个字符串列表，用于分类变量 hue 值的排序。
- ci: 用于绘制条形图的误差棒（置信区间）。
- n_boot: 当指定 ci 参数时，可以通过 n_boot 参数控制自助抽样的迭代次数。
- orient: 指定水平或垂直条形图。
- color: 指定所有条形图所属的一种填充色。
- palette: 指定 hue 变量中各水平的颜色。
- saturation: 指定颜色的透明度。
- errcolor: 指定误差棒的颜色。
- errwidth: 指定误差棒的线宽。
- dodge: bool 类型参数，当使用 hue 参数时，是否绘制水平交错条形图，默认为 True。
- ax: 用于控制子图的位置。
- **kwagrs: 关键字参数，可以调用 plt.bar 函数中的其他参数。

为了说明如上函数中的参数，这里以泰坦尼克号数据集为例，绘制水平交错条形图，代码如下：

```
# 读入数据
Titanic = pd.read_csv(r'C:\Users\Administrator\Desktop\titanic_train.csv')
# 绘制水平交错条形图
sns.barplot(x = 'Pclass', # 指定 x 轴数据
            y = 'Age', # 指定 y 轴数据
            hue = 'Sex', # 指定分组数据
            data = Titanic, # 指定绘图数据集
            palette = 'RdBu', # 指定男女性别的不同颜色
            errcolor = 'blue', # 指定误差棒的颜色
            errwidth=2, # 指定误差棒的线宽
            saturation = 1, # 指定颜色的透明度，这里设置为无透明度
            capsize = 0.05 # 指定误差棒两端线条的宽度
            )
# 添加图形标题
plt.title('各船舱等级中男女乘客的年龄差异')
# 显示图形
plt.show()
```

如图 6-13 所示，绘制的每一个条形图中都含有一条竖线，该竖线就是条形图的误差棒，即各组别下年龄的标准差大小。从图 6-13 可知，三等舱的男性乘客年龄是最为接近的，因为标准差最小。

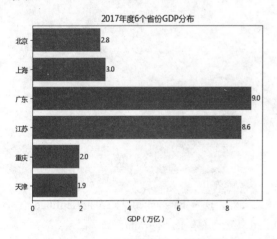

图 6-12　seaborn 库绘制的水平条形图

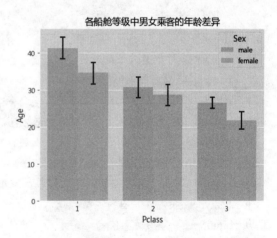

图 6-13　seaborn 库绘制的水平交错条形图

需要注意的是，数据集 Titanic 并非汇总好的数据，是不可以直接应用到 matplotlib 模块中的 bar 函数与 pandas 模块中的 plot 方法。如需使用，必须先对数据集进行分组聚合，关于分组聚合的内容已经在第 5 章中介绍过，读者可以前去了解。

6.2　数值型变量的可视化

很多时候，我们拿到手的数据都包含大量的数值型变量，在对数值型变量进行探索和分析时，一般都会应用到可视化方法。而本节的重点就是介绍如何使用 Python 实现数值型变量的可视化，通过本节内容的学习，读者将会掌握如何使用 matplotlib 模块、pandas 模块和 seaborn 模块绘制直方图、核密度图、箱线图、小提琴图、折线图以及面积图。

6.2.1　直方图与核密度曲线——展现年龄分布特征

直方图一般用来观察数据的分布形态，横坐标代表数值的均匀分段，纵坐标代表每个段内的观测数量（频数）。一般直方图都会与核密度图搭配使用，目的是更加清晰地掌握数据的分布特征，下面将详细介绍该类型图形的绘制。

1. matplotlib 模块绘制直方图

matplotlib 模块中的 hist 函数就是用来绘制直方图的。关于该函数的语法及参数含义如下：

```
plt.hist(x, bins=10, range=None, normed=False,
        weights=None, cumulative=False, bottom=None,
        histtype='bar', align='mid', orientation='vertical',
        rwidth=None, log=False, color=None, edgecolor = None,
        label=None, stacked=False)
```

- x: 指定要绘制直方图的数据。
- bins: 指定直方图条形的个数。
- range: 指定直方图数据的上下界，默认包含绘图数据的最大值和最小值。
- normed: 是否将直方图的频数转换成频率。
- weights: 该参数可为每一个数据点设置权重。
- cumulative: 是否需要计算累计频数或频率。
- bottom: 可以为直方图的每个条形添加基准线，默认为 0。
- histtype: 指定直方图的类型，默认为 bar，除此之外，还有 barstacked、step 和 stepfilled。
- align: 设置条形边界值的对齐方式，默认为 mid，另外还有 left 和 right。
- orientation: 设置直方图的摆放方向，默认为垂直方向。
- rwidth: 设置直方图条形的宽度。
- log: 是否需要对绘图数据进行 log 变换。
- color: 设置直方图的填充色。
- edgecolor: 设置直方图边框色。
- label: 设置直方图的标签，可通过 legend 展示其图例。
- stacked: 当有多个数据时，是否需要将直方图呈堆叠摆放，默认水平摆放。

这里不妨以 Titanic 数据集为例绘制乘客的年龄直方图，具体代码如下：

```python
# 检查年龄是否有缺失
any(Titanic.Age.isnull())
# 不妨删除含有缺失年龄的观察
Titanic.dropna(subset=['Age'], inplace=True)
# 绘制直方图
plt.hist(x = Titanic.Age, # 指定绘图数据
         bins = 20, # 指定直方图中条块的个数
         color = 'steelblue', # 指定直方图的填充色
         edgecolor = 'black' # 指定直方图的边框色
         )
# 添加 x 轴和 y 轴标签
plt.xlabel('年龄')
plt.ylabel('频数')
# 添加标题
plt.title('乘客年龄分布')
# 显示图形
plt.show()
```

如图 6-14 所示，就是关于乘客年龄的直方图分布。需要注意的是，如果原始数据集中存在缺失值，一定要对缺失观测进行删除或替换，否则无法绘制成功。如果在直方图的基础上再添加核密度图，通过 matplotlib 模块就比较吃力了，因为首先得计算出每一个年龄对应的核密度值。为了简单起见，下面利用 pandas 模块中的 plot 方法将直方图和核密度图绘制到一起。

2. pandas 模块绘制直方图和核密度图

```python
# 绘制直方图
Titanic.Age.plot(kind = 'hist', bins = 20, color = 'steelblue',
                 edgecolor = 'black', normed = True, label = '直方图')
# 绘制核密度图
Titanic.Age.plot(kind = 'kde', color = 'red', label = '核密度图')
# 添加 x 轴和 y 轴标签
plt.xlabel('年龄')
plt.ylabel('核密度值')
# 添加标题
plt.title('乘客年龄分布')
# 显示图例
plt.legend()
# 显示图形
plt.show()
```

如图 6-15 所示，Python 的核心代码就两行，分别是利用 plot 方法绘制直方图和核密度图。需要注意的是，在直方图的基础上添加核密度图，必须将直方图的频数更改为频率，即 normed 参数设置为 True。

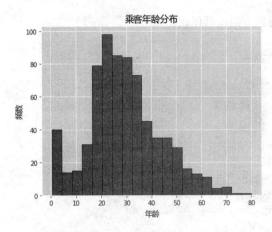
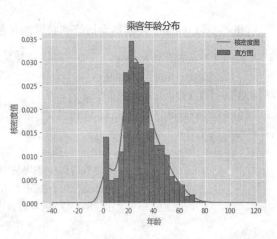

图 6-14　matplotlib 库绘制的直方图　　　图 6-15　matplotlib 库绘制的直方图+核密度曲线

3. seaborn 模块绘制直方图和核密度图

尽管图 6-15 满足了两种图形的合成，但其表达的是所有乘客的年龄分布，如果按性别分组，研究不同性别下年龄分布的差异，该如何实现？针对这个问题，使用 matplotlib 模块或 pandas 模块都会稍微复杂一些，推荐使用 seaborn 模块中的 distplot 函数，因为该函数的代码简洁而易懂。关于该函数的语法和参数含义如下：

```
sns.distplot(a, bins=None, hist=True, kde=True, rug=False, fit=None,
            hist_kws=None, kde_kws=None, rug_kws=None, fit_kws=None,
            color=None, vertical=False, norm_hist=False, axlabel=None,
            label=None, ax=None)
```

- a：指定绘图数据，可以是序列、一维数组或列表。
- bins：指定直方图条形的个数。
- hist：bool 类型的参数，是否绘制直方图，默认为 True。
- kde：bool 类型的参数，是否绘制核密度图，默认为 True。
- rug：bool 类型的参数，是否绘制须图（如果数据比较密集，该参数比较有用），默认为 False。
- fit：指定一个随机分布对象（需调用 scipy 模块中的随机分布函数），用于绘制随机分布的概率密度曲线。
- hist_kws：以字典形式传递直方图的其他修饰属性，如填充色、边框色、宽度等。
- kde_kws：以字典形式传递核密度图的其他修饰属性，如线的颜色、线的类型等。
- rug_kws：以字典形式传递须图的其他修饰属性，如线的颜色、线的宽度等。
- fit_kws：以字典形式传递概率密度曲线的其他修饰属性，如线条颜色、形状、宽度等。
- color：指定图形的颜色，除了随机分布曲线的颜色。
- vertical：bool 类型的参数，是否将图形垂直显示，默认为 True。
- norm_hist：bool 类型的参数，是否将频数更改为频率，默认为 False。
- axlabel：用于显示轴标签。
- label：指定图形的图例，需要结合 plt.legend() 一起使用。
- ax：指定子图的位置。

从函数的参数可知，通过该函数，可以实现三种图形的合成，分别是直方图（hist 参数）、核密度曲线（kde 参数）以及指定的理论分布密度曲线（fit 参数）。接下来，针对如上介绍的 distplot 函数，绘制不同性别下乘客的年龄分布图，具体代码如下：

```
# 取出男性年龄
Age_Male = Titanic.Age[Titanic.Sex == 'male']
# 取出女性年龄
Age_Female = Titanic.Age[Titanic.Sex == 'female']


# 绘制男女乘客年龄的直方图
sns.distplot(Age_Male, bins = 20, kde = False,
             hist_kws = {'color':'steelblue'}, label = '男性')
# 绘制女性年龄的直方图
sns.distplot(Age_Female, bins = 20, kde = False,
             hist_kws = {'color':'purple'}, label = '女性')
plt.title('男女乘客的年龄直方图')
# 显示图例
plt.legend()
# 显示图形
plt.show()


# 绘制男女乘客年龄的核密度图
sns.distplot(Age_Male, hist = False, kde_kws = {'color':'red',
             'linestyle':'-'}, norm_hist = True, label = '男性')
# 绘制女性年龄的核密度图
sns.distplot(Age_Female, hist = False, kde_kws = {'color':'black',
             'linestyle':'--'}, norm_hist = True, label = '女性')
plt.title('男女乘客的年龄核密度图')
# 显示图例
plt.legend()
# 显示图形
plt.show()
```

如图 6-16 所示，为了避免 4 个图形混在一起不易发现数据背后的特征，将直方图与核密度图分开绘制。从直方图来看，女性年龄的分布明显比男性矮，说明在各年龄段下，男性乘客要比女性乘客多；再看核密度图，男女性别的年龄分布趋势比较接近，说明各年龄段下的男女乘客人数同步增加或减少。

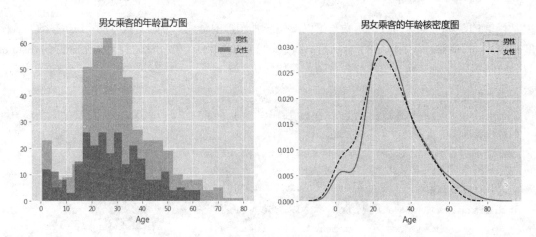

图 6-16　seaborn 库绘制的直方图+核密度曲线

6.2.2　箱线图——二手房单价分布形态

箱线图是另一种体现数据分布的图形，通过该图可以得知数据的下须值（Q1-1.5IQR）、下四分位数（Q1）、中位数（Q2）、均值、上四分位（Q3）数和上须值（Q3+1.5IQR），更重要的是，箱线图还可以发现数据中的异常点。

箱线图的绘制仍然可以通过 matplotlib 模块、pandas 模块和 seaborn 模块完成，下面将一一介绍各模块绘制箱线图的过程。

1. matplotlib 模块绘制箱线图

首先介绍一下 matplotlib 模块中绘制箱线图的 boxplot 函数，有关该函数的语法和参数含义如下：

```
plt.boxplot(x, notch=None, sym=None, vert=None,
            whis=None, positions=None, widths=None,
            patch_artist=None, meanline=None, showmeans=None,
            showcaps=None, showbox=None, showfliers=None,
            boxprops=None, labels=None, flierprops=None,
            medianprops=None, meanprops=None,
            capprops=None, whiskerprops=None)
```

- x：指定要绘制箱线图的数据。
- notch：是否以凹口的形式展现箱线图，默认非凹口。
- sym：指定异常点的形状，默认为+号显示。
- vert：是否需要将箱线图垂直摆放，默认垂直摆放。
- whis：指定上下须与上下四分位的距离，默认为 1.5 倍的四分位差。
- positions：指定箱线图的位置，默认为[0,1,2…]。
- widths：指定箱线图的宽度，默认为 0.5。
- patch_artist：bool 类型参数，是否填充箱体的颜色，默认为 False。
- meanline：bool 类型参数，是否用线的形式表示均值，默认为 False。
- showmeans：bool 类型参数，是否显示均值，默认为 False。

- showcaps：bool 类型参数，是否显示箱线图顶端和末端的两条线（即上下须），默认为 True。
- showbox：bool 类型参数，是否显示箱线图的箱体，默认为 True。
- showfliers：是否显示异常值，默认为 True。
- boxprops：设置箱体的属性，如边框色、填充色等。
- labels：为箱线图添加标签，类似于图例的作用。
- filerprops：设置异常值的属性，如异常点的形状、大小、填充色等。
- medianprops：设置中位数的属性，如线的类型、粗细等。
- meanprops：设置均值的属性，如点的大小、颜色等。
- capprops：设置箱线图顶端和末端线条的属性，如颜色、粗细等。
- whiskerprops：设置须的属性，如颜色、粗细、线的类型等。

为方便读者理解 boxplot 函数的用法，这里以某平台二手房数据为例，运用箱线图探究其二手房单价的分布情况，具体代码如下：

```python
# 绘制箱线图
plt.boxplot(x = Sec_Buildings.price_unit, # 指定绘图数据
            patch_artist=True, # 要求用自定义颜色填充盒形图，默认白色填充
            showmeans=True, # 以点的形式显示均值
            boxprops = {'color':'black','facecolor':'steelblue'},# 设置箱体属
性，如边框色和填充色
            # 设置异常点属性，如点的形状、填充色和点的大小
            flierprops = {'marker':'o','markerfacecolor':'red',
'markersize':3},
            # 设置均值点的属性，如点的形状、填充色和点的大小
            meanprops = {'marker':'D','markerfacecolor':'indianred',
'markersize':4},
            # 设置中位数线的属性，如线的类型和颜色
            medianprops = {'linestyle':'--','color':'orange'},
            labels = [''] # 删除 x 轴的刻度标签，否则图形显示刻度标签为 1
            )
# 添加图形标题
plt.title('二手房单价分布的箱线图')
# 显示图形
plt.show()
```

如图 6-17 所示，图中的上下两条横线代表上下须、箱体的上下两条横线代表上下四分位数、箱体中的虚线代表中位数、箱体中的点则为均值、上下须两端的点代表异常值。通过图中均值和中位数的对比就可以得知数据微微右偏（判断标准：如果数据近似正态分布，则众数=中位数=均值；如果数据右偏，则众数<中位数<均值；如果数值左偏，则众数>中位数>均值）。

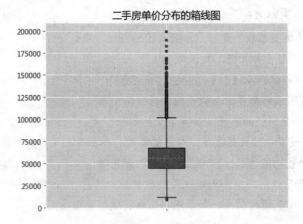

图 6-17　matplotlib 库绘制的箱线图

　　如上绘制的是二手房整体单价的箱线图，这样的箱线图可能并不常见，更多的是分组箱线图，即二手房的单价按照其他分组变量（如行政区域、楼层、朝向等）进行对比分析。下面继续使用 matplotlib 模块对二手房的单价绘制分组箱线图，代码如下：

```python
# 二手房在各行政区域的平均单价
group_region = Sec_Buildings.groupby('region')
avg_price = group_region.aggregate({'price_unit':np.mean}).
                         sort_values('price_unit', ascending = False)

# 通过循环，将不同行政区域的二手房存储到列表中
region_price = []
for region in avg_price.index:
    region_price.append(Sec_Buildings.price_unit[Sec_Buildings.region ==
region])
# 绘制分组箱线图
plt.boxplot(x = region_price,
            patch_artist=True,
            labels = avg_price.index, # 添加 x 轴的刻度标签
            showmeans=True,
            boxprops = {'color':'black', 'facecolor':'steelblue'},
            flierprops = {'marker':'o','markerfacecolor':'red',
                          'markersize':3},
            meanprops = {'marker':'D','markerfacecolor':'indianred',
                         'markersize':4},
            medianprops = {'linestyle':'--','color':'orange'}
            )
# 添加 y 轴标签
plt.ylabel('单价（元）')
# 添加标题
plt.title('不同行政区域的二手房单价对比')
```

```
# 显示图形
plt.show()
```

见图 6-18。

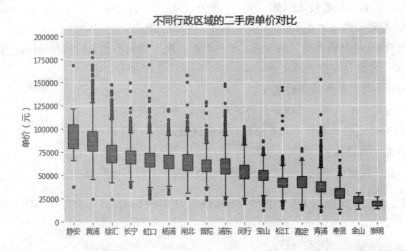

图 6-18　matplotlib 库绘制的分组箱线图

　　使用 matplotlib 模块绘制如上所示的分组箱线图会相对烦琐一些，由于 boxplot 函数每次只能绘制一个箱线图，为了能够实现多个箱线图的绘制，对数据稍微做了一些变动，即将每个行政区域下的二手房单价汇总到一个列表中，然后基于这个大列表应用 boxplot 函数。在绘图过程中，首先做了一个"手脚"，那就是统计各行政区域二手房的平均单价，并降序排序，这样做的目的就是让分组箱线图能够降序呈现。

　　虽然 pandas 模块中的 plot 方法可以绘制分组箱线图，但是该方法是基于数据框执行的，并且数据框的每一列对应一个箱线图。对于二手房数据集来说，应用 plot 方法绘制分组箱线图不太合适，因为每一个行政区的二手房数量不一致，将导致无法重构一个新的数据框用于绘图。

2. seaborn 模块绘制分组箱线图

　　如果读者觉得 matplotlib 模块绘制分组箱线图比较麻烦，可以使用 seaborn 模块中的 boxplot 函数。下面先了解一下该函数的参数含义：

```
sns.boxplot(x=None, y=None, hue=None, data=None, order=None, hue_order=None,
        orient=None, color=None, palette=None, saturation=0.75, width=0.8,
        dodge=True, fliersize=5, linewidth=None, whis=1.5, notch=False,
ax=None, **kwargs)
```

- x: 指定箱线图的 x 轴数据。
- y: 指定箱线图的 y 轴数据。
- hue: 指定分组变量。
- data: 指定用于绘图的数据集。
- order: 传递一个字符串列表，用于分类变量的排序。
- hue_order: 传递一个字符串列表，用于分类变量 hue 值的排序。

- orient：指定箱线图的呈现方向，默认为垂直方向。
- color：指定所有箱线图的填充色。
- palette：指定 hue 变量的区分色。
- saturation：指定颜色的透明度。
- width：指定箱线图的宽度。
- dodge：bool 类型的参数，当使用 hue 参数时，是否绘制水平交错的箱线图，默认为 True。
- fliersize：指定异常值点的大小。
- linewidth：指定箱体边框的宽度。
- whis：指定上下须与上下四分位的距离，默认为 1.5 倍的四分位差。
- notch：bool 类型的参数，是否绘制凹口箱线图，默认为 False。
- ax：指定子图的位置。
- **kwargs：关键字参数，可以调用 plt.boxplot 函数中的其他参数。

这里仍以上海二手房数据为例，应用 seaborn 模块中的 boxplot 函数绘制分组箱线图，详细代码如下：

```python
# 绘制分组箱线图
sns.boxplot(x = 'region', y = 'price_unit', data = Sec_Buildings,
            order = avg_price.index, showmeans=True,color = 'steelblue',
            flierprops = {'marker':'o','markerfacecolor':'red',
                          'markersize':3},
            meanprops = {'marker':'D','markerfacecolor':'indianred',
                          'markersize':4},
            medianprops = {'linestyle':'--','color':'orange'}
            )
# 更改 x 轴和 y 轴标签
plt.xlabel('')
plt.ylabel('单价（元）')
# 添加标题
plt.title('不同行政区域的二手房单价对比')
# 显示图形
plt.show()
```

通过如上代码，同样可以得到完全一致的分组箱线图。这里建议读者不要直接学习和使用 pandas 模块和 seaborn 模块绘制统计图形，而是先把 matplotlib 模块摸透，因为 Python 的核心绘图模块是 matplotlib。

6.2.3 小提琴图——客户消费数据的呈现

小提琴图是比较有意思的统计图形，它将数值型数据的核密度图与箱线图融合在一起，进而得到一个形似小提琴的图形。尽管 matplotlib 模块也提供了绘制小提琴图的函数 violinplot，但是绘制出来的图形中并不包含一个完整的小提琴图，所以本节将直接使用 seaborn 模块中的 violinplot 函数绘制小提琴图。首先，带领读者了解一下有关 violinplot 函数的语法和参数含义：

```
sns.violinplot(x=None, y=None, hue=None, data=None, order=None,
        hue_order=None, bw='scott', scale='area', scale_hue=True,
        width=0.8, inner='box', split=False, dodge=True, orient=None,
        linewidth=None, color=None, palette=None, saturation=0.75,
        ax=None)
```

- x：指定小提琴图的 x 轴数据。
- y：指定小提琴图的 y 轴数据。
- hue：指定一个分组变量。
- data：指定绘制小提琴图的数据集。
- order：传递一个字符串列表，用于分类变量的排序。
- hue_order：传递一个字符串列表，用于分类变量 hue 值的排序。
- bw：指定核密度估计的带宽，带宽越大，密度曲线越光滑。
- scale：用于调整小提琴图左右的宽度，如果为 area，则表示每个小提琴图左右部分拥有相同的面积；如果为 count，则表示根据样本数量来调节宽度；如果为 width，则表示每个小提琴图左右两部分拥有相同的宽度。
- scale_hue：bool 类型参数，当使用 hue 参数时，是否对 hue 变量的每个水平做标准化处理，默认为 True。
- width：使用 hue 参数时，用于控制小提琴图的宽度。
- inner：指定小提琴图内部数据点的形态，如果为 box，则表示绘制微型的箱线图；如果为 quartiles，则表示绘制四分位的分布图；如果为 point 或 stick，则表示绘制点或小竖条。
- split：bool 类型参数，使用 hue 参数时，将小提琴图从中间分为两个不同的部分，默认为 False。
- dodge：bool 类型的参数，当使用 hue 参数时，是否绘制水平交错的小提琴图，默认为 True。
- orient：指定小提琴图的呈现方向，默认为垂直方向。
- linewidth：指定小提琴图的所有线条宽度。
- color：指定小提琴图的颜色，该参数与 palette 参数一起使用时无效。
- palette：指定 hue 变量的区分色。
- saturation：指定颜色的透明度。
- ax：指定子图的位置。

接下来，以酒吧的消费数据为例（数据包含客户的消费金额、消费时间、打赏金额、客户性别、是否抽烟等字段），利用如上介绍的函数绘制分组小提琴图，以帮助读者进一步了解参数的含义，绘图代码如下：

```
# 读取数据
tips = pd.read_csv(r'C:\Users\Administrator\Desktop\tips.csv')
# 绘制分组小提琴图
sns.violinplot(x = ' day ', # 指定 x 轴的数据
        y =' total_bill ', # 指定 y 轴的数据
        hue = ' sex ', # 指定分组变量
        data = tips, # 指定绘图的数据集
        order = ['Thur','Fri','Sat','Sun'], # 指定 x 轴刻度标签的顺序
```

```
                    scale = 'count', # 以男女客户数调节小提琴图左右的宽度
                    split = True, # 将小提琴图从中间割裂开，形成不同的密度曲线
                    palette = 'RdBu' # 指定不同性别对应的颜色（因为 hue 参数被设置为性别变量）
                    )
# 添加图形标题
plt.title('每天不同性别客户的消费额情况')
# 设置图例
plt.legend(loc = 'upper center', ncol = 2)
# 显示图形
plt.show()
```

如图 6-19 所示，得到了分组的小提琴图，读者会发现，小提琴图的左右两边并不对称，是因为同时使用了 hue 参数和 split 参数，两边的核密度图代表了不同性别客户的消费额分布。从这张图中，一共可以反映四个维度的信息，y 轴表示客户的消费额、x 轴表示客户的消费时间、颜色图例表示客户的性别、左右核密度图的宽度代表了样本量。以周五和周六两天为例，周五的男女客户数量差异不大，而周六男性客户要比女性客户多得多，那是因为右半边的核密度图更宽一些。

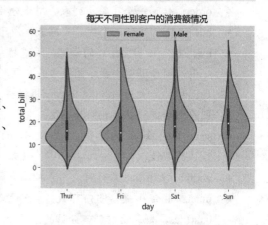

图 6-19 seaborn 库绘制的小提琴图

6.2.4 折线图——公众号每日阅读趋势

对于时间序列数据而言，一般都会使用折线图反映数据背后的趋势。通常折线图的横坐标指代日期数据，纵坐标代表某个数值型变量，当然还可以使用第三个离散变量对折线图进行分组处理。接下来仅使用 Python 中的 matplotlib 模块和 pandas 模块实现折线图的绘制。尽管 seaborn 模块中的 tsplot 函数也可以绘制时间序列的折线图，但是该函数非常不合理，故不在本节中介绍。

1. matplotlib 模块绘制折线图

折线图的绘制可以使用 matplotlib 模块中的 plot 函数实现。关于该函数的语法和参数含义如下：

```
plt.plot(x, y, linestyle, linewidth, color, marker,
        markersize, markeredgecolor, markerfactcolor,
        markeredgewidth, label, alpha)
```

- x: 指定折线图的 x 轴数据。
- y: 指定折线图的 y 轴数据。
- linestyle: 指定折线的类型，可以是实线、虚线、点虚线、点点线等，默认为实线。
- linewidth: 指定折线的宽度。
- color: 指定折线的外观颜色。
- marker: 可以为折线图添加点，该参数是设置点的形状。
- markersize: 设置点的大小。

- markeredgecolor：设置点的边框色。
- markerfactcolor：设置点的填充色。
- markeredgewidth：设置点的边框宽度。
- label：为折线图添加标签，类似于图例的作用。
- alpha：指定折线的透明度，alpha 值在 0~1 之间，值越大越不透明。

为了进一步理解 plot 函数中的参数含义，这里以某微信公众号的阅读人数和阅读人次为例（数据包含日期、人数和人次三个字段），绘制 2017 年第四季度微信文章阅读人数的折线图，代码如下：

```
# 数据读取
wechat = pd.read_excel(r'C:\Users\Administrator\Desktop\wechat.xlsx')
# 绘制单条折线图
plt.plot(wechat.Date, # x 轴数据
        wechat.Counts, # y 轴数据
        linestyle = '-', # 折线类型
        linewidth = 2, # 折线宽度
        color = 'steelblue', # 折线颜色
        marker = 'o', # 折线图中添加圆点
        markersize = 6, # 点的大小
        markeredgecolor='black', # 点的边框色
        markerfacecolor='brown') # 点的填充色
# 添加 y 轴标签
plt.ylabel('人数')
# 添加图形标题
plt.title('每天微信文章阅读人数趋势')
# 显示图形
plt.show()
```

如图 6-20 所示，在绘制折线图的同时，也添加了每个数据对应的圆点。读者可能会注意到，代码中折线类型和点类型分别用一个减号-（代表实线）和字母 o（代表空心圆点）表示。是否还有其他的表示方法？这里将常用的线型和点型汇总到表 6-1 和表 6-2 中。

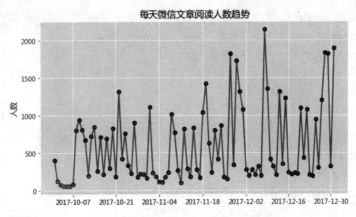

图 6-20　matplotlib 库绘制的折线图

表 6-1　线的类型

符　号	含　义	符　号	含　义
-（一个减号）	实心线	--（两个减号）	虚线
-.（减句号）	虚线和点构成的线	:（英文冒号）	点构成的线

表 6-2　点的类型

符　号	含　义	符　号	含　义
.（英文句号）	实心点	o（小写字母）	空心点
^	朝上的空心三角形	v（小写字母）	朝下的空心三角形
>（大于号）	朝右的空心三角形	<（小于号）	朝左的空心三角形
s（小写字母）	空心正方形	p（小写字母）	空心五边形
*	空心五角星	h（小写字母）	空心六边形
x（小写字母）	叉号	d（小写字母）	空心菱形

虽然上面的图形可以反映有关微信文章阅读人数的波动趋势，但是为了进一步改进这个折线图，还需要解决两个问题：

- 如何将微信文章的阅读人数和阅读人次同时呈现在图中。
- 对于 x 轴的刻度标签，是否可以只保留月份和日期，并且以 7 天作为间隔。

```
# 绘制两条折线图
# 导入模块，用于日期刻度的修改
import matplotlib as mpl

# 绘制阅读人数折线图
plt.plot(wechat.Date, # x轴数据
        wechat.Counts, # y轴数据
        linestyle = '-', # 折线类型，实心线
        color = 'steelblue', # 折线颜色
        label = '阅读人数'
        )
# 绘制阅读人次折线图
plt.plot(wechat.Date, # x轴数据
        wechat.Times, # y轴数据
        linestyle = '--', # 折线类型，虚线
        color = 'indianred', # 折线颜色
        label = '阅读人次'
        )

# 获取图的坐标信息
ax = plt.gca()
# 设置日期的显示格式
date_format = mpl.dates.DateFormatter("%m-%d")
ax.xaxis.set_major_formatter(date_format)
# 设置 x 轴显示多少个日期刻度（读者可以参考使用）
```

```
# xlocator = mpl.ticker.LinearLocator(10)
# 设置 x 轴每个刻度的间隔天数
xlocator = mpl.ticker.MultipleLocator(7)
ax.xaxis.set_major_locator(xlocator)
# 为了避免 x 轴刻度标签的紧凑，将刻度标签旋转 45 度
plt.xticks(rotation=45)

# 添加 y 轴标签
plt.ylabel('人数')
# 添加图形标题
plt.title('每天微信文章阅读人数与人次趋势')
# 添加图例
plt.legend()
# 显示图形
plt.show()
```

图 6-21 恰到好处地解决了之前提出的两个问题。上面的绘图代码可以分解为两个核心部分：

● 运用两次 plot 函数分别绘制阅读人数和阅读人次的折线图，最终通过 plt.show()将两条折线呈现在一张图中。

● 日期型轴刻度的设置，ax 变量用来获取原始状态的轴属性，然后基于 ax 对象修改刻度的显示方式，一个是仅包含月日的格式，另一个是每 7 天作为一个间隔。

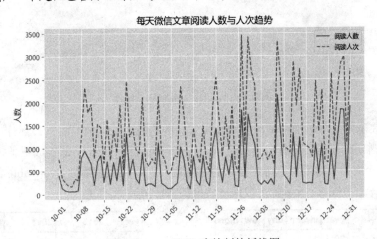

图 6-21　matplotlib 库绘制的折线图

2. pandas 模块绘制折线图

如果使用 pandas 模块绘制折线图，调用的仍然是 plot 方法，接下来以 2015—2017 年上海每天的最高气温数据为例，绘制每月平均最高气温的三条折线图，具体代码如下：

```
# 读取天气数据
weather = pd.read_excel(r'C:\Users\Administrator\Desktop\weather.xlsx')
# 统计每月的平均最高气温
data = weather.pivot_table(index = 'month', columns='year', values='high')
```

```
# 绘制折线图
data.plot(kind = 'line',
          style = ['-','--',':'] # 设置折线图的线条类型
         )
# 修改 x 轴和 y 轴标签
plt.xlabel('月份')
plt.ylabel('气温')
# 添加图形标题
plt.title('每月平均最高气温波动趋势')
# 显示图形
plt.show()
```

见图 6-22。

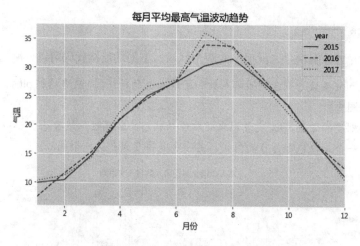

图 6-22　pandas 库绘制的折线图

　　图 6-22 中表示的是各年份中每月平均最高气温的走势，虽然绘图的核心部分（plot 过程）很简单，但是前提需要将原始数据集转换成可以绘制多条折线图的格式，即构成三条折线图的数据分别为数据框的三个字段。为了构造特定需求的数据集，使用了数据框的 pivot_table 方法，形成一张满足条件的透视表。图 6-23 所示就是数据集转换的前后对比。

	date	year	month	day	low	high
0	2015-01-01	2015	1	1	-1	4
1	2015-01-02	2015	1	2	0	8
2	2015-01-03	2015	1	3	4	11
3	2015-01-04	2015	1	4	5	16
4	2015-01-05	2015	1	5	9	19
5	2015-01-06	2015	1	6	3	9
6	2015-01-07	2015	1	7	2	7

year	2015	2016	2017
month			
1	9.870968	7.419355	10.225806
2	10.392857	11.517241	11.142857
3	14.774194	15.322581	14.419355
4	20.866667	21.033333	22.200000
5	25.064516	24.612903	26.741935
6	27.500000	27.600000	27.766667

图 6-23　数据的汇总统计

6.3　关系型数据的可视化

前面的两节内容都是基于独立的离散变量或数值变量进行的可视化展现。在众多的可视化图形中，有一类图形专门用于探究两个或三个变量之间的关系。例如，散点图用于发现两个数值变量之间的关系，气泡图可以展现三个数值变量之间的关系，热力图则体现了两个离散变量之间的组合关系。

本节将使用 matplotlib 模块、pandas 模块和 seaborn 模块绘制上述所介绍的三种关系型图形。下面首先了解一下最常用的散点图是如何绘制的。

6.3.1　散点图——探究鸢尾花花瓣长度与宽度的关系

如果需要研究两个数值型变量之间是否存在某种关系，例如正向的线性关系，或者是趋势性的非线性关系，那么散点图将是最佳的选择。

1. matplotlib 模块绘制散点图

matplotlib 模块中的 scatter 函数可以非常方便地绘制两个数值型变量的散点图。这里首先将该函数的语法及参数含义写在下方，以便读者掌握函数的使用：

```
scatter(x, y, s=20, c=None, marker='o', cmap=None, norm=None, vmin=None,
        vmax=None, alpha=None, linewidths=None, edgecolors=None)
```

- x: 指定散点图的 x 轴数据。
- y: 指定散点图的 y 轴数据。
- s: 指定散点图点的大小，默认为 20，通过传入其他数值型变量，可以实现气泡图的绘制。
- c: 指定散点图点的颜色，默认为蓝色，也可以传递其他数值型变量，通过 cmap 参数的色阶表示数值大小。
- marker: 指定散点图点的形状，默认为空心圆。
- cmap: 指定某个 Colormap 值，只有当 c 参数是一个浮点型数组时才有效。
- norm: 设置数据亮度，标准化到 0~1，使用该参数仍需要参数 c 为浮点型的数组。
- vmin、vmax: 亮度设置，与 norm 类似，如果使用 norm 参数，则该参数无效。
- alpha: 设置散点的透明度。
- linewidths: 设置散点边界线的宽度。
- edgecolors: 设置散点边界线的颜色。

下面以 iris 数据集为例，探究如何应用 matplotlib 模块中的 scatter 函数绘制花瓣宽度与长度之间的散点图，绘图代码如下：

```
# 读入数据
iris = pd.read_csv(r'C:\Users\Administrator\Desktop\iris.csv')
# 绘制散点图
```

```
plt.scatter(x = iris.Petal_Width, # 指定散点图的 x 轴数据
            y = iris.Petal_Length, # 指定散点图的 y 轴数据
            color = 'steelblue' # 指定散点图中点的颜色
            )
# 添加 x 轴和 y 轴标签
plt.xlabel('花瓣宽度')
plt.ylabel('花瓣长度')
# 添加标题
plt.title('鸢尾花的花瓣宽度与长度关系')
# 显示图形
plt.show()
```

如图 6-24 所示，通过 scatter 函数就可以非常简单地绘制出花瓣宽度与长度的散点图。如果使用 pandas 模块中的 plot 方法，同样可以很简单地绘制出散点图。

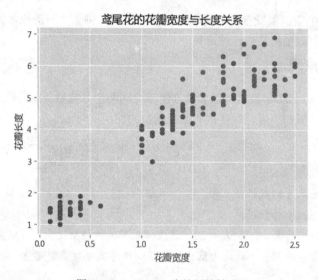

图 6-24　matplotlib 库绘制的散点图

2. pandas 模块绘制散点图

```
# 绘制散点图
iris.plot(x = 'Petal_Width', y = 'Petal_Length', kind = 'scatter',
          title = '鸢尾花的花瓣宽度与长度关系')
# 修改 x 轴和 y 轴标签
plt.xlabel('花瓣宽度')
plt.ylabel('花瓣长度')
# 显示图形
plt.show()
```

尽管使用这两个模块都可以非常方便地绘制出散点图，但是绘制分组散点图会稍微复杂一点。如果读者使用 seaborn 模块中的 lmplot 函数，那么绘制分组散点图就太简单了，而且该函数还可以根据散点图添加线性拟合线。

3. seaborn 模块绘制散点图

为了使读者清楚地掌握 lmplot 函数的使用方法，有必要介绍一下该函数的语法和参数含义：

```
lmplot(x, y, data, hue=None, col=None, row=None, palette=None, col_wrap=None,
        size=5, aspect=1, markers='o', sharex=True, sharey=True,
hue_order=None,
        col_order=None, row_order=None, legend=True, legend_out=True,
scatter=True,
        fit_reg=True, ci=95, n_boot=1000, order=1, logistic=False,
lowess=False,
        robust=False, logx=False, x_partial=None, y_partial=None,
truncate=False,
        x_jitter=None, y_jitter=None, scatter_kws=None, line_kws=None)
```

- x,y: 指定 x 轴和 y 轴的数据。
- data: 指定绘图的数据集。
- hue: 指定分组变量。
- col,row: 用于绘制分面图形，指定分面图形的列向与行向变量。
- palette: 为 hue 参数指定的分组变量设置颜色。
- col_wrap: 设置分面图形中每行子图的数量。
- size: 用于设置每个分面图形的高度。
- aspect: 用于设置每个分面图形的宽度，宽度等于 size*aspect。
- markers: 设置点的形状，用于区分 hue 参数指定的变量水平值。
- sharex,sharey: bool 类型参数，设置绘制分面图形时是否共享 x 轴和 y 轴，默认为 True。
- hue_order,col_order,row_order: 为 hue 参数、col 参数和 row 参数指定的分组变量设值水平值顺序。
- legend: bool 类型参数，是否显示图例，默认为 True。
- legend_out: bool 类型参数，是否将图例放置在图框外，默认为 True。
- scatter: bool 类型参数，是否绘制散点图，默认为 True。
- fit_reg: bool 类型参数，是否拟合线性回归，默认为 True。
- ci: 绘制拟合线的置信区间，默认为 95% 的置信区间。
- n_boot: 为了估计置信区间，指定自助重抽样的次数，默认为 1000 次。
- order: 指定多项式回归，默认指数为 1。
- logistic: bool 类型参数，是否拟合逻辑回归，默认为 False。
- lowess: bool 类型参数，是否拟合局部多项式回归，默认为 False。
- robust: bool 类型参数，是否拟合鲁棒回归，默认为 False。
- logx: bool 类型参数，是否对 x 轴做对数变换，默认为 False。
- x_partial,y_partial: 为 x 轴数据和 y 轴数据指定控制变量，即排除 x_partial 和 y_partial 变量的影响下绘制散点图。
- truncate: bool 类型参数，是否根据实际数据的范围对拟合线做截断操作，默认为 False。

- x_jitter,y_jitter：为 x 轴变量或 y 轴变量添加随机噪声，当 x 轴数据与 y 轴数据比较密集时，可以使用这两个参数。
- scatter_kws：设置点的其他属性，如点的填充色、边框色、大小等。
- line_kws：设置拟合线的其他属性，如线的形状、颜色、粗细等。

该函数的参数虽然比较多，但是大多数情况下读者只需使用几个重要的参数，如 x、y、hue、data 等。接下来仍以 iris 数据集为例，绘制分组散点图，绘图代码如下：

```python
# seaborn 模块绘制分组散点图
sns.lmplot(x = 'Petal_Width', # 指定 x 轴变量
           y = 'Petal_Length', # 指定 y 轴变量
           hue = 'Species', # 指定分组变量
           data = iris, # 指定绘图数据集
           legend_out = False, # 将图例呈现在图框内
           truncate=True # 根据实际的数据范围，对拟合线做截断操作
           )
# 修改 x 轴和 y 轴标签
plt.xlabel('花瓣宽度')
plt.ylabel('花瓣长度')
# 添加标题
plt.title('鸢尾花的花瓣宽度与长度关系')
# 显示图形
plt.show()
```

如图 6-25 所示，lmplot 函数不仅可以绘制分组散点图，还可以对每个组内的散点添加回归线（图 6-25 默认拟合线性回归线）。分组效果的体现是通过 hue 参数设置的，如果需要拟合其他回归线，可以指定 lowess 参数（局部多项式回归）、logistic 参数（逻辑回归）、order 参数（多项式回归）和 robust 参数（鲁棒回归）。

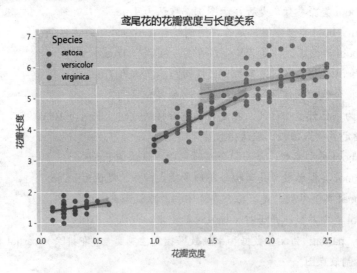

图 6-25　seaborn 库绘制的散点图

6.3.2　气泡图——暴露商品的销售特征

上一节所介绍的散点图都是反映两个数值型变量的关系，如果还想通过散点图添加第三个数值型变量的信息，一般可以使用气泡图。气泡图的实质就是通过第三个数值型变量控制每个散点的大小，点越大，代表的第三维数值越高，反之亦然。接下来将会介绍如何通过 Python 绘制气泡图。

在上一节中，应用 matplotlib 模块中的 scatter 函数绘制了散点图，本节将继续使用该函数绘制气泡图。要实现气泡图的绘制，关键的参数是 s，即散点图中点的大小，如果将数值型变量传递给该参数，就可以轻松绘制气泡图了。如果读者对该函数的参数含义还不是很了解，可以查看上一节中的参数含义说明。

下面以某超市的商品类别销售数据为例，绘制销售额、利润和利润率之间的气泡图，探究三者之间的关系，绘图代码如下：

```
# 读取数据
Prod_Category = pd.read_excel(r'C:\Users\Administrator\Desktop\
SuperMarket.xlsx')
# 将利润率标准化到[0,1]之间（因为利润率中有负数），然后加上微小的数值0.001
range_diff = Prod_Category.Profit_Ratio.max()-Prod_Category.
Profit_Ratio.min()
Prod_Category['std_ratio'] = (Prod_Category.Profit_Ratio-Prod_Category.
Profit_Ratio.min())/range_diff + 0.001


# 绘制办公用品的气泡图
plt.scatter(x = Prod_Category.Sales[Prod_Category.Category == '办公用品'],
            y = Prod_Category.Profit[Prod_Category.Category == '办公用品'],
            s = Prod_Category.std_ratio[Prod_Category.Category == '办公用品']
*500,
            color = 'steelblue', label = '办公用品', alpha = 0.6
            )
# 绘制技术产品的气泡图
plt.scatter(x = Prod_Category.Sales[Prod_Category.Category == '技术产品'],
            y = Prod_Category.Profit[Prod_Category.Category == '技术产品'],
            s = Prod_Category.std_ratio[Prod_Category.Category == '技术产品']
*500,
            color = 'indianred' , label = '技术产品', alpha = 0.6
            )
# 绘制家具产品的气泡图
plt.scatter(x = Prod_Category.Sales[Prod_Category.Category == '家具产品'],
            y = Prod_Category.Profit[Prod_Category.Category == '家具产品'],
            s = Prod_Category.std_ratio[Prod_Category.Category == '家具产品']
*500,
            color = 'black' , label = '家具产品', alpha = 0.6
            )
# 添加x轴和y轴标签
```

```
plt.xlabel('销售额')
plt.ylabel('利润')
# 添加标题
plt.title('销售额、利润及利润率的气泡图')
# 添加图例
plt.legend()
# 显示图形
plt.show()
```

如图 6-26 所示，应用 scatter 函数绘制了分组气泡图，从图中可知，办公用品和家具产品的利润率波动比较大（因为这两类圆点大小不均）。从代码角度来看，绘图的核心部分是使用三次 scatter 函数，而且代码结构完全一样，如果读者对 for 循环掌握得比较好，完全可以使用循环的方式替换三次 scatter 函数的重复应用。

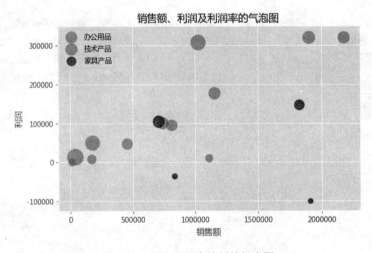

图 6-26　matplotlib 库绘制的气泡图

需要说明的是，如果 s 参数对应的变量值小于等于 0，则对应的气泡点是无法绘制出来的。这里提供一个解决思路，就是先将该变量标准化为[0,1]，再加上一个非常小的值，如 0.001。如上代码所示，最后对 s 参数扩大 500 倍的目的就是凸显气泡的大小。

遗憾的是，pandas 模块和 seaborn 模块中没有绘制气泡图的方法或函数，故这里就不再衍生了。如果读者确实需要绘制气泡图，又觉得 matplotlib 模块中的 scatter 函数用起来比较烦琐，可以使用 Python 的 bokeh 模块，有关该模块的详细内容，可以查看官方文档。

6.3.3　热力图——一份简单的月度日历

最后介绍另一种关系型数据的可视化图形，即热力图，有时也称之为交叉填充表。该图形最典型的用法就是实现列联表的可视化，即通过图形的方式展现两个离散变量之间的组合关系。读者可以借助于 seaborn 模块中的 heatmap 函数，完成热力图的绘制。按照惯例，首先对该函数的用法及参数含义做如下解释：

```
heatmap(data, vmin=None, vmax=None, cmap=None, center=None, annot=None,
        fmt='.2g',annot_kws=None, linewidths=0, linecolor='white',
        cbar=True, cbar_kws = None, square=False, xticklabels='auto',
        yticklabels='auto', mask=None, ax=None)
```

- data: 指定绘制热力图的数据集。
- vmin,vmax: 用于指定图例中最小值与最大值的显示值。
- cmap: 指定一个 colormap 对象，用于热力图的填充色。
- center: 指定颜色中心值，通过该参数可以调整热力图的颜色深浅。
- annot: 指定一个 bool 类型的值或与 data 参数形状一样的数组，如果为 True，就在热力图的每个单元上显示数值。
- fmt: 指定单元格中数据的显示格式。
- annot_kws: 有关单元格中数值标签的其他属性描述，如颜色、大小等。
- linewidths: 指定每个单元格的边框宽度。
- linecolor: 指定每个单元格的边框颜色。
- cbar: bool 类型参数，是否用颜色条作为图例，默认为 True。
- cbar_kws: 有关颜色条的其他属性描述。
- square: bool 类型参数，是否使热力图的每个单元格为正方形，默认为 False。
- xticklabels,yticklabels: 指定热力图 x 轴和 y 轴的刻度标签，如果为 True，则分别以数据框的变量名和行名称作为刻度标签。
- mask: 用于突出显示某些数据。
- ax: 用于指定子图的位置。

接下来，以某服装店的交易数据为例，统计 2009—2012 年每个月的销售总额，然后运用如上介绍的 heatmap 函数对统计结果进行可视化展现，具体代码如下：

```
# 读取数据
Sales = pd.read_excel(r'C:\Users\Administrator\Desktop\Sales.xlsx')
# 根据交易日期，衍生出年份和月份字段
Sales['year'] = Sales.Date.dt.year
Sales['month'] = Sales.Date.dt.month
# 统计每年各月份的销售总额
Summary = Sales.pivot_table(index = 'month', columns = 'year', values = 'Sales',
aggfunc = np.sum)
```

如表 6-3 所示，它是列联表的格式，反映的是每年各月份的销售总额。很显然，通过肉眼是无法迅速发现销售业绩在各月份中的差异的,如果将数据表以热力图的形式展现,问题就会简单很多。

表 6-3　数据的汇总

year	2009	2010	2011	2012
month				
1	520452.5595	334535.0605	255919.2030	341339.2470
2	333909.5565	271881.9480	299890.1410	281270.1790
3	411628.7290	217808.0065	296151.7510	387093.7650
4	406848.7620	265968.5890	290384.4670	278402.9940
5	228025.5680	287796.5150	264673.6260	384588.0615
6	273758.8780	293600.7750	196918.1455	316775.7855
7	412797.4600	240297.1585	287905.1865	275160.0495
8	329754.7150	205789.6440	275211.3295	306671.2835
9	325292.3145	419689.7785	278230.1660	319675.1765
10	347173.8005	368544.9250	305660.4510	351438.0925
11	253867.1960	295010.9555	385452.7300	261206.4290
12	420420.2355	368093.9540	328898.4945	351756.4180

```
# 绘制热力图
sns.heatmap(data = Summary,  # 指定绘图数据
            cmap = 'PuBuGn',  # 指定填充色
            linewidths = .1,  # 设置每个单元格边框的宽度
            annot = True,  # 显示数值
            fmt = '.1e'  # 以科学计算法显示数据
            )
#添加标题
plt.title('每年各月份销售总额热力图')
# 显示图形
plt.show()
```

如图 6-27 所示就是将表格进行可视化的结果，每个单元格颜色的深浅代表数值的高低，通过颜色就能迅速发现每年各月份销售情况的好坏。

图 6-27　seaborn 库绘制的热力图

6.4　多个图形的合并

　　工作中往往会根据业务需求，将绘制的多个图形组合到一个大图框内，形成类似仪表板的效果。针对这种情况，如何应用 Python 将前面所学的各种图形汇总到一个图表中，这将是本节所要学习的重点。

　　关于多种图形的组合，可以使用 matplotlib 模块中的 subplot2grid 函数。这个函数的灵活性非常高，构成的组合图既可以是 m×n 的矩阵风格，也可以是跨行或跨列的矩阵风格。接下来，对该函数的用法和参数含义加以说明：

```
subplot2grid(shape, loc, rowspan=1, colspan=1)
```

- shape：指定组合图的框架形状，以元组形式传递，如 2×3 的矩阵可以表示成(2,3)。
- loc：指定子图所在的位置，如 shape 中第一行第一列可以表示成(0,0)。
- rowspan：指定某个子图需要跨几行。
- colspan：指定某个子图需要跨几列。

　　为了使读者理解函数中的 4 个参数，这里以 2×3 的组图布局为例，说明子图位置与跨行、跨列的概念，如图 6-28 所示。

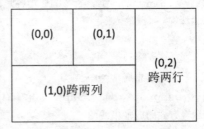

图 6-28　跨行与跨列的效果图

　　这两种布局的前提都需要设置 shape 参数为(2,3)，所不同的是，左图一共需要布置 6 个图形；右图只需要布置 4 个图形，其中第三列跨了两行（rowspan 需要指定为 2），第二行跨了两列（colspan 需要指定为 2）。图框中的元组值代表了子图的位置。接下来以某集市商品交易数据为例，绘制含跨行和跨列的组合图，代码如下：

```
# 读取数据
Prod_Trade =
pd.read_excel(r'C:\Users\Administrator\Desktop\Prod_Trade.xlsx')
# 衍生出交易年份和月份字段
Prod_Trade['year'] = Prod_Trade.Date.dt.year
Prod_Trade['month'] = Prod_Trade.Date.dt.month

# 设置大图框的长和高
plt.figure(figsize = (12,6))
```

```
    # 设置第一个子图的布局
    ax1 = plt.subplot2grid(shape = (2,3), loc = (0,0))
    # 统计 2012 年各订单等级的数量
    Class_Counts = Prod_Trade.Order_Class[Prod_Trade.year ==
2012].value_counts()
    Class_Percent = Class_Counts/Class_Counts.sum()
    # 将饼图设置为圆形（否则有点像椭圆）
    ax1.set_aspect(aspect = 'equal')
    # 绘制订单等级饼图
    ax1.pie(x = Class_Percent.values, labels = Class_Percent.index, autopct =
'%.1f%%')
    # 添加标题
    ax1.set_title('各等级订单比例')


    # 设置第二个子图的布局
    ax2 = plt.subplot2grid(shape = (2,3), loc = (0,1))
    # 统计 2012 年每月销售额
    Month_Sales = Prod_Trade[Prod_Trade.year == 2012].groupby(by =
'month').aggregate({'Sales':np.sum})
    # 绘制销售额趋势图
    Month_Sales.plot(title = '2012 年各月销售趋势', ax = ax2, legend = False)
    # 删除 x 轴标签
    ax2.set_xlabel('')


    # 设置第三个子图的布局
    ax3 = plt.subplot2grid(shape = (2,3), loc = (0,2), rowspan = 2)
    # 绘制各运输方式的成本箱线图
    sns.boxplot(x = 'Transport', y = 'Trans_Cost', data = Prod_Trade, ax = ax3)
    # 添加标题
    ax3.set_title('各运输方式成本分布')
    # 删除 x 轴标签
    ax3.set_xlabel('')
    # 修改 y 轴标签
    ax3.set_ylabel('运输成本')


    # 设置第四个子图的布局
    ax4 = plt.subplot2grid(shape = (2,3), loc = (1,0), colspan = 2)
    # 2012 年各单价分布直方图
    sns.distplot(Prod_Trade.Sales[Prod_Trade.year == 2012], bins = 40, norm_hist
= True, ax = ax4, hist_kws = {'color':'steelblue'}, kde_kws=({'linestyle':'--',
'color':'red'}))
    # 添加标题
    ax4.set_title('2012 年各单价分布图')
```

```
# 修改 x 轴标签
ax4.set_xlabel('销售额')

# 调整子图之间的水平间距和高度间距
plt.subplots_adjust(hspace=0.6, wspace=0.3)
# 图形显示
plt.show()
```

如图 6-29 所示，构成了 2×3 风格的组合图，其中两幅子图是跨行和跨列的，而且这里特地选了 matplotlib 模块、pandas 模块和 seabron 模块绘制子图，目的是让读者能够掌握不同模块图形的组合。针对如上代码，需要讲解几个重要的知识点：

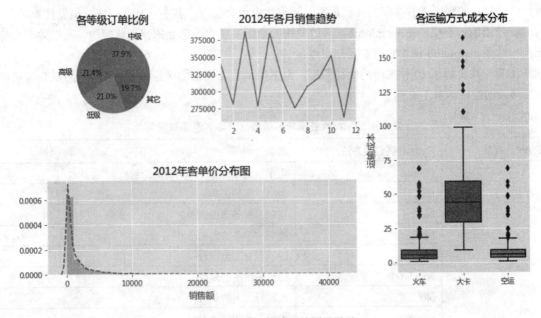

图 6-29 跨行与跨列的图形展示

- 在绘制每一幅子图之前，都需要运用 subplot2grid 函数控制子图的位置，并传递给一个变量对象（如代码中的 ax1、ax2 等）。
- 为了使子图位置（ax1、ax2 等）产生效果，不同的绘图模块需要应用不同的方法。如果通过 matplotlib 模块绘制子图，则必须使用 ax1.plot_function 的代码语法（如上代码中，绘制饼图的过程）；如果通过 pandas 模块或 seaborn 模块绘制子图，则需要为绘图"方法"或函数指定 ax 参数（如上代码中，绘制折线图、直方图和箱线图的过程）。
- 如果为子图添加标题、坐标轴标签、刻度值标签等，不能直接使用 plt.title、plt.xlabel、plt.xticks 等函数，而是换成 ax1.set_* 的形式（可参考如上代码中对子图标题、坐标轴标签的设置）。
- 由于子图之间的默认宽间距和高间距不太合理，故需要通过 subplots_adjust 函数重新修改子图之间的水平间距和垂直间距（如倒数第二行代码所示）。

6.5 本章小结

　　本章的主题是关于数据的可视化，通过每一个具体的案例介绍了有关 matplotlib 模块、pandas 模块和 seaborn 模块的绘图函数和参数含义，分别针对离散型数据、数值型数据和关系型数据讲解了最为常用的可视化图形，包括饼图、条形图、直方图、核密度曲线、箱线图、小提琴图、折线图、散点图、气泡图和热力图。最后，借助于 subplot2grid 函数实现各种模块下图形的组合。

　　通过 Python 完成数据可视化的模块还有很多种，例如 ggplot、bokeh、pygal、plotly 等，读者可以前往各自的官网查看详细的文档说明，相信读者也会喜欢上其中的几个模块。需要注意的是，Python 绘图的核心模块是 matplotlib，其他模块的绘图多多少少都会依赖于该模块，所以读者一定要牢牢掌握 matplotlib 模块中的重要知识点。

　　本章一共讲解了 10 种常用的统计图形，为了使读者方便记忆这些绘图函数和"方法"，特将本文涉及的绘图函数汇总到表 6-4 中。

表 6-4　Python 各模块的函数（方法）及函数说明

Python 模块	Python 函数或方法	函数说明
matplotlib	figure	用于设置图框长度和高度的函数
	pie	绘制饼图的函数
	bar	绘制垂直条形图的函数
	barh	绘制水平条形图的函数
	hist	绘制直方图的函数
	boxplot	绘制箱线图的函数
	plot	绘制折线图的函数
	scatter	绘制散点图的函数
	gca	获取默认轴的所有属性值
	title	添加标题的函数
	xlabel,ylabel	添加或修改 x 轴和 y 轴标签的函数
	xticks,yticks	添加 x 轴和 y 轴刻度值的函数
	text	在图中添加文本的函数
	axes	设置图形轴属性，绘制饼图时需使用该函数
	rcParams	用于设定绘图参数，如防止中文乱码
	show	用于显示图形的函数
	legend	用于显示图例的函数
	subplot2grid	用于布局子图位置的函数
	subplots_adjust	用于调整子图之间垂直和水平间距的函数
pandas	plot	基于序列和数据框的绘图"方法"

（续表）

Python 模块	Python 函数或方法	函数说明
	barplot	绘制条形图的函数
	distplot	绘制直方图、核密度曲线的函数
seaborn	boxplot	绘制箱线图的函数
	violinplot	绘制小提琴图的函数
	lmplot	绘制散点图及拟合线的函数
	heatmap	绘制热力图的函数

6.6　课后练习

1. 某销售小组共有 4 名销售人员，其中张三的销售额为 300 万，李四的销售额为 120 万，王二的销售额为 470 万，赵五的销售额为 200 万。请分别使用饼图和条形图展现 4 名销售人员的销售业绩信息。

2. 如下表格是随机采访路人的收入数据，请结合直方图与核密度曲线呈现收入的分布信息。

12000	8500	6300	8000	5500	6000	10000	4200	6000	8500
7600	5400	8800	12800	4200	20000	13200	5000	2500	4200
13500	2800	11300	8200	4600	7200	4000	5500	4800	11000
3800	5200	4700	8800	4500	6800	3000	4500	6500	5500
3800	4900	5300	5000	4600	5300	4600	5000	23000	10000

3. 如下为上海市 1978－2017 年 GDP 及三产业数据（数据文件为 SH_GDP.xlsx），请根据要求绘制相关折线图。

年份	GDP	第一产业	第二产业	第三产业	工业	建筑业
1978	272.81	11.00	211.05	50.76	207.47	3.58
1979	286.43	11.39	221.21	53.83	216.62	4.59
1980	311.89	10.10	236.10	65.69	230.87	5.23
1981	324.76	10.58	244.34	69.84	237.12	7.22
1982	337.07	13.31	249.32	74.44	240.75	8.57
1983	351.81	13.52	255.32	82.97	246.26	9.06
1984	390.85	17.26	275.37	98.22	263.19	12.18
1985	466.75	19.53	325.63	121.59	311.12	14.51

（1）请绘制 GDP 的折线图。

（2）请将第一产业、第二产业和第三产业的数据绘制在同一个折线图内。

4. 如下表所示，为企业在销售某类产品时，采用不同补贴力度时所对应的销售增长率和利润率（数据文件为 marketing.xlsx），请根据要求绘制相应的散点图。

补贴力度	销售增长率	利 润 率
14.02%	18.32%	15.30%
5.58%	8.53%	5.96%
12.39%	15.90%	13.05%
6.02%	7.07%	4.30%
14.88%	18.93%	17.64%
14.65%	19.06%	12.97%
10.57%	15.18%	14.85%
12.49%	14.58%	17.12%
14.79%	19.42%	16.47%

（1）请绘制补贴力度与销售增长率之间的散点图，并查看两者之间的线性相关性。

（2）在（1）的基础上，再往散点图中添加利润率信息，绘制气泡图。

第7章

线性回归预测模型

　　线性回归模型属于经典的统计学模型，该模型的应用场景是根据已知的变量（自变量）来预测某个连续的数值变量（因变量）。例如，餐厅根据每天的营业数据（包括菜谱价格、就餐人数、预定人数、特价菜折扣等）预测就餐规模或营业额；网站根据访问的历史数据（包括新用户的注册量、老用户的活跃度、网页内容的更新频率等）预测用户的支付转化率；医院根据患者的病历数据（如体检指标、药物服用情况、平时的饮食习惯等）预测某种疾病发生的概率。

　　站在数据挖掘的角度看待线性回归模型，它属于一种有监督的学习算法，即在建模过程中必须同时具备自变量 x 和因变量 y。本章的重点就是介绍有关线性回归模型背后的数学原理和应用实战，通过本章内容的学习，读者将会掌握如下内容：

- 一元线性回归模型的实战；
- 多元线性回归模型的系数推导；
- 线性回归模型的假设检验；
- 线性回归模型的诊断；
- 线性回归模型的预测。

7.1　一元线性回归模型——收入预测

　　一元线性回归模型也被称为简单线性回归模型，是指模型中只含有一个自变量和一个因变量，用来建模的数据集可以表示成 $\{(x_1, y_1), (x_2, y_2), \cdots, (x_n, y_n)\}$。其中，$x_i$ 表示自变量 x 的第 i 个值，y_i 表示因变量 y 的第 i 个值，n 表示数据集的样本量。当模型构建好之后，就可以根据其他自变量 x 的值，预测因变量 y 的值，该模型的数学公式可以表示成：

$$y = a + bx + \varepsilon$$

如上公式所示，该模型特别像初中所学的一次函数。其中，a 为模型的截距项，b 为模型的斜率项，ε 为模型的误差项。模型中的 a 和 b 统称为回归系数，误差项 ε 的存在主要是为了平衡等号两边的值，通常被称为模型无法解释的部分。

为了使读者理解简单线性回归模型的数学公式，这里不妨以收入数据集为例，探究工作年限与收入之间的关系。在第 6 章的数据可视化部分已经介绍了有关散点图的绘制，下面将绘制工作年限与收入的散点图，并根据散点图添加一条拟合线：

```python
# 导入第三方模块
import pandas as pd
import matplotlib.pyplot as plt
import seaborn as sns

# 导入数据集
income = pd.read_csv(r'C:\Users\Administrator\Desktop\Salary_Data.csv')
# 绘制散点图
sns.lmplot(x = 'YearsExperience', y = 'Salary', data = income, ci = None)
# 显示图形
plt.show()
```

图 7-1 反映的就是自变量 YearsExperience 与因变量 Salary 之间的散点图，从散点图的趋势来看，工作年限与收入之间存在明显的正相关关系，即工作年限越长，收入水平越高。图中的直线就是关于散点的线性回归拟合线，从图中可知，每个散点基本上都是围绕在拟合线附近。虽然通过可视化的方法可以得知散点间的关系和拟合线，但如何得到这条拟合线的数学表达式呢？

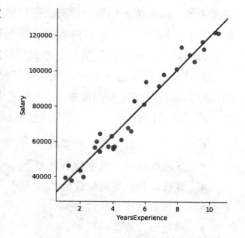

图 7-1　工作经验与薪资的散点图

拟合线的求解

本节的内容就是关于简单线性回归模型的求解，即如何根据自变量 x 和因变量 y，求解回归系数 a 和 b。前面已经提到，误差项 ε 是为了平衡等号两边的值，如果拟合线能够精确地捕捉到每一个点（所有的散点全部落在拟合线上），那么对应的误差项 ε 应该为 0。按照这个思路来看，要想得到理想的拟合线，就必须使误差项 ε 达到最小。由于误差项是 y 与 $a + bx$ 的差，结果可能为正值或负值，因此误差项 ε 达到最小的问题需转换为误差平方和最小的问题（最小二乘法的思路）。误差平方和的公式可以表示为：

$$J(a,b) = \sum_{i=1}^{n} \varepsilon^2 = \sum_{i=1}^{n} (y_i - [a + bx_i])^2$$

由于建模时的自变量值和因变量值都是已知的，因此求解误差平方和最小值的问题就是求解函数 $J(a,b)$ 的最小值，而该函数的参数就是回归系数 a 和 b。

该目标函数其实就是一个二元二次函数，如需使得目标函数$J(a,b)$达到最小，可以使用偏导数的方法求解出参数a和b，进而得到目标函数的最小值。关于目标函数的求导过程如下：

第一步：展开平方项

$$J(a,b) = \sum_{i=1}^{n}(y_i^2 + a^2 + b^2 x_i^2 + 2abx_i - 2ay_i - 2bx_iy_i)$$

第二步：设偏导数为 0

$$\begin{cases} \dfrac{\partial J}{\partial a} = \sum_{i=1}^{n}(0 + 2a + 0 + 2bx_i - 2y_i + 0) = 0 \\[2mm] \dfrac{\partial J}{\partial b} = \sum_{i=1}^{n}(0 + 0 + 2bx_i^2 + 2ax_i + 0 - 2x_iy_i) = 0 \end{cases}$$

第三步：和公式转换

$$\begin{cases} \dfrac{\partial J}{\partial a} = 2na + 2b\sum_{i=1}^{n}x_i - 2\sum_{i=1}^{n}y_i = 0 \\[2mm] \dfrac{\partial J}{\partial b} = 2b\sum_{i=1}^{n}x_i^2 + 2a\sum_{i=1}^{n}x_i - 2\sum_{i=1}^{n}x_iy_i = 0 \end{cases}$$

第四步：化解

$$\begin{cases} a = \dfrac{\sum_{i=1}^{n}y_i}{n} - \dfrac{b\sum_{i=1}^{n}x_i}{n} \\[3mm] b\sum_{i=1}^{n}x_i^2 + \left(\dfrac{\sum_{i=1}^{n}y_i}{n} - \dfrac{b\sum_{i=1}^{n}x_i}{n}\right)\sum_{i=1}^{n}x_i - \sum_{i=1}^{n}x_iy_i = 0 \end{cases}$$

第五步：将参数a带入，求解b

$$\begin{cases} a = \bar{y} - b\bar{x} \\[3mm] b = \dfrac{\sum_{i=1}^{n}x_iy_i - \dfrac{1}{n}\sum_{i=1}^{n}x_i\sum_{i=1}^{n}y_i}{\sum_{i=1}^{n}x_i^2 - \dfrac{1}{n}\left(\sum_{i=1}^{n}x_i\right)^2} \end{cases}$$

如上推导结果所示，参数a和b的值都是关于自变量x和因变量y的公式。接下来，根据该公式，利用 Python 计算出回归模型的参数值a和b。

```
# 样本量
n = income.shape[0]
# 计算自变量、因变量、自变量平方、自变量与因变量乘积的和
sum_x = income.YearsExperience.sum()
sum_y = income.Salary.sum()
sum_x2 = income.YearsExperience.pow(2).sum()
xy = income.YearsExperience * income.Salary
sum_xy = xy.sum()
```

```
# 根据公式计算回归模型的参数
b = (sum_xy-sum_x*sum_y/n)/(sum_x2-sum_x**2/n)
a = income.Salary.mean()-b*income.YearsExperience.mean()
# 打印出计算结果
print('回归参数 a 的值：',a)
print('回归参数 b 的值：',b)
```

```
out:
回归参数 a 的值： 25792.200198668666
回归参数 b 的值： 9449.962321455081
```

如上所示，利用 Python 的计算功能，最终得到模型的回归参数值。你可能会觉得麻烦，为了计算回归模型的参数还得人工写代码，是否有现成的第三方模块可以直接调用呢？答案是肯定的，这个模块就是 statsmodels，它是专门用于统计建模的第三方模块，如需实现线性回归模型的参数求解，可以调用子模块中的 ols 函数。有关该函数的语法及参数含义如下：

```
ols(formula, data, subset=None, drop_cols=None)
```

- formula：以字符串的形式指定线性回归模型的公式，如'y~x'就表示简单线性回归模型。
- data：指定建模的数据集。
- subset：通过 bool 类型的数组对象，获取 data 的子集用于建模。
- drop_cols：指定需要从 data 中删除的变量。

这是一个语法非常简单的函数，而且参数也通俗易懂，但该函数的功能却很强大，不仅可以计算模型的参数，还可以对模型的参数和模型本身做显著性检验、计算模型的决定系数等。接下来，利用该函数计算模型的参数值，进而验证手工方式计算的参数是否正确：

```
# 导入第三方模块
import statsmodels.api as sm

# 利用收入数据集，构建回归模型
fit = sm.formula.ols('Salary ~ YearsExperience', data = income).fit()
# 返回模型的参数值
fit.params
```

```
out:
Intercept        25792.200199
YearsExperience   9449.962321
dtype: float64
```

如上结果所示，Intercept 表示截距项对应的参数值，YearsExperience 表示自变量工作年限对应的参数值。对比发现，函数计算出来的参数值与手工计算的结果完全一致，所以，关于收入的简单线性回归模型可以表示成：

$$Salary = 25792.20 + 9449.96YearsExperience$$

7.2 多元线性回归模型——销售利润预测

读者会不会觉得一元线性回归模型比较简单呢？它反映的是单个自变量对因变量的影响，然而实际情况中，影响因变量的自变量往往不止一个，从而需要将一元线性回归模型扩展到多元线性回归模型。

如果构建多元线性回归模型的数据集包含 n 个观测、p+1 个变量（其中 p 个自变量和 1 个因变量），则这些数据可以写成下方的矩阵形式：

$$y = \begin{cases} y_1 \\ y_2 \\ \vdots \\ y_n \end{cases}, \qquad X = \begin{cases} x_{11} & x_{12} & \dots & x_{1p} \\ x_{21} & x_{22} & \dots & x_{2p} \\ \vdots & \vdots & \vdots & \vdots \\ x_{n1} & x_{n2} & \dots & x_{np} \end{cases}$$

其中，x_{ij} 表示第个 i 行的第 j 个变量值。如果按照一元线性回归模型的逻辑，那么多元线性回归模型应该就是因变量 y 与自变量 X 的线性组合，即可以将多元线性回归模型表示成：

$$y = \beta_0 + \beta_1 x_1 + \beta_2 x_2 + \dots + \beta_p x_p + \varepsilon$$

根据线性代数的知识，可以将上式表示成 $y = X\beta + \varepsilon$。其中，β 为 $p \times 1$ 的一维向量，代表了多元线性回归模型的偏回归系数；ε 为 $n \times 1$ 的一维向量，代表了模型拟合后每一个样本的误差项。

7.2.1 回归模型的参数求解

在多元线性回归模型所涉及的数据中，因变量 y 是一维向量，而自变量 X 为二维矩阵，所以对于参数的求解不像一元线性回归模型那样简单，但求解的思路是完全一致的。为了使读者掌握多元线性回归模型参数的求解过程，这里把详细的推导步骤罗列如下：

第一步：构建目标函数

$$J(\beta) = \sum \varepsilon^2 = \sum (y - X\beta)^2$$

根据线性代数的知识，可以将向量的平方和公式转换为向量的内积，接下来需要对该式进行平方项的展现。

第二步：展开平方项

$$\begin{aligned} J(\beta) &= (y - X\beta)'(y - X\beta) \\ &= (y' - \beta'X')(y - X\beta) \\ &= (y'y - y'X\beta - \beta'X'y + \beta'X'X\beta) \end{aligned}$$

由于上式中的 $y'X\beta$ 和 $\beta'X'y$ 均为常数，并且常数的转置就是其本身，因此 $y'X\beta$ 和 $\beta'X'y$ 是相等的。接下来，对目标函数求参数 β 的偏导数。

第三步：求偏导

$$\frac{\partial J(\beta)}{\partial \beta} = (0 - X'y - X'y + 2X'X\beta) = 0$$

如上式所示，根据高等数学的知识可知，欲求目标函数的极值，一般都需要对目标函数求导数，再令导函数为 0，进而根据等式求得导函数中的参数值。

第四步：计算偏回归系数的值

$$X'X\beta = X'y$$
$$\beta = (X'X)^{-1}X'y$$

经过如上四步的推导，最终可以得到偏回归系数 β 与自变量 X、因变量 y 的数学关系。这个求解过程也称为"最小二乘法"。基于已知的偏回归系数 β 就可以构造多元线性回归模型。前文也提到，构建模型的最终目的是为了预测，即根据其他已知的自变量 X 的值预测未知的因变量 y 的值。

7.2.2 回归模型的预测

如果已经得知某个多元线性回归模型 $y = \beta_0 + \beta_1 x_1 + \beta_2 x_2 + \cdots + \beta_p x_p$，当有其他新的自变量值时，就可以将这些值带入如上的公式中，最终得到未知的 y 值。在 Python 中，实现线性回归模型的预测可以使用 predict "方法"，关于该"方法"的参数含义如下：

```
predict(exog=None, transform=True)
```

- exog：指定用于预测的其他自变量的值。
- transform：bool 类型参数，预测时是否将原始数据按照模型表达式进行转换，默认为 True。

接下来将基于 statsmodels 模块对多元线性回归模型的参数进行求解，进而依据其他新的自变量值实现模型的预测功能。这里不妨以某产品的利润数据集为例，该数据集包含 5 个变量，分别是产品的研发成本、管理成本、市场营销成本、销售市场和销售利润，数据集的部分截图如表 7-1 所示。

表 7-1　待建模的数据集

RD_Spend	Administration	Marketing_Spend	State	Profit
165349.2	136897.8	471784.1	New York	192261.83
162597.7	151377.59	443898.53	California	191792.06
153441.51	101145.55	407934.54	Florida	191050.39
144372.41	118671.85	383199.62	New York	182901.99
142107.34	91391.77	366168.42	Florida	166187.94
131876.9	99814.71	362861.36	New York	156991.12
134615.46	147198.87	127716.82	California	156122.51
130298.13	145530.06	323876.68	Florida	155752.6
120542.52	148718.95	311613.29	New York	152211.77
123334.88	108679.17	304981.62	California	149759.96
101913.08	110594.11	229160.95	Florida	146121.95
100671.96	91790.61	249744.55	California	144259.4
93863.75	127320.38	249839.44	Florida	141585.52

表 7-1 中数据集中的 Profit 变量为因变量，其他变量将作为模型的自变量。需要注意的是，数

据集中的 State 变量为字符型的离散变量，是无法直接带入模型进行计算的，所以建模时需要对该变量进行特殊处理。有关产品利润的建模和预测过程如下代码所示：

```
# 导入模块
from sklearn import model_selection

# 导入数据
Profit = pd.read_excel(r'C:\Users\Administrator\Desktop\Predict to
Profit.xlsx')
# 将数据集拆分为训练集和测试集
train, test = model_selection.train_test_split(Profit, test_size = 0.2,
random_state=1234)
# 根据 train 数据集建模
model = sm.formula.ols('Profit ~ RD_Spend + Administration + Marketing_Spend
+ C(State)', data = train).fit()
print('模型的偏回归系数分别为：\n', model.params)
# 删除 test 数据集中的 Profit 变量，用剩下的自变量进行预测
test_X = test.drop(labels = 'Profit', axis = 1)
pred = model.predict(exog = test_X)
print('对比预测值和实际值的差异：\n',pd.DataFrame({'Prediction':pred,
'Real':test.Profit}))

out:
模型的偏回归系数分别为：
Intercept                58581.516503
C(State)[T.Florida]        927.394424
C(State)[T.New York]      -513.468310
RD_Spend                     0.803487
Administration              -0.057792
Marketing_Spend              0.013779
dtype: float64
对比预测值和实际值的差异：
      Prediction       Real
8    150621.345802   152211.77
48    55513.218079    35673.41
14   150369.022458   132602.65
42    74057.015562    71498.49
29   103413.378282   101004.64
44    67844.850378    65200.33
4    173454.059692   166187.94
31    99580.888894    97483.56
13   128147.138397   134307.35
18   130693.433835   124266.90
```

如上结果所示，得到多元线性回归模型的回归系数及测试集上的预测值，为了比较，将预测值和测试集中的真实 Profit 值罗列在一起。针对如上代码需要说明三点：

- 为了建模和预测，将数据集拆分为两部分，分别是训练集（占 80%）和测试集（占 20%），训练集用于建模，测试集用于模型的预测。
- 由于数据集中的 State 变量为非数值的离散变量，故建模时必须将其设置为哑变量的效果，实现方式很简单，将该变量套在 C() 中，表示将其当作分类（Category）变量处理。
- 对于 predict "方法" 来说，输入的自变量 X 与建模时的自变量 X 必须保持结构一致，即变量名和变量类型必须都相同，这就是为什么代码中需要将 test 数据集的 Profit 变量删除的原因。

对于输出的回归系数结果，读者可能会感到疑惑，为什么字符型变量 State 对应两个回归系数，而且标注了 Florida 和 New York。那是因为字符型变量 State 含有三种不同的值，分别是 California、Florida 和 New York，在建模时将该变量当作哑变量处理，所以三种不同的值就会衍生出两个变量，分别是 State[Florida] 和 State[New York]，而另一个变量 State[California] 就成了对照组。

正如建模中的代码所示，将 State 变量套在 C() 中，就表示 State 变量需要进行哑变量处理。但是这样做会存在一个缺陷，那就是无法指定变量中的某个值作为对照组，正如模型结果中默认将 State 变量的 California 值作为对照组（因为该值在三个值中的字母顺序是第一个）。如需解决这个缺陷，就要通过 pandas 模块中的 get_dummies 函数生成哑变量，然后将所需的对照组对应的哑变量删除即可。为了使读者明白该解决方案，这里不妨重新建模，并以 State 变量中的 New York 值作为对照组，代码如下：

```
# 生成由 State 变量衍生的哑变量
dummies = pd.get_dummies(Profit.State)
# 将哑变量与原始数据集水平合并
Profit_New = pd.concat([Profit,dummies], axis = 1)
# 删除 State 变量和 California 变量（因为 State 变量已被分解为哑变量，New York 变量需要
作为参照组）
Profit_New.drop(labels = ['State','New York'], axis = 1, inplace = True)
# 拆分数据集 Profit_New
train, test = model_selection.train_test_split(Profit_New, test_size = 0.2,
random_state=1234)
# 建模
model2 = sm.formula.ols('Profit ~ RD_Spend + Administration + Marketing_Spend
+ Florida + California', data = train).fit()
print('模型的偏回归系数分别为: \n', model2.params)

out:
模型的偏回归系数分别为:
Intercept            58068.048193
RD_Spend             0.803487
Administration       -0.057792
Marketing_Spend      0.013779
Florida              1440.862734
```

```
California                        513.468310
dtype: float64
```

如上结果所示，从离散变量 State 中衍生出来的哑变量在回归系数的结果里只保留了 Florida 和 California，而 New York 变量则作为了参照组。以该模型结果为例，得到的模型公式可以表达为：

$$Profit = 58068.05 + 0.80RD\_Spend - 0.06Administation + 0.01Marketing\_Spend +$$
$$1440.86Florida + 513.47California$$

虽然模型的回归系数求解出来了，但从统计学的角度该如何解释模型中的每个回归系数呢？下面分别以研发成本 RD_Spend 变量和哑变量 Florida 为例，解释这两个变量对模型的作用：在其他变量不变的情况下，研发成本每增加 1 美元，利润会增加 0.80 美元；在其他变量不变的情况下，以 New York 为基准线，如果在 Florida 销售产品，利润会增加 1440.86 美元。

关于产品利润的多元线性回归模型已经构建完成，但是该模型的好与坏并没有相应的结论，还需要进行模型的显著性检验和回归系数的显著性检验。在下一节，将重点介绍有关线性回归模型中的几点重要假设检验。

7.3　回归模型的假设检验

模型的显著性检验是指构成因变量的线性组合是否有效，即整个模型中是否至少存在一个自变量能够真正影响到因变量的波动。该检验是用来衡量模型的整体效应。回归系数的显著性检验是为了说明单个自变量在模型中是否有效，即自变量对因变量是否具有重要意义。这种检验则是出于对单个变量的肯定与否。

模型的显著性检验和回归系数的显著性检验分别使用统计学中的 F 检验法和 t 检验法，接下来将介绍有关 F 检验和 t 检验的理论知识和实践操作。

7.3.1　模型的显著性检验——F 检验

在统计学中，有关假设检验的问题，都有一套成熟的步骤。首先来看一下如何应用 F 检验法完成模型的显著性检验，具体的检验步骤如下：

（1）提出问题的原假设和备择假设。

（2）在原假设的条件下，构造统计量 F。

（3）根据样本信息，计算统计量的值。

（4）对比统计量的值和理论 F 分布的值，如果计算的统计量值超过理论的值，则拒绝原假设，否则需接受原假设。

下面将按照上述四个步骤对构造的多元线性回归模型进行 F 检验，进一步确定该模型是否可用，详细操作步骤如下：

步骤一：提出假设

$$\begin{cases} H_0：\beta_0 = \beta_1 = \cdots = \beta_p = 0 \\ H_1：系数\beta_0, \beta_1, \cdots, \beta_p 不全为 0 \end{cases}$$

H_0 为原假设，该假设认为模型的所有偏回归系数全为 0，即认为没有一个自变量可以构成因变量的线性组合；H_1 为备择假设，正好是原假设的对立面，即 p 个自变量中，至少有一个变量可以构成因变量的线性组合。就 F 检验而言，研究者往往是更加希望通过数据来推翻原假设 H_0，而接受备择假设 H_1 的结论。

步骤二：构造统计量

为了使读者理解 F 统计量的构造过程，可以先看图 7-2，然后掌握总的离差平方和、回归离差平方和与误差平方和的概念与差异。

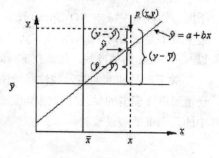

假设图中的斜线代表某条线性拟合线，点 $p(x, y)$ 代表数据集中的某个点，则 $\hat{y}$ 为点 x 处的预测值；$(y - \hat{y})$ 为真实值与预测值之间的差异；$(\hat{y} - \bar{y})$ 为预测值与总体平均值之间的差异；$(y - \bar{y})$ 为真实值与总体平均值之间的差异。如果将这些差异向量做平方和计算，则会得到：

图 7-2　F 检验示意图

$$\begin{cases} \sum_{i=1}^{n}(y_i - \hat{y}_i)^2 = ESS \\ \sum_{i=1}^{n}(\hat{y}_i - \bar{y})^2 = RSS \\ \sum_{i=1}^{n}(y_i - \bar{y})^2 = TSS \end{cases}$$

如上公式所示，公式中的 ESS 称为误差平方和，衡量的是因变量的实际值与预测值之间的离差平方和，会随着模型的变化而变动（因为模型的变化会导致预测值 $\hat{y}_i$ 的变动）；RSS 为回归离差平方和，衡量的是因变量的预测值与实际均值之间的离差平方和，同样会随着模型的变化而变动；TSS 为总的离差平方和，衡量的是因变量的值与其均值之间的离差平方和，而其值并不会随模型的变化而变动，即它是一个固定值。

根据统计计算，这三个离差平方和之间存在这样的等式关系：$TSS = ESS + RSS$。由于 TSS 的值不会随模型的变化而变动，因此 ESS 与 RSS 之间存在严格的负向关系，即 ESS 的降低会导致 RSS 的增加。正如 7.1.1 小节所介绍的内容，线性回归模型的参数求解是依据误差平方和最小的理论，如果根据线性回归模型得到的 ESS 值达到最小，那么对应的 RSS 值就会达到最大，进而 RSS 与 ESS 的商也会达到最大。

按照这个逻辑，便可以构造 F 统计量，该统计量可以表示成回归离差平方和 RSS 与误差平方和 ESS 的公式：

$$F = \frac{RSS/p}{ESS/(n-p-1)} \sim F(p, n-p-1)$$

其中，p和$n-p-1$分别为RSS和ESS的自由度。模型拟合得越好，ESS就会越小，RSS则会越大，得到的F统计量也就越大。

步骤三：计算统计量

下面按照F统计量的公式，运用 Python 计算该统计量的值，详细的计算过程见下方代码：

```
# 导入第三方模块
import numpy as np

# 计算建模数据中因变量的均值
ybar = train.Profit.mean()
# 统计变量个数和观测个数
p = model2.df_model
n = train.shape[0]
# 计算回归离差平方和
RSS = np.sum((model2.fittedvalues-ybar) ** 2)
# 计算误差平方和
ESS = np.sum(model2.resid ** 2)
# 计算 F 统计量的值
F = (RSS/p)/(ESS/(n-p-1))
print('F 统计量的值：',F)
```

out:
```
F 统计量的值： 174.6372
```

为了验证手工计算的结果是否正确，可以通过 fvalue "方法" 直接获得模型的F统计量值，如下结果所示，经过对比发现，手工计算的结果与模型自带的F统计量值完全一致：

```
model2.fvalue
```

out
```
174.6372
```

步骤四：对比结果下结论

最后一步所要做的是对比F统计量的值与理论F分布的值，如果读者手中有F分布表，可以根据置信水平（0.05）和自由度（5,34）查看对应的分布值。为了简单起见，这里直接调用 Python 函数计算理论分布值：

```
# 导入模块
from scipy.stats import f

# 计算 F 分布的理论值
F_Theroy = f.ppf(q=0.95, dfn = p,dfd = n-p-1)
print('F 分布的理论值为：',F_Theroy)
```

out:
F 分布的理论值为： 2.5026

如上结果所示，在原假设的前提下，计算出来的 F 统计量值 174.64 远远大于 F 分布的理论值 2.50，所以应当拒绝原假设，即认为多元线性回归模型是显著的，也就是说回归模型的偏回归系数都不全为 0。

7.3.2　回归系数的显著性检验——t 检验

模型通过了显著性检验，只能说明关于因变量的线性组合是合理的，但并不能说明每个自变量对因变量都具有显著意义，所以还需要对模型的回归系数做显著性检验。关于系数的显著性检验，需要使用 t 检验法，构造 t 统计量。接下来按照模型显著性检验的四个步骤，对偏回归系数进行显著性检验。

步骤一：提出假设

$$\begin{cases} H_0 : \beta_j = 0, j = 1,2,\cdots,p \\ H_1 : \beta_j \neq 0 \end{cases}$$

如前文所提，t 检验的出发点就是验证每一个自变量是否能够成为影响因变量的重要因素。t 检验的原假设是假定第 j 变量的偏回归系数为 0，即认为该变量不是因变量的影响因素；而备择假设则是相反的假定，认为第 j 变量是影响因变量的重要因素。

步骤二：构造统计量

$$t = \frac{\hat{\beta}_j - \beta_j}{se(\hat{\beta}_j)} \sim t(n-p-1)$$

其中，$\hat{\beta}_j$ 为线性回归模型的第 j 个系数估计值；β_j 为原假设中的假定值，即 0；$se(\hat{\beta}_j)$ 为回归系数 $\hat{\beta}_j$ 的标准误差，对应的计算公式如下：

$$se(\hat{\beta}_j) = \sqrt{c_{jj}\frac{\sum \varepsilon_i^2}{n-p-1}}$$

其中，$\sum \varepsilon_i^2$ 为误差平方和，c_{jj} 为矩阵 $(X'X)^{-1}$ 主对角线上第 j 个元素。

步骤三：计算统计量

如果读者对 t 统计量值的计算比较感兴趣，可以使用如上公式完成统计量的计算，这里就不手工计算了。为了方便起见，可以直接调用 summary "方法"，输出线性回归模型的各项指标值：

```
# 有关模型的概览信息
model2.summary()
```

见图 7-3。

如上结果所示，模型的概览信息包含三个部分，第一部分主要是有关模型的信息，例如模型的判决系数 R^2，用来衡量自变量对因变量的解释程度、模型的 F 统计量值，用来检验模型的显著性、模型的信息准则 AIC 或 BIC，用来对比模型拟合效果的好坏等；第二部分主要包含偏回归系数的信息，例如回归系数的估计值 Coef、t 统计量值、回归系数的置信区间等；第三部分主要涉及模型误差项ε的有关信息，例如用于检验误差项独立性的杜宾-瓦特森统计量 Durbin-Watson、用于衡量误差项是否服从正态分布的 JB 统计量以及有关误差项偏度 Skew 和峰度 Kurtosis 的计算值等。

OLS Regression Results

Dep. Variable:	Profit	R-squared:	0.964
Model:	OLS	Adj. R-squared:	0.958
Method:	Least Squares	F-statistic:	174.6
Date:	Sat, 03 Mar 2018	Prob (F-statistic):	9.74e-23
Time:	11:47:12	Log-Likelihood:	-401.20
No. Observations:	39	AIC:	814.4
Df Residuals:	33	BIC:	824.4
Df Model:	5		
Covariance Type:	nonrobust		

	coef	std err	t	P>|t|	[0.025	0.975]
Intercept	5.807e+04	6846.305	8.482	0.000	4.41e+04	7.2e+04
RD_Spend	0.8035	0.040	19.988	0.000	0.722	0.885
Administration	-0.0578	0.051	-1.133	0.265	-0.162	0.046
Marketing_Spend	0.0138	0.015	0.930	0.359	-0.016	0.044
Florida	1440.8627	3059.931	0.471	0.641	-4784.615	7666.340
California	513.4683	3043.160	0.169	0.867	-5677.887	6704.824

Omnibus:	1.721	Durbin-Watson:	1.896
Prob(Omnibus):	0.423	Jarque-Bera (JB):	1.148
Skew:	0.096	Prob(JB):	0.563
Kurtosis:	2.182	Cond. No.	1.60e+06

图 7-3　模型的概览信息

步骤四：对比结果下结论

在第二部分的内容中，含有每个偏回归系数的t统计量值，它的计算就是由估计值 coef 和标准误 std err 的商所得的。同时，每个t统计量值都对应了概率值p，用来判别统计量是否显著的直接办法，通常概率值p小于 0.05 时表示拒绝原假设。从返回的结果可知，只有截距项 Intercept 和研发成本 RD_Spend 对应的p值小于 0.05，才说明其余变量都没有通过系数的显著性检验，即在模型中这些变量不是影响利润的重要因素。

7.4　回归模型的诊断

当回归模型构建好之后，并不意味着建模过程的结束，还需要进一步对模型进行诊断，目的就是使诊断后的模型更加健壮。统计学家在发明线性回归模型的时候就提出了一些假设前提，只有在满足这些假设前提的情况下，所得的模型才是合理的。本节的主要内容就是针对如下几点假设，完成模型的诊断工作：

- 误差项ε服从正态分布。
- 无多重共线性。
- 线性相关性。

- 误差项ε的独立性。
- 方差齐性。

除了上面提到的五点假设之外，还需要注意的是，线性回归模型对异常值是非常敏感的，即模型的构建过程非常容易受到异常值的影响，所以诊断过程中还需要对原始数据的观测进行异常点识别和处理。接下来，结合理论知识与 Python 代码逐一展开模型的诊断过程。

7.4.1　正态性检验

虽然模型的前提假设是对残差项要求服从正态分布，但是其实质就是要求因变量服从正态分布。对于多元线性回归模型$y = X\beta + \varepsilon$来说，等式右边的自变量属于已知变量，而等式左边的因变量为未知变量（故需要通过建模进行预测）。所以，要求误差项服从正态分布，就是要求因变量服从正态分布，关于正态性检验通常运用两类方法，分别是定性的图形法（直方图、PP 图或 QQ 图）和定量的非参数法（Shapiro 检验和 K-S 检验），接下来通过具体的代码对原数据集中的利润变量进行正态性检验。

1. 直方图法

```python
# 导入第三方模块
import scipy.stats as stats
# 中文和负号的正常显示
plt.rcParams['font.sans-serif'] = ['Microsoft YaHei']
plt.rcParams['axes.unicode_minus'] = False
# 绘制直方图
sns.distplot(a = Profit_New.Profit, bins = 10, fit = stats.norm, norm_hist = True,
        hist_kws = {'color':'steelblue', 'edgecolor':'black'},
        kde_kws = {'color':'black', 'linestyle':'--', 'label':'核密度曲线'},
        fit_kws = {'color':'red', 'linestyle':':', 'label':'正态密度曲线'})
# 显示图例
plt.legend()
# 显示图形
plt.show()
```

图 7-4 中绘制了因变量 Profit 的直方图、核密度曲线和理论正态分布的密度曲线，添加两条曲线的目的就是比对数据的实际分布与理论分布之间的差异。如果两条曲线近似或吻合，就说明该变量近似服从正态分布。从图中看，核密度曲线与正态密度曲线的趋势比较吻合，故直观上可以认为利润变量服从正态分布。

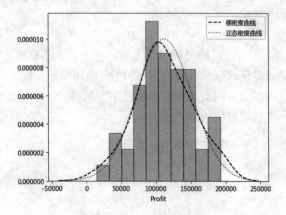

图 7-4　使用直方图做正态性检验

2. PP 图与 QQ 图

```
# 残差的正态性检验（PP 图和 QQ 图法）
pp_qq_plot = sm.ProbPlot(Profit_New.Profit)
# 绘制 PP 图
pp_qq_plot.ppplot(line = '45')
plt.title('P-P 图')
# 绘制 QQ 图
pp_qq_plot.qqplot(line = 'q')
plt.title('Q-Q 图')
# 显示图形
plt.show()
```

见图 7-5。

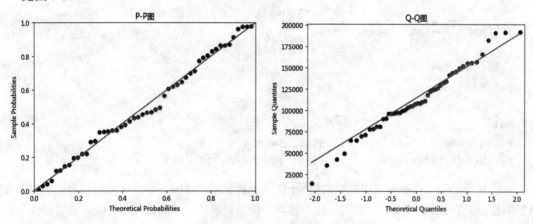

图 7-5　使用 PP 图和 QQ 图做正态性检验

　　PP 图的思想是比对正态分布的累计概率值和实际分布的累计概率值，而 QQ 图则比对正态分布的分位数和实际分布的分位数。判断变量是否近似服从正态分布的标准是：如果散点都比较均匀地散落在直线上，就说明变量近似服从正态分布，否则就认为数据不服从正态分布。从图 7-5 可知，不管是 PP 图还是 QQ 图，绘制的散点均落在直线的附近，没有较大的偏离，故认为利润变量近似服从正态分布。

3. shapiro 检验和 K-S 检验

　　这两种检验方法均属于非参数方法，它们的原假设被设定为变量服从正态分布，两者的最大区别在于适用的数据量不一样，若数据量低于 5000，则使用 shapiro 检验法比较合理，否则使用 K-S 检验法。scipy 的子模块 stats 提供了专门的检验函数，分别是 shapiro 函数和 kstest 函数，由于利润数据集的样本量小于 5000，故下面运用 shapiro 函数对利润做定量的正态性检验：

```
# 导入模块
import scipy.stats as stats
# Shapiro 检验
stats.shapiro(Profit_New.Profit)
```

```
out:
(0.9793398380279541, 0.537902295589447)
```

如上结果所示，元组中的第一个元素是 shapiro 检验的统计量值，第二个元素是对应的概率值 p。由于 p 值大于置信水平 0.05，故接受利润变量服从正态分布的原假设。

为了应用 K-S 检验的函数 kstest，这里随机生成正态分布变量 x1 和均匀分布变量 x2，具体操作代码如下：

```
# 生成正态分布和均匀分布随机数
rnorm = np.random.normal(loc = 5, scale=2, size = 10000)
runif = np.random.uniform(low = 1, high = 100, size = 10000)
# 正态性检验
KS_Test1 = stats.kstest(rvs = rnorm, args = (rnorm.mean(), rnorm.std()),
                        cdf = 'norm')
KS_Test2 = stats.kstest(rvs = runif, args = (runif.mean(), runif.std()),
                        cdf = 'norm')
print(KS_Test1)
print(KS_Test2)

out:
KstestResult(statistic=0.006035, pvalue=0.8597)
KstestResult(statistic=0.061127, pvalue=7.0185e-33)
```

如上结果所示，正态分布随机数的检验 p 值大于置信水平 0.05，则需接受原假设；均匀分布随机数的检验 p 值远远小于 0.05，则需拒绝原假设。需要说明的是，如果使用 kstest 函数对变量进行正态性检验，必须指定 args 参数，它用于传递被检验变量的均值和标准差。

如果因变量的检验结果不满足正态分布时，需要对因变量做某种数学转换，使用比较多的转换方法有 $log(y)$、$\sqrt{y}$、$\frac{1}{\sqrt{y}}$、$\frac{1}{y}$、y^2 和 $\frac{1}{y^2}$ 等。

7.4.2 多重共线性检验

多重共线性是指模型中的自变量之间存在较高的线性相关关系，它的存在会给模型带来严重的后果，例如由"最小二乘法"得到的偏回归系数无效、增大偏回归系数的方差、模型缺乏稳定性等，所以，对模型的多重共线性检验就显得尤其重要了。

关于多重共线性的检验可以使用方差膨胀因子 VIF 来鉴定，如果 VIF 大于 10，则说明变量间存在多重共线性；如果 VIF 大于 100，则表明变量间存在严重的多重共线性。方差膨胀因子 VIF 的计算步骤如下：

（1）构造每一个自变量与其余自变量的线性回归模型，例如，数据集中含有 p 个自变量，则第一个自变量与其余自变量的线性组合可以表示为：

$$x_1 = c_0 + \alpha_2 x_2 + \cdots + \alpha_p x_p + \varepsilon$$

（2）根据如上线性回归模型得到相应的判决系数 R^2，进而计算第一个自变量的方差膨胀因子 VIF：

$$\text{VIF}_1 = \frac{1}{1 - R^2}$$

Python 中的 statsmodels 模块提供了计算方差膨胀因子VIF的函数，下面利用该函数计算两个自变量的方差膨胀因子：

```
# 导入 statsmodels 模块中的函数
from statsmodels.stats.outliers_influence import variance_inflation_factor
# 自变量 X(包含 RD_Spend、Marketing_Spend 和常数列 1)
X = sm.add_constant(Profit_New.ix[:,['RD_Spend','Marketing_Spend']])
# 构造空的数据框，用于存储 VIF 值
vif = pd.DataFrame()
vif["features"] = X.columns
vif["VIF Factor"] = [variance_inflation_factor(X.values, i) for i in
range(X.shape[1])]
# 返回 VIF 值
vif
```

见表 7-2。

表 7-2　VIF 的计算结果

Features	VIF Factor
Const	4.540984
RD_Spend	2.026141
Marketing_Spend	2.026141

如上结果所示，两个自变量对应的方差膨胀因子均低于 10，说明构建模型的数据并不存在多重共线性。如果发现变量之间存在多重共线性的话，可以考虑删除变量或者重新选择模型（如岭回归模型或 LASSO 模型）。

7.4.3　线性相关性检验

线性相关性检验，顾名思义，就是确保用于建模的自变量和因变量之间存在线性关系。关于线性关系的判断，可以使用 Pearson 相关系数和可视化方法进行识别，有关 Pearson 相关系数的计算公式如下：

$$\rho_{x,y} = \frac{COV(x,y)}{\sqrt{D(x)}\sqrt{D(y)}}$$

其中，$COV(x,y)$ 为自变量 x 与因变量 y 之间的协方差，$D(x)$ 和 $D(y)$ 分别为自变量 x 和因变量 y 的方差。

Pearson 相关系数的计算可以直接使用数据框的 corrwith "方法"，该方法最大的好处是可以计算任意指定变量间的相关系数。下面使用该方法计算因变量与每个自变量之间的相关系数，具体代码如下：

```
# 计算数据集 Profit_New 中每个自变量与因变量利润之间的相关系数
Profit_New.drop('Profit', axis = 1).corrwith(Profit_New.Profit)

out:
RD_Spend              0.978437
Administration        0.205841
Marketing_Spend       0.739307
California           -0.083258
Florida               0.088008
```

如上结果所示，自变量中只有研发成本和市场营销成本与利润之间存在较高的相关系数，相关性分别达到 0.978 和 0.739，而其他变量与利润之间几乎没有线性相关性可言。通常情况下，可以参考表 7-3 判断相关系数对应的相关程度。

表 7-3　线性相关的程度说明

$|\rho| \geqslant 0.8$	$0.5 \leqslant |\rho| < 0.8$	$0.3 \leqslant |\rho| < 0.5$	$|\rho| < 0.3$
高度相关	中度相关	弱相关	几乎不相关

以管理成本 Administration 为例，与利润之间的相关系数只有 0.2，被认定为不相关，这里的不相关只能说明两者之间不存在线性关系。如果利润和管理成本之间存在非线性关系时，Pearson 相关系数也同样会很小，所以还需要通过可视化的方法，观察自变量与因变量之间的散点关系。

读者可以应用 matplotlib 模块中的 scatter 函数绘制五个自变量与因变量之间的散点图，那样做可能会使代码显得冗长。这里介绍另一个绘制散点图的函数，那就是 seaborn 模块中的 pairplot 函数，它可以绘制多个变量间的散点图矩阵。

```
# 导入模块
import matplotlib.pyplot as plt
import seaborn

# 绘制散点图矩阵
seaborn.pairplot(Profit_New.ix[:,['RD_Spend','Administration','Marketing_
Spend','Profit']])
# 显示图形
plt.show().
```

如图 7-6 所示，由于 California 与 Florida 都是哑变量，故没有将其放入散点图矩阵中。从图中结果可知，研发成本与利润之间的散点图几乎为一条向上倾斜的直线（见左下角的散点图），说明两种变量确实存在很强的线性关系；市场营销成本与利润的散点图同样向上倾斜，但很多点的分布还是比较分散的（见第一列第三行的散点图）；管理成本与利润之间的散点图呈水平趋势，而且分布也比较宽，说明两者之间确实没有任何关系（见第一列第二行的散点图）。

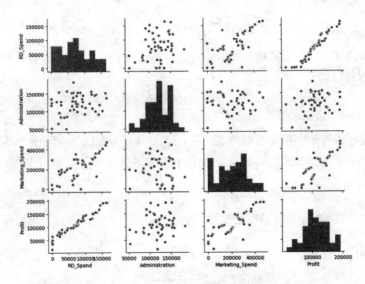

图 7-6 seaborn 库绘制的矩阵图

以 7.2.2 小节中重构的模型 model2 为例,综合考虑相关系数、散点图矩阵和t检验的结果,最终确定只保留模型 model2 中的 RD_Spend 和 Marketing_Spend 两个自变量,下面重新对该模型做修正:

```
# 模型修正
model3 = sm.formula.ols('Profit ~ RD_Spend + Marketing_Spend', data =
train).fit()
# 模型回归系数的估计值
model3.params

out:
Intercept          51902.112471
RD_Spend             0.785116
Marketing_Spend      0.019402
```

如上结果所示,返回的是模型两个自变量的系数估计值,可以将多元线性回归模型表示成:

$$\text{Profit} = 51902.11 + 0.79\text{RD\_Spend} + 0.02\text{Marketing\_Spend}$$

7.4.4 异常值检验

由于多元线性回归模型容易受到极端值的影响,故需要利用统计方法对观测样本进行异常点检测。如果在建模过程中发现异常数据,需要对数据集进行整改,如删除异常值或衍生出是否为异常值的哑变量。对于线性回归模型来说,通常利用帽子矩阵、DFFITS 准则、学生化残差或 Cook 距离进行异常点检测。接下来,分别对这四种检测方法做简单介绍。

1. 帽子矩阵

帽子矩阵的设计思路就是考察第i个样本对预测值$\hat{y}$的影响大小,根据 7.2.1 小节中推导得到的回归系数求解公式,可以将多元线性回归模型表示成:

$$\hat{y} = X\hat{\beta} = X(X'X)^{-1}X'y = Hy$$

其中，$H = X(X'X)^{-1}X'$，H 就称为帽子矩阵，全都是关于自变量 X 的计算。判断样本是否为异常点的方法，可以使用如下公式：

$$h_{ii} \geqslant \frac{2(p+1)}{n}$$

其中，h_{ii} 为帽子矩阵 H 的第 i 个主对角线元素，p 为自变量个数，n 为用于建模数据集的样本量。如果对角线元素满足上面的公式，则代表第 i 个样本为异常观测。

2. DFFITS 准则

DFFITS 准则借助于帽子矩阵，构造了另一个判断异常点的统计量，该统计量可以表示成如下公式：

$$D_i(\sigma) = \sqrt{\frac{h_{ii}}{1 - h_{ii}}} \frac{\varepsilon_i}{\sigma\sqrt{1 - h_{ii}}}$$

其中，h_{ii} 为帽子矩阵 H 的第 i 个主对角线元素，ε_i 为第 i 个样本点的预测误差，σ 为误差项的标准差，判断样本为异常点的方法，可以使用如下规则：

$$|D_i(\sigma)| > 2\sqrt{\frac{p+1}{n}}$$

需要注意的是，在 DFFITS 准则的公式中，乘积的第二项实际上是学生化残差，也可以用来判定第 i 个样本是否为异常点，判断标准如下：

$$r_i = \frac{\varepsilon_i}{\sigma\sqrt{1 - h_{ii}}} > 2$$

3. Cook 距离

Cook 距离是一种相对抽象的判断准则，无法通过具体的临界值判断样本是否为异常点，对于该距离，Cook 统计量越大的点，其成为异常点的可能性越大。Cook 统计量可以表示为如下公式：

$$Distance_i = \frac{1}{p+1}\left(\frac{h_{ii}}{1 - h_{ii}}\right)r_i^2$$

其中，r_i 为学生化残差。

如果使用如上四种方法判别数据集的第 i 个样本是否为异常点，前提是已经构造好一个线性回归模型，然后基于 get_influence "方法" 获得四种统计量的值。为了检验模型中数据集的样本是否存在异常，这里沿用上节中构造的模型 model3，具体代码如下：

```
# 异常值检验
outliers = model3.get_influence()

# 高杠杆值点（帽子矩阵）
leverage = outliers.hat_matrix_diag
# dffits值
dffits = outliers.dffits[0]
```

```
# 学生化残差
resid_stu = outliers.resid_studentized_external
# cook 距离
cook = outliers.cooks_distance[0]

# 合并各种异常值检验的统计量值
contat1 = pd.concat([pd.Series(leverage, name = 'leverage'),
        pd.Series(dffits, name = 'dffits'),pd.Series(resid_stu,
        name = 'resid_stu'),pd.Series(cook, name = 'cook')],axis = 1)
# 重设 train 数据的行索引
train.index = range(train.shape[0])
# 将上面的统计量与 train 数据集合并
profit_outliers = pd.concat([train,contat1], axis = 1)
profit_outliers.head()
```

如表 7-4 所示，合并了 train 数据集和四种统计量的值，接下来要做的就是选择一种或多种判断方法，将异常点查询出来。为了简单起见，这里使用标准化残差，当标准化残差大于 2 时，即认为对应的数据点为异常值。

表 7-4　计算的几种异常值统计量

	RD_Spend	Administration	Marketing_Spend	Profit	California	Florida	leverage	dffits	resid_stu	cook
0	28663.76	127056.21	201126.82	90708.19	0.0	1.0	0.066517	0.466410	1.747255	0.068601
1	15505.73	127382.30	35534.17	69758.98	0.0	0.0	0.093362	0.221230	0.689408	0.016556
2	94657.16	145077.58	282574.31	125370.37	0.0	0.0	0.032741	-0.156225	-0.849138	0.008199
3	101913.08	110594.11	229160.95	146121.95	0.0	1.0	0.039600	0.270677	1.332998	0.023906
4	78389.47	153773.43	299737.29	111313.02	0.0	0.0	0.042983	-0.228563	-1.078496	0.017335

```
# 计算异常值数量的比例
outliers_ratio = sum(np.where((np.abs(profit_outliers.resid_stu)>2),1,0))/
profit_outliers.shape[0]
outliers_ratio

out:
0.025
```

如上结果所示，通过标准化残差监控到了异常值，并且异常比例为 2.5%。对于异常值的处理办法，可以使用两种策略，如果异常样本的比例不高（如小于等于 5%），可以考虑将异常点删除；如果异常样本的比例比较高，选择删除会丢失一些重要信息，所以需要衍生哑变量，即对于异常点，设置哑变量的值为 1，否则为 0。如上可知，建模数据的异常比例只有 2.5%，故考虑将其删除。

```
# 挑选出非异常的观测点
none_outliers = profit_outliers.ix[np.abs(profit_outliers.resid_stu)<=2,]
# 应用无异常值的数据集重新建模
model4 = sm.formula.ols ('Profit ~ RD_Spend + Marketing_Spend', data =
none_outliers).fit()
model4.params
```

```
out:
Intercept              51827.416821
RD_Spend                   0.797038
Marketing_Spend            0.017740
```

如上结果所示，经过异常点的排除，重构模型的偏回归系数发生了变动，故可以将模型写成如下公式：

$$Profit = 51827.42 + 0.80RD\_Spend + 0.02Marketing\_Spend$$

7.4.5 独立性检验

残差的独立性检验，说白了也是对因变量 y 的独立性检验，因为在线性回归模型的等式左右只有 y 和残差项 ε 属于随机变量，如果再加上正态分布，就构成了残差项独立同分布于正态分布的假设。关于残差的独立性检验通常使用 Durbin-Watson 统计量值来测试，如果 DW 值在 2 左右，则表明残差项之间是不相关的；如果与 2 偏离的较远，则说明不满足残差的独立性假设。对于 DW 统计量的值，其实都不需要另行计算，因为它包含在模型的概览信息中，以模型 model4 为例：

```
# 模型概览
Model4.summary()
```

如表 7-5 所示，残差项对应的 DW 统计量值为 2.065，比较接近于 2，故可以认为模型的残差项之间是满足独立性这个假设前提的。

表 7-5 DW 统计量

Omnibus:	7.188	Durbin-Watson:	2.065
Prob(Omnibus):	0.027	Jarque-Bera (JB):	2.744
Skew:	0.321	Prob(JB):	0.254
Kurtosis:	1.851	Cond. No.	5.75e+05

7.4.6 方差齐性检验

方差齐性是要求模型残差项的方差不随自变量的变动而呈现某种趋势，否则，残差的趋势就可以被自变量刻画。如果残差项不满足方差齐性（方差为一个常数），就会导致偏回归系数不具备有效性，甚至导致模型的预测也不准确。所以，建模后需要验证残差项是否满足方差齐性。关于方差齐性的检验，一般可以使用两种方法，即图形法（散点图）和统计检验法（BP 检验）。

1. 图形法

如上所说，方差齐性是指残差项的方差不随自变量的变动而变动，所以只需要绘制残差与自变量之间的散点图，就可以发现两者之间是否存在某种趋势：

```
# 设置第一张子图的位置
ax1 = plt.subplot2grid(shape = (2,1), loc = (0,0))
# 绘制散点图
```

```
ax1.scatter(none_outliers.RD_Spend, (model4.resid-model4.resid.mean()))/
model4.resid.std())
    # 添加水平参考线
    ax1.hlines(y = 0 ,xmin = none_outliers.RD_Spend.min(), xmax =
            none_outliers.RD_Spend.max(), color = 'red', linestyles = '--')
    # 添加 x 轴和 y 轴标签
    ax1.set_xlabel('RD_Spend')
    ax1.set_ylabel('Std_Residual')

    # 设置第二张子图的位置
    ax2 = plt.subplot2grid(shape = (2,1), loc = (1,0))
    # 绘制散点图
    ax2.scatter(none_outliers.Marketing_Spend,
            (model4.resid-model4.resid.mean())/model4.resid.std())
    # 添加水平参考线
    ax2.hlines(y = 0 ,xmin = none_outliers.Marketing_Spend.min(),
            xmax = none_outliers.Marketing_Spend.max(), color = 'red',、
            linestyles = '--')
    # 添加 x 轴和 y 轴标签
    ax2.set_xlabel('Marketing_Spend')
    ax2.set_ylabel('Std_Residual')

    # 调整子图之间的水平间距和高度间距
    plt.subplots_adjust(hspace=0.6, wspace=0.3)
    # 显示图形
    plt.show()
```

如图 7-7 所示，标准化残差并没有随自变量的变动而呈现喇叭形，所有的散点几乎均匀地分布在参考线$y=0$的附近。所以，可以说明模型的残差项满足方差齐性的前提假设。

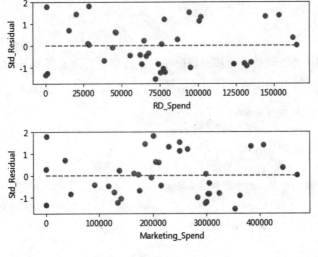

图 7-7　图形法检验方差齐性

2. BP 检验

方差齐性检验的另一个统计方法是 BP 检验，它的原假设是残差的方差为一个常数，通过构造拉格朗日乘子 *LM* 统计量，实现方差齐性的检验。该检验可以借助于 statsmodels 模块中的 het_breushpagan 函数完成，具体代码如下：

```
# BP 检验
sm.stats.diagnostic.het_breushpagan(model4.resid, exog_het =
model4.model.exog)

out:
(1.4675103668307794,
 0.48010272699007694,
 0.70297512371621873,
 0.50196597409630139)
```

如上结果所示，元组中一共包含四个值，第一个值 1.468 为 *LM* 统计量；第二个值是统计量对应的概率 *p* 值，该值大于 0.05，说明接受残差方差为常数的原假设；第三个值为 *F* 统计量，用于检验残差平方项与自变量之间是否独立，如果独立则表明残差方差齐性；第四个值则为 *F* 统计量的概率 *p* 值，同样大于 0.05，则进一步表示残差项满足方差齐性的假设。

如果模型的残差不满足齐性的条件，可以考虑两类方法来解决，一类是模型变换法，另一类是"加权最小二乘法"（可以使用 statsmodels 模块中的 wls 函数）。对于模型变换法来说，主要考虑残差与自变量之间的关系，如果残差与某个自变量 *x* 成正比，则需将原模型的两边同除以 $\sqrt{x}$；如果残差与某个自变量 *x* 的平方成正比，则需将原始模型的两边同除以 *x*；对于加权最小二乘法来说，关键是如何确定权重，根据多方资料的搜索和验证，一般选择如下三种权重来进行对比测试：

- 残差绝对值的倒数作为权重。
- 残差平方的倒数作为权重。
- 用残差的平方对数与自变量 *X* 重新拟合建模，并将得到的拟合值取指数，用指数的倒数作为权重。

3. 回归模型的预测

经过前文的模型构造、假设检验和模型诊断，最终确定合理的模型 model4。接下来要做的就是利用该模型完成测试集上的预测，具体代码如下：

```
# model4 对测试集的预测
pred4 = model4.predict(exog = test.ix[:,['RD_Spend','Marketing_Spend']])
# 绘制预测值与实际值的散点图
plt.scatter(x = test.Profit, y = pred4)
# 添加斜率为 1、截距项为 0 的参考线
plt.plot([test.Profit.min(),test.Profit.max()],[test.Profit.min(),
         test.Profit.max()], color = 'red', linestyle = '--')
# 添加轴标签
plt.xlabel('实际值')
```

```
plt.ylabel('预测值')
# 显示图形
plt.show()
```

如图 7-8 所示，绘制了有关模型在测试集上的预测值和实际值的散点图，该散点图可以用来衡量预测值与实际值之间的距离差异。如果两者非常接近，那么得到的散点图一定会在对角线附近微微波动。从图 7-8 的结果来看，大部分的散点都落在对角线附近，说明模型的预测效果还是不错的。

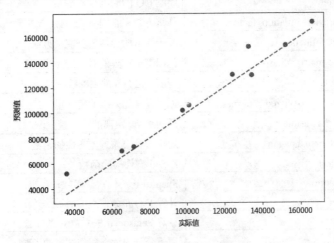

图 7-8　预测值与实际值的对比图

7.5　本章小结

本章重点介绍了有关线性回归模型的理论知识与应用实战，内容包含模型回归系数的求解、模型及系数的显著性检验、模型的假设诊断及预测。在实际应用中，如果因变量为数值型变量，可以考虑使用线性回归模型，但是前提得满足几点假设，如因变量服从正态分布、自变量间不存在多重共线性、自变量与因变量之间存在线性关系、用于建模的数据集不存在异常点、残差项满足方差异性和独立性。

为了使读者掌握有关线性回归模型的函数和"方法"，这里将其重新梳理一下，以便读者查阅和记忆，见表 7-6。

表 7-6　Python 各模块的函数（方法）及函数说明

Python 模块	Python 函数或方法	函数说明
statsmodels	ols	构建线性回归模型的函数
	fit	基于模型的参数拟合"方法"
	predict	基于模型的预测"方法"
	params	返回模型的回归系数

（续表）

Python 模块	Python 函数或方法	函数说明
statsmodels	fvalue	返回模型显著性检验的 f 值
	tvalues	返回回归系数显著性检验的 t 值
	summary	返回模型概览信息的"方法"
	ppplot	绘制 PP 图的函数
	qqplot	绘制 QQ 图的函数
	variance_inflation_factor	计算方差膨胀因子的函数
	get_influence	基于模型的异常值获取"方法"
	hat_matrix_diag	返回帽子矩阵的对角线元素
	dffits	返回 DFFITS 准则的统计量
	resid_studentized_external	返回标准化残差的统计量
	cooks_distance	返回 Cook 距离的统计量
	het_breushpagan	用于检验误差方差齐性的函数
scipy	kstest	K-S 正态性检验函数
	shapiro	Shapiro 正态性检验函数
	ppf	计算 F 分布分位点的函数
pandas	corrwith	计算 Perason 相关系数的"方法"
sklearn	train_test_split	用于分割训练集和测试集的函数

7.6 课后练习

1. 请简单描述相关分析和回归分析的差异。
2. 请拿出一张白纸，并在白纸中推导出一元线性回归模型的系数解。
3. 如下表所示，为某地区职工平均消费水平，平均收入和生活费用价格指数的信息，请基于该数据构建多元线性回归模型，其中平均消费水平为因变量 Y。
4. 构建线性回归模型时，有哪些必要的假设前提需要验证？
5. 请列举出几种常用的异常值检验方法，并熟悉他们的用法。
6. 请简单描述线性回归模型中的 t 检验和 F 检验的功能和区别。

平均消费水平	平均收入	价格指数
20.10	30.00	1.00
22.30	35.00	1.02
30.50	41.20	1.20
28.20	51.30	1.20
32.00	55.20	1.50
40.10	61.40	1.05
42.10	65.20	0.90
48.80	70.00	0.95
50.50	80.00	1.10
60.10	92.10	0.95
70.00	102.00	1.02
75.00	120.30	1.05

第**8**章

岭回归与 LASSO 回归模型

第 7 章介绍了有关线性回归模型的理论知识和应用实战，包括回归系数的推导过程、模型及偏回归系数的显著性检验、模型的假设诊断和预测。根据线性回归模型的参数估计公式 $\beta = (X'X)^{-1}X'y$ 可知，得到 β 的前提是矩阵 $X'X$ 可逆，但在实际应用中，可能会出现自变量个数多于样本量或者自变量间存在多重共线性的情况，此时将无法根据公式计算回归系数的估计值 β。为解决这类问题，本章将基于线性回归模型介绍另外两种扩展的回归模型，它们分别是岭回归和 LASSO 回归。通过本章内容的学习，读者将会掌握如下内容：

- 岭回归与 LASSO 回归的系数求解；
- 系数求解的几何意义；
- LASSO 回归的变量选择；
- 岭回归与 LASSO 回归的预测。

8.1 岭回归模型

为了能够使读者理解为什么自变量个数多于样本量或者自变量间存在多重共线性时回归系数的估计值 β 就无法求解的原因，这里不妨设计两种矩阵 X，并分别计算矩阵 $X'X$ 的行列式。

第一种：当列数比行数多时

构造矩阵：$X = \begin{bmatrix} 1 & 2 & 5 \\ 6 & 1 & 3 \end{bmatrix}$

计算乘积：$X'X = \begin{bmatrix} 1 & 6 \\ 2 & 1 \\ 5 & 3 \end{bmatrix}\begin{bmatrix} 1 & 2 & 5 \\ 6 & 1 & 3 \end{bmatrix} = \begin{bmatrix} 37 & 8 & 23 \\ 8 & 5 & 13 \\ 23 & 13 & 34 \end{bmatrix}$

计算行列式：$|X'X| = 37 \times 5 \times 34 + 8 \times 13 \times 23 + 23 \times 8 \times 13$

$$-37 \times 13 \times 13 - 8 \times 8 \times 34 - 23 \times 5 \times 23 = 0$$

第二种：当列之间存在多重共线性时（不妨第三列是第二列的两倍）

构造矩阵：$X = \begin{bmatrix} 1 & 2 & 2 \\ 2 & 5 & 4 \\ 2 & 3 & 4 \end{bmatrix}$

计算乘积：$X'X = \begin{bmatrix} 1 & 2 & 2 \\ 2 & 5 & 3 \\ 2 & 4 & 4 \end{bmatrix}\begin{bmatrix} 1 & 2 & 2 \\ 2 & 5 & 4 \\ 2 & 3 & 4 \end{bmatrix} = \begin{bmatrix} 9 & 18 & 18 \\ 18 & 38 & 36 \\ 18 & 36 & 36 \end{bmatrix}$

计算行列式：$|X'X| = 9 \times 38 \times 36 + 18 \times 36 \times 18 + 18 \times 18 \times 36$

$$-9 \times 36 \times 36 - 18 \times 18 \times 36 - 18 \times 38 \times 18 = 0$$

所以，不管是自变量个数多于样本量的矩阵还是存在多重共线性的矩阵，最终算出来的行列式都等于 0 或者近似为 0，类似于这样的矩阵都会导致线性回归模型的偏回归系数无解或者解是无意义的（因为矩阵 $X'X$ 的行列式近似为 0 时，其逆矩阵将偏于无穷大，从而使得回归系数也被放大）。针对这个问题的解决，1970 年 Heer 提出了岭回归模型，可以非常巧妙地解决这个难题，即在线性回归模型的目标函数之上添加一个 l2 的正则项，进而使得模型的回归系数有解。

8.1.1 参数求解

正如前文所说，岭回归模型的功效可以解决线性回归模型系数求解中的难题，解决问题的思路就是在线性回归模型的目标函数之上添加 l2 正则项（也称为惩罚项），故岭回归模型的目标函数可以表示成：

$$J(\beta) = \sum (y - X\beta)^2 + \lambda \|\beta\|_2^2 = \sum (y - X\beta)^2 + \sum \lambda \beta^2$$

其中，λ 为非负数，当 $\lambda = 0$ 时，该目标函数就退化为线性回归模型的目标函数；当 $\lambda \to +\infty$ 时，$\sum \lambda \beta^2$ 也会趋于无穷大，为了使目标函数 $J(\beta)$ 达到最小，只能通过缩减回归系数使 β 趋近于 0；$\|\beta\|_2^2$ 表示回归系数 β 的平方和。

为求解目标函数 $J(\beta)$ 的最小值，需要对其求导，并令导函数为 0，具体推导过程如下：

第一步：根据线性代数的知识点，展开目标函数中的平方项

$$\begin{aligned} J(\beta) &= (y - X\beta)'(y - X\beta) + \lambda\beta'\beta \\ &= (y' - \beta'X')(y - X\beta) + \lambda\beta'\beta \\ &= y'y - y'X\beta - \beta'X'y + \beta'X'X\beta + \lambda\beta'\beta \end{aligned}$$

第二步：对展开的目标函数求导数

$$\begin{aligned} \frac{\partial J(\beta)}{\partial \beta} &= 0 - X'y - X'y + 2X'X\beta + 2\lambda\beta \\ &= 2(X'X + \lambda I)\beta - 2X'y \end{aligned}$$

第三步：令导函数为 0，计算回归系数 β

$$2(X'X + \lambda I)\beta - 2X'y = 0$$

$$\beta = (X'X + \lambda I)^{-1}X'y$$

通过上面的推导，最终可以获得回归系数β的估计值，但估计值中仍然含有未知的λ值，从目标函数$J(\beta)$来看，λ是$l2$正则项平方的系数，用来平衡模型的方差（回归系数的方差）和偏差（真实值与预测值之间的差异）。为了使读者理解模型方差和偏差的概念，请参考图 8-1。

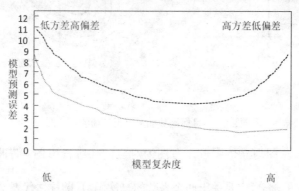

图 8-1 模型复杂度与偏差方差之间的关系

如图 8-1 所示，横坐标为模型的复杂度，纵坐标为模型的预测误差，下面的曲线代表的是模型在训练集上的效果，上面的曲线代表的是模型在测试集的效果。从预测效果的角度来看，随着模型复杂度的提升，在训练集上的预测效果会越来越好，呈现在下面的曲线就是预测误差越来越低，但是模型运用到测试集的话，预测误差就会呈现上面曲线的变化，先降低后上升，上升的时候就说明模型可能出现了过拟合；从模型方差角度来看，模型方差会随着复杂度的提升而提升。针对图 8-1 而言，希望通过平衡方差和偏差来选择一个比较理想的模型，对于岭回归来说，随着λ的增大，模型方差会减小（因为矩阵$(X'X + \lambda I)$的行列式随λ的增加在增加，使得矩阵的逆就会逐渐减小，进而岭回归系数被"压缩"而变小）而偏差会增大。

8.1.2 系数求解的几何意义

根据凸优化的相关知识，可以将岭回归模型的目标函数$J(\beta)$最小化问题等价于下方的式子：

$$\begin{cases} argmin\left\{\sum(y - X\beta)^2\right\} \\ 附加约束 \sum\beta^2 \leqslant t \end{cases}$$

其中，t为一个常数。上式可以理解为，在确保残差平方和最小的情况下，限定所有回归系数的平方和不超过常数t。

读者可能不理解为什么要对回归系数的平方和进行约束，这里举一个特例加以解释。例如，影响一个家庭可支配收入(y)的因素有收入(x1)和支出(x2)，很明显，收入和支出之间会存在比价高的相关性。在做线性回归时，可能会产生一个非常大的正系数和一个非常大的负系数，最终导致模型的拟合效果不佳。如果给线性回归模型的系数添加平方和的约束，就可以避免这种情况的发生。

为了进一步理解目标函数中$argmin\left\{\sum(y - X\beta)^2\right\}$和$\sum\beta^2 \leqslant t$的几何意义，这里仅以两个自变量的回归模型为例，将目标函数中的两个部分表示为图 8-2。

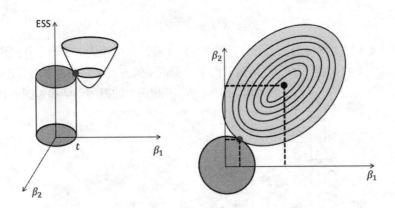

图 8-2　目标函数加上 $l2$ 正则项的示意图

如图 8-2 所示，左图为立体图形，右图为对应的二维投影图。左图中的半椭圆体代表了 $\sum_{i=1}^{n}\left(y_i-\beta_0-\sum_{j=1}^{2}x_{ij}\beta_j\right)^2$ 的部分，它是关于两个系数的二次函数；圆柱体代表了 $\beta_1^2+\beta_2^2 \leqslant t$ 的部分。将其映射到二维坐标图中也许更容易理解有关非负数 λ 对回归系数的缩减，对于线性回归模型来说，抛物面的中心黑点代表模型的最小二乘解，当附加 $\beta_1^2+\beta_2^2 \leqslant t$ 时，抛物面与圆面构成的交点就是岭回归模型的系数解。从图中不难发现，岭回归模型的系数相比于线性回归模型的系数会偏小，从而达到"压缩"效果。

虽然岭回归模型可以解决线性回归模型中 $X'X$ 不可逆的问题，但付出的代价是"压缩"回归系数，从而使模型更加稳定和可靠。由于惩罚项 $\sum\lambda\beta^2$ 是关于回归系数 β 的二次函数，所以求目标函数的极小值时，对其偏导总会保留自变量本身。正如图 8-2 所示，抛物面与圆面的交点很难发生在轴上，即某个变量的回归系数 β 为 0，所以岭回归模型并不能从真正意义上实现变量的选择。

8.2　岭回归模型的应用——糖尿病病情预测（1）

为了将岭回归模型的理论知识应用到实战，接下来以糖尿病数据集为例，该数据集包含 442 条观测、10 个自变量和 1 个因变量。这些自变量分别为患者的年龄、性别、体质指数、平均血压及六个血清测量值；因变量为糖尿病指数，其值越小，说明糖尿病的治疗效果越好。根据文献可知，对于胰岛素治疗糖尿病的效果表明，性别和年龄对治疗效果无显著影响，所以，在接下来的建模中将丢弃这两个变量。

由前文可知，岭回归模型的系数表达式为 $\beta=(X'X+\lambda I)^{-1}X'y$，故关键点是找到一个合理的 λ 值来平衡模型的方差和偏差，进而得到更加符合实际的岭回归系数。关于 λ 值的确定，通常可以使用两种方法，一种是可视化方法，另一种是交叉验证法。

8.2.1　可视化方法确定 λ 值

由于岭回归模型的系数是关于 λ 值的函数，因此可以通过绘制不同的 λ 值和对应回归系数的折线图确定合理的λ值。一般而言，当回归系数随着λ值的增加而趋近于稳定的点时就是所要寻找的λ值。

由于折线图中涉及岭回归模型的系数，因此第一步要根据不同的λ值计算相应的回归系数。在 Python 中，可以使用 sklearn 子模块 linear_model 中的 Ridge 类实现模型系数的求解，接下来介绍一下该"类"的语法和参数含义：

```
Ridge(alpha=1.0, fit_intercept=True, normalize=False, copy_X=True,
     max_iter=None, tol=0.001, solver='auto', random_state=None)
```

- alpha: 用于指定 lambda 值的参数，默认该参数为 1。
- fit_intercept: bool 类型参数，是否需要拟合截距项，默认为 True。
- normalize: bool 类型参数，建模时是否需要对数据集做标准化处理，默认为 False。
- copy_X: bool 类型参数，是否复制自变量 X 的数值，默认为 True。
- max_iter: 用于指定模型的最大迭代次数。
- tol: 用于指定模型收敛的阈值。
- solver: 用于指定模型求解最优化问题的算法，默认为'auto'，表示模型根据数据集自动选择算法。
- random_state: 用于指定随机数生成器的种子。

通过 Ridge "类"完成岭回归模型求解的参数设置，然后基于 fit "方法"实现模型偏回归系数的求解。下面利用糖尿病数据集绘制不同的λ值下对应回归系数的折线图，具体代码如下：

```python
# 导入第三方模块
import pandas as pd
import numpy as np
from sklearn import model_selection
from sklearn.linear_model import Ridge,RidgeCV
import matplotlib.pyplot as plt


# 读取糖尿病数据集
diabetes = pd.read_excel(r'C:\Users\Administrator\Desktop\diabetes.xlsx',
sep = '')
# 构造自变量（剔除患者性别、年龄和因变量）
predictors = diabetes.columns[2:-1]
# 将数据集拆分为训练集和测试集
X_train, X_test, y_train, y_test = model_selection.train_test_split
                (diabetes[predictors], diabetes['Y'], test_size = 0.2,
                random_state = 1234 )
# 构造不同的 Lambda 值
Lambdas = np.logspace(-5, 2, 200)
# 构造空列表，用于存储模型的偏回归系数
ridge_cofficients = []
# 循环迭代不同的 Lambda 值
for Lambda in Lambdas:
    ridge = Ridge(alpha = Lambda, normalize=True)
    ridge.fit(X_train, y_train)
```

```
    ridge_cofficients.append(ridge.coef_)

# 绘制 alpha 的对数与回归系数的关系
# 中文乱码和坐标轴负号的处理
plt.rcParams['font.sans-serif'] = ['Microsoft YaHei']
plt.rcParams['axes.unicode_minus'] = False
# 设置绘图风格
plt.style.use('ggplot')
plt.plot(Lambdas, ridge_cofficients)
# 对 x 轴做对数处理
plt.xscale('log')
# 设置折线图 x 轴和 y 轴标签
plt.xlabel('Log(Lambda)')
plt.ylabel('Cofficients')
# 图形显示
plt.show()
```

如图 8-3 所示，展现了不同的 λ 值与回归系数之间的折线图，图中的每条折线代表了不同的变量，对于比较突出的喇叭形折线，一般代表该变量存在多重共线性。从图 8-3 可知，当 λ 值逼近于 0 时，各变量对应的回归系数应该与线性回归模型的最小二乘解完全一致；随着 λ 值的不断增加，各回归系数的取值会迅速缩减为 0。最后，按照 λ 值的选择标准，发现 λ 值在 0.01 附近时，绝大多数变量的回归系数趋于稳定，故认为 λ 值可以选择在 0.01 附近。

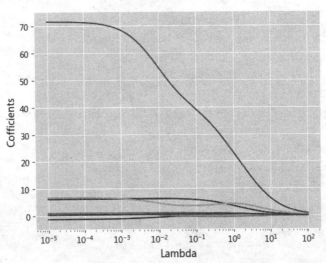

图 8-3　正则项系数与回归系数之间的关系

8.2.2　交叉验证法确定 λ 值

可视化方法只能确定 λ 值的大概范围，为了能够定量地找到最佳的 λ 值，需要使用 k 重交叉验证的方法。该方法的操作思想可以借助于图 8-4 加以说明。

如图 8-4 所示，首先将数据集拆分成 k 个样本量大体相当的数据组（如图中的第一行），并且每个数据组与其他组都没有重叠的观测；然后从 k 组数据中挑选 $k-1$ 组数据用于模型的训练，剩下的一组数据用于模型的测试（如图中的第二行）；以此类推，将会得到 k 种训练集和测试集。在每一种训练集和测试集下，都会对应一个模型及模型得分（如均方误差）。所以，在构造岭回归模型的 k 重交叉验证时，对于每一个给定的 λ 值都会得到 k 个模型及对应的得分，最终以平均得分评估模型的优良。

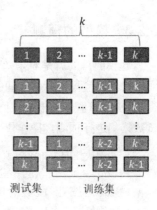

图 8-4 交叉验证的示意图

实现岭回归模型的 k 重交叉验证，可以使用 sklearn 子模块 linear_model 中的 RidgeCV 类，下面介绍有关该"类"的语法及参数含义：

```
RidgeCV(alphas=(0.1, 1.0, 10.0), fit_intercept=True, normalize=False,
        scoring=None, cv=None, gcv_mode=None, store_cv_values=False)
```

- alphas: 用于指定多个 lambda 值的元组或数组对象，默认该参数包含 0.1、1 和 10 三种值。
- fit_intercept: bool 类型参数，是否需要拟合截距项，默认为 True。
- normalize: bool 类型参数，建模时是否需要对数据集做标准化处理，默认为 False。
- scoring: 指定用于评估模型的度量方法。
- cv: 指定交叉验证的重数。
- gcv_mode: 用于指定执行广义交叉验证的方法，当样本量大于特征数或自变量矩阵 X 为稀疏矩阵时，该参数选用'auto'; 当该参数为'svd'时，表示通过矩阵 X 的奇异值分解方法执行广义交叉验证；当该参数为'engin'时，则表示通过矩阵 X'X 的特征根分解方法执行广义交叉验证。
- store_cv_values: bool 类型参数，是否在每一个 Lambda 值下都保存交叉验证得到的评估信息，默认为 False，只有当参数 cv 为 None 时有效。

为了得到岭回归模型的最佳 λ 值，下面使用 RidgeCV 类对糖尿病数据集做 10 重交叉验证，具体代码如下：

```
# 设置交叉验证的参数，对于每一个 Lambda 值，都执行 10 重交叉验证
ridge_cv = RidgeCV(alphas = Lambdas, normalize=True,
                   scoring='neg_mean_squared_error', cv = 10)
# 模型拟合
ridge_cv.fit(X_train, y_train)
# 返回最佳的 lambda 值
ridge_best_Lambda = ridge_cv.alpha_
ridge_best_Lambda

out:
0.013509935211980266
```

如上结果所示，运用 10 重交叉验证方法得到最佳的 λ 值为 0.0135，与可视化方法确定的 λ 值在 0.01 附近保持一致。该值的评判标准是：对于每一个 λ 值计算平均均方误差（MSE），然后从中挑选出最小的平均均方误差，并将对应的 λ 值挑选出来，作为最佳的惩罚项系数 λ 的值。

8.2.3 模型的预测

建模的目的就是对未知数据的预测，所以接下来需要运用岭回归模型对测试集进行预测，进而比对预测值与实际值之间的差异，评估模型的拟合能力。根据上一节内容，通过交叉验证方法获得了最佳的λ值，并根据该值构建岭回归模型，输出模型的偏回归系数，进而可以使用该模型对测试数据集进行预测，操作代码如下：

```
# 基于最佳的 Lambda 值建模
ridge = Ridge(alpha = ridge_best_Lambda, normalize=True)
ridge.fit(X_train, y_train)
# 返回岭回归系数
pd.Series(index = ['Intercept'] + X_train.columns.tolist(),
          data = [ridge.intercept_] + ridge.coef_.tolist())

out:
Intercept      -323.114952
BMI               6.208205
BP                0.927412
S1               -0.489199
S2                0.210826
S3                0.028643
S4                4.211265
S5               51.688690
S6                0.384038
```

如上结果所示，运用最佳的λ值得到岭回归模型的回归系数，故可以将岭回归模型表达为下方的式子：

$$Y = -323.11 + 6.21BMI + 0.93BP - 0.49S1 + 0.21S2 + 0.03S3 + 4.21S4 + 51.69S5 + 0.38S6$$

上式中对岭回归系数的解释方法与多元线性回归模型一致，以体质指数BMI为例，在其他变量不变的情况下，体质指数每提升 1 个单位，将促使糖尿病指数Y提升 6.21 个单位。接着，需要使用该模型对测试集中的数据进行预测：

```
# 导入第三方包中的函数
from sklearn.metrics import mean_squared_error

# 模型的预测
ridge_predict = ridge.predict(X_test)
# 预测效果验证
RMSE = np.sqrt(mean_squared_error(y_test,ridge_predict))
RMSE
```

```
out:
53.120889598460927
```

如上结果所示，通过预测后，使用均方根误差 RMSE 对模型的预测效果做了定量的统计值，结果为 53.121。有关 RMSE 的计算公式如下：

$$RMSE = \sqrt{\frac{\sum_{i=1}^{n}(y_i - \hat{y_i})^2}{n}}$$

其中，n 代表预测集中的样本量，y_i 代表因变量的实际值，$\hat{y_i}$ 为因变量的预测值。对于该统计量，值越小，说明模型对数据的拟合效果越好。

8.3 LASSO 回归模型——糖尿病病情预测（2）

正如 8.1.1 小节所说，岭回归模型可以解决线性回归模型中矩阵 $X'X$ 不可逆的问题，解决的办法是添加 $l2$ 正则的惩罚项，最终导致偏回归系数的缩减。但不管怎么缩减，都会始终保留建模时的所有变量，无法降低模型的复杂度，为了克服这个缺点，1996 年 Robert Tibshirani 首次提出了 LASSO 回归。

与岭回归模型类似，LASSO 回归同样属于缩减性估计，而且在回归系数的缩减过程中，可以将一些不重要的回归系数直接缩减为 0，即达到变量筛选的功能。之所以 LASSO 回归可以实现该功能，是因为原本在岭回归模型中的惩罚项由平方和改成了绝对值，虽然只是稍做修改，但形成的结果却大相径庭。

首先，对比岭回归模型的目标函数，可以将 LASSO 回归模型的目标函数表示为下面的公式：

$$J(\beta) = \sum(y - X\beta)^2 + \lambda\|\beta\|_1 = \sum(y - X\beta)^2 + \sum \lambda|\beta|$$

其中，$\lambda\|\beta\|_1$ 为目标函数的惩罚项，并且 λ 为惩罚项系数，与岭回归模型中的惩罚系数一致，需要迭代估计出一个最佳值，$\|\beta\|_1$ 为回归系数 β 的 $l1$ 正则，表示所有回归系数绝对值的和。

8.3.1 参数求解

由于目标函数的惩罚项是关于回归系数 β 的绝对值之和，因此惩罚项在零点处是不可导的，那么应用在岭回归上的最小二乘法将在此失效，不仅如此，梯度下降法、牛顿法与拟牛顿法都无法计算出 LASSO 回归的拟合系数。为了能够得到 LASSO 的回归系数，下面将介绍坐标轴下降法。

坐标轴下降法与梯度下降法类似，都属于迭代算法，所不同的是坐标轴下降法是沿着坐标轴（维度）下降，而梯度下降则是沿着梯度的负方向下降。坐标轴下降法的数学精髓是：对于 p 维参数的可微凸函数 $J(\beta)$ 而言，如果存在一点 $\hat{\beta}$，使得函数 $J(\beta)$ 在每个坐标轴上均达到最小值，则 $J(\hat{\beta})$ 就是点 $\hat{\beta}$ 上的全局最小值。

可能上面的说明比较晦涩，换一种说法也许能够帮助读者理解坐标轴下降法的精髓。以多元线性回归模型为例，求解目标函数 $\sum(y - X\beta)^2$ 的最小值，其实是对整个 β 做一次性偏导。而坐标轴下降法，则是对目标函数中的某个 β_j 做偏导，即控制其他 $p-1$ 个参数不变的情况下，沿着一个轴的方向求导，以此类推，再对剩下的 $p-1$ 个参数求偏导。最终，令每个分量下的导函数为 0，得到使目标函数达到全局最小的 $\hat{\beta}$。

将 LASSO 回归的目标函数写成下面的式子：

$$J(\beta) = \sum_{i=1}^{n}\left(y_i - \sum_{j=1}^{p}\beta_j x_{ij}\right)^2 + \lambda\sum_{j=1}^{p}|\beta_j| = ESS(\beta) + \lambda l_1(\beta)$$

其中，$ESS(\beta)$ 代表误差平方和，$\lambda l_1(\beta)$ 代表惩罚项。由于 $ESS(\beta)$ 是可导的凸函数，因此可以对该函数中的每个分量 β_j 做偏导。

首先将 $ESS(\beta)$ 展开，并假设 $x_{ij} = h_j(x_i)$，则：

$$\begin{aligned}ESS(\beta) &= \sum_{i=1}^{n}\left(y_i - \sum_{j=1}^{p}\beta_j h_j(x_i)\right)^2 \\ &= \sum_{i=1}^{n}\left(y_i^2 + \left(\sum_{j=1}^{p}\beta_j h_j(x_i)\right)^2 - 2y_i\left(\sum_{j=1}^{p}\beta_j h_j(x_i)\right)\right)\end{aligned}$$

然后，对 $ESS(\beta)$ 做 β_j 的偏导数：

$$\begin{aligned}\frac{\partial ESS(\beta)}{\partial \beta_j} &= -2\sum_{i=1}^{n}h_j(x_i)\left(y_i - \sum_{k \neq j}\beta_k h_k(x_i) - \beta_j h_j(x_i)\right) \\ &= -2\sum_{i=1}^{n}h_j(x_i)\left(y_i - \sum_{k \neq j}\beta_k h_k(x_i)\right) + 2\beta_j\sum_{i=1}^{n}h_j(x_i)^2\end{aligned}$$

为了方便起见，令 $m_j = \sum_{i=1}^{n}h_j(x_i)\left(y_i - \sum_{k \neq j}\beta_k h_k(x_i)\right)$，$n_j = \sum_{i=1}^{n}h_j(x_i)^2$，所以 $ESS(\beta)$ 对 β_j 的偏导数可以表示成 $-2m_j + 2\beta_j n_j$。

由于惩罚项是不可导函数，故不能直接使用梯度方法，而使用次梯度方法，它的诞生就是为了求解不可导凸函数的最小值问题。对于某个分量 β_j 来说，惩罚项可以表示成 $\lambda|\beta_j|$，故在 β_j 处的次导函数为：

$$\frac{\partial \lambda l_1(\beta)}{\partial \beta_j} = \begin{cases}\lambda, & \text{当}\beta_j > 0 \\ [-\lambda, \lambda], & \text{当}\beta_j = 0 \\ -\lambda, & \text{当}\beta_j < 0\end{cases}$$

为求解最终的 LASSO 回归系数，需要将 $ESS(\beta)$ 与 $\lambda l_1(\beta)$ 的分量导函数相结合，并令导函数为 0：

$$\frac{\partial ESS(\beta)}{\partial \beta_j} + \frac{\partial \lambda l_1(\beta)}{\partial \beta_j} = \begin{cases}-2m_j + 2\beta_j n_j + \lambda = 0 \\ [-2m_j - \lambda, -2m_j + \lambda] = 0 \\ -2m_j + 2\beta_j n_j - \lambda = 0\end{cases}$$

$$\widehat{\beta_j} = \begin{cases} \left(m_j - \dfrac{\lambda}{2}\right)/n_j, & \text{当} m_j > \dfrac{\lambda}{2} \\ 0, & \text{当} m_j \in \left[-\dfrac{\lambda}{2},\ \dfrac{\lambda}{2}\right] \\ \left(m_j + \dfrac{\lambda}{2}\right)/n_j, & \text{当} m_j < -\dfrac{\lambda}{2} \end{cases}$$

如上公式所示，最终获得 LASSO 回归的模型系数，而且系数将依赖于λ值，得到三种不同的分支。

8.3.2　系数求解的几何意义

同理，依据凸优化原理，将 LASSO 回归模型目标函数$J(\beta)$的最小化问题等价转换为下面的式子：

$$\begin{cases} argmin\left\{\sum(y - X\beta)^2\right\} \\ \text{附加约束} \sum|\beta| \leqslant t \end{cases}$$

其中，t为常数，可以将上面的公式理解为：在残差平方和最小的情况下，限定所有回归系数的绝对值之和不超过常数t。

为了使读者理解目标函数中$argmin\left\{\sum(y - X\beta)^2\right\}$和$\sum|\beta| \leqslant t$的几何意义，这里仅以两个自变量的回归模型为例，将目标函数中的两个部分表示为如图 8-5 所示。

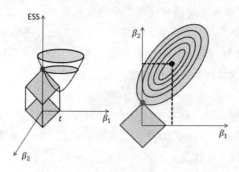

图 8-5　目标函数加上$l1$正则项的示意图

如图 8-5 所示，左图为三维立体图形，右图为对应的二维投影图。左图中的半椭圆体仍然代表 $\sum\limits_{i=1}^{n}\left(y_i - \beta_0 - \sum\limits_{j=1}^{2} x_{ij}\beta_j\right)^2$ 的部分，它是关于两个系数的二次函数；正方体则代表了$|\beta_1| + |\beta_2| \leqslant t$的部分，之所以是正方体，是因为$\beta$前的系数均为 1。将其映射到二维坐标图中就能够理解为什么 LASSO 回归可以做到非重要变量的删除，从图 8-5 可知，将 LASSO 回归的惩罚项映射到二维空间的话，就会形成"角"，一旦"角"与抛物面相交，就会导致β_1为 0，进而实现变量的删除。而且相比于圆面，$l1$正则项的方框顶点更容易与抛物面相交，起到变量筛选的效果。

所以，LASSO 回归不仅可以实现变量系数的缩减（如二维图中，抛物面的最小二乘解由黑点转移到了相交的红点，β_2系数明显被"压缩"了），而且还可以完成变量的筛选，对于无法影响因变量的自变量，LASSO 回归都将其过滤掉。

8.4 LASSO 回归模型的应用

由于 LASSO 回归模型的目标函数包含惩罚项系数λ，因此在计算模型回归系数之前，仍然需要得到最理想的λ值。与岭回归模型类似，λ值的确定可以通过定性的可视化方法和定量的交叉验证方法，下面逐一介绍这两种方法选定惩罚项系数λ的值。

8.4.1 可视化方法确定λ值

可视化方法是通过绘制不同的λ值与回归系数的折线图，然后根据λ值的选择标准，判断出合理的λ值。由于折线图中涉及 LASSO 回归模型的系数计算，因此需要介绍 sklearn 子模块 linear_model 中的 Lasso 类，有关该"类"的语法和参数含义如下：

```
Lasso(alpha=1.0, fit_intercept=True, normalize=False, precompute=False,
      copy_X=True, max_iter=1000, tol=0.0001, warm_start=False,
      positive=False, random_state=None, selection='cyclic')
```

- alpha: 用于指定 lambda 值的参数，默认该参数为 1。
- fit_intercept: bool 类型参数，是否需要拟合截距项，默认为 True。
- normalize: bool 类型参数，建模时是否需要对数据集做标准化处理，默认为 False。
- precompute: bool 类型参数，是否在建模前通过计算 Gram 矩阵提升运算速度，默认为 False。
- copy_X: bool 类型参数，是否复制自变量 X 的数值，默认为 True。
- max_iter: 用于指定模型的最大迭代次数，默认为 1000。
- tol: 用于指定模型收敛的阈值，默认为 0.0001。
- warm_start: bool 类型参数，是否将前一次的训练结果用作后一次的训练，默认为 False。
- positive: bool 类型参数，是否将回归系数强制为正数，默认为 False。
- random_state: 用于指定随机数生成器的种子。
- selection: 指定每次迭代时所选择的回归系数，如果为'random'，表示每次迭代中将随机更新回归系数；如果为'cyclic'，则表示每次迭代时回归系数的更新都基于上一次运算。

为了比较岭回归模型与 LASSO 回归模型的拟合效果，将继续使用糖尿病数据集绘制λ值与回归系数的折线图，代码如下：

```
# 导入第三方模块中的函数
from sklearn.linear_model import Lasso,LassoCV

# 构造空列表，用于存储模型的偏回归系数
lasso_cofficients = []
for Lambda in Lambdas:
    lasso = Lasso(alpha = Lambda, normalize=True, max_iter=10000)
    lasso.fit(X_train, y_train)
    lasso_cofficients.append(lasso.coef_)
```

```
# 绘制 Lambda 与回归系数的折线图
plt.plot(Lambdas, lasso_cofficients)
# 对 x 轴做对数变换
plt.xscale('log')
# 设置折线图 x 轴和 y 轴标签
plt.xlabel('Lambda')
plt.ylabel('Cofficients')
# 显示图形
plt.show()
```

如图 8-6 所示，初始迭代的 λ 值落在 10^{-5} 至 10^2 之间，然后根据不同的 λ 值绘制出有关回归系数的折线图，图中的每条折线同样指代了不同的变量。与岭回归模型绘制的折线图类似，出现了喇叭形折线，说明该变量存在多重共线性。

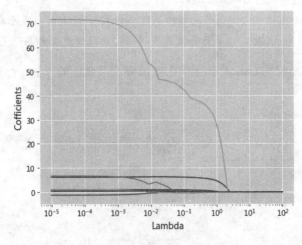

图 8-6　正则项系数与回归系数之间的关系

从图 8-6 可知，当 λ 值落在 0.05 附近时，绝大多数变量的回归系数趋于稳定，所以，基本可以锁定合理的 λ 值范围，接下来需要通过定量的交叉验证方法获得准确的 λ 值。

8.4.2　交叉验证法确定 λ 值

读者如果需要实现 LASSO 回归模型的交叉验证，Python 的 sklearn 模块提供了现成的接口，只需调用子模块 linear_model 中的 LassoCV 类。有关该"类"的语法和参数说明如下：

```
LassoCV(eps=0.001, n_alphas=100, alphas=None, fit_intercept=True,
        normalize=False, precompute='auto', max_iter=1000, tol=0.0001,
        copy_X=True, cv=None, verbose=False, n_jobs=1, positive=False,
        random_state=None, selection='cyclic')
```

- eps: 指定正则化路径长度，默认为 0.001，指代 Lambda 的最小值与最大值之商。
- n_alphas: 指定正则项系数 Lambda 的个数，默认为 100 个。
- alphas: 指定具体的 Lambda 值列表用于模型的运算。

- fit_intercept: bool 类型参数，是否需要拟合截距项，默认为 True。
- normalize: bool 类型参数，建模时是否需要对数据集做标准化处理，默认为 False。
- precompute: bool 类型参数，是否在建模前，通过计算 Gram 矩阵提升运算速度，默认为 False。
- max_iter: 指定模型最大的迭代次数，默认为 1000 次。
- tol: 用于指定模型收敛的阈值，默认为 0.001。
- copy_X: bool 类型参数，是否复制自变量 X 的数值，默认为 True。
- cv: 指定交叉验证的重数。
- verbose: bool 类型参数，是否返回模型运行的详细信息，默认为 False。
- n_jobs: 指定交叉验证过程中使用的 CPU 数量，即是否需要并行处理，默认为 1 表示不并行运行，如果为-1，表示将所有的 CPU 用于交叉验证的运算。
- positive: bool 类型参数，是否将回归系数强制为正数，默认为 False。
- random_state: 用于指定随机数生成器的种子。
- selection: 指定每次迭代时所选择的回归系数，如果为'random'，表示每次迭代中将随机更新回归系数；如果为'cyclic'，则表示每次迭代时回归系数的更新都基于上一次运算。

接下来，运用上面介绍的 LassoCV 类，采用 10 重交叉验证的方法，得到最佳的λ值，具体代码如下：

```
# LASSO 回归模型的交叉验证
lasso_cv = LassoCV(alphas = Lambdas, normalize=True, cv = 10, max_iter=10000)
lasso_cv.fit(X_train, y_train)
# 输出最佳的 lambda 值
lasso_best_alpha = lasso_cv.alpha_
lasso_best_alpha

out:
0.062949889902218878
```

如上结果所示，通过迭代 10^{-5} 至 10^2 之间的λ值，并结合 10 重交叉验证法，最终得到合理的λ值为 0.0629，与可视化方法确定的λ值范围基本保持一致。接下来，需要基于这个最佳的λ值重新构建 LASSO 回归模型。

8.4.3 模型的预测

当确定最佳的λ值后，可以借助于 Lasso 类重新构建 LASSO 回归模型，具体的建模代码如下：

```
# 基于最佳的 lambda 值建模
lasso = Lasso(alpha = lasso_best_alpha, normalize=True, max_iter=10000)
# 对"类"加以数据实体，执行回归系数的运算
lasso.fit(X_train, y_train)
# 返回 LASSO 回归的系数
pd.Series(index = ['Intercept'] + X_train.columns.tolist(),
          data = [lasso.intercept_] + lasso.coef_.tolist())
```

```
out:
Intercept      -280.130832
BMI               6.199077
BP                0.865640
S1               -0.135059
S2               -0.000000
S3               -0.485755
S4                0.000000
S5               44.816615
S6                0.330531
```

如上结果所示，返回的是 LASSO 回归模型的系数。值得注意的是，系数中含有两个 0，分别对应$S2$变量和$S4$变量，说明这两个变量对糖尿病指数Y没有显著意义，故可以将 LASSO 回归模型表达为：

$$Y = -280.13 + 6.20BMI + 0.87BP - 0.14S1 - 0.49S3 + 44.82S5 + 0.33S6$$

接下来，基于如上所得的模型，对测试集中的数据进行预测，同时计算出用于评估模型好坏的均方根误差 RMSE，代码如下：

```
# 模型的预测
lasso_predict = lasso.predict(X_test)
# 预测效果验证
RMSE = np.sqrt(mean_squared_error(y_test,lasso_predict))
RMSE
```

```
out:
53.048714552744023
```

如上结果所示，LASSO 回归模型在测试集上得到的 RMSE 值为 53.049，相比于岭回归模型的 RMSE 值，大约下降 0.8。得到的结论是：在降低模型复杂度的情况下（模型中删除了$S2$变量和$S4$变量），进一步提升了模型的拟合效果。所以，在绝大多数情况下，LASSO 回归得到的系数比岭回归模型更加可靠和易于理解。

为了对比多元线性回归模型和岭回归模型、LASSO 回归模型在糖尿病数据集上的拟合效果，运用第 7 章所学的知识，构建多元线性回归模型，具体代码如下：

```
# 导入第三方模块
from statsmodels import api as sms

# 为自变量 X 添加常数列 1，用于拟合截距项
X_train2 = sms.add_constant(X_train)
X_test2 = sms.add_constant(X_test)

# 构建多元线性回归模型
linear = sms.OLS(y_train, X_train2).fit()
# 返回线性回归模型的系数
linear.params
```

```
out:
const      -406.699716
BMI        6.217649
BP         0.948245
S1         -1.264772
S2         0.901368
S3         0.962373
S4         6.694215
S5         71.614661
S6         0.376004
```

如上结果所示，得到了多元线性回归模型的变量系数。需要注意的是，构建模型使用的是 OLS 类，该类在建模时不拟合截距项，为了得到回归模型的截距项，需要在训练集和测试集的自变量矩阵中添加常数列 1。最终，根据如上所得的回归系数，将多元线性回归模型表示成如下公式：

$$Y = -406.70 + 6.22BMI + 0.95BP - 1.26S1 + 0.90S2 + 0.96S3 + 6.69S4 + 71.61S5 + 0.38S6$$

进一步，将多元线性回归模型应用在测试集中，得到糖尿病指数的预测值，然后根据测试中的实际值和预测值计算 RMSE 值，具体代码如下：

```
# 模型的预测
linear_predict = linear.predict(X_test2)
# 预测效果验证
RMSE = np.sqrt(mean_squared_error(y_test,linear_predict))
RMSE

out:
53.426239397229871
```

如上结果所示，在对模型结果不做任何假设检验以及拟合诊断的情况下，线性回归模型的拟合效果在三个模型中是最差的，因为对应的 RMSE 值最大。当然，也可以按照第 7 章的逻辑重新对糖尿病数据集构建多元线性回归建模，并结合模型的拟合效果，也许会得出不一样的结论。

之所以将三者做对比，不仅仅是让读者明白它们之间的差异，更重要的是对于不满足 $X'X$ 可逆的数据集，读者可以有更多的模型选择余地，进而避免线性回归模型出现死胡同的情况。

8.5 本 章 小 结

本章重点介绍了有关线性回归模型的两个扩展模型，分别是岭回归与 LASSO 回归，内容包含两种模型的参数求解、目标函数几何意义的理解以及基于糖尿病数据集的应用实战。当自变量间存在多重共线性或数据集中自变量个数多于观测数时，会导致矩阵 $X'X$ 不可逆，进而无法通过最小二乘法得到多元线性回归模型的系数解，而本章介绍的岭回归与 LASSO 回归就是为了解决这类问题。相比于岭回归模型来说，LASSO 回归可以非常方便地实现自变量的筛选，但付出的代价是增加了模型运算的复杂度。

为了使读者掌握岭回归与 LASSO 回归相关的函数和"方法"，这里将其重新梳理一下，以便读者查阅和记忆，见表 8-1。

表 8-1　Python 各模块的函数（方法）及函数说明

Python 模块	Python 函数或方法	函数说明
sklearn	Ridge	用于设定岭回归模型的"类"
	RidgeCV	用于设定岭回归交叉验证的"类"
	Lasso	用于设定 LASSO 回归模型的"类"
	LassoCV	用于设定 LASSO 回归交叉验证的"类"
	fit	基于"类"的模型拟合"方法"
	alpha_	用于返回岭回归与 LASSO 回归的自变量系数
	predict	基于模型的预测"方法"
	mean_squared_error	计算均方误差 MSE 的函数，如需计算 RMSE，还需对其开根号
statsmodels	add_constant	用于给数组添加常数列 1 的函数
	OLS	用于设定多元线性回归模型的"类"

8.6　课后练习

1. 在哪几种情况下，不适合构建线性回归模型，解决的办法有哪些？
2. 请简单描述岭回归模型与 LASSO 回归模型的几何意义，它们的区别都有哪些？
3. 为什么 LASSO 回归模型具有降维的功能？
4. 不管是岭回归模型，还是 LASSO 回归模型，在求解参数λ时，都有哪些方法可以使用？
5. 如下表所示，为虚拟的一组数据（数据文件为：virture.xlsx），其中第一列为因变量，其余列为自变量。请根据数据分别构建岭回归模型和 LASSO 回归模型。

y	x1	x2	x3	x4	x5	x6
83	234.289	235.6	159	107.608	1947	60.323
88.5	259.426	232.5	145.6	108.632	1948	61.122
88.2	258.054	368.2	161.6	109.773	1949	60.171
89.5	284.599	335.1	165	110.929	1950	61.187
96.2	328.975	209.9	309.9	112.075	1951	63.221
98.1	346.999	193.2	359.4	113.27	1952	63.639
99	365.385	187	354.7	115.094	1953	64.989
100	363.112	357.8	335	116.219	1954	63.761
101.2	397.469	290.4	304.8	117.388	1955	66.019
104.6	419.18	282.2	285.7	118.734	1956	67.857
108.4	442.769	293.6	279.8	120.445	1957	68.169

第 9 章

Logistic 回归分类模型

在实际的数据挖掘中，站在预测类问题的角度来看，除了需要预测连续型的因变量，还需要预判离散型的因变量。对于连续型变量的预测，例如，如何根据产品的市场价格、广告力度、销售渠道等因素预测利润的高低，基于患者的各种身体指标预测其病症的发展趋势，如何根据广告的内容、摆放的位置、图片尺寸的大小、投放时间等因素预测其被单击的概率等，类似这样的问题基本上可以借助于第 7 章和第 8 章所介绍的多元线性回归模型、岭回归模型或 LASSO 回归模型来解决；而对于离散型变量的判别，例如，某件商品在接下来的 1 个月内是否被销售，根据人体内的某个肿瘤特征判断其是否为恶性肿瘤，如何依据用户的信用卡信息认定其是否为优质客户等，对于这类问题又该如何解决呢？

本章将介绍另一种回归模型，它与线性回归模型存在着千丝万缕的关系，但与之相比，它属于非线性模型，专门用来解决二分类的离散问题。正如上文所说，商品是否被销售、肿瘤是否为恶性、客户是否具有优质性等都属于二分类问题，而这些问题都可以通过 Logistic 回归模型解决。

Logistic 回归模型目前是最受工业界所青睐的模型之一，例如电商企业利用该模型判断用户是否会选择某种支付方式、金融企业通过该模型将用户划分为不同的信用等级、旅游类企业则运用该模型完成酒店客户的流失概率预测。该模型的一个最大特色，就是相对于其他很多分类算法（如 SVM、神经网络、随机森林等）来说，具有很强的可解释性。接下来，将详细介绍有关 Logistic 回归模型的来龙去脉，读者将会掌握如下几方面的内容：

- 如何构建 Logistic 回归模型以及求解参数；
- Logistic 回归模型的参数解释；
- 模型效果的评估都有哪些常用方法；
- 如何基于该模型完成实战项目。

9.1　Logistic 模型的构建

正如前文所说，Logistic 回归是一种非线性的回归模型，但它又和线性回归模型有关，所以其属于广义的线性回归分析模型。可以借助该模型实现两大用途，一个是寻找"危险"因素，例如，医学界通常使用模型中的优势比寻找影响某种疾病的"坏"因素；另一个用途是判别新样本所属的类别，例如根据手机设备的记录数据判断用户是处于行走状态还是跑步状态。

首先要回答的是，为什么 Logistic 回归模型与线性回归模型有关，为了使读者能够理解这个问题的答案，需要结合图 9-1 来说明。

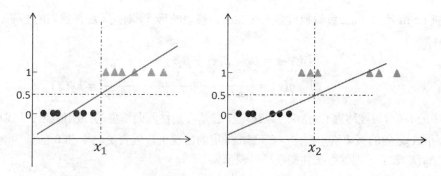

图 9-1　类别型因变量与线性拟合线

如图 9-1 所示，假设 x 轴表示的是肿瘤体积的大小；y 轴表示肿瘤是否为恶性，其中 0 表示良性，1 表示恶性；垂直和水平的虚线均属于参考线，其中水平参考线设置在 $y=0.5$ 处。很明显，这是一个二分类问题，如果使用线性回归模型预测肿瘤状态的话，得到的不会是"0,1"两种值，而是实数范围内的某个值。如果以 0.5 作为判别标准，左图呈现的回归模型对肿瘤的划分还是比较合理的，因为当肿瘤体积小于 x_1 时，都能够将良性肿瘤判断出来，反之亦然；再来看右图，当恶性肿瘤在 x 轴上相对分散时，得到的线性回归模型如图中所示，最终导致的后果就是误判的出现，当肿瘤体积小于 x_2 时，会有两个恶性肿瘤被误判为良性肿瘤。

所以，直接使用线性回归模型对离散型的因变量建模，容易导致错误的结果。按照图 9-1 的原理，线性回归模型的预测值越大（如果以 0.5 作为阈值），则肿瘤被判为恶性的可能性就越大，反之亦然。如果对线性回归模型做某种变换，能够使预测值被"压缩"在 0~1 之间，那么这个范围就可以理解为恶性肿瘤的概率。所以，预测值越大，转换后的概率值就越接近于 1，从而得到肿瘤为恶性的概率也就越大，反之亦然。对 Logistic 回归模型熟悉的读者一定知道这个变换函数，不错，它就是 Logit 函数，该函数的表达式为：

$$g(z) = \frac{1}{1 + e^{-z}}$$

其中，$z \in (-\infty, +\infty)$。很明显，当 z 趋于正无穷大时，e^{-z} 将趋于 0，进而导致 $g(z)$ 逼近于 1；相反，当 z 趋于负无穷大时，e^{-z} 会趋于正无穷大，最终导致 $g(z)$ 逼近于 0；当 $z=0$ 时，$e^{-z}=1$，所以得到 $g(z)=0.5$，通过如图 9-2 所示也能够说明这个结论。

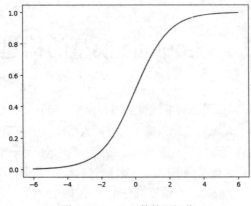

图 9-2　Logit 函数的可视化

如果将 Logit 函数中的 z 参数换成多元线性回归模型的形式，则关于线性回归的 Logit 函数可以表达为：

$$假定：z = \beta_0 + \beta_1 x_1 + \beta_2 x_2 + \cdots + \beta_p x_p$$

$$则，g(z) = \frac{1}{1 + e^{-(\beta_0 + \beta_1 x_1 + \beta_2 x_2 + \cdots + \beta_p x_p)}} = h_\beta(X)$$

上式中的 $h_\beta(X)$ 也被称为 Logistic 回归模型，它是将线性回归模型的预测值经过非线性的 Logit 函数转换为 [0,1] 之间的概率值。假定，在已知 X 和 β 的情况下，因变量取 1 和 0 的条件概率分别用 $h_\beta(X)$ 和 $1\text{-}h_\beta(X)$ 表示，则这个条件概率可以表示为：

$$P(y = 1 | X; \beta) = h_\beta(X) = p$$

$$P(y = 0 | X; \beta) = 1 - h_\beta(X) = 1 - p$$

接下来，可以利用这两个条件概率将 Logistic 回归模型还原成线性回归模型，具体推导如下：

$$\frac{p}{1-p} = \frac{h_\beta(X)}{1 - h_\beta(X)} = \left(\frac{\frac{1}{1 + e^{-(\beta_0 + \beta_1 x_1 + \beta_2 x_2 + \cdots + \beta_p x_p)}}}{1 - \frac{1}{1 + e^{-(\beta_0 + \beta_1 x_1 + \beta_2 x_2 + \cdots + \beta_p x_p)}}} \right)$$

$$= \frac{1}{e^{-(\beta_0 + \beta_1 x_1 + \beta_2 x_2 + \cdots + \beta_p x_p)}}$$

$$= e^{\beta_0 + \beta_1 x_1 + \beta_2 x_2 + \cdots + \beta_p x_p}$$

公式中的 $p/(1 - p)$ 通常称为优势（odds）或发生比，代表了某个事件发生与不发生的概率比值，它的范围落在 $(0, +\infty)$ 之间。如果对发生比 $p/(1 - p)$ 取对数，则如上公式可以表示为：

$$log\left(\frac{p}{1-p}\right) = log(e^{\beta_0 + \beta_1 x_1 + \beta_2 x_2 + \cdots + \beta_p x_p})$$

$$= \beta_0 + \beta_1 x_1 + \beta_2 x_2 + \cdots + \beta_p x_p$$

是不是很神奇，完全可以将 Logistic 回归模型转换为线性回归模型的形式，但问题是，因变量不再是实际的 y 值，而是与概率相关的对数值。所以，无法使用我们在第 7 章所介绍的方法求解未知参数 β，而是采用极大似然估计法，接下来将重点介绍有关 Logistic 回归模型的参数求解问题。

9.1.1　Logistic 模型的参数求解

重新回顾上一节所介绍的事件发生概率与不发生概率的公式，可以将这两个公式重写为一个公式，具体如下：

$$P(y|X;\beta) = h_\beta(X)^y \times \left(1 - h_\beta(X)\right)^{1-y}$$

其实如上的概率值就是关于 $h_\beta(X)$ 的函数，即事件发生的概率函数。可以简单描述一下这个函数，当某个事件发生时（如因变量 y 用 1 表示），则上式的结果为 $h_\beta(X)$，反之结果为 $1 - h_\beta(X)$，正好与两个公式所表示的概率完全一致。

1. 极大似然估计

为了求解公式中的未知参数 β，就需要构建一个目标函数，这个函数就是似然函数。似然函数的统计背景是，如果数据集中的每个样本都是互相独立的，则 n 个样本发生的联合概率就是各样本事件发生的概率乘积，故似然函数可以表示为：

$$
\begin{aligned}
L(\beta) &= P(\vec{y}|X;\beta) \\
&= \prod_{i=1}^{n} P(y^{(i)}|x^{(i)};\beta) \\
&= \prod_{i=1}^{n} h_\beta\left(x^{(i)}\right)^{y^{(i)}} \times \left(1 - h_\beta\left(x^{(i)}\right)\right)^{1-y^{(i)}}
\end{aligned}
$$

其中，上标 i 表示第 i 个样本。接下来要做的就是求解使目标函数达到最大的未知参数 β，而上文提到的极大似然估计法就是实现这个目标的方法。为了方便起见，将似然函数 $L(\beta)$ 做对数处理：

$$
\begin{aligned}
l(\beta) = log(L(\beta)) &= log\left(\prod_{i=1}^{n} h_\beta\left(x^{(i)}\right)^{y^{(i)}} \times \left(1 - h_\beta\left(x^{(i)}\right)\right)^{1-y^{(i)}}\right) \\
&= \sum_{i=1}^{n} log\left(h_\beta\left(x^{(i)}\right)^{y^{(i)}} \times \left(1 - h_\beta\left(x^{(i)}\right)\right)^{1-y^{(i)}}\right) \\
&= \sum_{i=1}^{n} \left(y^{(i)} log\left(h_\beta\left(x^{(i)}\right)\right) + (1 - y^{(i)}) log\left(1 - h_\beta\left(x^{(i)}\right)\right)\right)
\end{aligned}
$$

如上公式为对数似然函数，如想得到目标函数的最大值，通常使用的套路是对目标函数求导，进一步令导函数为 0，进而可以计算出目标函数中的未知参数。接下来，尝试这个套路，计算目标函数的最优解。

步骤一：知识铺垫

$$
\begin{aligned}
&已知，\quad h_\beta(X) = \frac{1}{1 + e^{-X\beta}} \\
&所以，\quad \frac{\partial h_\beta(X)}{\partial \beta} = \frac{Xe^{-X\beta}}{(1 + e^{-X\beta})^2} = \frac{1}{1 + e^{-X\beta}}\left(1 - \frac{1}{1 + e^{-X\beta}}\right)X \\
&\qquad\qquad\qquad = h_\beta(X)\left(1 - h_\beta(X)\right)X
\end{aligned}
$$

步骤二：目标函数求导

$$\frac{\partial l(\beta)}{\partial \beta} = \sum_{i=1}^{n} \left(y^{(i)} \frac{1}{h_\beta(x^{(i)})} - (1-y^{(i)}) \frac{1}{1-h_\beta(x^{(i)})} \right) \frac{\partial h_\beta(x^{(i)})}{\partial \beta}$$

$$= \sum_{i=1}^{n} \left(y^{(i)} \frac{1}{h_\beta(x^{(i)})} - (1-y^{(i)}) \frac{1}{1-h_\beta(x^{(i)})} \right) h_\beta(x^{(i)}) \left(1-h_\beta(x^{(i)})\right) x^{(i)}$$

$$= \sum_{i=1}^{n} \left(y^{(i)} \left(1-h_\beta(x^{(i)})\right) - (1-y^{(i)}) h_\beta(x^{(i)}) \right) \left(x^{(i)}\right)$$

$$= \sum_{i=1}^{n} \left(y^{(i)} - h_\beta(x^{(i)}) \right) \left(x^{(i)}\right)$$

步骤三：令导函数为 0

$$\sum_{i=1}^{n} \left(y^{(i)} - h_\beta(x^{(i)}) \right) \left(x^{(i)}\right) = 0$$

很显然，通过上面的公式无法得到未知参数 β 的解，因为它不是关于 β 的多元一次方程组。所以只能使用迭代方法来确定参数 β 的值，迭代过程会使用到经典的梯度下降算法。

2. 梯度下降

由于对似然函数求的是最大值，因此直接用梯度下降方法不合适，因为梯度下降专门用于解决最小值问题。为了能够适用梯度下降方法，需要在目标函数的基础之上乘以-1，即新的目标函数可以表示为：

$$J(\beta) = -l(\beta)$$

$$= -\sum_{i=1}^{n} \left(y^{(i)} log \left(h_\beta(x^{(i)}) \right) + (1-y^{(i)}) log \left(1-h_\beta(x^{(i)}) \right) \right)$$

既然无法利用导函数直接求得未知参数 β 的解，那就结合迭代的方法，对每一个未知参数 β_j 做梯度下降，通过梯度下降法可以得到 β_j 的更新过程，即

$$\beta_j := \beta_j - \alpha \frac{\partial J(\beta)}{\partial \beta_j}, \quad (j = 1,2,\dots,p)$$

其中，α 为学习率，也称为参数 β_j 变化的步长，通常步长可以取 0.1,0.05,0.01 等。如果设置的 α 过小，会导致 β_j 变化微小，需要经过多次迭代，收敛速度过慢；但如果设置的 α 过大，就很难得到理想的 β_j 值，进而导致目标函数可能是局部最小。

根据前文对目标函数的求导过程，可以沿用至对分量 β_j 的求导，故目标函数对分量 β_j 偏导数可以表示为：

$$\frac{\partial J(\beta)}{\partial \beta_j} = -\sum_{i=1}^{n} \left(y^{(i)} - h_\beta(x^{(i)}) \right) \left(x_{(j)}^{(i)}\right)$$

其中，$x_{(j)}^{(i)}$ 表示第 j 个变量在第 i 个样本上的观测值，所以利用梯度下降的迭代过程可以进一步表示为：

$$\beta_j := \beta_j - \alpha \frac{\partial J(\beta)}{\partial \beta_j} = \beta_j - \alpha \sum_{i=1}^{n} \left(h_\beta(x^{(i)}) - y^{(i)} \right) \left(x_{(j)}^{(i)} \right)$$

9.1.2 Logistic 模型的参数解释

对于线性回归模型而言，参数的解释还是比较容易理解的，例如以产品成本、广告成本和利润构建的多元线性回归模型为例，在其他条件不变的情况下，广告成本每提升一个单位，利润将上升或下降几个单位便是广告成本系数的解释。对于 Logistic 回归模型来说，似乎就不能这样解释了，因为它是由线性回归模型的 Logit 变换而来，那应该如何解释 Logistic 回归模型的参数含义呢？

在上一节曾提过发生比的概念，即某事件发生的概率p与不发生的概率$(1-p)$之间的比值，它是一个以e为底的指数，并不能直接解释参数β的含义。发生比的作用只能解释为在同一组中事件发生与不发生的倍数。例如，对于男性组来说，患癌症的概率是不患癌症的几倍，所以并不能说明性别这个变量对患癌症事件的影响有多大。但是使用发生比率，就可以解释参数β的含义了，即发生比之比。

假设影响是否患癌的因素有性别和肿瘤两个变量，通过建模可以得到对应的系数β_1和β_2，则 Logistic 回归模型可以按照事件发生比的形式改写为：

$$odds = \frac{p}{1-p} = e^{\beta_0 + \beta_1 Gender + \beta_2 Volum}$$
$$= e^{\beta_0} \times e^{\beta_1 Gender} \times e^{\beta_2 Volum}$$

分别以性别变量和肿瘤体积变量为例，解释系数β_1和β_2的含义。假设性别中男用 1 表示，女用 0 表示，则：

$$\frac{odds_1}{odds_0} = \frac{e^{\beta_0} \times e^{\beta_1 \times 1} \times e^{\beta_2 Volum}}{e^{\beta_0} \times e^{\beta_1 \times 0} \times e^{\beta_2 Volum}} = e^{\beta_1}$$

所以，性别变量的发生比率为e^{β_1}，表示男性患癌的发生比约为女性患癌发生比的e^{β_1}倍，这是对离散型自变量系数的解释。如果是连续型的自变量，也是用类似的方法解释参数含义，假设肿瘤体积为$Volum_0$，当肿瘤体积增加 1 个单位时，体积为$Volum_0 + 1$，则：

$$\frac{odds_{Volum_0+1}}{odds_{Volum_0}} = \frac{e^{\beta_0} \times e^{\beta_1 Gender} \times e^{\beta_2(Volum_0+1)}}{e^{\beta_0} \times e^{\beta_1 Gender} \times e^{\beta_2 Volum_0}} = e^{\beta_2}$$

所以，在其他变量不变的情况下，肿瘤体积每增加一个单位，将会使患癌发生比变化e^{β_2}倍，这个倍数是相对于原来的$Volum_0$而言的。

当β_k为正数时，e^k将大于 1，表示x_k每增加一个单位时，发生比会相应增加；当β_k为负数时，e^k将小于 1，说明x_k每增加一个单位时，发生比会相应减小；当β_k为 0 时，e^k将等于 1，表明无论x_k如何变化，都无法使发生比发生变化。

9.2 分类模型的评估方法

9.1.1 小节介绍了如何利用梯度下降法求解 Logistic 回归模型的未知参数β，当模型参数得到后，就可以用来对新样本的预测，但预测效果的好坏该如何评估是一个值得研究的问题。第 8 章中涉及线性回归模型的评估指标，即 RMSE，但它只能用于连续型的因变量评估。对于离散型的因变量有哪些好的评估方法呢？本节的重点就是回答这个问题，介绍有关混淆矩阵、ROC 曲线、K-S 曲线等评估方法。

9.2.1 混淆矩阵

假设以肿瘤为例，对于实际的数据集会存在两种分类，即良性和恶性。如果基于 Logistic 回归模型将会预测出样本所属的类别，这样就会得到两列数据，一个是真实的分类序列，另一个是模型预测的分类序列。所以，可以依据这两个序列得到一个汇总的列联表，该列联表就称为混淆矩阵。这里构建一个肿瘤数据的混淆矩阵，0 表示良性（负例），1 表示恶性（正例，一般被理解为研究者所感兴趣或关心的那个分类），见表 9-1。

表 9-1　混淆矩阵

预测值		实际值		
		良性——0	恶性——1	
	良性——0	A, True Negative	B, False Negtive	A+B, Predict Negtive
	恶性——1	C, False Positive	D, True Positive	C+D, Predict Positive
		A+C, Acture Negtive	B+D ,Acture Positive	

混淆矩阵中的字母均表示对应组合下的样本量，通过混淆矩阵，有一些重要概念需要加以说明，它们分别是：

- A：表示正确预测负例的样本个数，用 TN 表示。
- B：表示预测为负例但实际为正例的个数，用 FN 表示。
- C：表示预测为正例但实际为负例的个数，用 FP 表示。
- D：表示正确预测正例的样本个数，用 TP 表示。
- A+B：表示预测负例的样本个数，用 PN 表示。
- C+D：表示预测正例的样本个数，用 PP 表示。
- A+C：表示实际负例的样本个数，用 AN 表示。
- B+D：表示实际正例的样本个数，用 AP 表示。
- 准确率：表示正确预测的正负例样本数与所有样本数量的比值，即(A+D)/(A+B+C+D)，该指标用来衡量模型对整体数据的预测效果，用 Accuracy 表示。
- 正例覆盖率：表示正确预测的正例数在实际正例数中的比例，即 D/(B+D)，该指标反映的是模型能够在多大程度上覆盖所关心的类别，用 Sensitivity 表示。
- 负例覆盖率：表示正确预测的负例数在实际负例数中的比例，即 A/(A+C)，用 Specificity 表示。
- 正例命中率：与正例覆盖率比较相似，表示正确预测的正例数在预测正例数中的比例，即 D/(C+D)，这个指标在做市场营销的时候非常有用，例如对预测的目标人群做活动，实际响应的人数越多，说明模型越能够刻画出关心的类别，用 Precision 表示。

如果使用混淆矩阵评估模型的好坏，一般会选择准确率指标 Accuracy、正例覆盖率指标 Sensitivity 和负例覆盖率 Specificity 指标。这三个指标越高，说明模型越理想。

混淆矩阵的构造可以通过 Pandas 模块中的 crosstab 函数实现，也可以借助于 sklearn 子模块 metrics 中的 confusion_matrix 函数完成。

9.2.2　ROC 曲线

ROC 曲线则是通过可视化的方法实现模型好坏的评估，它使用两个指标值进行绘制，其中 x 轴为 1-Specificity，即负例错判率；y 轴为 Sensitivity，即正例覆盖率。在绘制 ROC 曲线过程中，会考虑不同的阈值下 Sensitivity 与 1-Specificity 之间的组合变化。为了更好地理解 ROC 曲线的绘制过程，这里虚拟一个数据表格，见表 9-2。

表 9-2　模拟绘制 ROC 曲线的数据

ID	Class	Score	ID	Class	Score
1	P	0.55	10	P	0.93
2	P	0.87	2	P	0.87
3	P	0.23	7	P	0.86
4	P	0.61	15	N	0.84
5	P	0.75	6	P	0.77
6	P	0.77	18	N	0.77
7	P	0.86	5	P	0.75
8	P	0.51	4	P	0.61
9	P	0.26	12	N	0.61
10	P	0.93	11	N	0.57
11	N	0.57	1	P	0.55
12	N	0.61	8	P	0.51
13	N	0.27	17	N	0.46
14	N	0.33	16	N	0.39
15	N	0.84	19	N	0.37
16	N	0.39	14	N	0.33
17	N	0.46	13	N	0.27
18	N	0.77	9	P	0.26
19	N	0.37	3	P	0.23
20	N	0.11	20	N	0.11

如表 9-2 所示，ID 列表示样本的序号；Class 列表示样本实际的分类，P 表示正例，N 表示负例；Score 列表示模型得分，即通过 Logistic 模型计算正例的概率值。将原始数据按照 Score 列降序后得到右表的结果，对于 Logistic 模型来说，通常会选择 Score 为 0.5 作为判断类别的阈值，若 Score 大于 0.5，则判断样本为正例，否则为负例。但是在对模型做评估时，通常会选择不同的 Score，计算对应的 Sensitivity 和 Specificity，进而得到 ROC 曲线。下面将尝试几个不同的 Score 值作为演练。

（1）如果 Score 大于 0.85，则将样本预测为正例，反之样本归属于负例，根据数据所示，实际的 10 个正例中，满足条件的只有 3 个样本（2、7、10 号样本），所以得到的正例覆盖率 Sensitivity

为 0.3；实际的 10 个负例中，得分均小于 0.85，说明负例的覆盖率为 1，则 1-Specificity 为 0。最终得到的组合点为（0.85,0.3,0）。

（2）如果 Score 大于 0.65，则将样本预测为正例，反之样本归属于负例，根据数据所示，实际的 10 个正例中，满足条件的有 5 个样本（5、6、2、7、10 号样本），所以得到的正例覆盖率 Sensitivity 为 0.5；实际的 10 个负例中，有 8 个样本得分小于 0.85（除了 15 与 18 号），说明负例的覆盖率为 0.8，则 1-Specificity 为 0.2。最终得到的组合点为（0.65,0.5,0.2）。

（3）如果 Score 大于 0.5，则将样本预测为正例，反之样本归属于负例，根据数据所示，实际的 10 个正例中，满足条件的有 8 个样本（除了 3、9 号样本），所以得到的正例覆盖率 Sensitivity 为 0.8；实际的 10 个负例中，有 6 个样本（13、14、16、17、19、20）得分小于 0.5，说明负例的覆盖率为 0.6，则 1-Specificity 为 0.4。最终得到的组合点为（0.5,0.8,0.4）。

（4）如果 Score 大于 0.35，则将样本预测为正例，反之样本归属于负例，根据数据所示，实际的 10 个正例中，满足条件的有 8 个样本（除了 3、9 号样本），所以得到的正例覆盖率 Sensitivity 为 0.8；实际的 10 个负例中，只有 3 个样本（13、14、20）得分小于 0.35，说明负例的覆盖率为 0.3，则 1-Specificity 为 0.7。最终得到的组合点为（0.35,0.8,0.7）。

虽然上面的内容比较啰唆，但相信读者一定明白 ROC 曲线中 x 轴和 y 轴的值是如何得到的了，最终可以利用上面测试的几个 Score 阈值，得到如图 9-3 所示的 ROC 曲线。

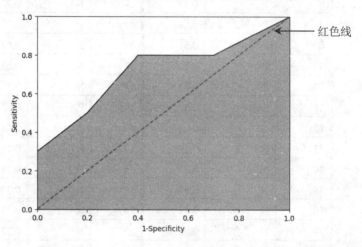

图 9-3　ROC 曲线的示意图

图 9-3 中的红色线为参考线，即在不使用模型的情况下，Sensitivity 和 1-Specificity 之比恒等于 1。通常绘制 ROC 曲线，不仅仅是得到上方的图形，更重要的是计算折线下的面积，即图中的阴影部分，这个面积称为 AUC。在做模型评估时，希望 AUC 的值越大越好，通常情况下，当 AUC 在 0.8 以上时，模型就基本可以接受了。

所幸的是，sklearn 模块提供了计算 Sensitivity 和 1-Specificity 的函数，函数名称为 roc_curve，该函数分布于子模块 metrics 中。

9.2.3　K-S 曲线

K-S 曲线是另一种评估模型的可视化方法，与 ROC 曲线的画法非常相似，具体步骤如下：

- 按照模型计算的 Score 值，从大到小排序。
- 取出 10%、20%、……、90%所对应的分位数，并以此作为 Score 的阈值，计算 Sensitivity 和 1-Specificity 的值。
- 将 10%、20%、……、90%这样的分位点用作绘图的x轴，将 Sensitivity 和 1-Specificity 两个指标值用作绘图的y轴，进而得到两条曲线。

很不幸，Python 中并没有直接提供绘制 K-S 曲线的函数，这里不妨按照上面的步骤，自编绘制 K-S 曲线的函数，代码如下：

```python
# 导入第三方模块
import pandas as pd
import numpy as np
import matplotlib.pyplot as plt


# 自定义绘制 k-s 曲线的函数
def plot_ks(y_test, y_score, positive_flag):
    # 对 y_test 重新设置索引
    y_test.index = np.arange(len(y_test))
    # 构建目标数据集
    target_data = pd.DataFrame({'y_test':y_test, 'y_score':y_score})
    # 按 y_score 降序排列
    target_data.sort_values(by = 'y_score', ascending = False, inplace = True)
    # 自定义分位点
    cuts = np.arange(0.1,1,0.1)
    # 计算各分位点对应的 Score 值
    index = len(target_data.y_score)*cuts
    scores = np.array(target_data.y_score)[index.astype('int')]
    # 根据不同的 Score 值，计算 Sensitivity 和 Specificity
    Sensitivity = []
    Specificity = []
    for score in scores:
        # 正例覆盖样本数量与实际正例样本量
        positive_recall = target_data.loc[(target_data.y_test ==
positive_flag) & (target_data.y_score>score),:].shape[0]
        positive = sum(target_data.y_test == positive_flag)
        # 负例覆盖样本数量与实际负例样本量
        negative_recall = target_data.loc[(target_data.y_test !=
positive_flag) & (target_data.y_score<=score),:].shape[0]
        negative = sum(target_data.y_test != positive_flag)
        Sensitivity.append(positive_recall/positive)
        Specificity.append(negative_recall/negative)
    # 构建绘图数据
```

```
    plot_data = pd.DataFrame({'cuts':cuts,'y1':1-np.array(Specificity),
            'y2':np.array(Sensitivity), 'ks':np.array(Sensitivity)-
            (1-np.array(Specificity))})
    # 寻找 Sensitivity 和 1-Specificity 之差的最大值索引
    max_ks_index = np.argmax(plot_data.ks)
    plt.plot([0]+cuts.tolist()+[1], [0]+plot_data.y1.tolist()+[1], label =
'1-Specificity')
    plt.plot([0]+cuts.tolist()+[1], [0]+plot_data.y2.tolist()+[1], label =
'Sensitivity')
    # 添加参考线
    plt.vlines(plot_data.cuts[max_ks_index], ymin =
plot_data.y1[max_ks_index],
            ymax = plot_data.y2[max_ks_index], linestyles = '--')
    # 添加文本信息
    plt.text(x = plot_data.cuts[max_ks_index]+0.01,
            y = plot_data.y1[max_ks_index]+plot_data.ks[max_ks_index]/2,
            s = 'KS= %.2f' %plot_data.ks[max_ks_index])
    # 显示图例
    plt.legend()
    # 显示图形
    plt.show()
```

读者可以先跳过这个自定义函数，因为代码中调用了关于 Sensitivity 和 1-Specificity 的第三方计算函数，当读者读完本章内容后，再回到此处，会对自定义函数有更深的理解。为了使读者了解 K-S 曲线的样子，这里不妨以上面虚拟的数据表为例，绘制对应的 K-S 曲线：

```
    # 导入虚拟数据
    virtual_data = pd.read_excel(r'C:\Users\Administrator\Desktop\
virtual_data.xlsx')
    # 应用自定义函数绘制 k-s 曲线
    plot_ks(y_test = virtual_data.Class, y_score = virtual_data.Score,
positive_flag = 'P')
```

如图 9-4 所示，两条折线分别代表各分位点下的正例覆盖率和 1-负例覆盖率，通过两条曲线很难对模型的好坏做评估，一般会选用最大的 KS 值作为衡量指标。KS 的计算公式为：KS= Sensitivity-(1-Specificity)= Sensitivity+Specificity-1。对于 KS 值而言，也是希望越大越好，通常情况下，当 KS 值大于 0.4 时，模型基本可以接受。

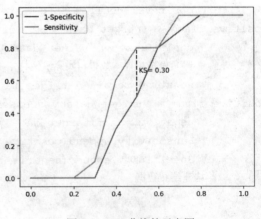

图 9-4　K-S 曲线的示意图

9.3　Logistic 回归模型的应用——运动状态的识别

本节的实战部分将使用手机设备搜集的用户运动数据为例，判断用户所处的运动状态，即步行还是跑步。该数据集一共包含 88 588 条记录，6 个与运动相关的自变量，其中三个与运动的加速度有关，另三个与运动方向有关。接下来将利用该数据集构建 Logistic 回归模型，并预测新样本所属的运动状态。

9.3.1　模型的构建

第一步要做的就是运用 Python 构建 Logistic 回归模型，读者可以借助于 sklearn 的子模块 linear_model，调用 LogisticRegression 类，有关该"类"的语法和参数含义如下：

```
LogisticRegression(penalty='l2', dual=False, tol=0.0001, C=1.0,
            fit_intercept=True, intercept_scaling=1, class_weight=None,
            random_state=None, solver= 'liblinear',max_iter=100,
            multi_class='ovr', verbose=0, warm_start=False, n_jobs=1)
```

- penalty: 为 Logistic 回归模型的目标函数添加正则化惩罚项，与线性回归模型类似，默认为 l2 正则。
- dual: bool 类型参数，是否求解对偶形式，默认为 False，只有当 penalty 参数为'l2'、solver 参数为'liblinear'时，才可使用对偶形式。
- tol: 用于指定模型跌倒收敛的阈值。
- C: 用于指定惩罚项系数 Lambda 的倒数，值越小，正则化项越大。
- fit_intercept: bool 类型参数，是否拟合模型的截距项，默认为 True。
- intercept_scaling: 当 solver 的参数为'liblinear'时该参数有效，主要是为了降低 X 矩阵中人为设定的常数列 1 的影响。
- class_weight: 用于指定因变量类别的权重，如果为字典，则通过字典的形式{class_label:weight}传递每个类别的权重；如果为字符串'balanced'，则每个分类的权重与实际样本中的比例成反比，当各分类存在严重不平衡时，设置为'balanced'会比较好；如果为 None，则表示每个分类的权重相等。
- random_state: 用于指定随机数生成器的种子。
- solver: 用于指定求解目标函数最优化的算法，默认为'liblinear'，还有其他选项，如牛顿法'newton-cg'、L-BFGS 拟牛顿法'lbfgs'.
- max_iter: 指定模型求解过程中的最大迭代次数，默认为 100。
- multi_class: 如果因变量不止两个分类，可以通过该参数指定多分类问题的解决办法，默认采用'ovr'，即 one-vs-rest 方法，还可以指定'multinomial'，表示直接使用多分类逻辑回归模型（Softmax 分类）。
- verbose: bool 类型参数，是否输出模型迭代过程的信息，默认为 0，表示不输出。

- warm_start：bool 类型参数，是否基于上一次的训练结果继续训练模型，默认为 False，表示每次迭代都是从头开始。
- n_jobs：指定模型运算时使用的 CPU 数量，默认为 1，如果为-1，表示使用所有可用的 CPU。

需要说明的是，当 fit_intercept 设置为 True 时，相当于在 X 数据集上人为地添加了常数列 1，用于计算模型的截距项；LogisticRegression 类不仅仅可以针对二元问题做分类，还可以解决多元问题，通过设置参数 multi_class 为'multinomial'，实现 Softmax 分类，并利用随机梯度下降法求解参数。下面通过该"类"对手机设备数据建模，代码如下：

```python
# 导入第三方模块
import pandas as pd
import numpy as np
from sklearn import linear_model

# 读取数据
sports = pd.read_csv(r'C:\Users\Administrator\Desktop\Run or Walk.csv')
# 提取出所有自变量名称
predictors = sports.columns[4:]
# 构建自变量矩阵
X = sports.ix[:,predictors]
# 提取 y 变量值
y = sports.activity
# 将数据集拆分为训练集和测试集
X_train, X_test, y_train, y_test = model_selection.train_test_split(X, y,
test_size = 0.25, random_state = 1234)

# 利用训练集建模
sklearn_logistic = linear_model.LogisticRegression()
sklearn_logistic.fit(X_train, y_train)
# 返回模型的各个参数
print(sklearn_logistic.intercept_, sklearn_logistic.coef_)

out:
[ 4.35613952] [[ 0.48533325  6.86221041 -2.44611637 -0.01344578 -0.1607943
0.13360777]]
```

首先简单描述一下上面的代码，当数据读入到 Python 内存中时，需要将数据集拆分为两部分，分别用于建模和测试，测试的目的就是用于评估模型拟合效果的好坏。最终得到如上所示的回归系数，第一个数值为模型的截距项，后面的 6 个数值分别为各自变量的系数值，故可以将 Logistic 回归模型表示为：

$$X\beta = 4.36 + 0.49 acceleration_x + 6.86 acceleration_y - 2.45 acceleration_z$$
$$-0.01 gyro\_x - 0.16 gyro\_y + 0.13 gyro\_z$$
$$\therefore h_\beta(X) = \frac{1}{1 + e^{-X\beta}}$$

当某些构建好后，需要对模型的回归系数做相应的解释，故将各变量对应的优势比（发生比率）汇总到表 9-3 中。

表9-3　各系数的优势比

变量名	acceleration_x	acceleration_y	acceleration_z	gyro_x	gyro_y	gyro_z
优势比e^{β}	1.62	955.48	0.087	0.99	0.85	1.14

以 acceleration_x 变量为例，在其他因素不变的情况下，x 轴方向的加速度每增加一个单位，会使跑步发生比变化 1.62 倍。从系数的大小来看，x 轴与 y 轴上的加速度是导致跑步状态的重要因素，z 轴上的运动方向是判定跑步状态的重要因素。

9.3.2　模型的预测

基于上面的模型，利用测试集上的X数据，预测因变量y。预测功能的实现需要借助于 predict "方法"，代码如下：

```
# 模型预测
sklearn_predict = sklearn_logistic.predict(X_test)
# 预测结果统计
pd.Series(sklearn_predict).value_counts()

out:
0    12121
1    10026
```

如上结果所示，得到测试上因变量的预测统计，其中判断步行状态的样本有 12 121 个，跑步状态的样本有 10 026 个。单看这两个数据，无法确定模型预测的是否准确，所以需要对模型预测效果做定量的评估。

9.3.3　模型的评估

在 9.2 节，我们介绍了分类模型的常用评估方法，如混淆矩阵、ROC 曲线和 K-S 曲线，下面我们尝试利用这三种方法来判断模型的拟合效果，代码如下：

```
# 导入第三方模块
from sklearn import metrics

# 混淆矩阵
cm = metrics.confusion_matrix(y_test, sklearn_predict, labels = [0,1])
cm

out:
array([[9971, 1120],
       [2150, 8906]], dtype=int64)
```

如上结果所示，返回一个 2×2 的数组，该数组就是简单的混淆矩阵。矩阵中的行表示实际的运动状态，列表示模型预测的运动状态。进而基于该矩阵计算模型预测的准确率 Accuracy、正例覆盖率 Sensitivity 和负例覆盖率 Specificity，计算过程如下：

```
Accuracy = metrics.scorer.accuracy_score(y_test, sklearn_predict)
Sensitivity = metrics.scorer.recall_score(y_test, sklearn_predict)
```

```
Specificity = metrics.scorer.recall_score(y_test, sklearn_predict,
pos_label=0)
print('模型准确率为%.2f%%:' %(Accuracy*100))
print('正例覆盖率为%.2f%%' %(Sensitivity*100))
print('负例覆盖率为%.2f%%' %(Specificity*100))

out:
模型准确率为 85.24%:
正例覆盖率为 80.55%
负例覆盖率为 89.90%
```

如上结果所示，模型的整体预测准确率达到 85.24%，而且正确预测到正例在实际正例中占比超过 80%，正确预测到的负例在实际负例中更是接近 90%，相对而言模型更好地拟合了负例的特征。总体来说，模型的预测准确率还是非常高的。

当然，还可以对混淆矩阵做可视化展现，这就要用到 seaborn 模块中的 heatmap 函数了，即绘制热力图：

```
# 导入第三方模块
import seaborn as sns
import matplotlib.pyplot as plt

# 绘制热力图
sns.heatmap(cm, annot = True, fmt = '.2e',cmap = 'GnBu')
# 图形显示
plt.show()
```

如图 9-5 所示，将混淆矩阵映射到热力图中，颜色越深的区块代表样本量越多。图中非常醒目地展示了主对角线上的区块颜色要比其他地方深很多，说明正确预测正例和负例的样本数目都很大。

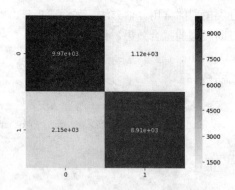

图 9-5   混淆矩阵的可视化

接下来使用可视化的方法对模型进行评估，首先绘制最为常见的 ROC 曲线，然后将对应的 AUC 值体现在图中，具体代码如下：

```
# 导入第三方模块
import matplotlib.pyplot as plt
# y 得分为模型预测正例的概率
```

```
y_score = sklearn_logistic.predict_proba(X_test)[:,1]
# 计算不同阈值下,fpr 和 tpr 的组合值,其中 fpr 表示 1-Specificity,tpr 表示 Sensitivity
fpr,tpr,threshold = metrics.roc_curve(y_test, y_score)
# 计算 AUC 的值
roc_auc = metrics.auc(fpr,tpr)

# 绘制面积图
plt.stackplot(fpr, tpr, color='steelblue', alpha = 0.5, edgecolor = 'black')
# 添加 ROC 曲线的轮廓
plt.plot(fpr, tpr, color='black', lw = 1)
# 添加对角线
plt.plot([0,1],[0,1], color = 'red', linestyle = '--')
# 添加文本信息
plt.text(0.5,0.3,'ROC curve (area = %0.2f)' % roc_auc)
# 添加 x 轴与 y 轴标签
plt.xlabel('1-Specificity')
plt.ylabel('Sensitivity')
# 显示图形
plt.show()
```

如图 9-6 所示,绘制的是模型在预测集上的 ROC 曲线,曲线下的面积高达 0.93,远远超过常用的评估标准 0.8。所以,可以认定拟合的 Logistic 回归模型是非常合理的,能够较好地刻画数据特征。需要说明的是,在利用子模块 metrics 中的 roc_curve 函数计算不同阈值下 Sensitivity 和 1-Specificity 时,函数的第二个参数 y_score 代表正例的预测概率,而非实际的预测值。

接下来,再利用前文介绍的自定义函数,绘制 K-S 曲线,进一步论证模型的拟合效果,代码如下:

```
# 调用自定义函数,绘制 K-S 曲线
plot_ks(y_test = y_test, y_score = y_score, positive_flag = 1)
```

如图 9-7 所示,绘制了模型对应的 K-S 曲线,中间的虚线表示,在 40%的分位点处,计算得到 Sensitivity 和 1-Specificity 之间的最大差为 0.71,即 KS 值。通常,KS 值大于 0.4 时就可以表明模型的拟合效果是不错的,这里得到的结果为 0.71,进一步验证了前面混淆矩阵和 ROC 曲线得出的结论。

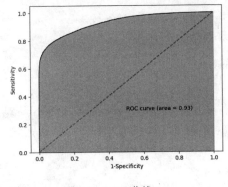

图 9-6　ROC 曲线

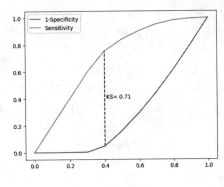

图 9-7　K-S 曲线

到目前为止，基本上进入了本章的尾声阶段，从理论到建模再到模型评估都已经一一跟读者进行了介绍。下面将介绍另一种实现 Logistic 回归模型的 Python 工具，即 statsmodels，这里就不详细介绍每一段代码的含义了，读者可以根据代码的注释吸收里面的内容：

```python
# ---------------------------第一步 建模 --------------------------- #
# 导入第三方模块
import statsmodels.api as sm
# 将数据集拆分为训练集和测试集
X_train, X_test, y_train, y_test = model_selection.train_test_split(X, y,
test_size = 0.25, random_state = 1234)
# 为训练集和测试集的 X 矩阵添加常数列 1
X_train2 = sm.add_constant(X_train)
X_test2 = sm.add_constant(X_test)
# 拟合 Logistic 模型
sm_logistic = sm.Logit(y_train, X_train2).fit()
# 返回模型的参数
sm_logistic.params

# ---------------------第二步 预测构建混淆矩阵 --------------------- #
# 模型在测试集上的预测
sm_y_probability = sm_logistic.predict(X_test2)
# 根据概率值，将观测进行分类，以 0.5 作为阈值
sm_pred_y = np.where(sm_y_probability >= 0.5, 1, 0)
# 混淆矩阵
cm = metrics.confusion_matrix(y_test, sm_pred_y, labels = [0,1])
cm

# ---------------------第三步 绘制 ROC 曲线 --------------------- #
# 计算真正率和假正率
fpr,tpr,threshold = metrics.roc_curve(y_test, sm_y_probability)
# 计算 auc 的值
roc_auc = metrics.auc(fpr,tpr)
# 绘制面积图
plt.stackplot(fpr, tpr, color='steelblue', alpha = 0.5, edgecolor = 'black')
# 添加边际线
plt.plot(fpr, tpr, color='black', lw = 1)
# 添加对角线
plt.plot([0,1],[0,1], color = 'red', linestyle = '--')
# 添加文本信息
plt.text(0.5,0.3,'ROC curve (area = %0.2f)' % roc_auc)
# 添加 x 轴与 y 轴标签
plt.xlabel('1-Specificity')
plt.ylabel('Sensitivity')
# 显示图形
```

```
plt.show()

# -----------------------第四步 绘制 K-S 曲线 ----------------------- #
# 调用自定义函数，绘制 K-S 曲线
sm_y_probability.index = np.arange(len(sm_y_probability))
plot_ks(y_test = y_test, y_score = sm_y_probability, positive_flag = 1)
```

针对如上代码，需要说明三点容易犯错的地方：

- 第一步建模中使用了 Logit 类，如果直接把自变量*X*带入到模型，将不会拟合模型的截距项，故需要对 X_train 和 X_test 运用 add_constant 函数，增加常数为 1 的列。
- 第二步中，在对模型预测时，返回的并不是具体的某个分类，而是样本被预测为正例的概率值。所以，如需得到具体的样本分类，还需要对概率值做切分，即大于等于 0.5 则为正例，否则为负例。
- 在第四步的绘制 K-S 曲线中，对预测概率值 sm_y_probability 做了重索引，主要是因为自定义函数中要求 y_test 参数值与 y_score 参数值具有相同的行索引。

9.4 本章小结

本章首次介绍了有关分类数据的预测模型——Logistic 回归，并详细讲述了相关的理论知识与应用实战，内容包含模型的构建、参数求解的推导、回归系数的解释、模型的预测以及几种常用的模型评估方法。通过本章内容的学习，读者掌握了有关 Logistic 回归模型的来龙去脉，进而可以将该模型应用到实际的工作中。

为了使读者掌握有关本章内容所涉及的函数和"方法"，这里将其重新梳理一下，以便读者查阅和记忆，见表 9-4。

表 9-4　Python 各模块的函数（方法）及函数说明

Python 模块	Python 函数或方法	函数说明
sklearn	train_test_split	将数据集拆分为训练集和测试集的函数
	LogisticRegression	构造 Logistic 回归模型的"类"
	fit	基于"类"的模型拟合"方法"
	intercept_, coef_	返回模型的截距项和回归系数
	predict	基于模型的预测"方法"
	value_counts	序列值的频数统计"方法"
	confusion_matrix	构建混淆矩阵的函数
	accuracy_score	计算准确率的函数
	recall_score	计算正例或负例覆盖率的函数
	predict_proba	基于模型预测各类别的概率"方法"
	roc_curve	计算 Sensitivity 和 1-Specificity 的函数
	auc	计算 AUC 的函数

（续表）

Python 模块	Python 函数或方法	函数说明
statsmodels	add_constant	为 X 矩阵添加常数列 1 的函数
	Logit	构造 Logistic 回归模型的"类"
seaborn	heatmap	将混淆矩阵绘制成热力图的函数
matplotlib	stackplot	绘制堆叠图的函数

9.5 课 后 练 习

1. Logistic 回归模型与前几章介绍的线性回归模型、岭回归模型和 LASSO 回归模型的差异在哪里？
2. 请拿出一张白纸，并在白纸中认真地推导出 Logistic 回归模型的系数求解过程。
3. 对于分类模型来说，有哪些常用的模型评估方法？它们各自的评判标准是什么？
4. 请解释模型的准确率、覆盖率和命中率的含义，并简单描述这几个率的功能。
5. 如下表所示（数据文件为 dataset.xlsx），含有三个变量，其中 y 变量为二元变量，其余两个变量为数值型变量，请根据如下数据，构造 Logistic 回归模型（基于数据绘制的散点图如下方所示）。

x1	x2	y
-0.017612	14.053064	0
-1.395634	4.662541	1
-0.752157	6.53862	0
-1.322371	7.152853	0
0.423363	11.054677	0
0.406704	7.067335	1
0.667394	12.741452	0
-2.46015	6.866805	1
0.569411	9.548755	0
-0.026632	10.427743	0

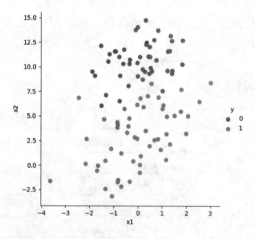

第10章

决策树与随机森林

决策树属于经典的十大数据挖掘算法之一，是一种类似于流程图的树结构，其规则就是 IF...THEN...的思想，可以用于数值型因变量的预测和离散型因变量的分类。该算法简单直观、通俗易懂，不需要研究者掌握任何领域知识或复杂的数学推理，而且算法的结果输出具有很强的解释性。通常情况下，将决策树用作分类器会有很好的预测准确率，目前越来越多的行业将该算法用于实际问题的解决，如医学上的病情诊断、金融领域的风险评估、销售领域的营销响应、工业产品的合格检验等。

以某产品的销售为例，善于数据观察的销售员发现一个非常有意思的规律：从客户的年龄角度来看，该产品最受中年人青睐，只要他们感兴趣，几乎都会选择购买。对于老年人来说，需要进一步结合其信用状况，奇怪的是，信用优秀的人反倒不会去购买该产品。对于青年人群来说，还需考虑对应的收入状况和所属身份，假如其收入水平比较高，则不会选择购买；相反收入水平较低时，会选择购买产品；同样，中等收入的学生，他们也会选择购买产品。如果将表 10-1 中的记录数据转换为 IF...THEN...的树结构，就可以很好地表达发现的规律（见图 10-1）。

表 10-1　消费者是否购买的信息表

Age	Income	Stu	Credit	Buy
青年	高	否	良好	不购买
青年	高	否	优秀	不购买
中年	高	否	良好	购买
老年	中	否	良好	购买
老年	低	是	良好	购买
老年	低	是	优秀	不购买
中年	低	是	优秀	购买
青年	中	否	良好	不购买
青年	低	是	良好	购买
老年	中	是	良好	购买

（续表）

Age	Income	Stu	Credit	Buy
青年	中	是	优秀	购买
中年	中	否	优秀	购买
中年	高	是	良好	购买
老年	中	否	优秀	不够买

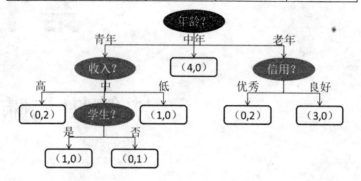

图 10-1　由表 10-1 绘制的决策树

图 10-1 所示就是一棵典型的决策树，其呈现自顶向下的生长过程，通过树结构可以将数据中隐藏的规律直观地表现出来。图中深色的椭圆表示树的根节点；浅色的椭圆表示树的中间节点；方框则表示树的叶节点。对于所有的非叶节点来说，都是用来表示条件判断，而叶节点则存储最终的分类结果，例如中年分支下的叶节点（4,0）表示 4 位客户购买，0 位客户不购买，同理，其他叶节点中的数字分别表示购买客户数和不购买客户数。

接下来，本章将详细介绍有关决策树的知识点，读者在学完本章后，将掌握如下几方面的内容：

- 节点字段的选择；
- 决策树的剪枝技术；
- 随机森林的实现思想；
- 决策树与随机森林的应用实战。

10.1　节点字段的选择

对于图 10-1 中的决策树来说，读者可能会有疑问，根节点为什么选择年龄字段作为判断条件，而不是选择其他字段呢？同理，其他中间节点的选择是否都是以理论依据作为支撑。本节的重点就是介绍根节点或中间节点的字段选择，设想一下，如果选择合理的话，决策树的分类效果将非常好，即叶节点中的输出会比较"纯净"。

如图 10-1 中的决策树所示，在根节点内有 5 个客户不够买产品，9 个客户购买产品，这两类人群混杂在一起，显得不够"纯净"。但通过树的不断生长，每一个叶节点中都仅包含购买或不够买产品的客户数，以信用良好的老年人为例，有 3 个客户选择购买，0 个客户选择不够买，不存在混杂的现象，所以该叶节点就是完全"纯净"的。

按照上面的思想，就是在各个非叶节点中找到合理的字段，使得其子孙节点的"纯净"度尽可能高。那问题来了，"纯净"度该如何度量？接下来就介绍有关"纯净"度的衡量指标，即信息增益、信息增益率和基尼指数。

10.1.1　信息增益

介绍信息增益之前，需要简单描述一下有关熵的概念。熵原本是物理学中的一个定义，后来香农将其引申到了信息论领域，用来表示信息量的大小。信息量越大（分类越不"纯净"），对应的熵值就越大，反之亦然。这里举一个形象的例子，也许能够帮助读者理解信息量大小与熵的大小关系，对比某公司部门经理的两句话："今年我们部门有一个名额可以出国访问"和"今年我们部门可以出国访问"。对于第一句话来说，员工之间就开始推测谁可能会出国，想象空间比较多，因为每个员工都有出国的机会，对应的信息量也会显得非常大，引申到熵上，其值就会很大；而对于第二句话来说，大家就不会讨论谁去的问题，因为这件事是板上钉钉的，没有其他可能性，故对应的信息量就会很低，熵值也会很低。那熵值如何计算呢？有关信息熵的计算公式如下：

$$H(p_1, p_2, \cdots p_k) = -\sum_{k=1}^{K} p_k log_2 p_k$$

对于某个事件而言，它有 K 个可能值，p_k 表示第 k 个可能值的发生概率，所以，信息熵反映的是某个事件所有可能值的熵和。在实际应用中，会将概率 p_k 的值用经验概率替换，所以经验信息熵可以表示为：

$$H(D) = -\sum_{k=1}^{K} \frac{|C_k|}{|D|} log_2 \frac{|C_k|}{|D|}$$

其中，$|D|$ 表示事件中的所有样本点，$|C_k|$ 表示事件的第 k 个可能值出现的次数，所以商值 $\frac{|C_k|}{|D|}$ 表示第 k 个可能值出现的频率。

以产品是否被购买为例，该数据集一共包含 14 个样本，其中购买的用户有 9 个，没有购买的用户有 5 个，所以对于是否购买这个事件来说，它的经验信息熵为：

$$H(Buy) = -\frac{9}{14} log_2 \frac{9}{14} - \frac{5}{14} log_2 \frac{5}{14} = 0.940$$

如上计算的是单个事件在不同取值下的熵，如果需要基于其他事件计算某个事件的熵，就称为条件熵。需要注意的是，条件熵并不等同于条件概率，它是已知事件各取值下条件熵的期望，其数学表达式可以表示为：

$$\begin{aligned}
\text{条件熵：} H(D|A) &= \sum_{i,k} P(A_i) H(D_k|A_i) \\
&= -\sum_{i,k} P(A_i) P(D_k|A_i) log_2 P(D_k|A_i) \\
&= -\sum_{i=1}^{n} \sum_{k=1}^{K} P(A_i) P(D_k|A_i) log_2 P(D_k|A_i) \\
&= -\sum_{i=1}^{n} P(A_i) \sum_{k=1}^{K} P(D_k|A_i) log_2 P(D_k|A_i)
\end{aligned}$$

$$= -\sum_{i=1}^{n} \frac{|D_i|}{|D|} \sum_{k=1}^{K} \frac{|D_{ik}|}{|D_i|} log_2 \frac{|D_{ik}|}{|D_i|}$$

其中，$P(A_i)$表示 A 事件中的第 i 种值对应的概率；$H(D_k|A_i)$ 为已知 A_i 的情况下，D 事件为 k 值的条件熵，其对应的计算公式为 $P(D_k|A_i)log_2 P(D_k|A_i)$；$|D_i|$ 表示 A_i 的频数，$\frac{|D_i|}{|D|}$ 表示 A_i 在所有样本中的频率；$|D_{ik}|$ 表示 A_i 下 D 事件为 k 值的频数，$\frac{|D_{ik}|}{|D_i|}$ 表示所有 A_i 中，D 事件为 k 值的频率。公式中的符号比较多，读者理解起来可能比较困难，下面以销售数据为例，计算各种年龄值下是否购买的条件熵：

$$H(Buy|Age) = -\frac{5}{14}\left(\frac{2}{5}log\left(\frac{2}{5}\right) + \frac{3}{5}log\left(\frac{3}{5}\right)\right) - \frac{4}{14}\left(\frac{4}{4}log\left(\frac{4}{4}\right) + \frac{0}{4}log\left(\frac{0}{4}\right)\right)$$
$$-\frac{5}{14}\left(\frac{3}{5}log\left(\frac{3}{5}\right) + \frac{2}{5}log\left(\frac{2}{5}\right)\right) = 0.694$$

从计算过程就会发现，三个括号内的和就是公式 $H(Buy_k|Age_i)$，分别表示年龄 Age 取各种值下购买行为的条件熵，括号外的乘积即为条件熵的权重，即年龄 Age 取各种值的频率。同理，可以计算其他几个自变量对因变量的条件熵：$H(Buy|Income) = 0.911$，$H(Buy|Stu) = 0.789$，$H(Buy|Credit) = 0.892$。

从图 10-1 中可知，对于离散的因变量 Buy 而言，决策树在生长过程中，从根节点到最后的叶节点，信息熵是下降的过程，由根节点的 0.94 减小到各叶节点的 0，每一步下降的量就称为信息增益，它的计算公式可以表示为：

$$Gain_A(D) = H(D) - H(D|A)$$

由如上公式可知，对于已知的事件 A 来说，事件 D 的信息增益就是 D 的信息熵与 A 事件下 D 的条件熵之差，事件 A 对事件 D 的影响越大，条件熵 $H(D|A)$ 就会越小（在事件 A 的影响下，事件 D 被划分得越"纯净"），体现在信息增益上就是差值越大，进而说明事件 D 的信息熵下降得越多。所以，在根节点或中间节点的变量选择过程中，就是挑选出各自变量下因变量的信息增益最大的。

根据上面所计算的各条件熵的结果，可以按照信息增益的公式得到各自变量下因变量的信息增益值：

$$Gain_{Age}(Buy) = H(Buy) - H(Buy|Age) = 0.940 - 0.694 = 0.246$$
$$Gain_{Income}(Buy) = H(Buy) - H(Buy|Income) = 0.940 - 0.911 = 0.029$$
$$Gain_{Stu}(Buy) = H(Buy) - H(Buy|Stu) = 0.940 - 0.789 = 0.151$$
$$Gain_{Credit}(Buy) = H(Buy) - H(Buy|Credit) = 0.940 - 0.892 = 0.048$$

这样就可以回答为什么图 10-1 中的决策树会选择 Age 变量作为根节点的判断，因为在不同的年龄值下，购买行为的信息增益最大，为 0.246。

如上都是以离散的自变量为例，如果自变量为连续的数值型，那么该如何计算对应的信息增益呢？同时，也包含分割点的选择问题，即如果将某个数值型变量作为根节点或中间节点的判断条件，那对应的判断值应该是多少。对于数值型自变量，信息增益的计算过程如下：

- 假设数值型变量 x 含有 n 个观测，首先对其做升序或降序操作，然后计算相邻两个数值之间的均值 $\bar{x}_i = (x_i + x_{i+1})/2$，从而可以得到 $n - 1$ 个均值。

- 以均值$\overline{x_i}$作为判断值，可以将数据集拆分为两部分，一部分的样本量为n_1，均满足$x \geq \overline{x_i}$的条件，另一部分的样本量为n_2，均满足$x < \overline{x_i}$的条件；在各数据子集中，都包含因变量不同值下的观测数，不妨假设在第一部分数据子集中两个分类对应的样本量为c_{11}和c_{12}，在第二部分数据子集中两个分类对应的样本量为c_{21}和c_{22}，进而可以计算出该判断值下对应的信息增益：$Gain_{\overline{x_i}}(D) = H(D) - H(D_k|A_{\overline{x_i}})$。
- 重复第 2 步，可以得到$n-1$个均值下的信息增益，并从中挑选出最大的作为变量x对因变量的信息增益。

当所有自变量（不管是离散型还是数值型）的信息增益都计算出来后，选出最大信息增益所对应的自变量用作根节点或中间节点的特征。如果自变量为离散型，则生长出不同值下的分支（如销售数据中的年龄字段，会生长出 3 个分支）；如果自变量为数值型，则生长出两条分支，分支的分割点就是对应的最大$Gain_{\overline{x_i}}(D)$。

10.1.2 信息增益率

决策树中的 ID3 算法使用信息增益指标实现根节点或中间节点的字段选择，但是该指标存在一个非常明显的缺点，即信息增益会偏向于取值较多的字段。为了帮助读者理解信息增益指标的缺点，这里举一个极端的例子，数据见表 10-2。

表 10-2 计算信息增益的特殊例子

City	GDP/亿元	Population/万人	Province	Audit_Result
南宁	4 180	752	广西	未通过
呼和浩特	3 179	300	内蒙古	未通过
包头	3 448	286	内蒙古	未通过
南通	7 750	730	江苏	未通过
太原	3 200	432	山西	未通过
沈阳	5 870	829	辽宁	未通过
南京	11 715	827	江苏	通过
合肥	7 191	787	安徽	通过
大连	7 363	700	辽宁	通过
苏州	17 000	1065	江苏	通过
芜湖	3 100	367	安徽	通过
杭州	12 556	919	浙江	通过
济南	7 285	706	山东	通过

综合 2017 年各城市 GDP、2016 年底常住人口和 2017 年 10 月份国家发改委公布的城市轨道交通审核结果，构成如上所示的数据集，其中 Audit_Result 为因变量，表示审核是否通过。如果决策树的根节点字段从表中的 4 个自变量选择的话，City 变量一定会被选中，因为该变量有 13 种不同的取值，每一种取值下对应的审核结果都是"纯净"的，所以计算得到的加权条件熵为 0，进而 City 变量下审核结果 Audit_Result 的信息增益就是最大的，而且就是 Audit_Result 信息熵本身。但是，将 City 变量作为根节点是没有意义的，因为该变量不具有普适性。

为了克服信息增益指标的缺点，有人提出了信息增益率的概念，它的思想很简单，就是在信息增益的基础上进行相应的惩罚。信息增益率的公式可以表示为：

$$Gain\_Ratio_A(D) = \frac{Gain_A(D)}{H_A}$$

其中，H_A 为事件 A 的信息熵。事件 A 的取值越多，$Gain_A(D)$ 可能越大，但同时 H_A 也会越大，这样以商的形式就实现了 $Gain_A(D)$ 的惩罚。以表 10-2 的数据为例，虽然 City 变量的信息增益最大，但对应的 $H_A = -13 \times (1/13)log_2(1/13) = log_2 13$ 也是最大的，所以两者相除就会降低原来的信息增益。

如果以信息增益率作为根节点或中间节点的字段选择标准，对于产品购买的数据集中而言，四个自变量对应的信息熵和信息增益率分别为：

$$H_{Age} = -\frac{5}{14}log_2\left(\frac{5}{14}\right) - \frac{4}{14}log_2\left(\frac{4}{14}\right) - \frac{5}{14}log_2\left(\frac{5}{14}\right) = 1.577$$

$$H_{Income} = -\frac{4}{14}log_2\left(\frac{4}{14}\right) - \frac{6}{14}log_2\left(\frac{6}{14}\right) - \frac{4}{14}log_2\left(\frac{4}{14}\right) = 1.557$$

$$H_{Stu} = -\frac{7}{14}log_2\left(\frac{7}{14}\right) - \frac{7}{14}log_2\left(\frac{7}{14}\right) = 1$$

$$H_{Credit} = -\frac{6}{14}log_2\left(\frac{6}{14}\right) - \frac{8}{14}log_2\left(\frac{8}{14}\right) = 0.985$$

$$Gain\_Ratio_{Age}(Buy) = \frac{0.246}{1.577} = 0.156$$

$$Gain\_Ratio_{Income}(Buy) = \frac{0.029}{1.557} = 0.019$$

$$Gain\_Ratio_{Stu}(Buy) = \frac{0.151}{1} = 0.151$$

$$Gain\_Ratio_{Credit}(Buy) = \frac{0.048}{0.985} = 0.049$$

从上面的计算结果可知，Age 变量的信息增益率仍然是最大的，所以在根节点处仍然选择 Age 变量进行判断和分支。

如果用于分类的数据集中各离散型自变量的取值个数没有太大差异，那么信息增益指标与信息增益率指标在选择变量过程中并没有太大的差异，所以它们之间没有好坏之分，只是适用的数据集不一致。

10.1.3 基尼指数

决策树中的 C4.5 算法使用信息增益率指标实现根节点或中间节点的字段选择，但该算法与 ID3 算法一致，都只能针对离散型因变量进行分类，对于连续型的因变量就显得束手无策了。为了能够让决策树预测连续型的因变量，Breiman 等人在 1984 年提出了 CART 算法，该算法也称为分类回归树，它所使用的字段选择指标是基尼指数。

基尼指数的计算公式可以表示为：

$$Gini(p_1, p_2, \cdots p_k) = \sum_{k=1}^{K} p_k(1-p_k) = \sum_{k=1}^{K}(p_k - p_k^2) = 1 - \sum_{k=1}^{K} p_k^2$$

其中，p_k 表示某事件第 k 个可能值的发生概率，该概率可以使用经验概率表示，所以基尼指数可以重写为：

$$Gini(D) = 1 - \sum_{k=1}^{K} \left(\frac{|C_k|}{|D|} \right)^2$$

其中，$|D|$ 表示事件中的所有样本点，$|C_k|$ 表示事件的第 k 个可能值出现的次数，所以概率值 p_k 就是 $\frac{|C_k|}{|D|}$ 所表示的频率。下面以手工构造的虚拟数据为例，解释 C4.5 算法是如何借助于基尼指数实现节点字段选择的，数据见表 10-3。

表 10-3　计算基尼指数的样例

Edu	Credit	Loan
本科	良好	是
本科	不合格	否
硕士	良好	是
本科	良好	是
硕士	不合格	是
大专	良好	否

假设表 10-3 中的 Edu 表示客户的受教育水平，Credit 为客户在第三方的信用记录，Loan 为因变量，表示银行是否对其发放贷款。根据基尼指数的公式，可以计算 Loan 变量的基尼指数值：

$$Gini(Loan) = 1 - \left(\frac{4}{6} \right)^2 - \left(\frac{2}{6} \right)^2 = 0.444$$

在选择根节点或中间节点的变量时，就需要计算条件基尼指数，条件基尼指数仍然是某变量各取值下条件基尼指数的期望，所不同的是，条件基尼指数采用的是二分法原理。对于 Credit 变量来说，其包含两种值，可以一分为二；但是对于 Edu 变量来说，它有三种不同的值，就无法一分为二了，但可以打包处理，如本科与非本科（硕士和大专为一组）、硕士与非硕士（本科和大专为一组）、大专与非大专（本科和硕士一组）。

对于三个及以上不同值的离散变量来说，在计算条件基尼指数时会稍微复杂一些，因为该变量在做二元划分时会产生多对不同的组合。以表中的 Edu 变量为例，一共产生三对不同的组合，所以在计算条件基尼指数时就需要考虑三种组合的值，最终从三种值中挑选出最小的作为该变量的二元划分。条件基尼指数的计算公式可以表示为：

$$
\begin{aligned}
Gini_A(D) &= \sum_{i,k} P(A_i) \, Gini(D_k | A_i) \\
&= \sum_{i=1}^{2} P(A_i) \left(1 - \sum_{k=1}^{K} (p_{ik})^2 \right) \\
&= \sum_{i=1}^{2} P \left(\frac{|D_i|}{|D|} \right) \left(1 - \sum_{k=1}^{K} \left(\frac{|D_{ik}|}{|D_i|} \right)^2 \right)
\end{aligned}
$$

其中，$P(A_i)$ 表示 A 变量在某个二元划分下第 i 组的概率，其对应的经验概率为 $\frac{|D_i|}{|D|}$，即 A 变量中第 i 组的样本量与总样本量的商；$Gini(D_k | A_i)$ 表示在已知分组 A_i 的情况下，变量 D 中取第 k 种值的条

件基尼指数，其中$\frac{|D_{ik}|}{|D_i|}$表示分组A_i内变量D中取第k种值的频率。为了使读者理解条件基尼指数的计算过程，下面分别计算自变量 Edu 和 Credit 对因变量 Loan 的条件基尼指数：

$$Gini_{Edu-本科}(D) = \frac{3}{6}\left(1-\left(\frac{2}{3}\right)^2-\left(\frac{1}{3}\right)^2\right)+\frac{3}{6}\left(1-\left(\frac{2}{3}\right)^2-\left(\frac{1}{3}\right)^2\right)=0.444$$

$$Gini_{Edu-硕士}(D) = \frac{2}{6}\left(1-\left(\frac{2}{2}\right)^2-\left(\frac{0}{2}\right)^2\right)+\frac{4}{6}\left(1-\left(\frac{2}{4}\right)^2-\left(\frac{2}{4}\right)^2\right)=0.333$$

$$Gini_{Edu-大专}(D) = \frac{1}{6}\left(1-\left(\frac{0}{1}\right)^2-\left(\frac{1}{1}\right)^2\right)+\frac{5}{6}\left(1-\left(\frac{4}{5}\right)^2-\left(\frac{1}{5}\right)^2\right)=0.267$$

$$Gini_{Credit-良好}(D) = \frac{4}{6}\left(1-\left(\frac{3}{4}\right)^2-\left(\frac{1}{4}\right)^2\right)+\frac{2}{6}\left(1-\left(\frac{2}{2}\right)^2-\left(\frac{1}{2}\right)^2\right)=0.167$$

如上结果所示，由于变量 Edu 含有三种不同的值，故需要计算三对不同的条件基尼指数值，其中本科与非本科的二元划分对应的条件基尼指数为 0.444，硕士与非硕士的条件基尼指数为 0.333，大专与非大专的条件基尼指数为 0.267，由于最小值为 0.267，故将大专与非大专作为变量 Edu 的二元划分；而变量 Credit 只有两种值，故只需计算一次条件基尼指数即可，并且值为 0.167。

与信息增益类似，还需要考虑自变量对因变量的影响程度，即因变量的基尼指数下降速度的快慢，下降得越快，自变量对因变量的影响就越强。下降速度的快慢可用下面的式子衡量：

$$\triangle Gini(D) = Gini(D) - Gini_A(D)$$

所以，Edu 变量中大专与非大专组的基尼指数下降速度为$0.444-0.267=0.177$；Credit 变量的基尼指数下降速度为$0.444-0.167=0.277$。根据节点变量的选择原理，会优先考虑 Credit 变量用于根节点的条件判断，因为相比于 Edu 变量来说，它的基尼指数下降速度最大。

假如数据集中包含数值型的自变量，计算该变量的条件基尼指数与 10.1.1 小节中所介绍的数值型自变量信息增益的计算步骤完全一致，所不同的只是度量方法换成了基尼指数。同样，在选择变量的分割点时，需要从$n-1$个均值中挑选出使$Gini(D)$下降速度最大的$\bar{x}_i$作为连续型变量的分割点。

前面介绍了三种决策树节点变量的选择方法，其中 ID3 和 C4.5 都属于多分支的决策树，CART 则是二分支的决策树，在树生长完成后，最终根据叶节点中的样本数据决定预测结果。对于离散型的分类问题而言，叶节点中哪一类样本量最多，则该叶节点就代表了哪一类；对于数值型的预测问题，则将叶节点中的样本均值作为该节点的预测值。

Python 中的 sklearn 模块选择了一个较优的决策树算法，即 CART 算法，它既可以处理离散型的分类问题（分类决策树），也可解决连续型的预测问题（回归决策树）。这两种树分别对应 **DecisionTreeClassifier** 类和 **DecisionTreeRegressor** 类，接下来简单介绍一下这两个类的语法和参数含义：

```
DecisionTreeClassifier(criterion='gini', splitter='best', max_depth=None,
                min_samples_split=2, min_samples_leaf=1,
                min_weight_fraction_leaf=0.0,max_features=None,
                random_state=None, max_leaf_nodes=None,
                min_impurity_decrease=0.0, min_impurity_split=None,
                class_weight=None, presort=False)


DecisionTreeRegressor(criterion='mse', splitter='best', max_depth=None,
                min_samples_split=2, min_samples_leaf=1,
```

```
        min_weight_fraction_leaf=0.0, max_features=None,
        random_state=None, max_leaf_nodes=None,
        min_impurity_decrease=0.0, min_impurity_split=None,
        presort=False)
```

- criterion: 用于指定选择节点字段的评价指标，对于分类决策树，默认为'gini'，表示采用基尼指数选择节点的最佳分割字段; 对于回归决策树，默认为'mse'，表示使用均方误差选择节点的最佳分割字段。

- splitter: 用于指定节点中的分割点选择方法，默认为'best'，表示从所有的分割点中选择最佳分割点; 如果指定为'random'，则表示随机选择分割点。

- max_depth: 用于指定决策树的最大深度，默认为 None，表示树的生长过程中对深度不做任何限制。

- min_samples_split: 用于指定根节点或中间节点能够继续分割的最小样本量，默认为 2。

- min_samples_leaf: 用于指定叶节点的最小样本量，默认为 1。

- min_weight_fraction_leaf: 用于指定叶节点最小的样本权重，默认为 None，表示不考虑叶节点的样本权值。

- max_features: 用于指定决策树包含的最多分割字段数，默认为 None，表示分割时使用所有的字段，与指定'auto'效果一致; 如果为具体的整数，则考虑使用对应的分割字段数; 如果为 0~1 的浮点数，则考虑对应百分比的字段个数; 如果为'sqrt'，则表示最多考虑 $\sqrt{P}$ 个字段; 如果为'log2'，则表示最多使用 $log_2 P$ 个字段。

- random_state: 用于指定随机数生成器的种子，默认为 None，表示使用默认的随机数生成器。

- max_leaf_nodes: 用于指定最大的叶节点个数，默认为 None，表示对叶节点个数不做任何限制。

- min_impurity_decrease: 用于指定节点是否继续分割的最小不纯度值，默认为 0。

- min_impurity_split: 同参数 min_impurity_decrease 含义一致，该参数已在 0.21 版本剔除。

- class_weight: 用于指定因变量中类别之间的权重，默认为 None，表示每个类别的权重都相等; 如果为 balanced，则表示类别权重与原始样本中类别的比例成反比; 还可以通过字典传递类别之间的权重差异，其形式为 {class_label:weight}。

- presort: bool 类型参数，是否对数据进行预排序，默认为 False。如果数据集的样本量比较小，设置为 True 可以提高模型的执行速度; 如果数据集的样本量比较大，则不易设置为 True。

不管是 ID3、C4.5 还是 CART 决策树，在建模过程中都可能存在过拟合的情况，即模型在训练集上有很高的预测精度，但是在测试集上效果却不够理想。为了解决过拟合问题，通常会对决策树做剪枝处理，下一节将介绍有关决策树的几种剪枝方法。

10.2　决策树的剪枝

决策树的剪枝通常有两类方法，一类是预剪枝，另一类是后剪枝。预剪枝很好理解，就是在树的生长过程中就对其进行必要的剪枝，例如限制树生长的最大深度，即决策树的层数、限制决策树中间节点或叶节点中所包含的最小样本量以及限制决策树生成的最多叶节点数量等；后剪枝相对来说要复杂很多，它是指决策树在得到充分生长的前提下再对其返工修剪。常用的剪枝方法有误差降低剪枝法、悲观剪枝法和代价复杂度剪枝法等，下面将详细介绍这三种后剪枝方法的理论知识。

10.2.1　误差降低剪枝法

该方法属于一种自底向上的后剪枝方法，剪枝过程中需要结合测试数据集对决策树进行验证，如果某个节点的子孙节点都被剪去后，新的决策树在测试数据集上的误差反而降低了，则表明这个剪枝过程是正确的，否则就不能对其剪枝。为了使读者明白该方法的剪枝过程，以图 10-2 中的决策树为例，介绍该剪枝法的具体操作步骤。

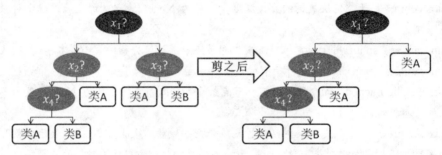

图 10-2　剪枝示意图

- 将决策树的某个非叶子节点作为剪枝的候选对象（如图中的x_3处节点），如果将其子孙节点删除（对应的两个叶节点），则x_3处的节点就变成了叶节点。
- 利用投票原则，将此处叶节点中频数最高的类别用作分类标准（如图中剪枝后该叶节点属于类 A）。
- 利用剪枝后的新树在测试数据集上进行预测，然后对比新树与老树在测试集上的误判样本量，如果新树的误判样本量低于老树的误判样本量，则将x_3处的中间节点替换为叶节点，否则不进行剪枝。
- 重复前面的三步，直到新的决策树能够最大限度地提高测试数据集上的预测准确率。

虽然该方法是最简单的后剪枝方法之一，但由于它需要结合测试数据集才能够实现剪枝，因此就可能导致剪枝过度的情况。为了避免剪枝过程中使用测试数据集便产生了悲观剪枝法，下面介绍该方法的实现原理和过程。

10.2.2　悲观剪枝法

该方法的剪枝过程恰好与误差降低剪枝法相反，它是自顶向下的剪枝过程。虽然不再使用独立的测试数据集，但是简单地将中间节点换成叶节点肯定会导致误判率的提升，为了能够对比剪枝前后的叶节点误判率，必须给叶节点的误判个数加上经验性的惩罚系数 0.5。所以，剪枝前后叶节点的误判率可以表示成：

$$\begin{cases} e'(T) = (E(T) + 0.5)/N \\ e'(T_t) = \left(\sum_{i=1}^{L}(E(t_i) + 0.5)\right) \Big/ \left(\sum_{i=1}^{L} N_i\right) \end{cases}$$

其中，$e'(T)$ 表示剪枝后中间节点 T 被换成叶节点的误判率；$e'(T_t)$ 表示中间节点 T 剪枝前其对应的所有叶节点的误判率；$E(T)$ 为中间节点 T 处的误判个数；$E(t_i)$ 为节点 T 下的所有叶节点误判个数；L 表示中间节点 T 对应的所有叶节点个数；N 表示中间节点 T 的样本个数；N_i 表示各叶节点中的样本个数，其实 $\sum_{i}^{L} N_{i=1} = N$。

对比剪枝前后叶节点误判率的标准就是，如果剪枝后叶节点的误判率期望在剪枝前叶节点误判率期望的一个标准差内，则认为剪枝是合理的，否则不能剪枝。可能读者在理解这种剪枝方法时比较困惑，这里举一个例子加以说明，一个剪枝示意图如图 10-3 所示。

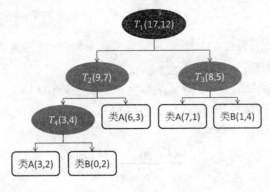

图 10-3　剪枝示意图

假设以 T_2 节点为例，剪枝前对应了 3 个叶节点，误判个数分别为 3,2,0；如果将其所有叶节点都剪掉，T_2 便成为了 T_1 的叶节点，误判样本数为 7。按照上面的计算公式，可以得到：

$$\begin{cases} e'(T) = \dfrac{(7 + 0.5)}{16} = 0.469 \\ e'(T_t) = \dfrac{(3 + 0.5 + 2 + 0.5 + 0 + 0.5)}{(9 + 5 + 2)} = 0.406 \end{cases}$$

现在的问题是，误判率 $e'(T_t)$ 的标准差该如何计算。由于误判率属于 0-1 分布，即每个节点中只有正确分类和错误分类两种情况，因此根据 0-1 分布的期望（np）和方差（$np(1-p)$）公式，可以得到的 $e'(T)$ 与 $e'(T_t)$ 的期望及 $e'(T_t)$ 的方差：

$$E\big(e'(T)\big) = N \times e'(T) = 16 \times \frac{(7 + 0.5)}{16} = 7.5$$

$$E\big(e'(T_t)\big) = N \times e'(T_t) = 6.5$$

$$\begin{aligned} Var\big(e'(T_t)\big) &= N \times e'(T_t) \times \big(1 - e'(T_t)\big) \\ &= 16 \times 0.406 \times (1 - 0.406) \\ &= 3.859 \end{aligned}$$

最后，根据剪枝的判断标准 $E\big(e'(T)\big) < E\big(e'(T_t)\big) + Std\big(e'(T_t)\big)$，可以判断 T_2 节点是否可以被剪枝：

$$7.5 < 6.5 + \sqrt{3.859}$$

很明显，上面所计算的不等式是满足条件的，所以可以认定T_2节点是需要进行剪枝、将其转换成叶节点的。通过上面的举例，相信读者应该理解悲观剪枝法的思路，接下来介绍一种基于目标函数的剪枝方法，即代价复杂度剪枝法。

10.2.3 代价复杂度剪枝法

从字面理解，该剪枝方法涉及两则信息，一则是代价，是指将中间节点替换为叶节点后误判率会上升；另一则是复杂度，是指剪枝后叶节点的个数减少，进而使模型的复杂度下降。为了平衡上升的误判率与下降的复杂度，需要加入一个系数α，故可以将代价复杂度剪枝法的目标函数写成：

$$C_\alpha(T) = C(T) + \alpha \cdot \left| N_{leaf} \right|$$

其中，$C(T) = \sum_{i=1}^{L} N_i \times H(i)$；$i$表示节点$T$下第$i$个叶节点；$N_i$为第$i$个叶节点的样本量；$H(i)$为第$i$个叶节点的信息熵；$\left|N_{leaf}\right|$为节点$T$对应的所有叶节点个数；$\alpha$就是调节参数。问题是参数$\alpha$该如何计算呢？可以通过下式推导所得：

节点T剪枝前的目标函数值为：$C_\alpha(T)_{before} = C(T)_{before} + \alpha \cdot \left|N_{leaf}\right|$

节点T剪枝后的目标函数值为：$C_\alpha(T)_{after} = C(T)_{after} + \alpha \cdot 1$

令$C_\alpha(T)_{before} = C_\alpha(T)_{after}$，得到：

$$\alpha = \frac{C(T)_{after} - C(T)_{before}}{\left|N_{leaf}\right| - 1}$$

通过上面的公式，可以计算出所有非叶子节点的α值，然后循环剪去最小α值所对应的节点树。下面结合图 10-4 来说明代价复杂度剪枝的详细过程。

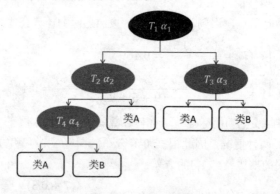

图 10-4 剪枝示意图

（1）对于一棵充分生长的树，不妨含有 4 个非叶子节点和 5 个叶子节点，根据计算α值的公式，可以得到所有非叶子节点对应的α值。

（2）挑选出最小的α值，不妨为α_3，然后对T_3进行剪枝，使其成为叶子节点，便得到一棵新树。

（3）接下来重新计算剩余非叶子节点所对应的α值。

（4）不断重复（2）和（3），直到决策树被剪枝成根节点，最终得到N棵新树。

（5）将测试数据集运用到N棵新树中，再从中挑选出误判率最低的树作为最佳的决策树。

如上介绍的三种决策树后剪枝方法都是比较常见的，其思路也比较通俗易懂，可惜的是 sklearn 模块并没有提供后剪枝的运算函数或"方法"。这并不意味着 sklearn 模块中的决策树算法没有实际的落地意义，因为它提供了决策树的预剪枝技术，如果预剪枝不够理想，读者还可以使用集成的随机森林算法，该算法综合了多棵决策树，可以很好地避免单棵决策树过拟合的可能。

10.3　随机森林

随机森林属于集成算法，"森林"从字面理解就是由多棵决策树构成的集合，而且这些子树都是经过充分生长的 CART 树；"随机"则表示构成多棵决策树的数据是随机生成的，生成过程采用的是 Bootstrap 抽样法。该算法有两大优点，一是运行速度快，二是预测准确率高，被称为最好用的算法之一。

该算法的核心思想就是采用多棵决策树的投票机制，完成分类或预测问题的解决。对于分类问题，将多棵树的判断结果用作投票，根据少数服从多数的原则，最终确定样本所属的类型；对于预测性问题，将多棵树的回归结果进行平均，最终用于样本的预测值。

假设用于建模的训练数据集中含有 N 个观测、P 个自变量和 1 个因变量，首先利用 Bootstrap 抽样法，从原始训练集中有放回地抽取出 N 个观测用于构建单棵决策树；然后从 P 个自变量中随机选择 p 个字段用于 CART 决策树节点的字段选择；最后根据基尼指数生长出一棵未经剪枝的 CART 树。最终通过多轮的抽样，生成 k 个数据集，进而组装成含有 k 棵树的随机森林。

按照如上的思想，将随机森林的建模过程形象地绘制出来，如图 10-5 所示，希望能够帮助读者理解其背后的实现原理。

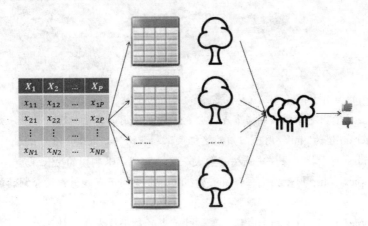

图 10-5　随机森林示意图

在图 10-5 中，最左边为原始的训练数据集，包含 N 个观测和 P 个自变量；最右边为随机森林的输出结果。可以将图 10-5 中随机森林的建模过程详细描述为：

- 利用 Bootstrap 抽样法，从原始数据集中生成 k 个数据集，并且每个数据集都含有 N 个观测和 P 个自变量。

- 针对每一个数据集，构造一棵 CART 决策树，在构建子树的过程中，并没有将所有自变量用作节点字段的选择，而是随机选择p个字段。
- 让每一棵决策树尽可能地充分生长，使得树中的每个节点尽可能"纯净"，即随机森林中的每一棵子树都不需要剪枝。
- 针对k棵 CART 树的随机森林，对分类问题利用投票法，将最高得票的类别用于最终的判断结果；对回归问题利用均值法，将其用作预测样本的最终结果。

从上面的描述可知，随机森林的随机性体现在两个方面，一是每棵树的训练样本是随机的，二是树中每个节点的分裂字段也是随机选择的。两个随机性的引入，使得随机森林不容易陷入过拟合。如果随机森林所生成的树的数量趋近无穷大，根据大数定律原理，可以认为训练误差与测试误差是相逼近的，也同样能够得到随机森林是不容易产生过拟合的结论。

sklearn 的子模块 ensemble 提供了产生随机森林的"类"RandomForestClassifier，该"类"的语法和参数含义如下：

```
RandomForestClassifier(n_estimators=10, criterion='gini', max_depth=None,
                       min_samples_split=2, min_samples_leaf=1,
                       min_weight_fraction_leaf=0.0, max_features='auto',
                       max_leaf_nodes=None, min_impurity_decrease=0.0,
                       bootstrap=True, oob_score=False,n_jobs=1,
                       random_state=None, verbose=0, warm_start=False,
                       class_weight=None)

RandomForestRegressor(n_estimators=10, criterion='mse', max_depth=None,
                      min_samples_split=2, min_samples_leaf=1,
                      min_weight_fraction_leaf=0.0, max_features='auto',
                      max_leaf_nodes=None, min_impurity_decrease=0.0,
                      min_impurity_split=None, bootstrap=True,
                      oob_score=False, n_jobs=1, random_state=None,
                      verbose=0, warm_start=False)
```

- n_estimators: 用于指定随机森林所包含的决策树个数。
- criterion: 用于指定每棵决策树节点的分割字段所使用的度量标准，用于分类的随机森林，默认的 criterion 值为'gini'；用于回归的随机森林，默认的 criterion 值为'mse'.
- max_depth: 用于指定每棵决策树的最大深度，默认不限制树的生长深度。
- min_samples_split: 用于指定每棵决策树根节点或中间节点能够继续分割的最小样本量，默认为 2。
- min_samples_leaf: 用于指定每棵决策树叶节点的最小样本量，默认为 1。
- min_weight_fraction_leaf: 用于指定每棵决策树叶节点最小的样本权重，默认为 None，表示不考虑叶节点的样本权值。
- max_features: 用于指定每棵决策树包含的最多分割字段数，默认为 None，表示分割时使用所有的字段。
- max_leaf_nodes: 用于指定每棵决策树最大的叶节点个数，默认为 None，表示对叶节点个数不做任何限制。

- min_impurity_decrease: 用于指定每棵决策树的节点是否继续分割的最小不纯度值, 默认为 0。
- bootstrap: bool 类型参数, 是否对原始数据集进行 bootstrap 抽样, 用于子树的构建, 默认为 True。
- oob_score: bool 类型参数, 是否使用包外样本计算泛化误差, 默认为 False, 包外样本是指每次 bootstrap 抽样时没有被抽中的样本。
- n_jobs: 用于指定计算随机森林算法的 CPU 个数, 默认为 1。
- random_state: 用于指定随机数生成器的种子, 默认为 None, 表示使用默认的随机数生成器。
- verbose: 用于指定随机森林计算过程中是否输出日志信息, 默认为 0, 表示不输出。
- warm_start: bool 类型参数, 是否基于上一次的训练结果进行本次的运算, 默认为 False。
- class_weight: 用于指定因变量中类别之间的权重, 默认为 None, 表示每个类别的权重都相等。

为了将前文所介绍的决策树和随机森林知识点应用到实战中, 这里使用两种数据集, 一种是用于分类问题的判断, 该数据集反映的是 Titanic 乘客在灾难中是否存活; 另一种是用于连续数值的预测, 该数据集反映的是肾功能患者在肾方面的健康指数。

10.4 决策树与随机森林的应用——肾病患者病情预测

本节将利用上面介绍的两种数据集, 对比决策树和随机森林在分类问题和预测问题上的拟合效果, 进而说明随机森林算法既可以提高预测准确率, 又可以在一定程度上避免决策树过拟合的现象。

10.4.1 分类问题的解决

本小节利用分类决策树和分类随机森林对 Titanic 数据集进行拟合, 该数据集一共包含 891 个观测和 12 个变量, 其中变量 Survived 为因变量, 1 表示存活, 0 表示未存活。首先预览一下该数据集的前几行:

```
# 导入第三方模块
import pandas as pd

# 读入数据
Titanic = pd.read_csv(r'C:\Users\Administrator\Desktop\Titanic.csv')
Titanic.head()
```

如表 10-4 所示, PassengerId 为乘客编号、Name 为乘客姓名、Ticket 为船票信息、Cabin 为客舱信息, 将这四个变量用于建模并没有实际意义, 故需要将它们从表中删除; Pclass 为船舱等级, 虽然为数字, 但仍然需要做哑变量处理, 因为它属于类别变量; 变量 Sex 和 Embarked 均为离散的字符型变量, 在建模之前都需要对其进行重编码, 如因子化处理、One-Hot 编码或哑变量处理等。接下来对该数据集进行清洗, 代码如下:

表 10-4   Titanic 数据集的前 5 行预览

	PassengerId	Survived	Pclass	Name	Sex	Age	SibSp	Parch	Ticket	Fare	Cabin	Embarked
0	1	0	3	Braund, Mr. Owen Harris	male	22.0	1	0	A/5 21171	7.2500	NaN	S
1	2	1	1	Cumings, Mrs. John Bradley (Florence Briggs Th...	female	38.0	1	0	PC 17599	71.2833	C85	C
2	3	1	3	Heikkinen, Miss. Laina	female	26.0	0	0	STON/O2. 3101282	7.9250	NaN	S
3	4	1	1	Futrelle, Mrs. Jacques Heath (Lily May Peel)	female	35.0	1	0	113803	53.1000	C123	S
4	5	0	3	Allen, Mr. William Henry	male	35.0	0	0	373450	8.0500	NaN	S

```
# 删除无意义的变量，并检查剩余变量是否含有缺失值
Titanic.drop(['PassengerId','Name','Ticket','Cabin'], axis = 1, inplace =
True)
Titanic.isnull().sum(axis = 0)

out:
Survived        0
Pclass          0
Sex             0
Age           177
SibSp           0
Parch           0
Fare            0
Embarked        2
```

如上结果所示，数据集中 Age 变量和 Embarked 变量各含有 177 个和 2 个缺失值，接下来分别对其使用均值填充法和众数填充法。由于 Age 变量的缺失个数比较多，故不直接用该字段的均值填充缺失值，而是按照性别对客户的缺失年龄分组填充，代码如下：

```
# 对 Sex 分组，用各组乘客的平均年龄填充各组中的缺失年龄
fillna_Titanic = []
for i in Titanic.Sex.unique():
    update = Titanic.loc[Titanic.Sex == i,].fillna(value = {'Age':
            Titanic.Age[Titanic.Sex == i].mean()})
    fillna_Titanic.append(update)
Titanic = pd.concat(fillna_Titanic)
# 使用 Embarked 变量的众数填充缺失值
Titanic.fillna(value = {'Embarked':Titanic.Embarked.mode()[0]},
            inplace=True)
```

接下来，还需要对数据集中的离散变量 Sex 和 Embarked 进行哑变量处理，便于后文决策树的解释，代码如下：

```
# 将数值型的 Pclass 转换为类别型，否则无法对其哑变量处理
Titanic.Pclass = Titanic.Pclass.astype('category')
```

```
# 哑变量处理
dummy = pd.get_dummies(Titanic[['Sex','Embarked','Pclass']])
# 水平合并 Titanic 数据集和哑变量的数据集
Titanic = pd.concat([Titanic,dummy], axis = 1)
# 删除原始的 Sex、Embarked 和 Pclass 变量
Titanic.drop(['Sex','Embarked','Pclass'], inplace=True, axis = 1)
Titanic.head()
```

如表 10-5 所示，构建的哑变量为表中右边的 8 个变量，由于决策树不对多重共线性敏感，故无须删除某类哑变量中的一个（如性别中的 Sex_female），而且二分支决策树也会对离散变量中的不同值做组合运算。

表 10-5　哑变量处理结果

	Survived	Age	SibSp	Parch	Fare	Sex_female	Sex_male	Embarked_C	Embarked_Q	Embarked_S	Pclass_1	Pclass_2	Pclass_3
0	0	22.00000	1	0	7.2500	0.0	1.0	0.0	0.0	1.0	0.0	0.0	1.0
2	1	26.00000	0	0	7.9250	1.0	0.0	0.0	0.0	1.0	0.0	0.0	1.0
4	0	35.00000	0	0	8.0500	0.0	1.0	0.0	0.0	1.0	0.0	0.0	1.0
5	0	25.14062	0	0	8.4583	0.0	1.0	0.0	1.0	0.0	0.0	0.0	1.0
7	0	2.00000	3	1	21.0750	0.0	1.0	0.0	0.0	1.0	0.0	0.0	1.0

1. 构建决策树模型

接下来，对预处理好的数据集进行建模和预测，代码如下：

```
# 导入第三方包
from sklearn import model_selection

# 取出所有自变量名称
predictors = Titanic.columns[1:]
# 将数据集拆分为训练集和测试集，且测试集的比例为 25%
X_train, X_test, y_train, y_test = model_selection.train_test_split
            (Titanic[predictors], Titanic.Survived, test_size = 0.25,
            random_state = 1234)
```

为了防止构建的决策树产生过拟合，需要对决策树进行预剪枝，如限制树生长的最大深度、设置决策树的中间节点能够继续分支的最小样本量以及叶节点的最小样本量等。为了能够得到比较理想的树，需要不断尝试不同组合的参数值。所幸的是，Python 提供了网格搜索法，可以帮助用户快速地进行各参数组合下的试错，网格搜索法的实现需要调用 GridSearchCV 类，该"类"存储在 sklearn 的子模块 model_selection 中。接下来利用 GridSearchCV 类选择最佳的参数组合，代码如下：

```
# 导入第三方模块
from sklearn.model_selection import GridSearchCV
from sklearn import tree

# 预设各参数的不同选项值
max_depth = [2,3,4,5,6]
min_samples_split = [2,4,6,8]
```

```
min_samples_leaf = [2,4,8,10,12]
# 将各参数值以字典形式组织起来
parameters = {'max_depth':max_depth, 'min_samples_split':min_samples_split,
              'min_samples_leaf':min_samples_leaf}
# 网格搜索法，测试不同的参数值
grid_dtcateg = GridSearchCV(estimator = tree.DecisionTreeClassifier(),
                            param_grid = parameters, cv=10)
# 模型拟合
grid_dtcateg.fit(X_train, y_train)
# 返回最佳组合的参数值
grid_dtcateg.best_params_

out:
{'max_depth': 3, 'min_samples_leaf': 4, 'min_samples_split': 2}
```

如上结果所示，经过 10 重交叉验证的网格搜索，得到各参数的最佳组合值为 3,4,2。根据经验，如果数据量比较小时，树的最大深度可设置在 10 以内，反之则需设置比较大的树深度，如 20 左右。接下来利用这个参数值构建分类决策树，代码如下：

```
# 构建分类决策树
CART_Class = tree.DecisionTreeClassifier(max_depth=3, min_samples_leaf=4,
                                         min_samples_split=2)
# 模型拟合
decision_tree = CART_Class.fit(X_train, y_train)
# 模型在测试集上的预测
pred = CART_Class.predict(X_test)
# 模型的准确率
print('模型在测试集的预测准确率: \n',metrics.accuracy_score(y_test, pred))
print('模型在训练集的预测准确率: \n', metrics.accuracy_score(y_train,
      CART_Class.predict(X_train)))

out:
模型在测试集的预测准确率:
 0.829596412556
```

如上结果所示，决策树在测试数据集上的预测准确率为 83.0%，总体来说，预测精度还是比较高的。但该准确率指标无法体现正例和负例的覆盖率，为了进一步验证模型在测试集上的预测效果，需要绘制 ROC 曲线，代码如下：

```
# 导入第三方包
import matplotlib.pyplot as plt

y_score = CART_Class.predict_proba(X_test)[:,1]
fpr,tpr,threshold = metrics.roc_curve(y_test, y_score)
# 计算 AUC 的值
roc_auc = metrics.auc(fpr,tpr)
```

```
# 绘制面积图
plt.stackplot(fpr, tpr, color='steelblue', alpha = 0.5, edgecolor = 'black')
# 添加边际线和对角线
plt.plot(fpr, tpr, color='black', lw = 1)
plt.plot([0,1],[0,1], color = 'red', linestyle = '--')
# 添加文本信息
plt.text(0.5,0.3,'ROC curve (area = %0.2f)' % roc_auc)
# 添加 x 轴与 y 轴标签
plt.xlabel('1-Specificity')
plt.ylabel('Sensitivity')
# 显示图形
plt.show()
```

如图 10-6 所示，ROC 曲线下的面积 AUC 为 0.85，超过 0.8，可以认为模型拟合效果比较理想。前文已经提过，决策树实际上就是一个含有 IF…THEN…逻辑的判断条件，为了展现决策树背后逻辑，这里将决策树进行可视化展现，代码如下：

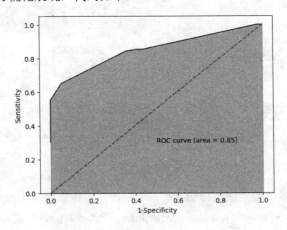

图 10-6　决策树的 ROC 曲线

```
# 导入第三方模块
from sklearn.tree import export_graphviz
from IPython.display import Image
import pydotplus
from sklearn.externals.six import StringIO

# 绘制决策树
dot_data = StringIO()
export_graphviz(
    decision_tree,
    out_file=dot_data,
    feature_names=predictors,
    class_names=['Unsurvived','Survived'],
    filled=True,
```

```
        rounded=True,
        special_characters=True
)
# 决策树展现
graph = pydotplus.graph_from_dot_data(dot_data.getvalue())
Image(graph.create_png())
```

如图 10-7 所示，通过对决策树的预剪枝，生长成一棵深度为 3 的树（根节点不算一层深度），根节点所选的变量为 Sex_male，并且以 0.5 作为分割点，其对应的左分支节点表示女性乘客，右分支节点为男性乘客。以决策树的最左边分支为例，解释背后的 IF...THEN 逻辑，如果该乘客是乘坐非三等舱的女性，并且票价小于等于 29.356，那么她将是一位幸存者。

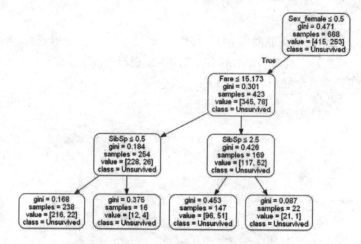

图 10-7　决策树的可视化（左半部分）

需要注意的是，读者在绘制决策树图之前，确保计算机中安装了 Graphviz 工具。读者可以前往 https://graphviz.gitlab.io/_pages/Download/Download_windows.html 下载，然后将解压文件中的 bin 路径设置到环境变量中，重新启动 Python 即可。

2. 构建随机森林模型

接下来对比使用随机森林算法，这样做的目的出于两方面：一方面是为了避免单棵决策树出现过拟合的可能；另一方面在某种程度上可以提高模型的预测准确率，代码如下：

```
# 导入第三方包
from sklearn import ensemble
# 构建随机森林
RF_class = ensemble.RandomForestClassifier(n_estimators=200,
random_state=1234)
# 随机森林的拟合
RF_class.fit(X_train, y_train)
# 模型在测试集上的预测
RFclass_pred = RF_class.predict(X_test)
# 模型的准确率
```

```
print('模型在测试集的预测准确率：\n',metrics.accuracy_score(y_test,
RFclass_pred))
```

out:

模型在测试集的预测准确率：
0.85201793722

如上结果所示，利用随机森林对数据进行分类，确实提高了测试数据集上的预测准确率，准确率超过 85%。同理，也对该模型产生的结果绘制 ROC 曲线，代码如下：

```
# 计算绘图数据
y_score = RF_class.predict_proba(X_test)[:,1]
fpr,tpr,threshold = metrics.roc_curve(y_test, y_score)
roc_auc = metrics.auc(fpr,tpr)
# 绘图
plt.stackplot(fpr, tpr, color='steelblue', alpha = 0.5, edgecolor = 'black')
plt.plot(fpr, tpr, color='black', lw = 1)
plt.plot([0,1],[0,1], color = 'red', linestyle = '--')
plt.text(0.5,0.3,'ROC curve (area = %0.2f)' % roc_auc)
plt.xlabel('1-Specificity')
plt.ylabel('Sensitivity')
plt.show()
```

如图 10-8 所示，AUC 值为 0.87，同样比单棵决策树的 AUC 高。最后，利用理想的随机森林算法挑选出影响乘客是否幸存的重要因素，代码如下：

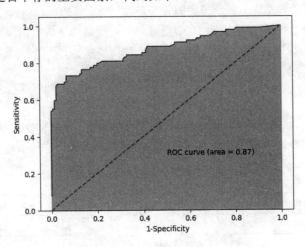

图 10-8　随机森林的 ROC 曲线

```
# 变量的重要性程度值
importance = RF_class.feature_importances_
# 构建含序列用于绘图
Impt_Series = pd.Series(importance, index = X_train.columns)
# 对序列排序绘图
Impt_Series.sort_values(ascending = True).plot('barh')
```

```
# 显示图形
plt.show()
```

如图 10-9 所示，对各自变量的重要性做了降序排列，其中最重要的前三个变量分别是乘客的年龄、票价和是否为女性，从而在一定程度上能够体现危难时机妇女和儿童优先被救援的精神。

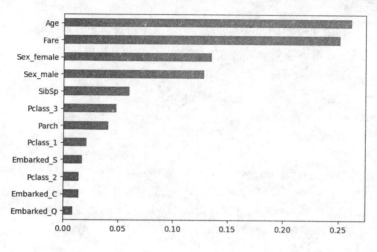

图 10-9　变量的重要性排序

10.4.2　预测问题的解决

本节继续使用决策树和随机森林算法进行项目实战，所不同的是因变量不再是离散的类别值，而是连续的数值。使用的数据集是关于患者的肾小球滤过率，该指标可以反映患者肾功能的健康状况，该数据集一共包含 28 009 条记录和 10 个变量。首先预览一下该数据集的前几行信息：

```
# 读入数据
NHANES = pd.read_excel(r'C:\Users\Administrator\Desktop\NHANES.xlsx')
NHANES.head()
```

如表 10-6 所示，数据集中的 CKD_epi_eGFR 变量即为因变量，它是连续的数值型变量，其余变量包含患者的年龄、性别、肤色、身体质量指数及高密度脂蛋白指数等。

表 10-6　肾功能数据的前 5 行预览

	age_months	sex	black	BMI	HDL	CKD_stage	S_Creat	cal_creat	meals_not_home	CKD_epi_eGFR
0	472	1	0	30.22	35	0	1.0	1.0	2	94.388481
1	283	1	1	29.98	43	0	1.1	1.1	1	109.086423
2	1011	2	0	24.62	51	0	0.8	0.8	1	67.700441
3	176	2	0	27.28	48	1	0.6	0.6	3	136.861679
4	534	1	0	33.84	37	0	0.9	0.9	2	103.510891

1. 构建决策树模型

由于数据集预先做了相应的清洗，这里就直接使用读入的数据进行建模，代码如下：

```
# 取出自变量名称
predictors = NHANES.columns[:-1]
# 将数据集拆分为训练集和测试集
X_train, X_test, y_train, y_test = model_selection.train_test_split
                    (NHANES[predictors], NHANES.CKD_epi_eGFR,
                    est_size = 0.25, random_state = 1234)
# 预设各参数的不同选项值
max_depth = [18,19,20,21,22]
min_samples_split = [2,4,6,8]
min_samples_leaf = [2,4,8,10,12]
parameters = {'max_depth':max_depth, 'min_samples_split':min_samples_split,
            'min_samples_leaf':min_samples_leaf}
# 网格搜索法，测试不同的参数值
grid_dtcateg = GridSearchCV(estimator = tree.DecisionTreeRegressor(),
                    param_grid = parameters, cv=10)
# 模型拟合
grid_dtcateg.fit(X_train, y_train)
# 返回最佳组合的参数值
grid_dtcateg.best_params_

out:
{'max_depth': 20, 'min_samples_leaf': 2, 'min_samples_split': 4}
```

如代码所示，由于训练数据集的样本量比较大，因此设置的树深度在 20 左右。经过 10 重交叉验证的网格搜索，得到各参数的最佳组合值为 20,2,4。接下来利用这个参数值构建回归决策树，代码如下：

```
# 构建用于回归的决策树
CART_Reg = tree.DecisionTreeRegressor(max_depth = 20, min_samples_leaf = 2,
                    min_samples_split = 4)
# 回归树拟合
CART_Reg.fit(X_train, y_train)
# 模型在测试集上的预测
pred = CART_Reg.predict(X_test)
# 计算衡量模型好坏的 MSE 值
metrics.mean_squared_error(y_test, pred)

out:
1.8355765418468155
```

由于因变量为连续型的数值，因此不能再使用分类模型中的准确率指标进行评估，而是使用均方误差 MSE 或均方根误差 RMSE，该指标越小，说明模型拟合效果越好。通过模型在测试集上的预测，计算得到 MSE 的值为 1.84。由于树的深度高达 20 层，不便于绘制决策树图，故这里就不再给出相应的绘图代码，如果读者感兴趣，可以参照 10.4.1 节中的决策树图形代码对回归树进行可视化。

2. 构建随机森林模型

接下来使用随机森林算法，重新对该数据集进行建模，进而比较与单棵回归决策树之间的差异，代码如下：

```
# 构建用于回归的随机森林
RF = ensemble.RandomForestRegressor(n_estimators=200, random_state=1234)
# 随机森林拟合
RF.fit(X_train, y_train)
# 模型在测试集上的预测
RF_pred = RF.predict(X_test)
# 计算模型的 MSE 值
metrics.mean_squared_error(y_test, RF_pred)

out:
0.89592317816584133
```

如上结果所示，随机森林算法在测试集上的 MSE 为 0.90，明显比单棵决策树的 MSE 小了一半，可以说明随机森林的拟合效果要比单棵回归树理想。最后，基于随机森林计算的变量重要性绘制条形图，代码如下：

```
# 构建变量重要性的序列
importance = pd.Series(RF.feature_importances_, index = X_train.columns)
# 排序并绘图
importance.sort_values().plot('barh')
plt.show()
```

如图 10-10 所示，影响模型预测准确率的三个主要因素分别是年龄、某尿液细胞指标和慢性肾脏病所属的阶段。

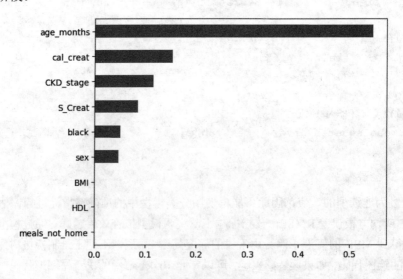

图 10-10　基于随机森林变量绘制的条形图

通过两个实战案例的介绍，相信读者已经掌握了决策树和随机森林的应用，通过比较可以得知两点，一方面说明决策树既可以解决分类问题（DecisionTreeClassifier），又可以解决预测问题（DecisionTreeRegressor）；另一方面说明随机森林在解决单棵决策树的过拟合时是一个非常不错的选择。

10.5　本章小结

本章介绍了有监督的学习模型，即决策树与随机森林。这两类模型都可以实现分类数据与连续数据的预测，更重要的是随机森林在计算量较低的情况下提高了预测准确率、防止了单棵决策树的过拟合。通过对比信息增益、信息增益率和基尼指数的运算，说明了 ID3、C4.5 和 CART 决策树在节点变量上的选择原理；为了避免决策树的过拟合，也讲解了几种常用的后剪枝方法；最后通过两个实战案例对比了决策树和随机森林算法之间的拟合效果，得到了随机森林算法具有更高的预测精度和更强的稳健性特点。通过本章内容的学习，读者可以将这两种常用的监督算法应用到实际的工作中，解决分类或预测性问题。

为了使读者掌握有关本章内容所涉及的函数和“方法”，这里将其重新梳理一下，以便读者查阅和记忆，见表 10-7。

表 10-7　Python 各模块的函数（方法）及函数说明

Python 模块	Python 函数或方法	函数说明
pandas	drop	删除数据框字段的函数
	isnull	判断数据框或序列元素是否为空的“方法”
	concat	根据轴完成数据横向或纵向的合并“方法”
	get_dummies	将离散变量转为哑变量的函数
	sort_values	对数据框或序列元素排序的“方法”
	plot	基于数据框或序列的绘图“方法”
sklearn	train_test_split	将数据集拆分为训练集和测试集的函数
	GridSearchCV	构建网格搜索的“类”
	best_params_	基于网格搜索返回最佳的参数组合
	DecisionTreeClassifier	构建分类决策树的“类”
	accuracy_score	计算模型分类准确率的函数
	predict_proba	基于模型预测样本各类别概率的“方法”
	roc_curve	构建绘制 ROC 曲线数据的函数
	RandomForestClassifier	构建用于分类的随机森林“类”
	feature_importances_	基于模型返回各自变量的重要性
	DecisionTreeRegressor	构建回归决策树的“类”
	RandomForestRegressor	构建用于回归的随机森林“类”
	export_graphviz	绘制决策树图的函数
pydotplus	graph_from_dot_data	生成决策树图数据的函数

10.6 课后练习

1. 一棵决策树中会包含根节点、中间节点和叶子节点，请问根节点与中间节点的字段选择往往都有哪些方法可以使用？
2. 信息增益率相比于信息增益，它的优点是什么？什么情况下，使用信息增益率比信息增益会更好？
3. CART 决策树可以使用哪种方法确定根节点或中间节点的字段信息？
4. 决策树的优点有哪些？当决策树产生过拟合时，可以使用哪些方法加以解决？
5. 随机森林采用的是什么思想？随机性具体可以表现在哪些方面？
6. 对于分类性问题，决策树是如何决策分类结果？对于预测性问题，随机森林是如何实现最终的结果预测？
7. 如下表所示，共包含 6 个变量和 16 条记录。请根据前面所学内容，分别对该数据构造决策树和随机森林模型，并通过比较，选出一个更优秀的模型。

ID	年龄段	是否有工作	有自己的房子	信贷情况	类别（是否给贷款）
1	青年	否	否	一般	否
2	青年	否	否	好	否
3	青年	是	否	好	是
4	青年	是	是	一般	是
5	青年	否	否	一般	否
6	中年	否	否	一般	否
7	中年	否	否	好	否
8	中年	是	是	好	是
9	中年	否	是	非常好	是
10	中年	否	是	非常好	是
11	老年	否	是	非常好	是
12	老年	否	是	好	是
13	老年	是	否	好	是
14	老年	是	否	非常好	是
15	老年	否	否	一般	否
16	老年	否	否	非常好	否

第**11**章

KNN 模型及应用

本章介绍的 KNN 模型仍然为有监督的学习算法，它的中文名称为 K 最近邻算法，同样是十大挖掘算法之一。与前 4 章所不同的是它属于"惰性"学习算法，即不会预先生成一个分类或预测模型，用于新样本的预测，而是将模型的构建与未知数据的预测同时进行。该算法和第 10 章介绍的决策树功能类似，既可以针对离散因变量做分类，又可以对连续因变量做预测，其核心思想就是比较已知 y 值的样本与未知 y 值样本的相似度，然后寻找最相似的 k 个样本用作未知样本的预测。该算法在实际的应用中还是非常普遍的，解决问题的思路通俗易懂，同样不需要高深的数据基础作为铺垫。

接下来，本章将详细介绍有关 KNN 模型的知识点，希望读者在学完本章内容后，可以掌握如下几方面的要点：

- KNN 算法的理论思想；
- 最佳 k 值的选择；
- 样本间相似度的度量方法；
- 几种常见的近邻样本搜寻方法；
- KNN 算法的应用实战。

11.1 KNN 算法的思想

K 最近邻算法，顾名思义就是搜寻最近的 k 个已知类别样本用于未知类别样本的预测。"最近"的度量就是应用点之间的距离或相似性。距离越小或相似度越高，说明它们之间越近，关于样本间的远近度量将在下一节中介绍。"预测"，对于离散型的因变量来说，从 k 个最近的已知类别样本中挑选出频率最高的类别用于未知样本的判断；对于连续型的因变量来说，则是将 k 个最近的已知样本均值用作未知样本的预测。为了能够使读者理解 KNN 算法的思想，简单绘制了如图 11-1 所示的示意图。

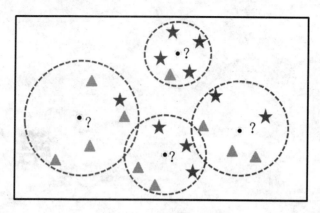

图 11-1   KNN 算法的示意图

如图 11-1 所示，假设数据集中一共含有两种类别，分别用五角星和三角形表示，待预测样本为各圆的圆心。如果以近邻个数 k=5 为例，就可以通过投票方式快速得到未知样本所属的类别。该算法的背后是如何实现上面分类的呢？它的具体步骤可以描述为：

- 确定未知样本近邻的个数 k 值。
- 根据某种度量样本间相似度的指标（如欧氏距离）将每一个未知类别样本的最近 k 个已知样本搜寻出来，形成一个个簇。
- 对搜寻出来的已知样本进行投票，将各簇下类别最多的分类用作未知样本点的预测。

通过上面的步骤，也能够解释为什么该算法被称为"惰性"学习算法，如果该算法仅仅接受已知类别的样本点，它是不会进行模型运算的，只有将未知类别样本加入到已知类别样本中，它才会执行搜寻工作，并将最终的分类结果返回出来。

所以，执行 KNN 算法的第一个任务就是指定最近邻的个数 k 值，接下来需要探讨 KNN 算法中该如何选择合理的 k 值。

11.2   最佳 k 值的选择

根据经验发现，不同的 k 值对模型的预测准确性会有比较大的影响，如果 k 值过于偏小，可能会导致模型的过拟合；反之，又可能会使模型进入欠拟合状态。为了使读者理解上述的含义，这里举两个极端的例子加以说明。

假设 k 值为 1 时，意味着未知样本点的类别将由最近的 1 个已知样本点所决定，投票功能将不再起效。对于训练数据集本身来说，其训练误差几乎为 0；但是对于未知的测试数据集来说，训练误差可能会很大，因为距离最近的 1 个已知样本点可以是异常观测也可以是正常观测。所以，k 值过于偏小可能会导致模型的过拟合。

假设 k 值为 N 时，意味着未知样本点的类别将由所有已知样本点中频数最高的类别所决定。所以，不管是训练数据集，还是测试数据集，都会被判为一种类别，进而导致模型无法在训练数据集和测试数据集上得到理想的准确率。进而可以说明，k 值越大，模型偏向于欠拟合的可能性就越大。

　　为了获得最佳的k值，可以考虑两种解决方案，一种是设置k近邻样本的投票权重，假设读者在使用 KNN 算法进行分类或预测时设置的k值比较大，担心模型发生欠拟合的现象，一个简单有效的处理办法就是设置近邻样本的投票权重，如果已知样本距离未知样本比较远，则对应的权重就设置得低一些，否则权重就高一些，通常可以将权重设置为距离的倒数；另一种是采用多重交叉验证法，该方法是目前比较流行的方案，其核心就是将k取不同的值，然后在每种值下执行m重的交叉验证，最后选出平均误差最小的k值。当然，还可以将两种方法的优点相结合，选出理想的k值，读者可以查看后文的实际案例，理解最佳k值的确定方法。

　　接下来，第二个任务就是选择一个用于度量样本间相似性的指标，这部分内容将在下一节中进行详细的介绍。

11.3　相似度的度量方法

　　如前文所说，KNN 分类算法的思想是计算未知分类的样本点与已知分类的样本点之间的距离，然后将未知分类最近的k个已知分类样本用作投票。所以该算法的一个重要步骤就是计算它们之间的相似性，那么，都有哪些距离方法可以用来度量点之间的相似度呢？这里简单介绍两种常用的距离公式，分别是欧式距离和曼哈顿距离，然后拓展两种相似度的度量指标，一个是余弦相似度，另一个是杰卡德相似系数。

11.3.1　欧式距离

　　该距离度量的是两点之间的直线距离，如果二维平面中存在两点$A(x_1, y_1)$、$B(x_2, y_2)$，则它们之间的直线距离为：

$$d_{A,B} = \sqrt{(x_1 - x_2)^2 + (y_1 - y_2)^2}$$

　　可以将如上的欧式距离公式反映到图 11-2 中，实际上就是直角三角形斜边的长度，即勾股定理的计算公式。

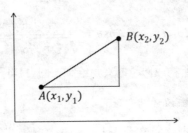

图 11-2　欧氏距离的几何理解

　　如果将点扩展到n维空间，则点$A(x_1, x_2, \cdots x_n)$、$B(y_1, y_2, \cdots y_n)$之间的欧式距离可以表示成：

$$d_{A,B} = \sqrt{(y_1 - x_1)^2 + (y_2 - x_2)^2 + \cdots + (y_n - x_n)^2}$$

11.3.2 曼哈顿距离

该距离也称为"曼哈顿街区距离"，度量的是两点在轴上的相对距离总和。所以，二维平面中两点 $A(x_1, y_1)$、$B(x_2, y_2)$ 之间的曼哈顿距离可以表示为：

$$d_{A,B} = |x_1 - x_2| + |y_1 - y_2|$$

将曼哈顿距离表示在图 11-3 中，读者就能够理解上面公式所表达的含义了：

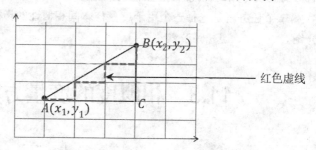

图 11-3　曼哈顿距离的几何理解

如图 11-3 所示，假设各网格线代表每一条街道，如果从 A 点出发，前往 B 点，则两点之间的距离可以是沿着红色虚线行走的路程之和。换句话说，虚线的长度之和其实就是 AC 与 CB 的路程和，即曼哈顿距离就是在轴上的相对距离总和。

同样，如果将点扩展到 n 维空间，则点 $A(x_1, x_2, \cdots x_n)$、$B(y_1, y_2, \cdots y_n)$ 之间的曼哈顿距离可以表示为：

$$d_{A,B} = |y_1 - x_1| + |y_2 - x_2| + \cdots + |y_n - x_n|$$

11.3.3 余弦相似度

该相似度其实就是计算两点所构成向量夹角的余弦值，夹角越小，则余弦值越接近于 1，进而能够说明两点之间越相似。对于二维平面中的两点 $A(x_1, y_1)$、$B(x_2, y_2)$ 来说，它们之间的余弦相似度可以表示为：

$$Similarity_{A,B} = Cos\theta = \frac{x_1 x_2 + y_1 y_2}{\sqrt{x_1^2 + y_1^2}\sqrt{x_2^2 + y_2^2}}$$

将 $A(x_1, y_1)$、$B(x_2, y_2)$ 两点所构成向量的夹角绘制在图 11-4 中，就能够理解夹角越小，两点越相似的结论。

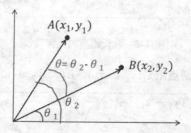

图 11-4　余弦相似度的几何理解

假设 A、B 代表两个用户从事某件事的意愿，意愿程度的大小用各自的夹角 θ_1 和 θ_2 表示，两个夹角之差 θ 越小，则说明两者的意愿方向越一致，进而他们的相似度越高（不管是相同的高意愿还是低意愿）。

如果将点扩展到 n 维空间，则点 $A(x_1, x_2, \cdots x_n)$、$B(y_1, y_2, \cdots y_n)$ 之间的余弦相似度可以用向量表示为：

$$Similarity_{A,B} = Cos\theta = \frac{\vec{A} \cdot \vec{B}}{\|\vec{A}\|\|\vec{B}\|}$$

其中，点·代表两个向量之间的内积，符号 $\|\ \|$ 代表向量的模，即 $l2$ 正则。

11.3.4　杰卡德相似系数

该相似系数与余弦相似度经常被用于推荐算法，计算用户之间的相似性。例如，A 用户购买了 10 件不同的商品，B 用户购买了 15 件不同的商品，则两者之间的相似系数可以表示为：

$$J(A,B) = \frac{|A\cap B|}{|A\cup B|}$$

其中，$|A\cap B|$ 表示两个用户所购买相同商品的数量，$|A\cup B|$ 代表两个用户购买所有产品的数量。例如，A 用户购买的 10 件商品中有 8 件与 B 用户一致，且两个用户一共购买了 17 件不同的商品，则它们的杰卡德相似系数为 8/17。按照上面的公式，杰卡德相似系数越大，代表样本之间越接近。

使用距离方法来度量样本间的相似性时，必须注意两点，一个是所有变量的数值化，如果某些变量为离散型的字符串，它们是无法计算距离的，需要对其做数值化处理，如构造哑变量或强制数值编码（例如将受教育水平中的高中、大学、硕士及以上三种离散值重编码为 0,1,2）；另一个是防止数值变量的量纲影响，在实际项目的数据中，不同变量的数值范围可能是不一样的，这样就会使计算的距离值受到影响，所以必须采用数据的标准化方法对其归一化，使得所有变量的数值具有可比性。

在确定好某种距离的计算公式后，KNN 算法就开始搜寻最近的 k 个已知类别样本点。实际上该算法在搜寻过程中是非常耗内存的，因为它需要不停地比较每一个未知样本与已知样本之间的距离。在接下来的一节中将介绍几种常用的近邻搜寻方法，包括暴力搜寻法、KD 树搜寻法和球树搜寻法，使用不同的搜寻方法往往会提升模型的执行效率。

11.4　近邻样本的搜寻方法

搜寻的实质就是计算并比较未知样本和已知样本之间的距离，最简单粗暴的方法就是全表扫描，该方法被称为暴力搜寻法。例如，针对某个未知类别的测试样本，需要计算它与所有已知类别的样本点之间的距离，然后从中挑选出最近的 k 个样本，再基于这 k 个样本进行投票，将票数最多的类别用作未知样本的预测。该方法简单而直接，可以将算法的扫描过程呈现在图 11-5 中。

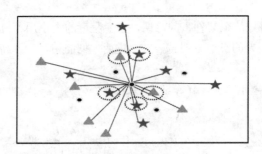

图 11-5　5 个近邻样本的选择

图 11-5 中的五角星和三角形代表两种已知类别的训练样本，黑点代表未知类别的测试样本。以某个未知类别样本点为例，计算它与所有已知样本点的距离，最终得到 5 个最近的样本（如图中的虚框所示），进而根据投票原则，将该未知样本预测为五角星代表的类别。以此类推，还需要计算其余未知类别样本与所有已知类别样本之间的距离，最终得到对应的预测结果。

虽然该搜寻方法简单粗暴、通俗易懂，但只能适合小样本的数据集，一旦数据集的变量个数和观测个数扩大时，KNN 算法的执行效率就会非常低下。其运算过程就相当于使用了两层 for 循环，不仅要迭代每一个未知类别的样本，还需要迭代所有已知类别的样本。为了避免全表扫描，科学家发明了 KD 树搜寻法和球树搜寻法，接下来将重点介绍这两种提高 KNN 执行效率的搜寻方法。

11.4.1　KD 树搜寻法

KD 树的英文名称为 K-Dimension Tree，它与第 10 章介绍的决策树类似，是一种二分支的树结构，这里的 K 表示训练集中包含的变量个数，而非 KNN 模型中的 K 个近邻样本。其最大的搜寻特点是先利用所有已知类别的样本点构造一棵树模型，然后将未知类别的测试集应用在树模型上，实现最终的预测功能。先建树后预测的模式，能够避免全表扫描，提高 KNN 模型的运行速度。KD 树搜寻法包含两个重要的步骤，第一个步骤是如何构造一棵二叉树，第二个步骤是如何实现最近邻的搜索。

1. KD 树的构造

由第 10 章的决策树内容可知，构造一棵树至少需要知道三方面的信息，首先是选用哪一个变量用作根节点或中间节点的分割字段；其次是分割字段的分割点该如何选择；最后是树生长的停止条件是什么。这三个问题的回答就能够描述 KD 树的构造过程：

（1）计算训练数据集中每个变量的方差，将最大方差的变量 x 用作根节点的字段选择。

（2）按照变量 x 对训练数据集做升序排序，并计算该变量对应的中位数 x^*（这里的中位数选择为 $x[len(x)//2]$），然后以 x^* 作为分割字段的分割点。此时，根节点可以被划分为两个子节点，左边的子节点存储所有 $x \leq x^*$ 的样本，右边的子节点存储所有 $x > x^*$ 的样本，分割点 x^* 则保留在根节点中。

（3）重复步骤（1）和（2），继续选择方差最大的变量和对应的中位数构造子树，直到满足停止生长的条件为止。

为了能够使读者理解上述 KD 树的构建过程，这里举一个简单的例子加以说明。假设该例子仅包含两个自变量 x 和 y，一共涉及 11 个已知类别的样本点，它们分别是(1,1)、(1,5)、(2,3)、(4,7)、

(5,2)、(6,4)、(7,1)、(8,8)、(9,2)、(9,5)、(10,3)。按照上面的操作步骤，可以构造成一棵 KD 树：

根节点字段的选择需要计算自变量 x 和 y 的方差，x 的方差为 9.87，y 的方差为 4.93，故选择变量 x 作为根节点字段。接下来将 11 个样本按照变量 x 升序排序，并计算得到变量 x 的中位数所对应的样本为(6,4)，故将该点保留在根节点内，然后选出所有 $x \leqslant 6$ 的样本放在根节点的左支内，剩余样本放在根节点的右支内。分别计算左、右节点内样本方差最大的变量和中位数，实现第二层中间节点的继续分支，这里就不详细计算了，读者可以查看图 11-6 中最终构造好的 KD 树。

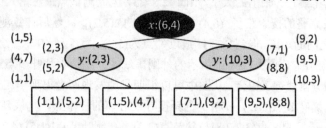

图 11-6 KD 树的构造过程

如图 11-6 所示，黑色椭圆为根节点，以 x 变量作为划分，并且以点(6,4)为分割点；浅色椭圆为中间节点，左节点以 y 变量作为划分，分割点为(2,3)，右节点以 y 变量作为划分，分割点为(10,3)；矩形为叶节点，保留所有无法继续划分的样本点。

所以，KD 树实际上是按照 K 维的数轴对数据进行划分，最终将 K 维空间切割为一个个超矩形体。仍然以上面的数据为例，将二维空间按照各分割点把数据切分开，如图 11-7 所示。

对于一个二维空间而言，如果按照 (6,4)、(2,3)和(10,3)三个点进行分割，可以得到如上所示的四个矩形区域，每一个区域所包含的样本点对应了 KD 树中叶节点的样本。

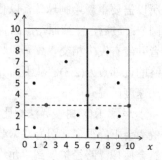

图 11-7 KD 树的空间分割

2. KD 树的搜寻

当一个未知类别的样本进入到 KD 树后，就会自顶向下地流淌到对应的叶节点中，并开始反向计算最近邻的样本。有关 KD 树的搜寻步骤可以描述为：

（1）将测试集中的某个数据点与当前节点（例如根节点或某个中间节点）所在轴的数据进行比较，如果未知类别的样本点所对应的轴数据小于等于当前节点的轴数据，则将该测试点流入到当前节点的左侧子节点中，否则流入到当前节点的右侧子节点中。

（2）重复步骤（1），直到未知类别的样本点落入对应的叶节点中，此时从叶节点中搜寻到"临时"的最近邻点，然后以未知类别的测试点为中心，以叶节点中的最近距离为半径，构成球体。

（3）按照起初流淌的顺序原路返回，从叶节点返回到上一层的父节点，检查步骤（2）中的球体是否与父节点构成的分割线相交，如果相交，需要从父节点和对应的另一侧叶节点中重新搜寻最近邻点。

（4）如果在步骤（3）中搜寻到比步骤（2）中的半径还小的新样本，则将其更新为当前最近邻点，并重新构造球体；否则，就返回到父节点的父节点，重新检查球体是否与分割线相交。

（5）不断重复迭代步骤（3）和（4），最终从所有已知类别的样本中搜寻出最新的近邻样本。

上述的步骤理解起来可能比较困难，为了使读者掌握 KD 树的搜寻步骤，这里不妨以测试集中的(3.2,2.8)点为例，解释最近邻样本的搜寻过程，如图 11-8 所示。

如图 11-8 所示，五角星就是测试点(3.2,2.8)。首先，根据图 11-6 中的 KD 树，比较测试点(3.2,2.8)与根节点(6,4)在 x 轴上的大小，由于 3.2≤6，所以该测试点会流入到根节点的左分支中，继续对比点(3.2,2.8)与中间节点(2,3)在 y 轴上的大小，由于 2.8≤3，因此测试点最终落入中间节点的左侧叶节点中，从而得到一条完整的搜索路径<(6,4)，(2,3)，[(1,1),(5,2)]>；然后计算测试点(3.2,2.8)与叶节点中的(1,1)和 (5,2)之间的距离，得到"临时"最近邻点为(5,2)，距离为 1.97，并绘制以测试点(3.2,2.8)为中心、1.97 为半径的圆（如图 11-8 中所示的外圈虚线圆）；接着从叶节点返回父节点(2,3)，检查外圈虚线圆是否与分割线 $y=3$ 相交，从图中可以很明显地发现两者出现了相交，所以需要进入父节点(2,3)和对应的右侧叶节点[(1,5),(4,7)]中重新搜寻最近邻的样本点，构成新的搜索路径<(6,4)，(2,3)，[(1,5),(4,7)]>；计算测试点(3.2,2.8)与父节点(2,3)、右侧叶节点[(1,5),(4,7)]之间的距离，得到最小距离为 1.22，对应的最新近邻点为父节点(2,3)，由于最小距离 1.22 小于外圈圆的半径 1.97，所以需要重新绘制球体，以测试点(3.2,2.8)为中心、1.22 为半径的圆（如图 11-8 中所示的内圈虚线圆）；最后，继续原路返回到根节点(6,4)，检查内圈虚线圆是否与分割线 $x=6$ 相交，从图中可知两者并没有发生相交，故无须对根节点(6,4)和对应的右侧子孙节点进行搜索，最终结束回流，得到最终的近邻点为(2,3)。从上面的搜寻过程来看，KD 树可以大大降低搜寻的范围，进而实现 KNN 算法速度的提升。

尽管 KD 树搜寻法相比于暴力搜寻法要快很多，但是该方法在搜寻分布不均匀的数据集时，效率会下降很多，因为根据节点切分的超矩形体都含有"角"。如果构成的球体与"角"相交，必然会使搜寻路径扩展到"角"相关的超矩形体内，从而增加了搜寻的时间。为了使读者理解"角"对搜寻速度的影响，可以对应查看图 11-9 所示的说明。

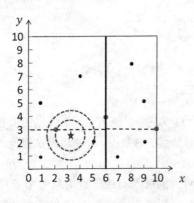

图 11-8　KD 树的搜索过程

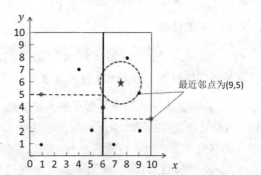

图 11-9　KD 树搜索过程中"角"的影响

图 11-9 所示的五角星为另一个测试点(x_i, y_i)，根据 KD 树自顶向下的搜寻过程得到搜寻路径为<(6,4)，(10,3)，[(9,5),(8,8)]>，计算测试点与叶节点中(9,5)和(8,8)之间的距离，得到最近邻为(9,5)、半径为 r，形成图中的虚线圆。原路返回到中间节点(10,3)，虚线圆并没有与 $y=3$ 的分割线相交，而是与根节点(6,4)对应的分割线 $x=6$ 发生了相交，恰好也与左下方矩形的右上角相交，按照 KD 树搜寻步骤，就需要从对应的矩形中搜寻最近邻样本点，但是从肉眼来看，这个搜寻过程其实是没有意

义的，因为在搜寻路径中已经获得了当前最近邻点(9,5)，而"角"对应的矩形区域样本与测试点 (x_i, y_i) 的距离均超过 r，不可能成为更近的近邻。

所以，为了避免这种情况的发生，提高 KNN 模型搜寻最近邻样本的速度，科学家提出了 Ball-Tree（球树）搜寻法。而且，根据经验所得，当数据集中的变量个数超过 20 时，KD 树的运行效率会被拉低。

11.4.2　球树搜寻法

球树搜寻法之所以能够解决 KD 树的缺陷，是因为球树将 KD 树中的超矩形体换成了超球体，没有了"角"，就不容易产生模棱两可的区域。对比球树的构造和搜寻过程，会发现与 KD 树的思想非常相似，所不同的是，球树的最优搜寻路径复杂度提高了，但是可以避免很多无谓样本点的搜寻。

1. 球树的构造

不同的超球体囊括了对应的样本点，超球体就相当于树中的节点，所以构造球体的过程就是构造树的过程，关键点就是球心的寻找和半径的计算。有关球树的构造步骤如下：

（1）首先构建一个超球体，这个超球体的球心是某线段的中点，而该线段就是球内所有训练样本点中两两距离最远的线段，半径就是最远距离的一半，从而得到的超球体就是囊括所有样本点的最小球体。

（2）然后从超球体内寻找离球心最远的点 p_1，接着寻找离点 p_1 最远的点 p_2，以这两个点为簇心，通过距离的计算，将剩余的样本点划分到对应的簇中心，从而得到两个数据块。

（3）最后重复步骤（1），将步骤（2）中的两个数据块构造成对应的最小球体，直到球体无法继续划分为止。

从上面的步骤可知，球树的根节点就是囊括所有训练数据集的最小超球体，根节点的两个子节点就是由步骤（2）中两个数据块构成的最小超球体。以此类推，可以不停地将数据划分到对应的最小超球体中，最终形成一棵球树。

为了使读者理解球树的构造，这里手工绘制一个球体分割图，如图 11-10 所示。

以二维数据为例，将已知类别的 9 个样本点按照球树的构造步骤得到如左图所示的分割。黑色实线圈为囊括 9 个样本点的最小圆，代表球树的根节点；两个稀疏虚线圈代表了根节点的两个子节点，对应的最小圆囊括了各自的数据块；继续划分，得到 4 个叶子节点，用图中的密集虚线圈表示。球体分割结束后得到对应的球树，如右图所示。球树节点中的数字代表了囊括的样本量。

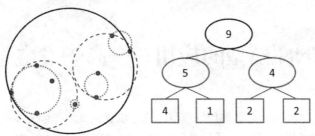

图 11-10　球树的构造过程

2. 球树的搜寻

球树在搜寻最近邻样本时与 KD 树非常相似，下面详细介绍球树在搜寻过程中的具体步骤：

（1）从球树的顶端到底端，寻找能够包含未知类别样本点所属的叶节点，并从叶节点的球体中寻找到距离未知类别样本点最近的点，得到相应的最近距离 d。

（2）回流到另一支的叶节点中，此时不再比较未知类别样本点与叶节点中的其他样本点之间的距离，而是计算未知类别样本点与叶节点对应的球心距离 D。

（3）比较距离 d、D 和步骤（2）中叶节点球体的半径 r，如果 $D > d + r$，则说明无法从叶节点中找到离未知类别样本点更近的点；如果 $D < d + r$，则需要回流到上一层父节点所对应的球体，并从球体中搜寻更近的样本点。

（4）重复步骤（2）和（3），直到回流至根节点，最终搜寻到离未知类别样本点最近的样本。

为了使读者理解上述的搜寻过程，可以对应查看如图 11-11 的说明。

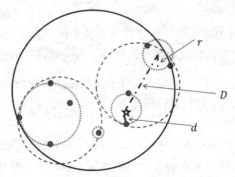

图 11-11　球树的搜寻过程

如图 11-11 所示，假设图中的五角星代表未知类别样本点，通过球树自上而下地流淌，最终流入密集虚线圈所代表的叶节点，并从叶节点的球体内找到最近的样本，距离为 d；回流到另一支叶节点所代表的球体，计算未知类别样本点与球体中心的距离 D；从图 11-11 中可知，距离 D 明显超过距离 d 与球体半径 r 的总和，说明不可能在另一支叶节点的球体内发现更近邻的样本。到此并不意味着搜寻的结束，还需要继续回流到父节点和根节点做相应的检查和搜寻。从图 11-11 来看，最近邻就是距离 d 所对应的样本点。

从球树搜寻过程中就可以发现，搜寻最近邻样本比较的是 D 和 $d + r$ 之间的关系，所以在兄弟节点中并不是迭代每一个样本点的距离而是直接计算距离 D，进而可以减少搜寻的次数，提高 KNN 算法的速度。

11.5　KNN 模型的应用——高炉发电量的预测

KNN 算法是一个非常优秀的数据挖掘模型，既可以解决离散型因变量的分类问题，也可以处理连续型因变量的预测问题，而且该算法对数据的分布特征没有任何要求。在本节的实战项目中，将利用该算法对学生知识的掌握程度作分类判别，以及对高炉发电量做预测分析。

Python 中的 sklearn 模块提供了有关 KNN 算法实现分类和预测的功能，该功能存在于子模块 neighbors 中，对于分类问题，需要调用 KNeighborsClassifier "类"，而对于预测问题，则需要调用 KNeighborsRegressor "类"。首先，针对这两个 "类" 的语法和参数含义做详细描述：

```
neighbors.KNeighborsClassifier(n_neighbors=5, weights='uniform',
                    algorithm='auto', leaf_size=30, p=2,
                    metric='minkowski', metric_params=None, n_jobs=1)

neighbors.KNeighborsRegressor(n_neighbors=5, weights='uniform',
                    algorithm='auto',leaf_size=30, p=2,
                    metric='minkowski', metric_params=None, n_jobs=1)
```

- n_neighbors：用于指定近邻样本个数 K，默认为 5。
- weights：用于指定近邻样本的投票权重，默认为'uniform'，表示所有近邻样本的投票权重一样；如果为'distance'，则表示投票权重与距离成反比，即近邻样本与未知类别的样本点距离越远，权重越小，反之，权重越大。
- algorithm：用于指定近邻样本的搜寻算法，如果为'ball_tree'，则表示使用球树搜寻法寻找近邻样本；如果为'kd_tree'，则表示使用 KD 树搜寻法寻找近邻样本；如果为'brute'，则表示使用暴力搜寻法寻找近邻样本。默认为'auto'，表示 KNN 算法会根据数据特征自动选择最佳的搜寻算法。
- leaf_size：用于指定球树或 KD 树叶子节点所包含的最小样本量，它用于控制树的生长条件，会影响树的查询速度，默认为 30。
- metric：用于指定距离的度量指标，默认为闵可夫斯基距离。
- p：当参数 metric 为闵可夫斯基距离时，p=1，表示计算点之间的曼哈顿距离；p=2，表示计算点之间的欧氏距离；该参数的默认值为 2。
- metric_params：为 metric 参数所对应的距离指标添加关键字参数。
- n_jobs：用于设置 KNN 算法并行计算所需的 CPU 数量，默认为 1 表示仅使用 1 个 CPU 运行算法，即不使用并行运算功能。

对比两个 "类" 的语法和参数，可以发现两者几乎是完全一样的，在笔者看来，有两个比较重要的参数，它们是 n_neighbors 和 weights，在实际的项目应用中需要对比各种可能的值，并从中挑出理想的参数值。为了将 KNN 算法的理论知识应用到实战中，接下来将利用这两个 "类" 做分类和预测分析。

11.5.1　分类问题的解决

对于分类问题的解决，将使用 Knowledge 数据集作为演示，该数据集来自于 UCI 主页（http://archive.ics.uci.edu/ml/datasets.html）。数据集一共包含 403 个观测和 6 个变量，首先预览一下该数据集的前几行信息：

```
# 导入第三方包
import pandas as pd
```

```
# 导入数据
Knowledge =
pd.read_excel(r'C:\Users\Administrator\Desktop\Knowledge.xlsx')
# 返回前 5 行数据
Knowledge.head()
```

如表 11-1 所示，行代表每一个被观察的学生；前 5 列分别为学生在目标学科上的学习时长（STG）、重复次数（SCG）、相关科目的学习时长（STR）、相关科目的考试成绩（LPR）和目标科目的考试成绩（PEG），这 5 个指标都已做了归一化的处理；最后一列是学生对知识掌握程度的高低分类（UNS），一共含有 4 种不同的值，分别为 Very Low、Low、Middle 和 High。 接下来，利用该数据集构建 KNN 算法的分类模型。

表 11-1　数据的前 5 行预览

	STG	SCG	STR	LPR	PEG	UNS
0	0.00	0.00	0.00	0.00	0.00	Very Low
1	0.08	0.08	0.10	0.24	0.90	High
2	0.06	0.06	0.05	0.25	0.33	Low
3	0.10	0.10	0.15	0.65	0.30	Middle
4	0.08	0.08	0.08	0.98	0.24	Low

为了验证模型的拟合效果，需要预先将数据集拆分为训练集和测试集，训练集用来构造 KNN 模型，测试集用来评估模型的拟合效果：

```
# 导入第三方模块
from sklearn import model_selection

X_train, X_test, y_train, y_test =
            model_selection.train_test_split(Knowledge[predictors],
            Knowledge.UNS,test_size = 0.25, random_state = 1234)
```

当数据一切就绪以后，按理应该构造 KNN 的分类模型，但是前提得指定一个合理的近邻个数 k，因为模型非常容易受到该值的影响。虽然 KNeighborsClassifier "类" 提供了默认的近邻个数 5，但并不代表该值就是合理的，所以需要利用多重交叉验证的方法，获取符合数据的理想 k 值：

```
# 导入第三方模块
import numpy as np
from sklearn import neighbors
import matplotlib.pyplot as plt

# 设置待测试的不同 k 值
K = np.arange(1,np.ceil(np.log2(Knowledge.shape[0]))).astype(int)
# 构建空的列表，用于存储平均准确率
accuracy = []
for k in K:
    # 使用10重交叉验证的方法，比对每一个 k 值下 KNN 模型的预测准确率
```

```
    cv_result = model_selection.cross_val_score
            (neighbors.KNeighborsClassifier(n_neighbors = k, weights =
            'distance'), X_train, y_train, cv = 10, scoring='accuracy')
    accuracy.append(cv_result.mean())
# 从 k 个平均准确率中挑选出最大值所对应的下标
arg_max = np.array(accuracy).argmax()
# 中文和负号的正常显示
plt.rcParams['font.sans-serif'] = ['Microsoft YaHei']
plt.rcParams['axes.unicode_minus'] = False
# 绘制不同 K 值与平均预测准确率之间的折线图
plt.plot(K, accuracy)
# 添加点图
plt.scatter(K, accuracy)
# 添加文字说明
plt.text(K[arg_max], accuracy[arg_max], '最佳 k 值为%s' %int(K[arg_max]))
# 显示图形
plt.show()
```

如图 11-12 所示，经过 10 重交叉验证的运算，确定最佳的近邻个数为 6 个。接下来，利用这个最佳的 *k* 值对训练数据集进行建模，并将建好的模型应用在测试数据集上：

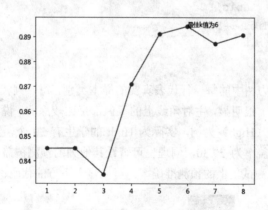

图 11-12　KNN 算法中最佳 K 值的选择

```
# 重新构建模型，并将最佳的近邻个数设置为 6
knn_class = neighbors.KNeighborsClassifier(n_neighbors = 6, weights =
'distance')
# 模型拟合
knn_class.fit(X_train, y_train)
# 模型在测试数据集上的预测
predict = knn_class.predict(X_test)
# 构建混淆矩阵
cm = pd.crosstab(predict,y_test)
cm
```

如表 11-2 所示，返回了模型在测试集上的混淆矩阵，单从主对角线来看，绝大多数的样本都被正确分类。由于人们对表格数据的敏感度没有图形高，因此这里将混淆矩阵绘制到热力图中，便于查看其中的规律：

表 11-2　预测结果的混淆矩阵

	High	Low	Middle	Very Low
High	29	0	0	0
Low	0	34	3	5
Middle	1	0	23	0
Very Low	0	0	0	6

```python
# 导入第三方模块
import seaborn as sns
# 将混淆矩阵构造成数据框，并加上字段名和行名称，用于行或列的含义说明
cm = pd.DataFrame(cm, columns = ['High','Low','Middle','Very Low'],
                index = ['High','Low','Middle','Very Low'])
# 绘制热力图
sns.heatmap(cm, annot = True,cmap = 'GnBu')
# 添加 x 轴和 y 轴的标签
plt.xlabel(' Real Lable')
plt.ylabel(' Predict Lable')
# 图形显示
plt.show()
```

如图 11-13 所示，热力图中的每一行代表真实的样本类别，每一列代表预测的样本类别，区块颜色越深对应的数值越高。很明显，主对角线上的颜色都是比较深的，说明绝大多数样本是被正确分类的。以图中的第一列（High）为例，实际为 High 的学生有 30 个，预测为 High 的学生为 29 个，说明 High 类别的覆盖率为 29/30，同理也可查看其他列的预测覆盖率。如果读者想根据如上的混淆矩阵，得到模型在测试集上的预测准确率，可以输入下方的代码：

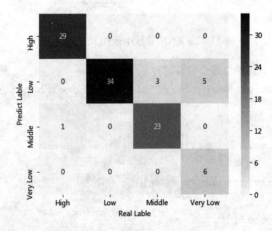

图 11-13　混淆矩阵的可视化展现

```
# 导入第三方模块
from sklearn import metrics
# 模型整体的预测准确率
metrics.scorer.accuracy_score(y_test, predict)
```

out:
```
0.91089108910891092
```

如上结果所示，模型的预测准确率为 91.09%。准确率的计算公式为：混淆矩阵中主对角线数字之和与所有数字之和的商。遗憾的是，该指标只能衡量模型的整体预测效果，却无法对比每个类别的预测精度、覆盖率等信息。如需计算各类别的预测效果，可以使用下面的代码：

```
# 分类模型的评估报告
print(metrics.classification_report(y_test, predict))
```

out:
```
              precision    recall    f1-score    support
       High       1.00       0.97       0.98        30
        Low       0.81       1.00       0.89        34
     Middle       0.96       0.88       0.92        26
   Very Low       1.00       0.55       0.71        11
avg / total       0.93       0.91       0.91       101
```

如上结果所示，前四行代表因变量 y 中的各个类别值，最后一行为各指标的综合水平；第一列 precision 表示模型的预测精度，计算公式为"预测正确的类别个数/该类别预测的所有个数"；第二列 recall 表示模型的预测覆盖率，计算公式为"预测正确的类别个数/该类别实际的所有个数"；第三列 f1-score 是对 precision 和 recall 的加权结果；第四列为类别实际的样本个数。

11.5.2　预测问题的解决

对于预测问题的实战，将使用 CCPP 数据集作为演示，该数据集涉及高炉煤气联合循环发电的几个重要指标，其同样来自于 UCI 网站。首先通过如下代码获知各变量的含义以及数据集的规模：

```
# 读入数据
ccpp = pd.read_excel(r'C:\Users\Administrator\Desktop\CCPP.xlsx')
ccpp.head()
ccpp.shape
```

out:
```
(9568, 5)
```

如表 11-3 所示，前 4 个变量为自变量，AT 表示高炉的温度、V 表示炉内的压力、AP 表示高炉的相对湿度、RH 表示高炉的排气量；最后一列为连续型的因变量，表示高炉的发电量。该数据集一共包含 9 568 条观测，由于 4 个自变量的量纲不一致，因此在使用 KNN 模型进行预测之前，需要对其做标准化处理：

表 11-3　数据的前 5 行预览

	AT	V	AP	RH	PE
0	14.96	41.76	1024.07	73.17	463.26
1	25.18	62.96	1020.04	59.08	444.37
2	5.11	39.40	1012.16	92.14	488.56
3	20.86	57.32	1010.24	76.64	446.48
4	10.82	37.50	1009.23	96.62	473.90

```
# 导入第三方包
from sklearn.preprocessing import minmax_scale

# 对所有自变量数据做标准化处理
predictors = ccpp.columns[:-1]
X = minmax_scale(ccpp[predictors])
```

同理，也需要将数据集拆分为两部分，分别用于用户模型的构建和模型的测试。使用训练集构建 KNN 模型之前，必须指定一个合理的近邻个数 k 值。这里仍然使用 10 重交叉验证的方法，所不同的是，在验证过程中，模型好坏的衡量指标不再是准确率，而是 MSE（均方误差）：

```
# 设置待测试的不同 k 值
K = np.arange(1,np.ceil(np.log2(ccpp.shape[0]))).astype(int)
# 构建空的列表，用于存储平均 MSE
mse = []
for k in K:
    # 使用 10 重交叉验证的方法，比对每一个 k 值下 KNN 模型的计算 MSE
    cv_result = model_selection.cross_val_score(neighbors.
        KNeighborsRegressor(n_neighbors = k, weights = 'distance'), X_train,
        y_train, cv = 10, scoring='neg_mean_squared_error')
    mse.append((-1*cv_result).mean())

# 从 k 个平均 MSE 中挑选出最小值所对应的下标
arg_min = np.array(mse).argmin()
# 绘制不同 K 值与平均 MSE 之间的折线图
plt.plot(K, mse)
# 添加点图
plt.scatter(K, mse)
# 添加文字说明
plt.text(K[arg_min], mse[arg_min] + 0.5, '最佳 k 值为%s' %int(K[arg_min]))
# 显示图形
plt.show()
```

如图 11-14 所示，经过 10 重交叉验证，得到最佳的近邻个数为 7。接下来，利用这个最佳的 k 值对训练数据集进行建模，并将建好的模型应用在测试数据集上：

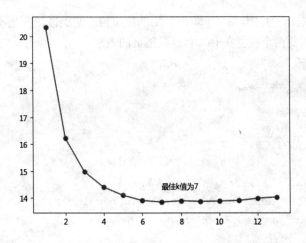

图 11-14　KNN 算法中最佳 K 值的选择

```
# 重新构建模型，并将最佳的近邻个数设置为 7
knn_reg = neighbors.KNeighborsRegressor(n_neighbors = 7, weights =
'distance')
# 模型拟合
knn_reg.fit(X_train, y_train)
# 模型在测试集上的预测
predict = knn_reg.predict(X_test)
# 计算 MSE 值
metrics.mean_squared_error(y_test, predict)
```

out:

```
12.814094947334913
```

如上结果所示，对于连续因变量的预测问题来说，通常使用 MSE 或 RMSE（均方误差根）评估模型的好坏，该值越小，说明预测值与真实值越接近。单看上面计算所得的 12.81 可能没有什么感觉，这里可以对比测试集中的真实数据和预测数据，查看两者之间的差异，不妨取出各自的前 10 行用于比较：

```
# 对比真实值和实际值
pd.DataFrame({'Real':y_test,'Predict':predict},
columns=['Real','Predict']).head(10)
```

out:

见表 11-4。

表 11-4　实际值与预测值的对比

实际值	435.68	442.90	449.01	449.75	455.20	453.49	479.14	446.71	429.80	474.40
预测值	437.68	443.10	448.76	445.56	453.01	455.46	476.54	445.57	430.82	474.40

通过对比发现，KNN 模型在测试集上的预测值与实际值非常接近，可以认为模型的拟合效果非常理想。

正如前文所说，KNN 算法与第 10 章所介绍的决策树非常类似，在建模时都对数据没有什么特殊要求，这里不妨对比两个模型在 CCPP 数据集上的表现：

```python
# 导入第三方模块
from sklearn import tree

# 预设各参数的不同选项值
max_depth = [19,21,23,25,27]
min_samples_split = [2,4,6,8]
min_samples_leaf = [2,4,8,10,12]
parameters = {'max_depth':max_depth, 'min_samples_split':min_samples_split,
              'min_samples_leaf':min_samples_leaf}
# 网格搜索法，测试不同的参数值
grid_dtreg = model_selection.GridSearchCV(estimator =
              tree.DecisionTreeRegressor(),param_grid = parameters, cv=10)
# 模型拟合
grid_dtreg.fit(X_train, y_train)
# 返回最佳组合的参数值
grid_dtreg.best_params_
```

out:
```
{'max_depth': 21, 'min_samples_leaf': 10, 'min_samples_split': 6}
```

由于决策树涉及的预剪枝参数比较多，故选择网格搜索法确定最佳的参数，同样经过 10 重交叉验证后，得到最佳的参数组合。接下来利用如上结果所示的参数构造预测回归树，并计算测试集上的 MSE 值：

```python
# 构建用于回归的决策树
CART_Reg = tree.DecisionTreeRegressor(max_depth = 21, min_samples_leaf = 10,
                          min_samples_split = 6)
# 回归树拟合
CART_Reg.fit(X_train, y_train)
# 模型在测试集上的预测
pred = CART_Reg.predict(X_test)
# 计算衡量模型好坏的 MSE 值
metrics.mean_squared_error(y_test, pred)
```

out:
```
16.143720228148151
```

如上结果所示，利用预测回归树模型对 CCPP 数据集进行建模，在测试集上计算得到的 MSE 值为 16.14。该值要大于 KNN 模型的 MSE 值，说明决策树模型在 CCPP 数据集上的拟合效果并没有 KNN 模型理想。

11.6　本 章 小 结

本章首次介绍了"惰性"学习算法——K 近邻算法（KNN），该算法在仅有的训练数据集下并不会计算得到一个分类器，只有将测试数据集运用到分类器中才会同时进入模型的训练和测试环节。该模型与决策树模型类似，都是使用投票原则，对于分类问题，近邻样本中票数最高的类别作为未知样本的判断；对于预测问题，则将近邻样本的均值用作未知样本的预测。本章的主要内容包含了 KNN 算法的理论思想、最近邻 k 值的选择、几种常见的相似度衡量指标、常用的近邻样本搜寻方法以及 KNN 算法在两类数据中的应用。通过本章内容的学习，读者可将前几章内容结合起来，对比不同算法之间的差异，从而在实际的工作中选择最合理的模型解决分类或预测问题。

为了使读者掌握有关本章内容所涉及的函数和"方法"，这里将其重新梳理一下，以便读者查阅和记忆，见表 11-5。

表 11-5　Python 各模块的函数（方法）及函数说明

Python 模块	Python 函数或方法	函数说明
pandas	read_excel	读取 Excel 文件的函数
	head	基于数据框返回前几行数据的"方法"
	columns	返回数据框的字段名称
numpy	argmax、argmin	返回数组中最大值与最小值所对应下标的"方法"
matplotlib	plot	绘制折线图的函数
	scatter	绘制散点图的函数
	text	给图形添加文本的函数
	show	显示图形的函数
sklearn	train_test_split	将数据集拆分为训练集和测试集的函数
	KNeighborsClassifier	构造用于分类的 K 近邻 "类"
	KNeighborsRegressor	构造用于回归的 K 近邻 "类"
	fit	基于"类"的模型拟合"方法"
	predict	基于"类"的模型预测"方法"
	confusion_matrix	构造混淆矩阵的函数
	accuracy_score	计算分类模型预测准确率的函数
	classification_report	返回模型在各类别上预测效果的函数
	mean_squared_error	返回 MSE 的函数
	minmax_scale	数据标准化的函数
seaborn	heatmap	绘制热力图的函数

11.7 课后练习

1. 请简单描述 K 近邻模型的思想，对于预测性问题和分类性问题，模型是如何实现数值预测或类别判断的？
2. 对于 K 近邻模型来说，有一个核心的问题就是如何确定最佳的 K 值，请根据本书介绍的内容，描述 K 值确定的方法。
3. "近邻"实际上是通过距离长短来判定未知点附近的邻居，请问距离的长短，通常可以使用哪些方法计算得到？
4. 请简单描述 KD 树搜寻法、球树搜寻法和暴力搜寻法的思想。
5. 如下表所示，为房价相关的数据（数据文件为 house_data.csv），包含房价、卧室个数、建筑年份等 21 个变量，请根据该数据构建 K 近邻模型，并从数据中抽取部分测试集用于预测。

price	bedrooms	bathrooms	sqft_living	sqft_lot	……	sqft_living15	sqft_lot15
221900	3	1	1180	5650		1340	5650
538000	3	2.25	2570	7242		1690	7639
180000	2	1	770	10000		2720	8062
604000	4	3	1960	5000		1360	5000
510000	3	2	1680	8080		1800	7503
1225000	4	4.5	5420	101930		4760	101930
257500	3	2.25	1715	6819		2238	6819
291850	3	1.5	1060	9711		1650	9711
229500	3	1	1780	7470		1780	8113
323000	3	2.5	1890	6560		2390	7570

第12章

朴素贝叶斯模型

朴素贝叶斯模型同样是流行的十大挖掘算法之一，属于有监督的学习算法，是专门用于解决分类问题的模型，而且该模型的数学理论并不是很复杂，只需要具备概率论与数理统计的部分知识点即可。该分类器的实现思想非常简单，即通过已知类别的训练数据集，计算样本的先验概率，然后利用贝叶斯概率公式测算未知类别样本属于某个类别的后验概率，最终以最大后验概率所对应的类别作为样本的预测值。

朴素贝叶斯模型在对未知类别的样本进行预测时具有几大优点，首先算法在运算过程中简单而高效；其次算法拥有古典概率的理论支撑，分类效率稳定；最后算法对缺失数据和异常数据不太敏感。同时缺点也是存在的，例如模型的判断结果依赖于先验概率，所以分类结果存在一定的错误率；对输入的自变量X要求具有相同的特征（如变量均为数值型或离散型或0-1型）；模型的前提假设在实际应用中很难满足等。

相信读者在学习数据挖掘相关知识的过程中一定听过垃圾邮箱识别的经典案例，它就是通过朴素贝叶斯分类器实现的。除此之外，朴素贝叶斯分类器还有其他的应用，常见的如电子设备中的手体字识别、广告技术中的推荐系统、医疗健康中的病情诊断、互联网金融中的欺诈识别等。

接下来，本章将详细介绍朴素贝叶斯分类模型相关的知识点，希望读者在学完本章内容后可以掌握如下几方面的要点：

- 朴素贝叶斯分类器的理论知识；
- 几种数据类型下的贝叶斯模型；
- 贝叶斯分类器的应用实战。

12.1　朴素贝叶斯理论基础

在介绍如何使用贝叶斯概率公式计算后验概率之前，先回顾一下概率论与数理统计中的条件概率和全概率公式：

$$P(B|A) = \frac{P(AB)}{P(A)}$$

如上等式为条件概率的计算公式，表示在已知事件A的情况下事件B发生的概率，其中$P(AB)$表示事件A与事件B同时发生的概率。所以，根据条件概率公式得到概率的乘法公式：$P(AB) = P(A)P(B|A) = P(B)P(A|B)$。

$$P(A) = \sum_{i=1}^{n} P(AB_i) = \sum_{i=1}^{n} P(B_i)P(A|B_i)$$

如上等式为全概率公式，其中事件$B_1, B_2, \dots, B_n$构成了一个完备的事件组，并且每一个$P(B_i)$ 均大于 0。该公式表示，对于任意的一个事件A来说，都可以表示成n个完备事件组与其乘积的和。

在具备上述的基础知识之后，再来看看贝叶斯公式。如前文所说，贝叶斯分类器的核心就是在已知X的情况下，计算样本属于某个类别的概率，故这个条件概率的计算可以表示为：

$$P(C_i|X) = \frac{P(C_iX)}{P(X)} = \frac{P(C_i)P(X|C_i)}{\sum_{i=1}^{k} P(C_i)P(X|C_i)}$$

其中，C_i表示样本所属的某个类别。假设数据集的因变量y一共包含k个不同的类别，故根据全概率公式，可以将上式中的分母表示成$\sum_{i=1}^{k} P(C_i)P(X|C_i)$；再根据概率的乘法公式，可以将上式中的分子重新改写为$P(C_i)P(X|C_i)$。对于上面的条件概率公式而言，样本最终属于哪个类别C_i，应该将计算所得的最大概率值$P(C_i|X)$对应的类别作为样本的最终分类，所以上式可以表示为：

$$y = f(X) = P(C_i|X) = argmax \frac{P(C_i)P(X|C_i)}{\sum_{i=1}^{k} P(C_i)P(X|C_i)}$$

如上公式所示，对于已知的X，朴素贝叶斯分类器就是计算样本在各分类中的最大概率值。接下来详细拆解公式中的每一个部分，为获得条件概率的最大值，寻找最终的影响因素。分母$P(X) = \sum_{i=1}^{k} P(C_i)P(X|C_i)$是一个常量，它与样本属于哪个类别没有直接关系，所以计算$P(C_i|X)$的最大值就转换成了计算分子的最大值，即$argmax\ P(C_i)P(X|C_i)$；如果分子中的$P(C_i)$项未知的话，一般会假设每个类别出现的概率相等，只需计算$P(X|C_i)$的最大值，然而在绝大多数情况下，$P(C_i)$是已知的，它以训练数据集中类别C_i的频率作为先验概率，可以表示为N_{C_i}/N。

所以，现在的主要任务就是计算$P(X|C_i)$的值，即已知某个类别的情况下自变量X为某种值的概率。假设数据集一共包含p个自变量，则X可以表示成$(x_1, x_2, \cdots, x_p)$，进而条件概率$P(X|C_i)$可以表示为：

$$P(X|C_i) = P(x_1, x_2, \cdots, x_p|C_i)$$

很显然，条件联合概率值的计算还是比较复杂的，尤其是当数据集的自变量个数非常多的时候。为了使分类器在计算过程中提高速度，提出了一个假设前提，即自变量是条件独立的（自变量之间不存在相关性），所以上面的计算公式可以重新改写为：

$$P(X|C_i) = P(x_1, x_2, \ldots, x_p|C_i) = P(x_1|C_i)P(x_2|C_i)\cdots P(x_p|C_i)$$

如上式所示，将条件联合概率转换成各条件概率的乘积，进而可以大大降低概率值$P(X|C_i)$的运算时长。但问题是，在很多实际项目的数据集中，很难保证自变量之间满足独立的假设条件。根据这条假设，可以得到一般性的结论，即自变量之间的独立性越强，贝叶斯分类器的效果就会越好；如果自变量之间存在相关性，就会在一定程度上提高贝叶斯分类器的错误率，但通常情况下，贝叶斯分类器的效果不会低于决策树。

接下来的章节将介绍如何计算$P(C_i)P(x_1|C_i)P(x_2|C_i)\cdots P(x_p|C_i)$的最大概率值，从而实现一个未知类别样本的预测。

12.2 几种贝叶斯模型

自变量X的数据类型可以是连续的数值型，也可以是离散的字符型，或者是仅含有 0-1 两种值的二元类型。通常会根据不同的数据类型选择不同的贝叶斯分类器，例如高斯贝叶斯分类器、多项式贝叶斯分类器和伯努利贝叶斯分类器，下面将结合案例详细介绍这几种分类器的使用方法。

12.2.1 高斯贝叶斯分类器

如果数据集中的自变量X均为连续的数值型，则在计算$P(X|C_i)$时会假设自变量X服从高斯正态分布，所以自变量X的条件概率可以表示成：

$$P(x_j|C_i) = \frac{1}{\sqrt{2\pi}\sigma_{ji}} exp\left(-\frac{(x_j - \mu_{ji})^2}{2\sigma_{ji}^2}\right)$$

其中，x_j表示第j个自变量的取值，μ_{ji}为训练数据集中自变量x_j属于类别C_i的均值，σ_{ji}为训练数据集中自变量x_j属于类别C_i的标准差。所以，在已知均值μ_{ji}和标准差σ_{ji}时，就可以利用如上的公式计算自变量x_j取某种值的概率。

为了使读者理解$P(x_j|C_i)$的计算过程，这里虚拟一个数据集，并通过手工的方式计算某个新样本属于各类别的概率值。

如表 12-1 所示，假设某金融公司是否愿意给客户放贷会优先考虑两个因素，分别是年龄和收入。现在根据已知的数据信息考察一位新客户，他的年龄为 24 岁，并且收入为 8500 元，请问该公司是否愿意给客户放贷？手工计算$P(C_i|X)$的步骤如下：

表 12-1 适合高斯贝叶斯的数据类型

Age	Income	Loan
23	8000	1
27	12000	1
25	6000	0
21	6500	0
32	15000	1
45	10000	1
18	4500	0
22	7500	1
23	6000	0
20	6500	0

（1）因变量各类别频率

$$P(loan = 0) = 5/10 = 0.5$$
$$P(loan = 1) = 5/10 = 0.5$$

（2）均值

$$\mu_{Age_0} = 21.40 \qquad \mu_{Age_1} = 29.8$$
$$\mu_{Income_0} = 5900 \qquad \mu_{Income_1} = 10500$$

（3）标准差

$$\sigma_{Age_0} = 2.42 \qquad \sigma_{Age_1} = 8.38$$
$$\sigma_{Income_0} = 734.85 \qquad \sigma_{Income_1} 2576.81$$

（4）单变量条件概率

$$P(Age = 24|loan = 0) = \frac{1}{\sqrt{2\pi} \times 2.42} exp\left(-\frac{(24 - 21.4)^2}{2 \times 2.42^2}\right) = 0.0926$$

$$P(Age = 24|loan = 1) = \frac{1}{\sqrt{2\pi} \times 8.38} exp\left(-\frac{(24 - 29.8)^2}{2 \times 8.38^2}\right) = 0.0375$$

$$P(Income = 8500|loan = 0) = \frac{1}{\sqrt{2\pi} \times 734.85} exp\left(-\frac{(8500 - 5900)^2}{2 \times 734.85^2}\right)$$
$$= 1.0384 \times 10^{-6}$$

$$P(Income = 8500|loan = 1) = \frac{1}{\sqrt{2\pi} \times 2576.81} exp\left(-\frac{(8500 - 10500)^2}{2 \times 2576.81^2}\right)$$
$$= 1.1456 \times 10^{-4}$$

（5）贝叶斯后验概率

$$P(loan = 0|Age = 24, Income = 8500)$$
$$= P(loan = 0) \times P(Age = 24|loan = 0) \times P(Income = 8500|loan = 0)$$
$$= 0.5 \times 0.0926 \times 1.0384 \times 10^{-6} = 4.8079 \times 10^{-8}$$
$$P(loan = 1|Age = 24, Income = 8500)$$
$$= P(loan = 1) \times P(Age = 24|loan = 1) \times P(Income = 8500|loan = 1)$$
$$= 0.5 \times 0.0375 \times 1.1456 \times 10^{-4} = 2.1479 \times 10^{-6}$$

经过上面的计算可知，当客户的年龄为 24 岁，并且收入为 8500 时，被预测为不放贷的概率是 4.8079×10^{-8}，放贷的概率为 2.1479×10^{-6}，所以根据 $argmax\ P(C_i)P(X|C_i)$ 的原则，最终该金融公司决定给客户放贷。

高斯贝叶斯分类器的计算过程还是比较简单的，其关键的核心是假设数值型变量服从正态分布，如果实际数据近似服从正态分布，分类结果会更加准确。sklearn 模块提供了实现该分类器的计算功能，它就是 naive_bayes 子模块中的 GaussianNB 类。首先介绍一下该"类"的语法和参数含义：

```
GaussianNB(priors=None)
```

priors：用于指定因变量各类别的先验概率，默认以数据集中的类别频率作为先验概率。

由于该"类"仅包含一个参数，且参数的默认值是以各类别的频率作为先验概率，因此在调用 GaussianNB 类构造高斯贝叶斯分类器时，可以不传递任何参数值，接下来利用该分类器实现面部皮肤区分的判别。

12.2.2　高斯贝叶斯分类器的应用——面部皮肤的判别

面部皮肤区分数据集来自于 UCI 网站，该数据集含有两个部分，一部分为人类面部皮肤数据，该部分数据是由不同种族、年龄和性别人群的图片转换而成的；另一部分为非人类面部皮肤数据。两个部分的数据集一共包含 245 057 条样本和 4 个变量，其中用于识别样本是否为人类面部皮肤的因素是图片中的三原色 R、G、B，它们的值均落在 0~255；因变量为二分类变量，表示样本在对应的 R、G、B 值下是否为人类面部皮肤，其中 1 表示人类面部皮肤，2 表示非人类面部皮肤。

通常情况下，研究人员会对样本是否为人类面部皮肤更加感兴趣，所以需要将原始数据集中因变量为 1 的值设置为正例、因变量为 2 的值设置为负例，代码如下：

```
# 导入第三方包
import pandas as pd

# 读入数据
skin = pd.read_excel(r'C:\Users\Administrator\Desktop\Skin_Segment.xlsx')
# 设置正例和负例
skin.y = skin.y.map({2:0,1:1})
skin.y.value_counts()

out:
0    194198
1     50859
```

如上结果所示，因变量 0 表示负例，说明样本为非人类面部皮肤，一共包含 194 198 个观测；因变量 1 表示正例，说明样本为人类面部皮肤，一共包含 50 859 个观测；因变量值为 0 和 1 之间的比例为 5:1。接下来将该数据集拆分为训练集和测试集，分别用于模型的构建和模型的评估，代码如下：

```
# 导入第三方模块
from sklearn import model_selection
from sklearn import naive_bayes

# 样本拆分
X_train,X_test,y_train,y_test = model_selection.train_test_split
        (skin.iloc[:,:3], skin.y, test_size = 0.25, random_state=1234)
# 调用高斯朴素贝叶斯分类器的"类"
gnb = naive_bayes.GaussianNB()
```

```
# 模型拟合
gnb.fit(X_train, y_train)
# 模型在测试数据集上的预测
gnb_pred = gnb.predict(X_test)
# 各类别的预测数量
pd.Series(gnb_pred).value_counts()
```

out:

```
0    50630
1    10635
```

如上结果所示，通过构建高斯朴素贝叶斯分类器，实现测试数据集上的预测，经统计，预测为负例的一共有 50 630 条样本、预测为正例的一共有 10 635 条样本。为检验模型在测试数据集上的预测效果，需要构建混淆矩阵和绘制 ROC 曲线，其中混淆矩阵用于模型准确率、覆盖率、精准率指标的计算；ROC 曲线用于计算 AUC 值，并将 AUC 值与 0.8 相比，判断模型的拟合效果，代码如下：

```
# 导入第三方包
from sklearn import metrics
import matplotlib.pyplot as plt
import seaborn as sns

# 构建混淆矩阵
cm = pd.crosstab(gnb_pred,y_test)
# 绘制混淆矩阵图
sns.heatmap(cm, annot = True, cmap = 'GnBu', fmt = 'd')
# 去除 x 轴和 y 轴标签
plt.xlabel('Real')
plt.ylabel('Predict')
# 显示图形
plt.show()
```

```
print('模型的准确率为: \n',metrics.accuracy_score(y_test, gnb_pred))
print('模型的评估报告: \n',metrics.classification_report(y_test, gnb_pred))
模型的准确率为:
 0.922957643026
模型的评估报告:
```

	precision	recall	f1-score	support
0	0.93	0.97	0.95	48522
1	0.88	0.73	0.80	12743
avg / total	0.92	0.92	0.92	61265

如图 12-1 所示，将混淆矩阵做了可视化处理，其中主对角线的数值表示正确预测的样本量，剩余的 4 720 条样本为错误预测的样本。经过对混淆矩阵的计算，可以得到模型的整体预测准确率为 92.30%；进一步可以得到每个类别的预测精准率（precision=正确预测某类别的样本量/该类别的

预测样本个数）和覆盖率（recall=正确预测某类别的样本量/该类别的实际样本个数），通过准确率、精准率和覆盖率的对比，模型的预测效果还是非常理想的。接下来绘制 ROC 曲线，用于进一步验证得到的结论，代码如下：

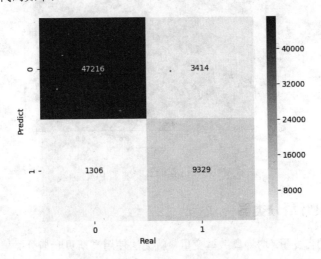

图 12-1　混淆矩阵的可视化展现

```
# 计算正例的预测概率，用于生成 ROC 曲线的数据
y_score = gnb.predict_proba(X_test)[:,1]
fpr,tpr,threshold = metrics.roc_curve(y_test, y_score)
# 计算 AUC 的值
roc_auc = metrics.auc(fpr,tpr)

# 绘制面积图
plt.stackplot(fpr, tpr, color='steelblue', alpha = 0.5, edgecolor = 'black')
# 添加边际线
plt.plot(fpr, tpr, color='black', lw = 1)
# 添加对角线
plt.plot([0,1],[0,1], color = 'red', linestyle = '--')
# 添加文本信息
plt.text(0.5,0.3,'ROC curve (area = %0.2f)' % roc_auc)
# 添加 x 轴与 y 轴标签
plt.xlabel('1-Specificity')
plt.ylabel('Sensitivity')
# 显示图形
plt.show()
```

如图 12-2 所示的 ROC 曲线，计算得到的 AUC 值为 0.94，超过用于评判模型好坏的阈值 0.8，故可以认为构建的贝叶斯分类器是非常理想的，进而验证了前文所得的结论。最后需要强调的是，利用高斯贝叶斯分类器对数据集进行分类时要求输入的数据集 X 为连续的数值型变量。

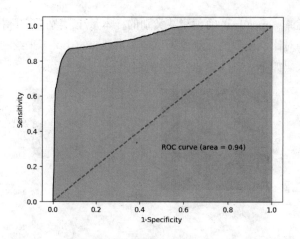

图 12-2　高斯贝叶斯分类器的 ROC 曲线

12.2.3　多项式贝叶斯分类器

如果数据集中的自变量 X 均为离散型变量，就无法使用高斯贝叶斯分类器，而应该选择多项式贝叶斯分类器。在计算概率值 $P(X|C_i)$ 时，会假设自变量 X 的条件概率满足多项式分布，故概率值 $P(X|C_i)$ 的计算公式可以表示为：

$$P(x_j = x_{jk}|C_i) = \frac{N_{ik} + \alpha}{N_i + n\alpha}$$

其中，x_{jk} 表示自变量 x_j 的取值；N_{ik} 表示因变量为类别 C_i 时自变量 x_j 取 x_{jk} 的样本个数；N_i 表示数据集中类别 C_i 的样本个数；α 为平滑系数，用于防止概率值取 0 可能，通常将该值取为 1，表示对概率值做拉普拉斯平滑；n 表示因变量的类别个数。

同样，为了使读者理解 $P(x_j = x_{jk}|C_i)$ 的计算过程，这里虚拟一个离散型自变量的数据集，并通过手工方式计算某个新样本属于各类别的概率值。

如表 12-2 所示，假设影响女孩是否参加相亲活动的重要因素有三个，分别是男孩的职业、受教育水平和收入状况；如果女孩参加相亲活动，则对应的 Meet 变量为 1，否则为 0。请问在给定的信息下，对于高收入的公务员，并且其学历为硕士的男生来说，女孩是否愿意参与他的相亲？接下来通过手动的方式，计算女生是否与该男生见面的概率，步骤如下：

表 12-2　适合多项式贝叶斯的数据类型

Ocuupation	Edu	Income	Meet
公务员	本科	中	1
公务员	本科	低	1
非公务员	本科	中	0
非公务员	本科	高	1
公务员	硕士	中	1
非公务员	本科	低	0
公务员	本科	高	1
非公务员	硕士	低	0
非公务员	硕士	中	0

步骤一： 因变量各类别频率

$$P(Meet = 0) = 4/10 = 0.4$$
$$P(Meet = 1) = 6/10 = 0.6$$

步骤二： 单变量条件概率

$$P(Occupation = 公务员|Meet = 0) = \frac{0+1}{4+2\times1} = \frac{1}{6}$$

$$P(Occupation = 公务员|Meet = 1) = \frac{4+1}{6+2\times1} = \frac{5}{8}$$

$$P(Edu = 硕士|Meet = 0) = \frac{2+1}{4+2\times1} = \frac{3}{6}$$

$$P(Edu = 硕士|Meet = 1) = \frac{2+1}{6+2\times1} = \frac{3}{8}$$

$$P(Income = 高|Meet = 0) = \frac{0+1}{4+2\times1} = \frac{1}{6}$$

$$P(Income = 高|Meet = 1) = \frac{3+1}{6+2\times1} = \frac{4}{8}$$

步骤三： 贝叶斯后验概率

$$P(Meet = 0|Occupation = 公务员, Edu = 硕士, Income = 高) = \frac{4}{10} \times \frac{1}{6} \times \frac{3}{6} \times \frac{1}{6} = \frac{1}{180}$$

$$P(Meet = 1|Occupation = 公务员, Edu = 硕士, Income = 高) = \frac{6}{10} \times \frac{5}{8} \times \frac{3}{8} \times \frac{4}{8} = \frac{18}{256}$$

经计算发现，当男生为高收入的公务员，并且受教育水平也很高时，女生愿意见面的概率约为 0.0703、不愿意见面的概率约为 0.0056。所以根据 $argmax\ P(C_i)P(X|C_i)$ 的原则，最终女生会选择参加这位男生的相亲。

需要注意的是，如果在某个类别样本中没有出现自变量 x_j 取某种值的观测时，条件概率 $P(x_j = x_{jk}|C_i)$ 就会为 0。例如，当因变量 Meet 为 0 时，自变量 Occupation 中没有取值为公务员的样本，所以就会导致单变量条件概率为 0，进而使得 $P(C_i)P(X|C_i)$ 的概率为 0。为了避免贝叶斯后验概率为 0 的情况，会选择使用平滑系数 α，这就是为什么自变量 X 的条件概率写成 $P(x_j = x_{jk}|C_i) = \frac{N_{ik} + \alpha}{N_i + n\alpha}$ 的原因。

多项式贝叶斯分类器的计算过程也同样比较简单，读者如需使用 Python 实现该分类器的构造，可以直接导入 sklearn 的子模块 naive_bayes 模块，然后调用 MultinomialNB 类。有关该"类"的语法和参数含义如下：

```
MultinomialNB(alpha = 1.0, fit_prior = True, class_prior = None)
```

- alpha: 用于指定平滑系数 α 的值，默认为 1.0。
- fit_prior: bool 类型参数，是否以数据集中各类别的比例作为 $P(C_i)$ 的先验概率，默认为 True。
- class_prior: 用于人工指定各类别的先验概率 $P(C_i)$，如果指定该参数，则参数 fit_prior 不再有效。

为了使读者理解多项式贝叶斯分类器的功效，接下来将使用 MultinomialNB 类进行项目实战，实战的内容就是根据蘑菇的各项特征判断其是否有毒。

12.2.4 多项式贝叶斯分类器的应用——蘑菇毒性的预判

蘑菇数据集来自于 UCI 网站，一共包含 8 124 条观测和 22 个变量，其中因变量为 type，表示蘑菇是否有毒，剩余的自变量是关于蘑菇的形状、表面光滑度、颜色、生长环境等。首先将该数据集读入 Python，并预览前 5 行数据，代码如下：

```
# 读取数据
mushrooms = pd.read_csv(r'C:\Users\Administrator\Desktop\mushrooms.csv')
# 数据的前 5 行，见表 12-3
mushrooms.head()
```

如表 12-3 所示，表中的所有变量均为字符型的离散值，由于 Python 建模过程中必须要求自变量为数值类型，因此需要对这些变量做因子化处理，即把字符值转换为对应的数值。接下来利用 pandas 模块中的 factorize 函数对离散的自变量进行数值转换，代码如下：

```
# 将字符型数据做因子化处理，将其转换为整数型数据
columns = mushrooms.columns[1:]
for column in columns:
    mushrooms[column] = pd.factorize(mushrooms[column])[0]
mushrooms.head()
```

表 12-3 数据的前 5 行预览

	type	cap_shape	cap_surface	cap_color	bruises	odor	gill_attachment	gill_spacing	gill_size	gill_color	...	stalk_surface_above
0	poisonous	convex	smooth	brown	yes	pungent	free	close	narrow	black	...	smooth
1	edible	convex	smooth	yellow	yes	almond	free	close	broad	black	...	smooth
2	edible	bell	smooth	white	yes	anise	free	close	broad	brown	...	smooth
3	poisonous	convex	scaly	white	yes	pungent	free	close	narrow	brown	...	smooth
4	edible	convex	smooth	gray	no	none	free	crowded	broad	black	...	smooth

5 rows × 22 columns

如表 12-4 所示，所有的字符型变量全部转换成了数值，而且每一列中的数值都代表了各自不同的字符值。需要注意的是，factorize 函数返回的是两个元素的元组，第一个元素为转换成的数值，第二个元素为数值对应的字符水平，所以在类型转换时，需要通过索引方式返回因子化的值。接着就可以使用多项式贝叶斯分类器对如上数据集进行类别的预测，为了实现模型的验证，需要将该数据集拆分为训练集和测试集，代码如下：

表 12-4 离散变量的数值化处理

	type	cap_shape	cap_surface	cap_color	bruises	odor	gill_attachment	gill_spacing	gill_size	gill_color	...	stalk_surface_above_r
0	poisonous	0	0	0	0	0	0	0	0	0	...	0
1	edible	0	0	1	0	1	0	0	1	0	...	0
2	edible	1	0	2	0	2	0	0	1	1	...	0
3	poisonous	0	1	2	0	0	0	0	0	1	...	0
4	edible	0	0	3	1	3	0	1	1	0	...	0

5 rows × 22 columns

```
# 将数据集拆分为训练集合测试集
Predictors = mushrooms.columns[1:]
X_train,X_test,y_train,y_test = model_selection.train_test_split
                                (mushrooms[Predictors],mushrooms['type'],
                                test_size = 0.25, random_state = 10)
# 构建多项式贝叶斯分类器的 "类"
mnb = naive_bayes.MultinomialNB()
# 基于训练数据集的拟合
mnb.fit(X_train, y_train)
# 基于测试数据集的预测
mnb_pred = mnb.predict(X_test)
# 构建混淆矩阵
cm = pd.crosstab(mnb_pred,y_test)
# 绘制混淆矩阵图
sns.heatmap(cm, annot = True, cmap = 'GnBu', fmt = 'd')
# 去除 x 轴和 y 轴标签
plt.xlabel('')
plt.ylabel('')
# 显示图形
plt.show()
```

见图 12-3。

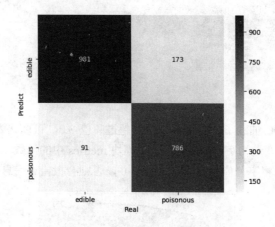

图 12-3　混淆矩阵的可视化展现

```
# 模型的预测准确率
print('模型的准确率为: \n',metrics.accuracy_score(y_test, mnb_pred))
print('模型的评估报告: \n',metrics.classification_report(y_test, mnb_pred))
模型的准确率为:
0.870014771049
模型的评估报告:
```

	precision	recall	f1-score	support
edible	0.85	0.92	0.88	1072

| poisonous | 0.90 | 0.82 | 0.86 | 959 |
| avg / total | 0.87 | 0.87 | 0.87 | 2031 |

在如上的混淆矩阵图中，横坐标代表测试数据集中的实际类别值，纵坐标为预测类别值，正确预测无毒的有 981 个样本，正确预测有毒的有 786 个样本。基于混淆矩阵的进一步运算，可以得到如上所示的两部分结果，并从中发现，模型在测试数据集上的整体预测准确率为 87%，而且从各类别值来看，无毒蘑菇的预测覆盖率为 92%、有毒蘑菇的预测覆盖率为 82%。总体来说，模型的预测效果还是非常理想的，接下来继续绘制 ROC 曲线，查看对应的 AUC 值的大小，代码如下：

```python
# 计算正例的预测概率，用于生成 ROC 曲线的数据
y_score = mnb.predict_proba(X_test)[:,1]
fpr,tpr,threshold = metrics.roc_curve(y_test.map ({'edible':0,
'poisonous':1}), y_score)
# 计算 AUC 的值
roc_auc = metrics.auc(fpr,tpr)

# 绘制面积图
plt.stackplot(fpr, tpr, color='steelblue', alpha = 0.5, edgecolor = 'black')
# 添加边际线
plt.plot(fpr, tpr, color='black', lw = 1)
# 添加对角线
plt.plot([0,1],[0,1], color = 'red', linestyle = '--')
# 添加文本信息
plt.text(0.5,0.3,'ROC curve (area = %0.2f)' % roc_auc)
# 添加 x 轴与 y 轴标签
plt.xlabel('1-Specificity')
plt.ylabel('Sensitivity')
# 显示图形
plt.show()
```

如图 12-4 所示，ROC 曲线下的面积为 0.94，超过阈值 0.8，可以认为模型的效果是可以接受的。需要注意的是，当因变量为字符型的值时，子模块 metrics 中的函数 roc_curve 必须传入数值型的因变量（如代码所示，将字符值和数值做了映射），否则会报错误信息。

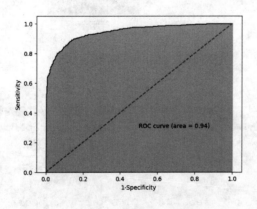

图 12-4　多项式贝叶斯分类器的 ROC 曲线

对于离散型自变量的数据集而言，在分类问题上并非都可以使用多项式贝叶斯分类器，如果自变量在特定 y 值下的概率不服从多项式分布的话，分类器的预测效果就不会很理想。通常情况下，会利用多项式贝叶斯分类器作文本分类，如一份邮件是否垃圾邮件、用户评论是否为正面等。

12.2.5 伯努利贝叶斯分类器

当数据集中的自变量 X 均为 0-1 二元值时（例如在文本挖掘中，判断某个词语是否出现在句子中，出现用 1 表示，不出现用 0 表示），通常会优先选择伯努利贝叶斯分类器。利用该分类器计算概率值 $P(X|C_i)$ 时，会假设自变量 X 的条件概率满足伯努利分布，故概率值 $P(X|C_i)$ 的计算公式可以表示为：

$$P(x_j|C_i) = px_j + (1-p)(1-x_j)$$

其中，x_j 为第 j 个自变量，取值为 0 或 1；p 表示类别为 C_i 时自变量取 1 的概率，该概率值可以使用经验频率代替，即

$$p = P(x_j = 1|C_i) = \frac{N_{x_j} + \alpha}{N_i + n\alpha}$$

其中，N_i 表示类别 C_i 的样本个数；N_{x_j} 表示在类别为 C_i 时，x_j 变量取 1 的样本量；α 为平滑系数，同样是为了避免概率为 0 而设置的；n 为因变量中的类别个数。

下面举一个通俗易懂的例子，并通过手工计算的方式来说明伯努利贝叶斯分类器在文本分类中的应用。

假设对 10 条评论数据做分词处理后，得到如表 12-5 所示的文档词条矩阵，矩阵中含有 5 个词语和 1 个表示情感的结果，其中类别为 0 表示正面情绪，1 表示负面情绪。如果一个用户的评论中仅包含"还行"一词，请问该用户的评论属于哪种情绪？接下来通过手动的方式，计算该用户的评论属于正面和负面的概率，步骤如下：

表 12-5　适合伯努利贝叶斯的数据类型

x_1=推荐	x_2=给力	x_3=吐槽	x_4=还行	x_5=太烂	类　　别
1	1	0	0	0	0
1	0	0	1	0	0
1	1	0	1	0	0
1	0	1	1	0	1
1	1	1	0	1	1
0	0	1	0	1	1
0	0	0	0	1	1
0	1	1	0	1	1
0	0	1	0	1	1
0	1	0	0	0	0

步骤一： 因变量各类别频率

$$P(类别 = 0) = 4/10 = 2/5$$
$$P(类别 = 1) = 6/10 = 3/5$$

步骤二：单变量条件概率

$$P(x_1 = 0|类别 = 0) = (1 + 1)/(4 + 2) = 1/3$$
$$P(x_1 = 0|类别 = 1) = (4 + 1)/(6 + 2) = 5/8$$
$$P(x_2 = 0|类别 = 0) = (1 + 1)/(4 + 2) = 1/3$$
$$P(x_2 = 0|类别 = 1) = (4 + 1)/(6 + 2) = 5/8$$
$$P(x_3 = 0|类别 = 0) = (4 + 1)/(4 + 2) = 5/6$$
$$P(x_3 = 0|类别 = 1) = (1 + 1)/(6 + 2) = 1/4$$
$$P(x_4 = 1|类别 = 0) = (2 + 1)/(4 + 2) = 1/2$$
$$P(x_4 = 1|类别 = 1) = (0 + 1)/(6 + 2) = 1/8$$
$$P(x_5 = 0|类别 = 0) = (4 + 1)/(4 + 2) = 5/6$$
$$P(x_5 = 0|类别 = 1) = (1 + 1)/(6 + 2) = 1/4$$

步骤三：贝叶斯后验概率

$$P(类别 = 0|x_1 = 0, x_2 = 0, x_3 = 0, x_4 = 1, x_5 = 0)$$
$$= \frac{2}{5} \times \frac{1}{3} \times \frac{1}{3} \times \frac{5}{6} \times \frac{1}{2} \times \frac{5}{6} = \frac{5}{324}$$
$$P(类别 = 1|x_1 = 0, x_2 = 0, x_3 = 0, x_4 = 1, x_5 = 0)$$
$$= \frac{3}{5} \times \frac{5}{8} \times \frac{5}{8} \times \frac{1}{4} \times \frac{1}{8} \times \frac{1}{4} = \frac{3}{4096}$$

如上结果所示，当用户的评论中只含有"还行"一词时，计算该评论为正面情绪的概率约为 0.015，评论为负面情绪的概率约为 0.00073，故根据贝叶斯后验概率最大原则将该评论预判为正面情绪。

伯努利贝叶斯分类器的计算与多项式贝叶斯分类器的计算非常相似，在文本分类问题中，如果构造的数据集是关于词语出现的次数，通常会选择多项式贝叶斯分类器进行预测；如果构造的数据集是关于词语是否会出现的 0-1 值，则会选择伯努利贝叶斯分类器进行预测。当读者需要构造伯努利贝叶斯分类器时，可以直接调用 sklearn 子模块 naive_bayes 中的 BernoulliNB 类。有关该"类"的语法和参数含义如下：

```
BernoulliNB (alpha = 1.0, binarize=0.0, fit_prior = True, class_prior = None)
```

- alpha：用于指定平滑系数α的值，默认为 1.0。
- binarize：如果该参数为浮点型数值，则将以该值为界限，当自变量的值大于该值时，自变量的值将被转换为 1，否则被转换为 0；如果该参数为 None 时，则默认训练数据集的自变量均为 0-1 值。
- fit_prior：bool 类型参数，是否以数据集中各类别的比例作为$P(C_i)$的先验概率，默认为 True。
- class_prior：用于人工指定各类别的先验概率$P(C_i)$，如果指定该参数，则参数 fit_prior 不再有效。

接下来将利用 Python 中的 BernoulliNB 类对用户的评价数据进行分类，分类的目的是预测用户的评价内容所表达的情绪（积极或消极）。

12.2.6　伯努利贝叶斯分类器的应用——评论的情感识别

用户对其购买的蚊帐进行评论，该数据集是通过爬虫的方式获得，一共包含 10 644 条评论，数据集中的 Type 变量为评论所对应的情绪。首先将爬虫获得的数据集读入 Python 中，并预览前几行数据，代码如下：

```
# 读入评论数据
evaluation = pd.read_excel(r'C:\Users\Administrator\Desktop\Contents.xlsx',
sheetname=0)
# 查看数据前 10 行
evaluation.head(10)
```

如表 12-6 所示，数据集包含 4 个字段，分别是用户昵称、评价时间、评价内容和对应的评价情绪。从评价内容来看，会有一些"脏"文本在内，如数字、英文等，所以需要将这些"脏"文本删除，代码如下：

表 12-6　数据的前 10 行预览

Content	Type
1、包装有破损；2、拉链处有线头阻碍拉链拉动；3、最过分的是没有安装说明，第一次安装可费劲了。	Negative
怎么&#039;上长&#039;给了我三根空杆，现在叫我怎么装啊	Negative
没有送货上门，失望。	Negative
挺不错的，就是破了个口子，不知道啥时候弄的，整体用的还不错，老婆怀孕了不能点蚊香，所以这是不…	Positive
东西不错，效果可以	Positive
质量极差，脱线极其严重！	Negative
一直使用，买了好几套，孩子喜欢	Positive
刚买回来，纹帐就有3个黄豆粒大小的小洞洞。	Negative
货超值，呵，下次再来。帮你做个广告，朋友们：这家店的货值。	Positive
一米八的床，杆子还没一米五！怎么拼？真是服了！\n	Negative

```
# 运用正则表达式，将评论中的数字和英文去除
evaluation.Content = evaluation.Content.str.replace('[0-9a-zA-Z]','')
evaluation.head()
```

见表 12-7。

表 12-7　文本数据清洗后的前 5 行预览

Content	Type
、包装有破损；、拉链处有线头阻碍拉链拉动；、最过分的是没有安装说明，第一次安装可费劲了。	Negative
怎么&#;上长&#;给了我三根空杆，现在叫我怎么装啊	Negative
没有送货上门，失望。	Negative
挺不错的，就是破了个口子，不知道啥时候弄的，整体用的还不错，老婆怀孕了不能点蚊香，所以这是不…	Positive
东西不错，效果可以	Positive

经过数据的初步清洗后，下一步要做的就是对文本进行切词，但在切词前，通常需要引入用

户自定义的词库和停止词。利用词典的目的是将无法正常切割的词实现正确切割（如"沙瑞金书记"会被切词为"沙""瑞金""书记"，为了避免这种情况，就需要将类似"沙瑞金"这样的词组合为词库），使用停止词的目的是将句子中无意义的词语删除（如"的""啊""我们"等）。

```python
# 导入第三方包(需要读者自行下载 jieba 模块)
import jieba

# 加载自定义词库
jieba.load_userdict(r'C:\Users\Administrator\Desktop\all_words.txt')
# 读入停止词
with open(r'C:\Users\Administrator\Desktop\mystopwords.txt',
encoding='UTF-8') as words:
    stop_words = [i.strip() for i in words.readlines()]
# 构造切词的自定义函数，并在切词过程中删除停止词
def cut_word(sentence):
    words = [i for i in jieba.lcut(sentence) if i not in stop_words]
    # 切完的词用空格隔开
    result = ' '.join(words)
    return(result)
# 调用自定义函数，并对评论内容进行批量切词
words = evaluation.Content.apply(cut_word)
# 前 5 行内容的切词效果
words[:5]

out:
0    包装 破损 拉链 处有 线头 阻碍 拉链 拉动 没有 安装 第一次 安装 费劲
1    上长 三根 空杆 装
2    没有 送货上门 失望
3    挺不错 破 口子 不知道 啥时候 弄 不错 老婆 怀孕 蚊香 不错
4    不错 效果
```

如上结果所示，通过调入第三方包 jieba 实现中文的切词，并在切词过程中加入自定义词库和删除停止词。接下来利用如上的切词结果，构造文档词条矩阵，矩阵的每一行代表一个评论内容，矩阵的每一列代表切词后的词语，矩阵的元素为词语在文档中出现的频次。代码如下：

```python
# 导入第三方包
from sklearn.feature_extraction.text import CountVectorizer

# 计算每个词在各评论内容中的次数，并将稀疏度为 99% 以上的词删除
counts = CountVectorizer(min_df = 0.01)
# 文档词条矩阵
dtm_counts = counts.fit_transform(words).toarray()
# 矩阵的列名称
columns = counts.get_feature_names()
# 将矩阵转换为数据框，即 X 变量
X = pd.DataFrame(dtm_counts, columns=columns)
```

```
# 情感标签变量
y = evaluation.Type
X.head()
```

如表 12-8 所示，将文档词条矩阵转换为数据框后得到一个庞大的稀疏矩阵，即数据框中的大部分值为 0。为了避免数据框的列数过多，在构造文档词条矩阵时做了相应的限制条件，即代码中的 CountVectorizer(min_df = 0.01)，表示词语所对应的文档数目必须在所有文档中至少占 1% 的比例，最终得到表 12-8 中所呈现的 99 个变量。有了如上的数据框，接下来要做的就是将数据集拆分为训练集和测试集，并利用训练集构建伯努利贝叶斯分类器，利用测试集对分类器的预测效果进行评估，具体代码如下：

表 12-8　切词后构成的文档——词条矩阵

	一根	下单	不值	不好	不想	不满意	不知道	不行	不错	买回来	...	还好	还行	退货	送货	速度	钢管	防蚊	非常好	颜色	麻烦
0	0	0	0	0	0	0	0	0	0	0	...	0	0	0	0	0	0	0	0	0	0
1	0	0	0	0	0	0	0	0	0	0	...	0	0	0	0	0	0	0	0	0	0
2	0	0	0	0	0	0	0	0	0	0	...	0	0	0	0	0	0	0	0	0	0
3	0	0	0	0	0	0	1	0	2	0	...	0	0	0	0	0	0	0	0	0	0
4	0	0	0	0	0	0	0	0	1	0	...	0	0	0	0	0	0	0	0	0	0

5 rows × 99 columns

```
# 将数据集拆分为训练集和测试集
X_train,X_test,y_train,y_test = model_selection.train_test_split(X,y,
                              test_size = 0.25,random_state=1)
# 构建伯努利贝叶斯分类器
bnb = naive_bayes.BernoulliNB()
# 模型在训练数据集上的拟合
bnb.fit(X_train,y_train)
# 模型在测试数据集上的预测
bnb_pred = bnb.predict(X_test)
# 构建混淆矩阵
cm = pd.crosstab(bnb_pred,y_test)
# 绘制混淆矩阵图
sns.heatmap(cm, annot = True, cmap = 'GnBu', fmt = 'd')
# 去除 x 轴和 y 轴标签
plt.xlabel('Real')
plt.ylabel('Predict')
# 显示图形
plt.show()
```

见图 12-5。

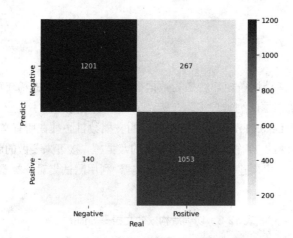

图 12-5　混淆矩阵的可视化展现

```
# 模型的预测准确率
print('模型的准确率为：\n',metrics.accuracy_score(y_test, bnb_pred))
print('模型的评估报告：\n',metrics.classification_report(y_test, bnb_pred))
模型的准确率为：
 0.84704998121
模型的评估报告：
             precision    recall    f1-score    support
   Negative       0.82       0.90        0.86       1341
   Positive       0.88       0.80        0.84       1320
avg / total       0.85       0.85        0.85       2661
```

如上结果所示，从混淆矩阵图形来看，伯努利贝叶斯分类器在预测数据集上的效果还是非常棒的，绝大多数的样本都被预测正确（因为主对角线上的数据非常大），而且总的预测准确率接近85%；从模型的评估报告来看，预测为消极情绪的覆盖率 0.9 相比于积极情绪的覆盖率 0.8 要更高一些，但总体来说模型的预测效果还是不错的。同理，再绘制一下关于模型在测试数据集上的 ROC 曲线，代码如下：

```
# 计算正例 Positive 所对应的概率，用于生成 ROC 曲线的数据
y_score = bnb.predict_proba(X_test)[:,1]
fpr,tpr,threshold =
metrics.roc_curve(y_test.map({'Negative':0,'Positive':1}), y_score)
# 计算 AUC 的值
roc_auc = metrics.auc(fpr,tpr)


# 绘制面积图
plt.stackplot(fpr, tpr, color='steelblue', alpha = 0.5, edgecolor = 'black')
# 添加边际线
plt.plot(fpr, tpr, color='black', lw = 1)
# 添加对角线
plt.plot([0,1],[0,1], color = 'red', linestyle = '--')
```

```
# 添加文本信息
plt.text(0.5,0.3,'ROC curve (area = %0.2f)' % roc_auc)
# 添加 x 轴与 y 轴标签
plt.xlabel('1-Specificity')
plt.ylabel('Sensitivity')
# 显示图形
plt.show()
```

如图 12-6 所示,绘制的 ROC 曲线所对应的 AUC 值为 0.93,同样是一个非常高的数值,再结合模型准确率、覆盖率等指标,可以认为该模型在测试数据集上的预测效果是非常理想的。需要说明的是,如果训练数据集是关于词语在各文档中出现的频次,直接调用 BernoulliNB 类是没有问题的,因为该"类"中参数 binarize 默认值为 0,即如果词的频次大于 0,则对应的变量值在模型运算时会转换成 1,否则转换为 0。

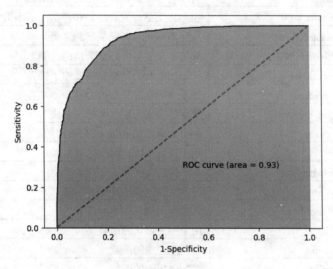

图 12-6 伯努利贝叶斯分类器的 ROC 曲线

12.3 本 章 小 结

本章介绍了有关三种朴素贝叶斯分类器,这三种分类器的选择主要依赖于自变量 X 数据的类型。如果自变量 X 均为连续的数值型,则需要选择高斯贝叶斯分类器;如果自变量 X 均表示为离散的数据类型,则需要选择多项式贝叶斯分类器;如果自变量 X 为 0-1 二元值,则需要选择伯努利贝叶斯分类器。朴素贝叶斯分类器的核心假设为自变量之间是条件独立的,该假设的主要目的是为了提高算法的运算效率,如果实际数据集中的自变量不满足独立性假设时,分类器的预测结果往往会产生错误。

本章的主要内容包含了三种朴素贝叶斯分类器的理论思想、运算过程和应用实战,通过本章内容的学习,读者可以对比三者的差异和应用场景,并从中选择合理的算法完成工作中的实际需求。

为了使读者掌握有关本章内容所涉及的函数和"方法"，这里将其重新梳理一下，以便读者查阅和记忆，见表 12-9。

表 12-9　Python 各模块的函数（方法）及函数说明

Python 模块	Python 函数或方法	函数说明
pandas	read_excel，read_csv	读取 Excel 和文本文件数据的函数
	DataFrame	构造数据框的函数
	map	基于序列的元素映射"方法"
	apply	基于序列或数据框的映射"方法"
	str.replace	基于字符型序列的元素替换"方法"
	value_counts	基于序列的元素频数统计"方法"
	crosstab	构造交叉表（如混淆矩阵）的函数
	factorize	将字符型变量做因子化处理的函数
sklearn	train_test_split	将数据集拆分为训练集和测试集的函数
	GaussianNB	构造高斯贝叶斯分类器的"类"
	MultinomialNB	构造多项式贝叶斯分类器的"类"
	BernoulliNB	构造伯努利贝叶斯分类器的"类"
	fit、predict	基于"类"的模型拟合和预测"方法"
	predict_proba	预测各类别出现概率的"方法"
	roc_curve	用于生成绘制 ROC 曲线数据的函数
	auc	用于计算 AUC 值的函数
	CountVectorizer	用于构造文档词条矩阵的"类"
	get_feature_names	返回文档词条矩阵列名称的"方法"
jieba	load_userdict	加载自定义词库的函数
	lcut	用于中文切词的函数
seaborn	heatmap	绘制热力图的函数
matplotlib	stackplot	绘制面积图的函数

12.4　课后练习

1. 请简述朴素贝叶斯模型的思想。
2. 朴素贝叶斯模型中有哪些假设前提？是出于什么原因存在这样的假设前提的？
3. 朴素贝叶斯模型有哪几种常见的类型，这些类型的模型都需要怎样的数据特征？
4. 多项式贝叶斯和伯努利贝叶斯分类器为什么需要平滑系数 α？
5. 如下表所示为旧金山犯罪类型数据（数据文件为 San Francisco Crime.csv），包含犯罪时间、犯罪类型、犯罪事件描述、犯罪事件发生在星期几以及犯罪地址等，共有 87 万多条记录。请根据该数据，构造贝叶斯模型。读者可以将该数据拆分为训练集和测试集，并使用测试集验证模型的效果。

Dates	Category	DayOfWeek	······	X	Y
2015/5/13 23:53	WARRANTS	Wednesday		-122.426	37.7746
2015/5/13 23:53	OTHER OFFENSES	Wednesday		-122.426	37.7746
2015/5/13 23:33	OTHER OFFENSES	Wednesday		-122.424	37.80041
2015/5/13 23:30	LARCENY/THEFT	Wednesday		-122.427	37.80087
2015/5/13 23:30	LARCENY/THEFT	Wednesday		-122.439	37.77154
2015/5/13 23:30	LARCENY/THEFT	Wednesday		-122.403	37.71343
2015/5/13 23:30	VEHICLE THEFT	Wednesday		-122.423	37.72514
2015/5/13 23:30	VEHICLE THEFT	Wednesday		-122.371	37.72756
2015/5/13 23:00	LARCENY/THEFT	Wednesday		-122.508	37.7766
2015/5/13 23:00	LARCENY/THEFT	Wednesday		-122.419	37.8078
2015/5/13 22:58	LARCENY/THEFT	Wednesday		-122.419	37.8078
2015/5/13 22:30	OTHER OFFENSES	Wednesday		-122.488	37.73767

第13章

SVM 模型及应用

SVM 是 Support Vector Machine 的简称，它的中文名为支持向量机，属于一种有监督的机器学习算法，可用于离散因变量的分类和连续因变量的预测。通常情况下，该算法相对于其他单一的分类算法（如 Logistic 回归、决策树、朴素贝叶斯、KNN 等）会有更好的预测准确率，主要是因为它可以将低维线性不可分的空间转换为高维的线性可分空间。由于该算法具有较高的预测准确率，所以其备受企业界的欢迎，如利用该算法实现医疗诊断、图像识别、文本分类、市场营销等。

该算法的思想就是利用某些支持向量所构成的"超平面"，将不同类别的样本点进行划分。不管样本点是线性可分的、近似线性可分的还是非线性可分的，都可以利用"超平面"将样本点以较高的准确度切割开来。需要注意的是，如果样本点为非线性可分，就要借助于核函数技术，实现样本在核空间下完成线性可分的操作。关键是"超平面"该如何构造，这在本章的内容中会有所介绍。

运用 SVM 模型对因变量进行分类或预测时具有几个显著的优点：例如，由于 SVM 模型最终所形成的分类器仅依赖于一些支持向量，这就导致模型具有很好的鲁棒性（增加或删除非支持向量的样本点，并不会改变分类器的效果）以及避免"维度灾难"的发生（模型并不会随数据维度的提升而提高计算的复杂度）；模型具有很好的泛化能力，一定程度上可以避免模型的过拟合；也可以避免模型在运算过程中出现的局部最优。当然，该算法的缺点也是明显的，例如模型不适合大样本的分类或预测，因为它会消耗大量的计算资源和时间；模型对缺失样本非常敏感，这就需要建模前清洗好每一个观测样本；虽然可以通过核函数解决非线性可分问题，但是模型对核函数的选择也同样很敏感；SVM 为黑盒模型（相比于回归或决策树等算法），对计算得到的结果无法解释。

SVM 的学习难点可能在于算法的理解和理论推导，本章将通过图形和示例的方式详细地介绍SVM 算法的相关知识点。通过本章内容的学习，希望读者可以掌握如下几方面的要点：

- SVM 的简介；
- 线性可分的 SVM；
- 线性 SVM；
- 非线性可分的 SVM；

- SVM 的回归预测；
- SVM 的应用与实战。

13.1　SVM 简介

正如前文所说，SVM 分类器实质上就是由某些支持向量构成的最大间隔的"超平面"，即分割平面。读者可能觉得"超平面"这个词比较抽象，其实说穿了就是不同维度空间下的分割，例如在一维空间中，如需将数据切分为两段，只需要一个点即可；在二维空间中，对于线性可分的样本点，将其切分为两类，只需一条直线即可；在三维空间中，将样本点切分开来，就需要一个平面；以此类推，在更高维度的空间内，可能就需要构造一个"超平面"将数据进行划分。

为了能够使读者比较清晰地理解"超平面"的含义，可以对比查看如图 13-1 所示的三幅图，它们分别表示一维数据、二维数据和三维数据的分割。

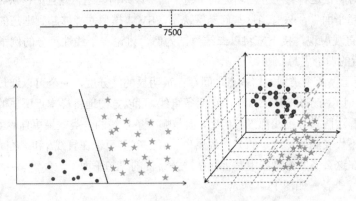

图 13-1　三种维度下的数据分割

如第一幅图所示，假设某贷款机构在对客户放贷时只考虑其收入一个维度的话，从图中可知，只需要设定点 $x=7500$，就可以将是否放贷的用户判断出来；在左下图中，如果影响某位女性参加相亲的因素有两个（分别为收入和年龄），只需一条 $Ax + By + C = 0$ 的直线就可以将样本点划分开来；在右下图中，假设判断肿瘤是否为良性的因素包含三种（肿瘤的颜色、形状大小以及肿瘤的核分裂状况），如需识别肿瘤是否为良性，可以构造一个 $Ax + By + Cz + D = 0$ 的切割面进行判断。

13.1.1　距离公式的介绍

在正式介绍 SVM 模型之前，需要讲解一些点与直线以及平行线之间的距离公式，因为在 SVM 模型的思想中会涉及距离的计算。假设二维空间中存在一个点 (x_0, y_0)，对于直线 $Ax + By + C = 0$ 而言，点到直线的距离可以表示为：

$$d = \frac{|Ax_0 + By_0 + C|}{\sqrt{A^2 + B^2}}$$

假设二维空间中存在两条平行线 $Ax + By + C_1 = 0$ 和 $Ax + By + C_2 = 0$，则它们之间的距离可以表示为：

$$d = \frac{|C_1 - C_2|}{\sqrt{A^2 + B^2}}$$

图 13-2 所示即为两种距离的图形表示。

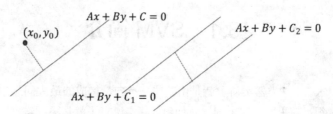

图 13-2　点与直线以及平行线之间距离的示意图

13.1.2　SVM 的实现思想

正如前文所介绍的，SVM 模型的核心是构造一个"超平面"，并利用"超平面"将不同类别的数据做划分。问题是这种具有分割功能的"超平面"该如何构造，并且如何从无数多个分割面中挑选出最佳的"超平面"，只有当这些问题解决了，SVM 模型才能够起到理想的分类效果。

为了图形的直观展现，接下来将以二维数据为例，讨论一个线性可分的例子，进而使读者理解 SVM 模型背后的理论思想。

如图 13-3 所示，两个类别的样本点之间存在很明显的区分度，完全可以通过直线将其分割开来。例如，图中绘制了两条分割直线，利用这两条直线，可以方便地将样本点所属的类别判断出来。虽然从直观上来看这两条分割线都没有问题，但是哪一条直线的分类效果更佳呢（训练样本点的分类效果一致，并不代表测试样本点的分类效果也一样）？甚至于在直线l_1和l_2之间还存在无数多个分割直线，那么在这么多的分割线中是否存在一条最优的"超平面"呢？

读者可以继续查看，如图 13-4 所示。

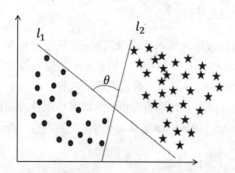

图 13-3　可选择的分割线

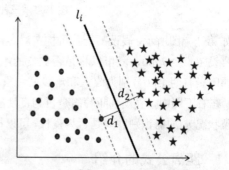

图 13-4　最佳分割线的选择

如图 13-4 所示，假设直线l_i是l_1和l_2之间的某条直线，它同样可以将两类样本点准确无误地划分出来。为了能够寻找到最优的分割面l_i，需要做三件事，首先计算两个类别中的样本点到直线l_i的距离；然后从两组距离中各挑选出一个最短的（如图中所示的距离d_1和d_2），继续比较d_1和d_2，再选出最短的距离（如图中的d_1），并以该距离构造"分割带"（如图中经平移后的两条虚线）；最后利用无穷多个分割直线l_i，构造无穷多个"分割带"，并从这些"分割带"中挑选出带宽最大的l_i。

　　这里需要解释的是，为什么要构造每一个分割线所对应的"分割带"。可以想象的是，"分割带"代表了模型划分样本点的能力或可信度，"分割带"越宽，说明模型能够将样本点划分得越清晰，进而保证模型泛化能力越强，分类的可信度越高；反之，"分割带"越窄，说明模型的准确率越容易受到异常点的影响，进而理解为模型的预测能力越弱，分类的可信度越低。对于"分割带"的理解，可以对比图 13-5 所示的两幅图形。

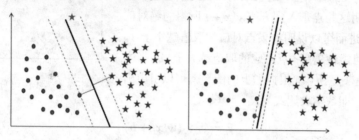

图 13-5　两种带宽下的分割线

　　如图 13-5 所示，左图的带宽明显要比右图宽很多，对于图中的异常五角星而言，左图既可以准确地识别出它所属的类别，但是右图就会识别错误。所以验证了关于"分割带"的说明，即分割线对应的"分割带"越宽越好，SVM 模型就是在努力寻找这个最宽的"带"。

　　根据如上的解释过程，可以将 SVM 模型的思想表达为一个数学公式，即 SVM 模型的目标函数为：

$$J(w, b, i) = arg_{w,b}\, maxmin(d_i)$$

　　其中，d_i 表示样本点 i 到某条固定分割面的距离；$min(d_i)$ 表示所有样本点与某个分割面之间距离的最小值；$arg_{w,b}maxmin(d_i)$ 表示从所有的分割面中寻找"分割带"最宽的"超平面"；其中 w 和 b 代表线性分割面的参数。假设线性分割面表示为 $w'x + b = 0$，则点到分割面的距离 d_i 可以表示为：

$$d_i = \frac{|w'x_i + b|}{\|w\|}$$

　　其中，$\|w\|$ 表示 w 向量的二范式，即 $\|w\| = \sqrt{w_1^2 + w_2^2 + \cdots + w_p^2}$。很显然，上面的目标函数 $J(w, b, i)$ 其实是无法求解的，因为对于上述的线性可分问题而言，可以得到无穷多个 w 和 b，进而无法通过穷举的方式得到最优的 w 和 b 值。为了能够解决这个问题，需要换个角度求解目标函数 $J(w, b, i)$，在接下来的几节内容中将会介绍有关线性可分的 SVM、近似线性可分的 SVM 以及非线性可分 SVM 的目标函数。

13.2　几种常见的 SVM 模型

13.2.1　线性可分的 SVM

　　以二分类问题为例，假设某条分割面可以将正负样本点区分开来，并且该分割面用 $w'x + b = 0$ 表示。如果样本点落在分割面的左半边，则表示负例，反之表示正例，呈现的图形如图 13-6 所示。

不妨将五角星所代表的正例样本用 1 表示，将实心圆所代表的负例样本用-1 表示；图中的实体加粗直线表示某条分割面；两条虚线分别表示因变量y取值为+1 和-1 时的情况，它们与分割面平行。从图中可知，不管是五角星代表的样本点，还是实心圆代表的样本点，这些点均落在两条虚线以及虚线之外，则说明这些点带入到方程$w'x + b$所得的绝对值一定大于等于 1。进而可以说明如果点对应的取值越小于-1，该样本为负例的可能性越高；点对应的取值越大于+1，样本为正例的可能性越高。所以，根据如上的图形就可以引申出函数间隔的概念，即数学表达式为：

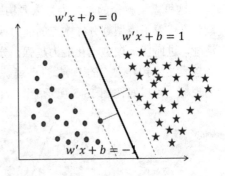

图 13-6 线性可分的 SVM 示意图

$$\widehat{\gamma_i} = y_i \times (w'x_i + b)$$

其中，y_i表示样本点所属的类别，用+1 和-1 表示。当$w'x_i + b$计算的值小于等于-1 时，根据分割面可以将样本点x_i对应的y_i预测为-1；当$w'x_i + b$计算的值大于等于+1 时，分割面会将样本点x_i对应的y_i预测为+1。故利用如上的乘积公式可以得到线性可分的 SVM 所对应的函数间隔满足$\widehat{\gamma_i} \geqslant 1$的条件。

直接将函数间隔利用到目标函数$J(w, b, i)$中会存在一个弊端，即当分割面中的参数w和b同比例增加时，所对应的$\widehat{\gamma_i}$值也会同比例增加，但这样的增加对分割面$w'x + b = 0$来说却丝毫没有影响。例如，将w和b同比例增加 1.5 倍，得到的$\widehat{\gamma_i}$值也会被扩大 1.5 倍，而分割面$w'x + b = 0$是没有变化的。所以，为了避免这样的问题，需要对函数间隔做约束，例如单位化处理，进而函数间隔可以重新表示为：

$$\gamma_i = \frac{\widehat{\gamma_i}}{\|w\|} = \frac{y_i \times (w'x_i + b)}{\|w\|} = \frac{|w'x_i + b|}{\|w\|} = d_i$$

巧妙的是，将函数间隔做单位化处理后，得到的γ_i值其实就是点x_i到分割面$w'x + b = 0$的距离，所以γ_i被称为几何间隔。有了几何间隔这个概念，再来看目标函数$J(w, b, i)$：

$$\begin{aligned} J(w, b, i) &= arg_{w,b}maxmin(d_i) \\ &= arg_{w,b}maxmin\frac{y_i \times (w'x_i + b)}{\|w\|} \\ &= arg_{w,b}max\frac{1}{\|w\|}min(y_i \times (w'x_i + b)) \\ &= arg_{w,b}max\frac{1}{\|w\|}min(\widehat{\gamma_i}) \end{aligned}$$

正如前文所提，线性可分的 SVM 所对应的函数间隔满足$\widehat{\gamma_i} \geqslant 1$的条件，故$min(\widehat{\gamma_i})$就等于 1。所以，可以将目标函数$J(w, b, i)$等价为如下的表达式：

$$\begin{cases} max \dfrac{1}{\|w\|} \\ s.t. \quad y_i \times (w'x_i + b) \geqslant 1 \end{cases}$$

由于最大化$\frac{1}{\|w\|}$与最小化$\frac{1}{2}\|w\|^2$是等价的，故可以将上面的表达式重新表示为：

$$\begin{cases} min\dfrac{1}{2}\|w\|^2 \\ s.t.\quad y_i \times (w'x_i + b) \geqslant 1 \end{cases}$$

现在的问题是如何根据不等式的约束，求解目标函数$\dfrac{1}{2}\|w\|^2$的最小值，关于这类凸二次规划问题的求解需要使用到拉格朗日乘子法。

首先介绍一下拉格朗日乘子法的相关知识点，假设存在一个需要最小化的目标函数$f(x)$，并且该目标函数同时受到$g(x) \leqslant 0$的约束。如需得到最优化的解，则需要利用拉格朗日对偶性将原始的最优化问题转换为对偶问题，即：

$$\begin{aligned} min(f(x)) &= min_x max_\lambda \big(L(x,\lambda)\big) \\ &= min_x max_\lambda \big(f(x) + \textstyle\sum_{i=1}^k \lambda_i g_i(x)\big) \end{aligned}$$

其中，$f(x) + \displaystyle\sum_{i=1}^k \lambda_i g_i(x)$为拉格朗日函数；$\lambda_i$即为拉格朗日乘子，且$\lambda_i > 0$。上式就称为广义拉格朗日函数的极小极大问题。在求解极小值问题时，还需要利用对偶性将极小极大问题转换为极大极小问题，即：

$$\begin{aligned} min(f(x)) &= max_\lambda min_x \big(L(x,\lambda)\big) \\ &= max_\lambda min_x \big(f(x) + \textstyle\sum_{i=1}^k \lambda_i g_i(x)\big) \end{aligned}$$

利用对偶性将最优化问题做等价转换是有好处的，一方面在极小值求解中无须对拉格朗日函数中的乘子λ_i求偏导；另一方面使计算过程变得易于理解。所以，在计算目标函数的极值时，分两步求偏导即可，先对极小值部分做x的偏导，再对极大值部分做λ_i偏导，通过两步运算，最终计算出目标函数所对应的参数值。

根据如上介绍的拉格朗日乘子法的数学知识，就可以将线性可分 SVM 模型的目标函数重新表示为：

$$\begin{aligned} min\dfrac{1}{2}\|w\|^2 &= max_\alpha min_{w,b}\big(L(w,b,\alpha_i)\big) \\ &= max_\alpha min_{w,b}\left(\dfrac{1}{2}\|w\|^2 + \sum_{i=1}^n \alpha_i\big(1 - y_i \times (w'x_i + b)\big)\right) \\ &= max_\alpha min_{w,b}\left(\dfrac{1}{2}\|w\|^2 - \sum_{i=1}^n \alpha_i y_i \times (w'x_i + b) + \sum_{i=1}^n \alpha_i\right) \end{aligned}$$

所以，第一步要做的就是求解拉格朗日函数的极小值，即$min_{w,b}\big(L(w,b,\alpha_i)\big)$。关于这部分的求解就需要对函数$L(w,b,\alpha_i)$中的参数$w$和$b$分别求偏导，并令导函数为 0：

$$\begin{cases} \dfrac{\partial L(w,b,\alpha)}{\partial w} = w - \displaystyle\sum_{i=1}^n \alpha_i y_i x_i = 0 \\ \dfrac{\partial L(w,b,\alpha)}{\partial b} = \displaystyle\sum_{i=1}^n \alpha_i y_i = 0 \end{cases}$$

将如上两个导函数为 0 的等式重新带入目标函数$min\dfrac{1}{2}\|w\|^2$中，具体的推导过程如下：

$$min\dfrac{1}{2}\|w\|^2 = max_\alpha\left(\dfrac{1}{2}\|w\|^2 + \sum_{i=1}^n \alpha_i\big(1 - y_i \times (w'x_i + b)\big)\right)$$

$$= max_\alpha \left(\frac{1}{2} w'w + \sum_{i=1}^{n} \alpha_i - \sum_{i=1}^{n} \alpha_i y_i w' x_i - \sum_{i=1}^{n} \alpha_i y_i b \right)$$

$$= max_\alpha \left(\frac{1}{2} w' \sum_{i=1}^{n} \alpha_i y_i x_i + \sum_{i=1}^{n} \alpha_i - w' \sum_{i=1}^{n} \alpha_i y_i x_i - b \sum_{i=1}^{n} \alpha_i y_i \right)$$

$$= max_\alpha \left(-\frac{1}{2} w' \sum_{i=1}^{n} \alpha_i y_i x_i + \sum_{i=1}^{n} \alpha_i - 0 \right)$$

$$= max_\alpha \left(-\frac{1}{2} \sum_{i=1}^{n} \sum_{j=1}^{n} \alpha_i \alpha_j y_i y_j (x_i \cdot x_j) + \sum_{i=1}^{n} \alpha_i - 0 \right)$$

所以，最终可以将最原始的目标函数重新改写为下方的等价目标问题：

$$\begin{cases} min_\alpha \left(\frac{1}{2} \sum_{i=1}^{n} \sum_{j=1}^{n} \alpha_i \alpha_j y_i y_j (x_i \cdot x_j) - \sum_{i=1}^{n} \alpha_i \right) \\ s.t. \quad \sum_{i=1}^{n} \alpha_i y_i = 0 \\ \quad \alpha_i \geqslant 0 \end{cases}$$

其中，$(x_i \cdot x_j)$ 表示两个样本点的内积。如上就是关于线性可分 SVM 目标函数的构建、演变与推导的全过程了，最终根据已知样本点 (x_i, y_i) 计算 $\frac{1}{2} \sum_{i=1}^{n} \sum_{j=1}^{n} \alpha_i \alpha_j y_i y_j (x_i \cdot x_j) - \sum_{i=1}^{n} \alpha_i$ 的极小值，并利用拉格朗日乘子 α_i 的值计算分割面 $w'x + b = 0$ 的参数 w 和 b：

$$\begin{cases} \widehat{w} = \sum_{i=1}^{n} \widehat{\alpha_i} y_i x_i \\ \widehat{b} = y_j - \sum_{i=1}^{n} \widehat{\alpha_i} y_i (x_i \cdot x_j) \end{cases}$$

其中，在计算 $\widehat{b}$ 时，需要固定某个 y_j，即从多个拉格朗日乘子 α_i 中任意挑选一个大于 0 的 j 样本与后面的和式相减。

13.2.2　一个手动计算的案例

为了方便读者理解线性可分 SVM 模型是如何运作和计算的，接下来举一个简单的例子（案例来源于李航老师的《统计学习方法》一书），并通过手动方式对其计算。

如图 13-7 所示，假设样本空间中的三个点可以通过线性可分的 SVM 进行分类，不妨用实心圆点代表负例、五角星代表正例。如何利用前面介绍的理论知识找到最佳的"超平面"呢？计算过程如下：

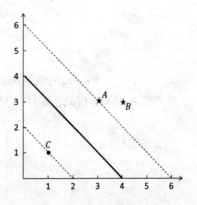

图 13-7　线性可分 SVM 的计算案例

第一步：将样本点带入目标函数

$$min\frac{1}{2}\|w\|^2 = f(\alpha)$$

$$= min_\alpha(\frac{1}{2}(18\alpha_1^2 + 25\alpha_2^2 + 2\alpha_3^2 + 42\alpha_1\alpha_2$$

$$-12\alpha_1\alpha_3 - 14\alpha_2\alpha_3) - \alpha_1 - \alpha_2 - \alpha_3)$$

第二步：将 $\alpha_1 + \alpha_2 - \alpha_3 = 0$ 带入上式

$$min\frac{1}{2}\|w\|^2 = f(\alpha)$$

$$= min_\alpha(\frac{1}{2}(18\alpha_1^2 + 25\alpha_2^2 + 2(\alpha_1 + \alpha_2)^2$$

$$+42\alpha_1\alpha_2 - 12\alpha_1(\alpha_1 + \alpha_2) - 14\alpha_2(\alpha_1 + \alpha_2)) - \alpha_1 - \alpha_2 - (\alpha_1 + \alpha_2))$$

$$= min_\alpha\left(4\alpha_1^2 + \frac{13}{2}\alpha_2^2 + 10\alpha_1\alpha_2 - 2\alpha_1 - 2\alpha_2\right)$$

第三步：对 α_i 求偏导，并令导函数为 0

$$\begin{cases} \frac{\partial f}{\partial \alpha_1} = 8\alpha_1 + 10\alpha_2 - 2 = 0 \\ \frac{\partial f}{\partial \alpha_2} = 13\alpha_2 + 10\alpha_1 - 2 = 0 \end{cases}$$

经计算可知，$\alpha_1 = \frac{3}{2}$，$\alpha_2 = -1$，很显然 α_2 并不满足 $\alpha_i \geqslant 0$ 的条件，目标函数的最小值就需要在边界处获得，即令其中的 $\alpha_1 = 0$ 或 $\alpha_2 = 0$，重新计算使 $f(\alpha)$ 达到最小的 α_i。当 $\alpha_1 = 0$ 时，$f(\alpha) = \frac{13}{2}\alpha_2^2 - 2\alpha_2$，对 α_2 求偏导，得到 $\alpha_1 = 0, \alpha_2 = \frac{2}{13}, f(\alpha) = -\frac{2}{13}$；当 $\alpha_2 = 0$ 时，$f(\alpha) = 4\alpha_1^2 - 2\alpha_1$，对 α_1 求偏导，得到 $\alpha_1 = \frac{1}{4}$，$\alpha_2 = 0$，$f(\alpha) = -\frac{1}{4}$。经过对比发现，$f(\alpha) = -\frac{1}{4}$ 时，目标函数最小，故最终确定 $\alpha_1 = \alpha_3 = \frac{1}{4}$，$\alpha_2 = 0$。

最后利用求解参数 w 和 b 的计算公式，进一步可以得到分割"超平面"的表达式：

$$\begin{cases} \hat{w} = \frac{1}{4} \times 1 \times (3,3) + 0 \times 1 \times (4,3) - \frac{1}{4} \times 1 \times (1,1) = \left(\frac{1}{2}, \frac{1}{2}\right) \\ \hat{b} = 1 - \left(1 \times \frac{1}{4} \times (3,3) \cdot (3,3)\right) - \left(1 \times 0 \times (3,3) \cdot (4,3)\right) \\ \quad + \left(1 \times \frac{1}{4} \times (3,3) \cdot (1,1)\right) = -2 \end{cases}$$

根据如上计算过程，得到参数 w 和 b 的估计值，并利用前文介绍的分割"超平面"表达式 $w'x + b = 0$ 进一步得到"超平面"方程：

$$\left(\frac{1}{2}, \frac{1}{2}\right)\begin{pmatrix} x_1 \\ x_2 \end{pmatrix} - 2 = 0 \quad \rightarrow \quad \frac{1}{2}x_1 + \frac{1}{2}x_2 - 2 = 0$$

值得注意的是，对比图 13-7 中的 A、B、C 三点和拉格朗日乘子 α_1、α_2 和 α_3，当 $\alpha_i \neq 0$ 时，对应的样本点会落在两条虚线之上，否则样本点在"分割带"之外。对于虚线之上的样本点，称之为支持向量，即它们是构成 SVM 模型的核心点，而其他点对"超平面" w 和 b 的计算没有任何贡献。所以，这就验证了前文中提到的模型具有很好的鲁棒性以及可以避免"维度灾难"的发生这些优点。

如上的简单案例就是关于线性可分 SVM 模型在寻找分割"超平面"的过程，但该模型成立的一个大前提就是函数间隔满足$\hat{\gamma}_i \geqslant 1$的条件。但在实际情况中，样本点很难通过线性可分 SVM 模型对其划分，即很难保证间隔一定满足$\hat{\gamma}_i \geqslant 1$的前提。如果该条件不满足，该如何利用 SVM 模型对数据做分类判断呢？

13.2.3 近似线性可分 SVM

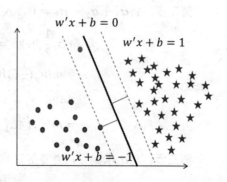

近似线性可分 SVM 通常也被称为线性 SVM，主要是为了解决样本点不满足函数间隔大于等于 1 的分类问题。该算法解决问题的思路是非常简单的，就是对每一个样本点的函数间隔加上一个松弛因子ξ_i，并且$\xi_i \geqslant 0$。为帮助读者理解松弛因子，可以查看图 13-8 所呈现的效果。

如图 13-8 所示，绝大多数样本点都是线性可分的，仅有一个异常点落在"分割带"内，很明显该点与"超平面"之间的函数间隔是小于 1 的。如果基于图 13-8 中的点硬要构造一个线性可分的 SVM 模型（确保所有样本点都落在"分割带"之外，且"分割带"之间的距离为$\frac{2}{\|w\|}$），可能

图 13-8　近似线性可分 SVM 的示意图

这样的"超平面"无法搜寻得到，故只能牺牲少部分异常点的利益，确保大部分的样本点都能够被线性可分。

所以，在近似线性可分的 SVM 模型中，为了使部分异常点的函数间隔满足$y_i \times (w'x_i + b) \geqslant 1$的条件，就需要给函数间隔加入松弛因子$\xi_i$，确保新的函数间隔大于等于 1，即：

$$y_i \times (w'x_i + b) + \xi_i \geqslant 1$$

从函数间隔的公式可知，当大部分的样本点与分割面的函数间隔均大于等于 1 时，对应的松弛因子ξ_i应该为 0；当部分异常点的函数间隔不满足大于等于 1 的条件时，松弛因子ξ_i就会起效。

当函数间隔的约束条件发生变化时，对应的目标函数也需要有所调整，即在原始的目标函数基础之上加上松弛因子ξ_i所产生的代价。新的目标函数可以表示为：

$$\begin{cases} min\dfrac{1}{2}\|w\|^2 + C\displaystyle\sum_{i=1}^{n}\xi_i \\ s.t. \quad y_i \times (w'x_i + b) \geqslant 1 - \xi_i \\ \qquad \xi_i \geqslant 0 \end{cases}$$

其中，C为大于 0 的惩罚系数，它是用来平衡"分割带"带宽和误分类样本点个数的系数。惩罚系数越大，模型对误判样本点的惩罚力度就越大，为避免惩罚，提高正确分类样本点的个数，不得不牺牲"分割带"的带宽，进而使模型在训练集上的犯错率降低，但这样做通常会导致模型的过拟合；惩罚系数越小，模型对误判样本点的惩罚力度就越小，分类正确与否，不再是模型关心的重点，其关心的只是"分割带"的带宽越大越好，但这样做通常会导致模型无意义，因为它已经欠拟合了。

根据拉格朗日对偶性的数学知识，可以将如上的目标函数重新表示为：

$$min\frac{1}{2}\|w\|^2 + C\sum_{i=1}^{n}\xi_i = max_{\alpha,\lambda}min_{w,b,\xi_i}\big(L(w, b, \xi_i, \alpha_i, \lambda_i)\big)$$

$$= max_{\alpha,\lambda} min_{w,b,\xi_i}(\frac{1}{2}\|w\|^2 + C\sum_{i=1}^{n}\xi_i$$
$$-\sum_{i=1}^{n}\alpha_i(y_i \times (w'x_i + b) + \xi_i - 1) - \sum_{i=1}^{n}\lambda_i\xi_i)$$

接下来，对上面目标函数中的$min_{w,b,\xi_i}(L(w,b,\xi_i,\alpha_i,\lambda_i))$部分求解极小值，即对拉格朗日函数$L(w,b,\xi_i,\alpha_i,\lambda_i)$中的参数$w$、$b$和$\xi_i$求偏导，并令导函数为0：

$$\begin{cases} \dfrac{\partial L(w,b,\xi_i,\alpha_i,\lambda_i)}{\partial w} = w - \sum_{i=1}^{n}\alpha_i y_i x_i = 0 \\ \dfrac{\partial L(w,b,\xi_i,\alpha_i,\lambda_i)}{\partial b} = \sum_{i=1}^{n}\alpha_i y_i = 0 \\ \dfrac{\partial L(w,b,\xi_i,\alpha_i,\lambda_i)}{\partial \xi_i} = C - \alpha_i - \lambda_i = 0 \end{cases}$$

再将如上得到的等式重新带回到拉格朗日函数$L(w,b,\xi_i,\alpha_i,\lambda_i)$中，进一步可以得到目标函数$\frac{1}{2}\|w\|^2 + C\sum_{i=1}^{n}\xi_i$的极大值部分$max_{\alpha,\lambda}$，从而便于求解参数$\alpha$和$\lambda$的值。中间的推导过程与线性可分SVM 模型类似，这里直接给出结果：

$$\begin{cases} min_\alpha\left(\dfrac{1}{2}\sum_{i=1}^{n}\sum_{j=1}^{n}\alpha_i\alpha_j y_i y_j(x_i \cdot x_j) - \sum_{i=1}^{n}\alpha_i\right) \\ s.t. \quad \sum_{i=1}^{n}\alpha_i y_i = 0 \\ \qquad 0 \leqslant \alpha_i \leqslant C \end{cases}$$

需要注意的是，在推导过程中，有关松弛因子ξ_i一项没有在如上的目标函数中出现，是因为受到$C - \alpha_i - \lambda_i = 0$的条件而被抵消。读者可能已经发现，如上的结果形式与线性可分的 SVM 非常相似，所不同的是拉格朗日因子α_i的范围受到了惩罚项C的影响，即上式中的约束$0 \leqslant \alpha_i \leqslant C$。它是通过其他几个约束条件获得的：由于$C - \alpha_i - \lambda_i = 0$，且$\alpha_i \geqslant 0$、$\lambda_i \geqslant 0$，因此$C - \alpha_i = \lambda_i \geqslant 0$，进而得到$C \geqslant \alpha_i \geqslant 0$。

如上的结果就是关于近似线性可分 SVM 目标函数的构建和推导过程，可以根据已知样本点(x_i, y_i)，计算$\frac{1}{2}\sum_{i=1}^{n}\sum_{j=1}^{n}\alpha_i\alpha_j y_i y_j(x_i \cdot x_j) - \sum_{i=1}^{n}\alpha_i$的极小值，并利用拉格朗日乘子$\alpha_i$的值计算分割面$w'x + b = 0$的参数$w$和$b$：

$$\begin{cases} \hat{w} = \sum_{i=1}^{n}\hat{\alpha}_i y_i x_i \\ \hat{b} = y_j - \sum_{i=1}^{n}\hat{\alpha}_i y_i(x_i \cdot x_j) \end{cases}$$

同样需要注意的是，在计算$\hat{b}$时，首先需要固定某个y_j，其必须是满足$0 < \alpha_i < C$条件的某个y_j；然后从所有α_i中寻找满足$0 < \alpha_i < C$约束的支持向量x_i和类别值y_i，用来计算第二项中的和。

Python 中提供了有关线性可分 SVM 或近似线性可分 SVM 的实现功能，读者只需要导入 sklearn 模块，并调用 svm 子模块中的 LinearSVC 类即可，有关该"类"的语法和参数含义如下：

```
LinearSVC(penalty='l2', loss='squared_hinge', dual=True, tol=0.0001, C=1.0,
        multi_class='ovr', fit_intercept=True, intercept_scaling=1,
        class_weight=None, verbose=0, random_state=None, max_iter=1000)
```

- penalty：用于指定一范式或二范式的惩罚项，默认为二范式。
- loss：用于指定某种损失函数，可以是合页损失函数（'hinge'），也可以是合页损失函数的平方（'squared_hinge'），后者是该参数的默认值。
- dual：bool 类型参数，是否对目标函数做对偶性转换，默认为 True，即建模时需要利用拉格朗日函数的对偶性；但样本量超过变量个数时，该参数优先选择 False。
- tol：用于指定 SVM 模型迭代的收敛条件，默认为 0.0001。
- C：用于指定目标函数中松弛因子的惩罚系数值，默认为 1。
- multi_class：当因变量为多分类问题时，用于指定算法的分类策略。如果为'ovr'，表示采用 one-vs-rest 策略；如果为'crammer_singer'，表示联合分类策略，尽管该策略具有更好的准确率，但是其运算过程将花费更多的时间。
- fit_intercept：bool 类型参数，是否拟合线性"超平面"的截距项，默认为 True。
- intercept_scaling：当参数 fit_intercept 为 True 时，该参数有效，通过给参数传递一个浮点值，就相当于在自变量 X 矩阵中添加一常数列，默认该参数值为 1。
- class_weight：用于指定因变量类别的权重，如果为字典，则通过字典的形式 {class_label:weight}传递每个类别的权重；如果为字符串'balanced'，则每个分类的权重与实际样本中的比例成反比，当各分类存在严重不平衡时，设置为'balanced'会比较好；如果为 None，则表示每个分类的权重相等。
- verbose：bool 类型参数，是否输出模型迭代过程的信息，默认为 0，表示不输出。
- random_state：用于指定随机数生成器的种子。
- max_iter：指定模型求解过程中的最大迭代次数，默认为 1000。

如上 LinearSVC 类中提到了有关损失函数的参数 loss，该参数可以传递两种损失函数，分别是合页损失或合页损失的平方。这里简单介绍一下有关 SVM 模型中的损失函数。

如图 13-9 所示，右图中的 x 轴表示 SVM 模型的函数间隔，y 轴表示 SVM 模型的损失值。由前文介绍的知识可知，如果所有样本点的函数间隔均大于等于 1，则它们可以通过线性可分的 SVM 模型进行分类，并且分类的准确率为 100%，故每一个样本点的损失值均为 0；如果样本点的函数间隔不满足大于等于 1 时，需要借助于松弛因子 ξ_i，函数间隔越小于 1，对应的 ξ_i 越大，模型损失也越大。故合页损失函数可以用图 13-9 表示，它的数学表达式可以写成：

$$loss = \sum_{i=1}^{n}[1 - y_i(w'x + b)]_+ = \sum_{i=1}^{n}\xi_i$$

其中，$[z]_+$ 表示取正值的意思，当 $z > 0$ 时，返回 z 本身，否则返回 0。假如读者觉得该公式比较抽象，可以对比左图，以图中的 x_1、x_2 和 x_3 为例，如果样本点 x_1 刚好落在"分割带"上，其函数间隔为 1，对应的 ξ_1 为 0；如果样本点 x_2 落在"分割带"之内，且属于正确分类的一边时，则对应的 ξ_2 为大于 0 且小于 1 的值，即 $1 - y_i(w'x + b)$；如果样本点 x_3 同样落在"分割带"之内，但属于错误分类的一边时，$y_i(w'x + b)$ 为负数，所以 $1 - y_i(w'x + b)$ 就是大于 1 的值，即对应的 ξ_3 大于 1。

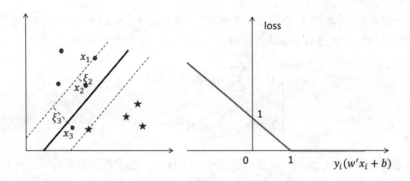

图 13-9　合页损失函数示意图

13.2.4　非线性可分 SVM

前面两节所介绍的都是基于线性可分或近似线性可分的 SVM，如果样本点无法通过某个线性的"超平面"对其分割时，使用这两种 SVM 将对样本的分类产生很差的效果。这个时候就需要构建非线性可分的 SVM，该模型的核心思想就是把原始数据扩展到更高维的空间，然后基于高维空间实现样本的线性可分。关于该思想的实现，读者可以对比图 13-10 所示的两幅图形。

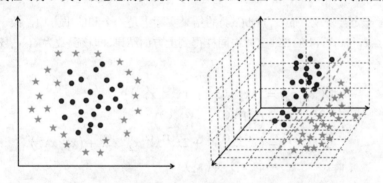

图 13-10　非线性可分 SVM 的示意图

如图 13-10 所示，假设在左图的二维空间中存在两种类别的样本点，不管以何种线性的"超平面"都无法对其进行正确分类；但如果将其映射到右图中的三维空间中，就可以恰到好处地将其区分开来，而图中的切割平面就是三维空间下的线性可分"超平面"。

所以，非线性 SVM 模型的构建需要经过两个步骤，一个是将原始空间中的样本点映射到高维的新空间中，另一个是在新空间中寻找一个用于识别各类别样本点的线性"超平面"。假设原始空间中的样本点为 x，将样本通过某种转换 $\phi(x)$ 映射到高维空间中，则非线性 SVM 模型的目标函数可以表示为：

$$\begin{cases} min_{\alpha}\left(\dfrac{1}{2}\sum_{i=1}^{n}\sum_{j=1}^{n}\alpha_i\alpha_j y_i y_j\left(\phi(x_i)\cdot\phi(x_j)\right)-\sum_{i=1}^{n}\alpha_i\right) \\ s.t.\quad \sum_{i=1}^{n}\alpha_i y_i=0 \\ \qquad 0\leqslant\alpha_i\leqslant C \end{cases}$$

其中，内积$\phi(x_i) \cdot \phi(x_j)$可以利用核函数替换，即$K(x_i, x_j) = \phi(x_i) \cdot \phi(x_j)$。对于上式而言，同样需要计算最优的拉格朗日乘子$\alpha_i$，进而可以得到线性"超平面" w 与 b 的值：

$$\begin{cases} \hat{w} = \sum_{i=1}^{n} \hat{\alpha}_i y_i \phi(x_i) \\ \hat{b} = y_j - \sum_{i=1}^{n} \hat{\alpha}_i y_i K(x_i, x_j) \end{cases}$$

现在的问题是，什么是核函数，常用的核函数都有哪些。对于核函数的定义，可以这样理解：假设原始空间中的两个样本点为(x_i, x_j)，在其扩展到高维空间后，它们的内积$\phi(x_i) \cdot \phi(x_j)$如果等于样本点$(x_i, x_j)$在原始空间中某个函数的输出，那么该函数就称为核函数。

可能读者在理解这句关于核函数的定义时比较困惑，这里不妨举个简单的例子加以说明。假设二维空间中存在两点$x_1 = (x_1^{(1)}, x_1^{(2)})$和$x_2 = (x_2^{(1)}, x_2^{(2)})$，可以利用某个映射$\phi(x_i)$将其对应到三维空间中$\left((x_i^{(1)})^2, \sqrt{2} x_i^{(1)} x_i^{(2)}, (x_i^{(2)})^2 \right)$，所以三维空间中的内积可以表示为：

$$\begin{aligned} \phi(x_1) \cdot \phi(x_2) &= \left((x_1^{(1)})^2, \sqrt{2} x_1^{(1)} x_1^{(2)}, (x_1^{(2)})^2 \right) \cdot \left((x_2^{(1)})^2, \sqrt{2} x_2^{(1)} x_2^{(2)}, (x_2^{(2)})^2 \right) \\ &= (x_1^{(1)} x_2^{(1)})^2 + 2 x_1^{(1)} x_1^{(2)} x_2^{(1)} x_2^{(2)} + (x_1^{(1)} x_2^{(1)})^2 \end{aligned}$$

细心的读者一定会发现，$\phi(x_1) \cdot \phi(x_2)$的结果实际上是一个和的平方项，故一定存在一个核函数，使得样本点x_1和x_2可以在二维空间中同样得到上方的结果，即核函数为$K(x_i, x_j) = (x_i \cdot x_j)^2$，所以

$$\begin{aligned} K(x_1, x_2) &= \left((x_1^{(1)}, x_1^{(2)}) \cdot (x_2^{(1)}, x_2^{(2)}) \right)^2 \\ &= (x_1^{(1)} x_2^{(1)} + x_1^{(2)} x_2^{(2)})^2 \\ &= (x_1^{(1)} x_2^{(1)})^2 + 2 x_1^{(1)} x_1^{(2)} x_2^{(1)} x_2^{(2)} + (x_1^{(1)} x_2^{(1)})^2 \\ &= \phi(x_1) \cdot \phi(x_2) \end{aligned}$$

很显然，同样的结果，运用核函数的方法要比高维空间中的内积更加简单和高效。

13.2.5 几种常用的 SVM 核函数

在实际应用中，都有哪些常用的核函数可供选择和使用呢？具体如下：

1. 线性核函数

核函数的表达式为$K(x_i, x_j) = x_i \cdot x_j$，故对应的分割"超平面"为：

$$f(x) = \sum_{i=1}^{n} \hat{\alpha}_i y_i x_i x + \left(y_j - \sum_{i=1}^{n} \hat{\alpha}_i y_i x_i \cdot x_j \right)$$

线性核函数实际上就是线性可分的 SVM 模型。

2. 多项式核函数

核函数的表达式为$K(x_i, x_j) = (\gamma(x_i \cdot x_j) + r)^p$，故对应的分割"超平面"为：

$$f(x) = \sum_{i=1}^{n} \widehat{\alpha}_i y_i (\gamma(x_i \cdot x) + r)^p + \left(y_j - \sum_{i=1}^{n} \widehat{\alpha}_i y_i (\gamma(x_i \cdot x_j) + r)^p \right)$$

其中，γ 和 p 均为多项式核函数的参数。在上面的例子中，核函数 $K(x_1, x_2)$ 实际上就是多项式核函数，其对应的 γ 为 1、r 为 0。

3. 高斯核函数

核函数的表达式为 $K(x_i, x_j) = exp\left(-\gamma\|x_i - x_j\|^2\right)$，故对应的分割"超平面"为：

$$f(x) = \sum_{i=1}^{n} \widehat{\alpha}_i y_i exp(-\gamma\|x_i - x\|^2) + \left(y_j - \sum_{i=1}^{n} \widehat{\alpha}_i y_i exp\left(-\gamma\|x_i - x_j\|^2\right) \right)$$

其中，γ 为高斯核函数的参数，该核函数通常也被称为径向基核函数。

4. Sigmoid 核函数

核函数的表达式为 $K(x_i, x_j) = tanh(\gamma(x_i \cdot x_j) + r)$，故对应的分割"超平面"为：

$$f(x) = \sum_{i=1}^{n} \widehat{\alpha}_i y_i tanh(\gamma(x_i \cdot x) + r) + \left(y_j - \sum_{i=1}^{n} \widehat{\alpha}_i y_i tanh(\gamma(x_i \cdot x_j) + r) \right)$$

如上提供了四种常用的核函数，在实际应用中，SVM 模型对核函数的选择是非常敏感的，所以需要通过先验的领域知识或者交叉验证的方法选出合理的核函数。大多数情况下，选择高斯核函数是一种相对偷懒而有效的方法，因为高斯核是一种指数函数，它的泰勒展开式可以是无穷维的，即相当于把原始样本点映射到高维空间中。

关于非线性可分 SVM 模型的功能实现，可以利用 Python 中的 sklearn 模块，读者可以通过调用 svm 子模块中的 SVC 类轻松搞定。接下来介绍一下该"类"的语法和参数含义：

```
SVC(C=1.0, kernel='rbf', degree=3, gamma='auto', coef0=0.0, shrinking=True,
    probability=False, tol=0.001, cache_size=200, class_weight=None,
    verbose=False, max_iter=-1, decision_function_shape='ovr',
    random_state=None)
```

- C：用于指定目标函数中松弛因子的惩罚系数值，默认为 1。
- kernel：用于指定 SVM 模型的核函数，该参数如果为'linear'，就表示线性核函数；如果为'poly'，就表示多项式核函数，核函数中的 r 和 p 值分别使用 degree 参数和 gamma 参数指定；如果为'rbf'，表示径向基核函数，核函数中的 r 参数值仍然通过 gamma 参数指定；如果为'sigmoid'，表示 Sigmoid 核函数，核函数中的 r 参数值需要通过 gamma 参数指定；如果为'precomputed'，表示计算一个核矩阵。
- degree：用于指定多项式核函数中的 p 参数值。
- gamma：用于指定多项式核函数或径向基核函数或 Sigmoid 核函数中的 r 参数值。
- coef0：用于指定多项式核函数或 Sigmoid 核函数中的 r 参数值。
- shrinking：bool 类型参数，是否采用启发式收缩方式，默认为 True。
- probability：bool 类型参数，是否需要对样本所属类别进行概率计算，默认为 False。
- tol：用于指定 SVM 模型迭代的收敛条件，默认为 0.001。

- cache_size：用于指定核函数运算的内存空间，默认为 200M。
- class_weight：用于指定因变量类别的权重，如果为字典，则通过字典的形式 {class_label:weight}传递每个类别的权重；如果为字符串'balanced'，则每个分类的权重与实际样本中的比例成反比，当各分类存在严重不平衡时，设置为'balanced'会比较好；如果为 None，则表示每个分类的权重相等。
- verbose：bool 类型参数，是否输出模型迭代过程的信息，默认为 0，表示不输出。
- max_iter：指定模型求解过程中的最大迭代次数，默认为-1，表示不限制迭代次数。
- decision_function_shape：用于指定 SVM 模型的决策函数形状，如果为'ovo'，即 one-vs-one 的分类策略，则决策函数形状的形状为[样本数量,类别个数*(类别个数-1)/2]；如果为'ovr'，即 one-vs-rest 的分类策略，则决策函数形状的形状为[样本数量,类别个数]；默认为 None，在 sklearn 版本为 0.18 及以上时，None 值对应的默认选项为'ovr'。
- random_state：用于指定随机数生成器的种子。

13.2.6 SVM 的回归预测

SVM 模型不仅可以解决分类问题，还可以用来解决连续数据的预测问题。相比于传统的线性回归，它具有几项优点，例如模型对数据的分布没有任何约束、模型不受多重共线性的影响、模型受异常点的影响力度远小于线性回归。所以它的这些优点更值得我们去学习和使用，接下来将介绍有关 SVM 回归模型的理论知识。

在第 6 章中的线性回归模型中，定义模型的损失函数实际上是对比预测值与实际值之间的差异，当两者相等时，损失为 0，当两者不相等时，才开始计算损失。在 SVM 回归模型中，对损失函数的定义基本相同，所不同的是该算法允许预测值与实际值之间存在一个合理的误差，即 $|y_i - f(x_i)| \leqslant \varepsilon$ 时，损失为 0，否则开始计算模型的损失。

类似于近似线性可分 SVM，为了使 SVM 回归模型具有更强的泛化能力，需要加入松弛因子 $\xi^{(*)}$，确保不等式 $|y_i - f(x_i)| - \xi^{(*)} \leqslant \varepsilon$ 成立。注意，这里与 SVM 分类模型不同，它是在 $|y_i - f(x_i)|$ 的基础上减去 $\xi^{(*)}$，相当于将"分割带"之外的样本点拉回到带内。所以，根据上面的背景知识，可以构造一个 SVM 回归模型的目标函数：

$$
\begin{cases}
min_{w,b,\xi_i,\hat{\xi}_i} \dfrac{1}{2}\|w\|^2 + C\sum_{i=1}^{n}(\xi_i + \hat{\xi}_i) \\
s.t. \quad y_i - f(x_i) \leqslant \varepsilon + \xi_i \\
\qquad f(x_i) - y_i \leqslant \varepsilon + \hat{\xi}_i \\
\qquad \xi_i \geqslant 0, \hat{\xi}_i \geqslant 0
\end{cases}
$$

其中，$f(x_i) = w'x_i + b$，将 $|y_i - f(x_i)| - \xi^{(*)} \leqslant \varepsilon$ 写成了目标函数中的两个不等式约束；ξ_i 和 $\hat{\xi}_i$ 表示将"分割带"以外的样本点 x_i 拉回到两条带内所需的成本。根据拉格朗日函数的对偶性，可以将上面的目标函数转换为下方的形式：

$$
\frac{1}{2}\|w\|^2 + C\sum_{i=1}^{n}(\xi_i + \hat{\xi}_i) = max_{\alpha,\alpha^*,\mu,\mu^*} min_{w,b,\xi_i\hat{\xi}_i}\left(L(w,b,\xi_i,\hat{\xi}_i,\alpha,\alpha^*,\mu,\mu^*)\right)
$$

$$= max_{\alpha,\alpha^*,\mu,\mu^*} min_{w,b,\xi_i,\hat{\xi}_i} (\frac{1}{2}\|w\|^2 + C\sum_{i=1}^{n}(\xi_i + \hat{\xi}_i) + \sum_{i=1}^{n}\alpha_i(y_i - f(x_i) - \varepsilon - \xi_i)$$

$$+ \sum_{i=1}^{n}\alpha_i^*(f(x_i) - y_i - \varepsilon - \hat{\xi}_i) - \sum_{i=1}^{n}u_i\xi_i - \sum_{i=1}^{n}\mu_i^*\hat{\xi}_i)$$

有了拉格朗日对偶形式的目标函数，下一步就是求解极小值问题，关于极小值的计算与前文介绍的方法一样，就是对拉格朗日函数计算偏导数，并令导函数为 0：

$$\begin{cases} \dfrac{\partial L(w,b,\xi_i,\hat{\xi}_i,\alpha,\alpha^*,\mu,\mu^*)}{\partial w} = w - \sum_{i=1}^{n}(\alpha_i - \alpha_i^*)x_i = 0 \\[3mm] \dfrac{\partial L(w,b,\xi_i,\hat{\xi}_i,\alpha,\alpha^*,\mu,\mu^*)}{\partial b} = \sum_{i=1}^{n}(\alpha_i - \alpha_i^*) = 0 \\[3mm] \dfrac{\partial L(w,b,\xi_i,\hat{\xi}_i,\alpha,\alpha^*,\mu,\mu^*)}{\partial \xi_i} = C - \alpha_i - u_i = 0 \\[3mm] \dfrac{\partial L(w,b,\xi_i,\hat{\xi}_i,\alpha,\alpha^*,\mu,\mu^*)}{\partial \hat{\xi}_i} = C - \alpha_i^* - \mu_i^* = 0 \end{cases}$$

再将如上偏导数为 0 的结果带入到拉格朗日函数 $L(w,b,\xi_i,\hat{\xi}_i,\alpha,\alpha^*,\mu,\mu^*)$ 中，进一步得到目标函数的极大值问题（或者通过乘以 -1 转换为极小值问题）：

$$\begin{cases} min_{\alpha,\alpha^*} \sum_{i=1}^{n}[y_i(\alpha^*_i - \alpha_i) - \varepsilon(\alpha^*_i + \alpha_i)] - \dfrac{1}{2}\sum_{i=1}^{n}\sum_{j=1}^{n}(\alpha^*_i - \alpha_i)(\alpha^*_j - \alpha_j)x_i x_j \\[3mm] s.t. \quad \sum_{i=1}^{n}(\alpha_i - \alpha_i^*) = 0 \\[3mm] \qquad 0 \leqslant \alpha_i, \alpha_i^* \leqslant C \end{cases}$$

继续对如上的极小值问题求偏导，最终可以得到函数 $f(x_i) = w'x_i + b$ 中的参数 w 与 b 的值，即

$$\begin{cases} w = \sum_{i=1}^{n}(\alpha_i - \alpha_i^*)x_i \\[3mm] b = y_j + \varepsilon - \sum_{i=1}^{n}(\alpha_i - \alpha_i^*)x_i x_j \end{cases}$$

同理，可以将如上的线性 SVM 回归扩展到非线性的 SVM 回归，只需要使用核函数 $K(x_i, x_j)$ 技术替换更高维空间的内积，即函数 $f(x_i)$ 可以表示为：

$$f(x_i) = \sum_{i=1}^{n}(\alpha_i - \alpha_i^*)K(x_i, x) + y_j + \varepsilon - \sum_{i=1}^{n}(\alpha_i - \alpha_i^*)K(x_i, x_j)$$

不论是线性 SVM 回归还是非线性 SVM 回归，都可以借助于 Python 的 sklearn 模块完成落地，读者只需调用 svm 子模块中的 LinearSVR 以及 SVR 类就可以轻松实现算法的运算。有关该"类"的语法和参数含义如下：

```
svm.LinearSVR(epsilon=0.0, tol=0.0001, C=1.0, loss='epsilon_insensitive',
              fit_intercept=True, intercept_scaling=1.0, dual=True,
```

```
                  verbose=0, random_state=None, max_iter=1000)
svm.SVR(kernel='rbf', degree=3, gamma='auto', coef0=0.0, tol=0.001, C=1.0,
        epsilon=0.1, shrinking=True, cache_size=200, verbose=False,
        max_iter=-1)
```

- epsilon: 用于指定损失函数中的 r 值，在线性 SVR 中默认为 0，在非线性 SVR 中默认为 0.1。
- tol: 用于指定 SVM 模型迭代的收敛条件，在线性 SVR 中默认为 0.0001，在非线性 SVR 中默认为 0.001。
- C: 用于指定目标函数中松弛因子的惩罚系数值，默认为 1。
- loss: 用于指定线性 SVR 的损失函数，如果为'epsilon_insensitive'，则表示使用$|y_i - f(x_i)| - \xi^{(*)} \leqslant \varepsilon$的损失判断；如果为'squared_epsilon_insensitive'则表示使用$(y_i - f(x_i))^2 - \xi^{(*)} \leqslant \varepsilon$的损失判断。
- fit_intercept: bool 类型参数，是否拟合线性 SVR 的截距项，默认为 True。
- intercept_scaling: 当参数 fit_intercept 为 True 时，该参数有效，通过给参数传递一个浮点值，就相当于在自变量 X 矩阵中添加一常数列，默认该参数值为 1。
- dual: bool 类型参数，是否对目标函数做对偶性转换，默认为 True，即建模时需要利用拉格朗日函数的对偶性；但样本量超过变量个数时，该参数优先选择 False。
- verbose: bool 类型参数，是否输出模型迭代过程的信息，默认为 0，表示不输出。
- random_state: 用于指定随机数生成器的种子。
- max_iter: 指定模型求解过程中的最大迭代次数，在线性 SVR 中默认为 1000，在非线性 SVR 中默认为-1。
- kernel: 用于指定常用的核函数，如径向基核函数、多项式核函数、Sigmoid 核函数和线性核函数。
- degree: 用于指定多项式核函数中的 p 参数值。
- gamma: 用于指定多项式核函数或径向基核函数或 Sigmoid 核函数中的γ参数值。
- coef0: 用于指定多项式核函数或 Sigmoid 核函数中的 r 参数值。
- shrinking: bool 类型参数，是否采用启发式收缩方式，默认为 True。
- cache_size: 用于指定核函数运算的内存空间，默认为 200M。

前文使用了大量的篇幅介绍有关线性可分 SVM、近似线性可分 SVM、非线性可分 SVM、线性 SVM 回归以及非线性 SVM 回归的理论知识，只有读者掌握了这些数学方面的功底，才能够理解 sklearn 中各种 SVM 类的参数含义。接下来将通过两个案例介绍有关 SVM 模型的应用实战。

13.3　分类问题的解决——手写字母的识别

本节所使用的数据集是关于手体字母的识别，当一个用户在设备中写入某个字母后，该设备就需要准确地识别并返回写入字母的实际值。很显然，这是一个分类问题，即根据写入字母的特征信息（如字母的宽度、高度、边际等）去判断其属于哪一种字母。该数据集一共包含 20 000 个观

测和 17 个变量，其中变量 letter 为因变量，具体的值就是 20 个英文字母。接下来利用 SVM 模型
对该数据集的因变量做分类判断。

首先使用线性可分 SVM 对手体字母数据集建模，由于该模型会受到惩罚系数 C 的影响，故应
用交叉验证的方法，从给定的几种 C 值中筛选出一个相对合理的，代码如下：

```
# 导入第三方模块
from sklearn import svm
import pandas as pd
from sklearn import model_selection
from sklearn import metrics

# 读取外部数据
letters = pd.read_csv(r'C:\Users\Administrator\Desktop\letterdata.csv')
# 数据前 5 行，见表 13-1
letters.head()
```

表 13-1　数据的前 5 行预览

	letter	xbox	ybox	width	height	onpix	xbar	ybar	x2bar	y2bar	xybar	x2ybar	xy2bar	xedge	xedgey	yedge	yedgex
0	T	2	8	3	5	1	8	13	0	6	6	10	8	0	8	0	8
1	I	5	12	3	7	2	10	5	5	4	13	3	9	2	8	4	10
2	D	4	11	6	8	6	10	6	2	6	10	3	7	3	7	3	9
3	N	7	11	6	6	3	5	9	4	6	4	4	10	6	10	2	8
4	G	2	1	3	1	1	8	6	6	6	6	5	9	1	7	5	10

表 13-1 反映了手体字母数据集的前 5 行观测，都是关于手写体的长、宽及坐标信息特征。通
常在建模前都需要将原始数据集拆分为两个部分，分别用于模型的构建和测试，具体代码如下：

```
# 将数据拆分为训练集和测试集
predictors = letters.columns[1:]
X_train,X_test,y_train,y_test = model_selection.train_test_split
                            (letters[predictors],letters.letter,
                            test_size = 0.25, random_state = 1234)
# 使用网格搜索法，选择线性可分 SVM "类" 中的最佳 C 值
C=[0.05,0.1,0.5,1,2,5]
parameters = {'C':C}
grid_linear_svc = model_selection.GridSearchCV(estimator = svm.LinearSVC(),
                            param_grid =parameters,
                            scoring='accuracy',cv=5,verbose =1)
# 模型在训练数据集上的拟合
grid_linear_svc.fit(X_train,y_train)
# 返回交叉验证后的最佳参数值
grid_linear_svc.best_params_ , grid_linear_svc.best_score_

out:
({'C': 0.1}, 0.69153333333333333)
```

```
# 模型在测试集上的预测
pred_linear_svc = grid_linear_svc.predict(X_test)
# 模型的预测准确率
metrics.accuracy_score(y_test, pred_linear_svc)
```

out:
```
0.71479999999999999
```

如上结果所示，经过 5 重交叉验证后，发现最佳的惩罚系数 C 为 0.1，模型在训练数据集上的平均准确率只有 69.2%，同时，其在测试数据集的预测准确率也不足 72%，说明线性可分 SVM 模型并不太适合该数据集的拟合和预测。接下来，使用非线性 SVM 模型对该数据集进行重新建模，代码如下：

```
# 使用网格搜索法，选择非线性可分 SVM "类" 中的最佳 C 值和核函数
kernel=['rbf','linear','poly','sigmoid']
C=[0.1,0.5,1,2,5]
parameters = {'kernel':kernel,'C':C}
grid_svc = model_selection.GridSearchCV(estimator = svm.SVC(),
                                param_grid =parameters,
                                scoring='accuracy',cv=5,verbose =1)
# 模型在训练数据集上的拟合
grid_svc.fit(X_train,y_train)
# 返回交叉验证后的最佳参数值
grid_svc.best_params_, grid_svc.best_score_
```

out:
```
({'C': 5, 'kernel': 'rbf'}, 0.97340000000000004)
```

```
# 模型在测试集上的预测
pred_svc = grid_svc.predict(X_test)
# 模型的预测准确率
metrics.accuracy_score(y_test,pred_svc)
```

out:
```
0.9788
```

如上结果所示，经过 5 重交叉验证后，发现最佳的惩罚系数 C 为 5，最佳的核函数为径向基核函数。相比于线性可分 SVM 模型来说，基于核技术的 SVM 表现了极佳的效果，模型在训练数据集上的平均准确率高达 97.34%，而且其在测试数据集的预测准确率也接近 98%，说明利用非线性可分 SVM 模型拟合及预测手写体字母数据集是非常理想的。

13.4 预测问题的解决——受灾面积的预测

本节实战部分所使用的数据集来源于 UCI 网站，是一个关于森林火灾方面的预测，该数据集

一共包含 517 条火灾记录和 13 个变量，其中变量 area 为因变量，表示火灾产生的森林毁坏面积，其余变量主要包含火灾发生的坐标位置、时间、各项火险天气指标、气温、湿度、风力等信息。接下来利用 SVM 模型对该数据集的因变量做预测分析：

```
# 读取外部数据
forestfires = pd.read_csv(r'C:\Users\Administrator\Desktop\
forestfires.csv')
# 数据前 5 行
forestfires.head()
```

如表 13-2 所示，火灾发生的时间（month 和 day）为字符型的变量，如果将这样的变量带入模型中，就必须对其做数值化转换。考虑到月份可能是火灾发生的一个因素，故将该变量做保留处理，而将 day 变量删除。数据清洗如下：

表 13-2　数据的前 5 行预览

	X	Y	month	day	FFMC	DMC	DC	ISI	temp	RH	wind	rain	area
0	7	5	mar	fri	86.2	26.2	94.3	5.1	8.2	51	6.7	0.0	0.0
1	7	4	oct	tue	90.6	35.4	669.1	6.7	18.0	33	0.9	0.0	0.0
2	7	4	oct	sat	90.6	43.7	686.9	6.7	14.6	33	1.3	0.0	0.0
3	8	6	mar	fri	91.7	33.3	77.5	9.0	8.3	97	4.0	0.2	0.0
4	8	6	mar	sun	89.3	51.3	102.2	9.6	11.4	99	1.8	0.0	0.0

```
# 删除 day 变量
forestfires.drop('day',axis = 1, inplace = True)
# 将月份做数值化处理
forestfires.month = pd.factorize(forestfires.month)[0]
# 预览数据前 5 行
forestfires.head()
```

如表 13-3 所示，day 变量已被删除，而且 month 变量也成为数值型变量。表中的应变量为 area，是一个数值型变量，通常需要对连续型的因变量做分布的探索性分析，如果数据呈现严重的偏态，而不做任何的修正时，直接带入到模型将会产生很差的效果。不妨这里使用直方图直观感受 area 变量的分布形态，操作代码如下：

表 13-3　离散变量的数值化处理结果

	X	Y	month	FFMC	DMC	DC	ISI	temp	RH	wind	rain	area
0	7	5	0	86.2	26.2	94.3	5.1	8.2	51	6.7	0.0	0.0
1	7	4	1	90.6	35.4	669.1	6.7	18.0	33	0.9	0.0	0.0
2	7	4	1	90.6	43.7	686.9	6.7	14.6	33	1.3	0.0	0.0
3	8	6	0	91.7	33.3	77.5	9.0	8.3	97	4.0	0.2	0.0
4	8	6	0	89.3	51.3	102.2	9.6	11.4	99	1.8	0.0	0.0

```
# 导入第三方模块
import seaborn as sns
import matplotlib.pyplot as plt
from scipy.stats import norm


# 绘制森林烧毁面积的直方图
sns.distplot(forestfires.area, bins = 50, kde = True, fit = norm,
            hist_kws = {'color':'steelblue'},
                kde_kws = {'color':'red', 'label':'Kernel Density'},
                fit_kws = {'color':'black','label':'Nomal', 'linestyle':'--'})
# 显示图例
plt.legend()
# 显示图形
plt.show()
```

如图 13-11 所示，从分布来看，数据呈现严重的右偏。建模时不能够直接使用该变量，一般都会将数据做对数处理，代码如下：

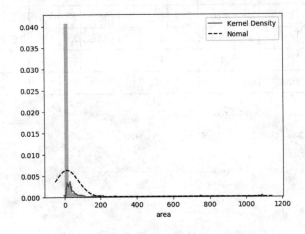

图 13-11　受灾面积的直方图

```
# 导入第三方模块
from sklearn import preprocessing
import numpy as np


# 对 area 变量做对数变换
y = np.log1p(forestfires.area)
# 将 X 变量做标准化处理
predictors = forestfires.columns[:-1]
X = preprocessing.scale(forestfires[predictors])
```

接下来基于上面清洗后的数据将其拆分为两部分，分别用于模型的构建和测试。需要注意的是，在建模时必须对参数 C、ε 和 y 做调优处理，因为默认的 SVM 模型参数并不一定是最好的。代码如下：

```
# 将数据拆分为训练集和测试集
X_train,X_test,y_train,y_test = model_selection.train_test_split(X, y,
test_size = 0.25, random_state = 1234)

# 构建默认参数的 SVM 回归模型
svr = svm.SVR()
# 模型在训练数据集上的拟合
svr.fit(X_train,y_train)
# 模型在测试上的预测
pred_svr = svr.predict(X_test)
# 计算模型的 MSE
metrics.mean_squared_error(y_test,pred_svr)
```

out:
```
1.9258635953335212
```

```
# 使用网格搜索法,选择 SVM 回归中的最佳 C 值、epsilon 值和 gamma 值
epsilon = np.arange(0.1,1.5,0.2)
C= np.arange(100,1000,200)
gamma = np.arange(0.001,0.01,0.002)
parameters = {'epsilon':epsilon,'C':C,'gamma':gamma}
grid_svr = model_selection.GridSearchCV(estimator = svm.SVR(),
            param_grid =parameters, scoring='neg_mean_squared_error',
            cv=5,verbose =1, n_jobs=2)
# 模型在训练数据集上的拟合
grid_svr.fit(X_train,y_train)
# 返回交叉验证后的最佳参数值
print(grid_svr.best_params_, grid_svr.best_score_)
```

out:
```
{'C': 300, 'gamma': 0.001, 'epsilon': 1.1000000000000003} -1.99405794977
```

```
# 模型在测试集上的预测
pred_grid_svr = grid_svr.predict(X_test)
# 计算模型在测试集上的 MSE 值
metrics.mean_squared_error(y_test, pred_grid_svr)
```

out:
```
1.7455012238826526
```

如上结果所示,经过 5 重交叉验证后,非线性 SVM 回归的最佳惩罚系数 C 为 300、最佳的ε值为 1.1、最佳的 Y 值为 0.001,而且模型在训练数据集上的负 MSE 值为-1.994。为了实现模型之间拟合效果的对比,构建了一个不做任何参数调整的 SVM 回归模型,并计算得到该模型在测试数

据集上的 MSE 值为 1.926，相比于经过调参之后的模型来说，这个值要高于 1.746。进而可以说明，在利用 SVM 模型解决分类或预测问题时，需要对模型的参数做必要的优化。

13.5 本章小结

本章介绍了 4 类常见的 SVM 模型，分别是线性可分 SVM、非线性可分 SVM、线性 SVM 回归以及非线性 SVM 回归，内容中包含 SVM 模型的理论思想、目标函数的构建、最优值求解的推导过程以及相应的应用实战。通常在实际应用中所面临的绝大多数都为非线性数据，所以相对而言，基于核技术的非线性 SVM 模型将会应用得更为广泛。不管是哪种类型的 SVM 模型，在建模时都需要进行参数优化，因为不同的参数值（如惩罚系数 C、核函数、γ 值、ε 值等）对模型的结果都有比较大的影响。根据经验，核函数选择为高斯核函数时模型拟合效果往往会更好；惩罚系数 C 可以选择在 0.0001~10000，值越大，惩罚力度越大，模型越有可能产生过拟合；高斯核函数中的 γ 参数越大，对应的支持向量则越少，反之支持向量越多、模型越复杂，越可能导致模型的过拟合。

相对于前面几个章节所介绍的分类或预测模型来说，SVM 模型的表现通常是非常优异的，但其最大的缺点是运算成本非常高，尤其是当数据规模很大时，明显感觉速度跟不上。所以，在实际应用中，需要将时间成本和准确率做一个平衡，从中选择合理的模型解决工作中的需求。

为了使读者掌握有关本章内容所涉及的函数和"方法"，这里将其重新梳理一下，以便读者查阅和记忆，见表 13-4。

表 13-4 Python 各模块的函数（方法）及函数说明

Python 模块	Python 函数或方法	函数说明
sklearn	train_test_split	将数据拆分为训练集和测试集的函数
	GridSearchCV	实现网格搜索法的"类"
	fit	基于"类"的拟合"方法"
	predict	基于拟合的预测"方法"
	best_params_	返回网格搜索法的最佳参数
	best_score_	返回网格搜索法的最佳平均得分
	accuracy_score	计算模型预测准确率的函数
	LinearSVC	构建线性可分 SVM 的"类"
	SVC	构建非线性可分 SVM 的"类"
	LinearSVR	构建线性 SVM 回归的"类"
	SVR	构建非线性 SVM 回归的"类"
	scale	将数据做标准化处理的函数
pandas	drop	删除数据框中行记录或字段的函数
	factorize	将字符型变量做数值转换的函数
seaborn	distplot	绘制直方图的函数

13.6　课后练习

1. 请写出点到直线之间的距离公式。

2. 请简单描述 SVM 模型实现分类的思想。

3. 请拿出一张大白纸，并在纸上推导出线性可分 SVM 模型的求解过程。

4. 如下图所示，样本空间中的三个点可以通过线性可分的 SVM 进行分类，其中，实心圆点代表负例、五角星代表正例。如何利用前面所学的内容找到最佳的"超平面"呢？

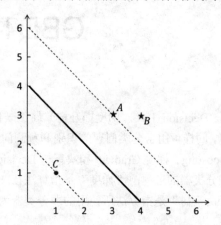

5. 在非线性可分的情况下，SVM 模型会使用核函数加以分类，请简单罗列出常见的几种核函数。

6. 如下表所示，为波士顿房价信息（数据文件为 Boston.xlsx），共有 14 个变量 506 条记录，数据涵盖城镇人均犯罪率、平均每居民房数、城镇师生比例以及一氧化氮浓度等。请根据数据，使用 SVM 模型预测波士顿房价。

CRIM	ZN	INDUS	CHAS	……	PTRATIO	B	LSTAT	MEDV
0.00632	18	2.31	0		15.3	396.9	4.98	24
0.02731	0	7.07	0		17.8	396.9	9.14	21.6
0.02729	0	7.07	0		17.8	392.83	4.03	34.7
0.03237	0	2.18	0		18.7	394.63	2.94	33.4
0.06905	0	2.18	0		18.7	396.9	5.33	36.2
0.02985	0	2.18	0		18.7	394.12	5.21	28.7
0.08829	12.5	7.87	0		15.2	395.6	12.43	22.9
0.14455	12.5	7.87	0		15.2	396.9	19.15	27.1
0.21124	12.5	7.87	0		15.2	386.63	29.93	16.5
0.17004	12.5	7.87	0		15.2	386.71	17.1	18.9
0.22489	12.5	7.87	0		15.2	392.52	20.45	15

第14章

GBDT 模型及应用

GBDT（Gradient Boosting Decision Tree，梯度提升树）属于一种有监督的集成学习算法，与前面几章介绍的监督算法类似，同样可用于分类问题的识别和预测问题的解决。该集成算法体现了三方面的优势，分别是提升 Boosting、梯度 Gradient 和决策树 Decision Tree。"提升"是指将多个弱分类器通过线下组合实现强分类器的过程；"梯度"是指算法在 Boosting 过程中求解损失函数时增强了灵活性和便捷性，"决策树"是指算法所使用的弱分类器为 CART 决策树，该决策树具有简单直观、通俗易懂的特性。

第10章曾介绍过单棵决策树和随机森林相关的知识点以及两者的差异，在可信度和稳定性上，通常随机森林要比单棵决策树更强。随机森林实质上是利用 Bootstrap 抽样技术生成多个数据集，然后通过这些数据集构造多棵决策树，进而运用投票或平均的思想实现分类和预测问题的解决。但是这样的随机性会导致树与树之间并没有太多的相关性，往往会导致随机森林算法在拟合效果上遇到瓶颈，为了解决这个问题，Friedman 等人提出了"提升"的概念，即通过改变样本点的权值和各个弱分类器的权重，并将这些弱分类器完成组合，实现预测准确性的突破。更进一步，为了使提升算法在求解损失函数时更加容易和方便，Friedman 又提出了梯度提升算法，即 GBDT。

GBDT 模型对数据类型不做任何限制，既可以是连续的数值型，也可以是离散的字符型（但在 Python 的落地过程中，需要将字符型变量做数值化处理或哑变量处理）。相对于 SVM 模型来说，较少参数的 GBDT 具有更高的准确率和更少的运算时间，GBDT 模型在面对异常数据时具有更强的稳定性。由于上面的种种优点，使得越来越多的企业或用户在数据挖掘或机器学习过程中选择使用，同时该算法也是经常出没于各种大数据竞赛中，并且获得较好的成绩。

接下来，本章将详细介绍有关 GBDT 模型的相关知识点，希望读者在学完本章内容后，可以掌握如下几方面的要点：

- 提升树之 AdaBoost 算法的理论知识；
- 梯度提升树之 DBDT 算法的理论知识；
- 非平衡数据的处理；

- DBDT 算法的改进之 XGBoost 理论知识；
- 各集成算法的应用实战。

14.1　提升树算法

本书的第 7 章介绍了有关多元线性回归模型的相关知识点，该模型的构造实质上是将输入特征 X 进行加权运算，即 $y = \beta_0 + \beta_1 x_1 + \cdots + \beta_p x_p = \beta_0 + \sum_{i=1}^{p} \beta_i x_i$。本节所介绍的提升树算法与线性回归模型的思想类似，所不同的是该算法实现了多棵基础决策树 $f(x)$ 的加权运算，最具代表的提升树为 AdaBoost 算法，即：

$$F(x) = \sum_{m=1}^{M} \alpha_m f_m(x) = F_{m-1}(x) + \alpha_m f_m(x)$$

其中，$F(x)$ 是由 M 棵基础决策树构成的最终提升树，$F_{m-1}(x)$ 表示经过 $m-1$ 轮迭代后的提升树，α_m 为第 m 棵基础决策树所对应的权重，$f_m(x)$ 为第 m 棵基础决策树。除此之外，每一棵基础决策树的生成并不像随机森林那样，而是基于前一棵基础决策树的分类结果对样本点设置不同的权重，如果在前一棵基础决策树中将某样本点预测错误，就会增大该样本点的权重，否则会相应降低样本点的权重，进而再构建下一棵基础决策树，更加关注权重大的样本点。

按照这个思想，AdaBoost 算法需要解决三大难题，即样本点的权重 w_{mi} 如何确定、基础决策树 $f(x)$ 如何选择以及每一棵基础决策树所对应的权重 α_m 如何计算。为了解决这三个问题，还需要从提升树 AdaBoost 算法的损失函数着手。

14.1.1　AdaBoost 算法的损失函数

对于分类问题而言，通常提升树的损失函数会选择使用指数损失函数；对于预测性问题，通常会选择平方损失函数。这里不妨以二分类问题为例（正负例分别用+1 和-1 表示），详细解说关于提升树损失函数的推导和延伸。

$$
\begin{aligned}
L\big(y, F(x)\big) &= exp\big(-yF(x)\big) \\
&= exp\left(-y \sum_{m=1}^{M} \alpha_m f_m(x)\right) \\
&= exp\big(-y\big(F_{m-1}(x) + \alpha_m f_m(x)\big)\big)
\end{aligned}
$$

如上损失函数所示，未知信息为系数 α_m 和基础树 $f_m(x)$，即假设已知 $m-1$ 轮迭代后的提升树 $F_{m-1}(x)$ 之后，如何基于该提升树进一步求解第 m 棵基础决策树和相应的系数。如果提升树 $F_{m-1}(x)$ 还能够继续提升，就说明损失函数还能够继续降低，换句话说，如果将所有训练样本点带入损失函数中，一定存在一个最佳的 α_m 和 $f_m(x)$，使得损失函数尽量最大化地降低，即：

$$(\alpha_m, f_m(x)) = argmin_{\alpha, f(x)} \sum_{i=1}^{N} exp\left(-y_i\left(F_{m-1}(x_i) + \alpha_m f_m(x_i)\right)\right)$$

上面的式子还可以改写为：

$$(\alpha_m, f_m(x)) = argmin_{\alpha, f(x)} \sum_{i=1}^{N} p_{mi} exp(-y_i \alpha_m f_m(x_i))$$

其中，$p_{mi} = exp[-y_i F_{m-1}(x_i)]$，由于 p_{mi} 与损失函数中的 α_m 和 $f_m(x)$ 无关，因此在求解最小化的问题时只需重点关注 $\sum_{i=1}^{N} exp(-y_i \alpha_m f_m(x_i))$ 部分。

对于 $\sum_{i=1}^{N} exp(-y_i \alpha_m f_m(x_i))$ 而言，当第 m 棵基础决策树能够准确预测时，y_i 与 $f_m(x_i)$ 的乘积为 1，否则为-1，于是 $exp(-y_i \alpha_m f_m(x_i))$ 的结果为 $exp(-\alpha_m)$ 或 $exp(\alpha_m)$，对于某个固定的 α_m 而言，损失函数中的和式仅仅是关于 α_m 的式子。所以，要想求得损失函数的最小值，首先得找到最佳的 $f_m(x)$，使得所有训练样本点 x_i 带入 $f_m(x)$ 后，误判结果越少越好，即最佳的 $f_m(x)$ 可以表示为：

$$f_m(x)^* = argmin_f \sum_{i=1}^{N} p_{mi} I(y_i \neq f_m(x))$$

其中，f 表示所有可用的基础决策树空间，$f_m(x)^*$ 就是从 f 空间中寻找到的第 m 轮基础决策树，它能够使加权训练样本点的分类错误率最小，$I(y_i \neq f_m(x))$ 表示当第 m 棵基础决策树预测结果与实际值不相等时返回 1。下一步需要求解损失函数中的参数 α_m，为了求解的方便，首先将损失函数改写为下面的式子：

$$\begin{aligned}
L(y, F(x)) &= exp\left(-y\left(F_{m-1}(x) + \alpha_m f_m(x)\right)\right) \\
&= \sum_{i=1}^{N} p_{mi} exp(-y_i \alpha_m f_m(x_i)) \\
&= \sum_{y_i = f_m(x_i)} p_{mi} exp(-\alpha_m) + \sum_{y_i \neq f_m(x_i)} p_{mi} exp(\alpha_m) \\
&= (exp(\alpha_m) - exp(-\alpha_m)) \sum_{i=1}^{N} p_{mi} I(y_i \neq f_m(x)) \\
&\quad + exp(-\alpha_m) \sum_{i=1}^{N} p_{mi}
\end{aligned}$$

其中，$\sum_{i=1}^{N} p_{mi}$ 可以被拆分为两部分，一部分是预测正确的样本点，另一部分是预测错误的样本点，即：

$$\begin{aligned}
\sum_{i=1}^{N} p_{mi} &= \sum_{i=1}^{N} p_{mi} I(y_i \neq f_m(x)) + \sum_{i=1}^{N} p_{mi} I(y_i = f_m(x)) \\
&= \sum_{y_i \neq f_m(x_i)} p_{mi} + \sum_{y_i = f_m(x_i)} p_{mi}
\end{aligned}$$

然后基于上文中改写后的损失函数求解最佳的参数 α_m，能够使得损失函数取得最小值。对损失函数中的 α_m 求导，并令导函数为 0：

$$\frac{\partial L(y, F(x))}{\partial \alpha_m} = (\alpha_m e^{\alpha_m} + \alpha_m e^{-\alpha_m}) \sum_{i=1}^{N} p_{mi} I(y_i \neq f_m(x)) - \alpha_m e^{-\alpha_m} \sum_{i=1}^{N} p_{mi}$$

最终令 $\dfrac{\partial L(y, F(x))}{\partial \alpha_m} = 0$

$$\therefore \quad \alpha_m^* = \frac{1}{2} log \frac{1 - e_m}{e_m}$$

如上 α_m^* 即为基础决策树的权重，其中，$e_m = \dfrac{\sum_{i=1}^{N} p_{mi} I(y_i \neq f_m(x))}{\sum_{i=1}^{N} p_{mi}} = \sum_{i=1}^{N} w_{mi} I(y_i \neq f_m(x))$，表示基础决策树 m 的错误率。

在求得第 m 轮基础决策树 $f_m(x)$ 以及对应的权重 α_m 后，便可得到经 m 次迭代后的提升树 $F_m(x) = F_{m-1}(x) + \alpha_m^* f_m(x_i)^*$，再根据 $p_{mi} = exp[-y_i F_{m-1}(x_i)]$，进而可以计算第 $m + 1$ 轮基础决策树中样本点的权重 w_{mi}：

$$w_{m+1,i} = w_{mi} exp[-y_i \alpha_m^* f_m(x_i)^*]$$

为了使样本权重单位化，需要将每一个 $w_{m+1,i}$ 与所有样本点的权重和做商处理，即：

$$w_{m+1,i}^* = \frac{w_{mi} exp(-y_i \alpha_m^* f_m(x_i)^*)}{\sum_{i=1}^{N} w_{mi} exp(-y_i \alpha_m^* f_m(x_i)^*)}$$

实际上，$\sum_{i=1}^{N} w_{mi} exp(-y_i \alpha_m^* f_m(x_i)^*)$ 就是第 m 轮基础决策树的总损失值，然后将每一个样本点对应的损失与总损失的比值用作样本点的权重。

14.1.2　AdaBoost 算法的操作步骤

AdaBoost 算法在解决分类问题时，它的核心就是不停地改变样本点的权重，并将每一轮的基础决策树通过权重的方式进行线性组合。该算法在迭代过程中需要进行如下 4 个步骤：

（1）在第一轮基础决策树 $f_1(x)$ 的构建中，会设置每一个样本点的权重 w_{1i} 均为 $1/N$。

（2）计算基础决策树 $f_m(x)$ 在训练数据集上的误判率 $e_m = \sum_{i=1}^{N} w_{mi}^* I(y_i \neq f_m(x_i))$。

（3）计算基础决策树 $f_m(x)$ 所对应的权重 $\alpha_m^* = \dfrac{1}{2} log \dfrac{1 - e_m}{e_m}$。

（4）根据基础决策树 $f_m(x)$ 的预测结果，计算下一轮用于构建基础决策树的样本点权重 $w_{m+1,i}^*$，该权重可以写成：

$$w_{m+1,i}^* = \begin{cases} \dfrac{w_{mi} exp(-\alpha_m^*)}{\sum_{i=1}^{N} w_{mi} exp(-\alpha_m^*)}, & f_m(x_i)^* = y_i \\[4mm] \dfrac{w_{mi} exp(\alpha_m^*)}{\sum_{i=1}^{N} w_{mi} exp(\alpha_m^*)}, & f_m(x_i)^* \neq y_i \end{cases}$$

在如上的几个步骤中，需要说明三点，第一是关于基础决策树误判率 e_m 与样本点权重之间的

330 | 从零开始学 Python 数据分析与挖掘（第 2 版）

关系，通过公式可知，实际上误判率 e_m 就是错分样本点权重之和；第二是关于权重 α_m^* 与基础决策树误判率 e_m 之间的关系，只有当第 m 轮决策树的误判率小于等于 0.5 时，该基础决策树才有意义，即误判率 e_m 越小于 0.5，对应的权重 α_m^* 越大，进而说明误判率越小的基础树越重要；第三是关于样本点权重的计算，很显然，根据公式可知，在第 m 轮决策树中样本点预测错误时对应的权重是预测正确样本点权重的 $exp(2\alpha_m^*)$ 倍，进而可以使下一轮的基础决策树更加关注错分类的样本点。

AdaBoost 算法也可以处理回归问题，对于回归提升树来说，它的核心就是利用第 m 轮基础树的残差值拟合第 $m+1$ 轮基础树。算法在迭代过程中需要进行如下 4 个步骤：

（1）初始化一棵仅包含根节点的树，并寻找到一个常数能够使损失函数达到极小值。

（2）计算第 m 轮基础树的残差值 $r_{mi} = y_i - f_m(x_i)$。

（3）将残差值 r_{mi} 视为因变量，再利用自变量的值对其构造第 $m+1$ 轮基础树 $f_{m+1}(x)$。

（4）重复步骤（2）和（3），得到多棵基础树，最终将这些基础树相加得到回归提升树 $F(x) = \sum_{m=1}^{M} f_m(x)$。

14.1.3　AdaBoost 算法的简单例子

为了使读者能够理解 AdaBoost 算法在运算过程中的几个步骤，这里不妨以一个分类问题为例（来源于李航老师的《统计学习方法》），并通过手动方式求得最佳提升树。如表 14-1 所示，对于一个一维的自变量和对应的因变量数据来说，如何构造 AdaBoost 强分类器，具体步骤如下：

表 14-1　手动计算的数据案例

x	0	1	2	3	4	5	6	7	8	9
y	+1	+1	+1	-1	-1	-1	+1	+1	+1	-1

步骤一：构建基础树 $f_1(x)$

初始情况下，将每个样本点的权重 w_{1i} 设置为 1/10，并构造一个误分类率最低的 $f_1(x)$：

$$f_1(x) = \begin{cases} 1, & x < 2.5 \\ -1, & x > 2.5 \end{cases}$$

步骤二：计算基础树 $f_1(x)$ 的错误率 e_1

$$e_1 = \sum_{i=1}^{N} \frac{3}{10} I(y_i \neq f_1(x_i)) = 0.3$$

步骤三：计算基础树 $f_1(x)$ 的权重 α_1

$$\alpha_1 = \frac{1}{2} log \frac{1-e_1}{e_1} = 0.4236$$

步骤四：更新样本点的权重 w_{1i}

$$W_{1i} = (0.07143, 0.07143, 0.07143, 0.07143, 0.07143,$$
$$0.07143, 0.16667, 0.16667, 0.16667, 0.07143)$$

所以得到第一轮加权后的提升树 $F(x) = 0.4236 f_1(x)$，故可以根据分类器的判断标准

$sign(0.4236f_1(x))$ 得到相应的预测结果，见表 14-2。

表 14-2　提升树的第一轮迭代结果

x	0	1	2	3	4	5	**6**	**7**	**8**	9
y实际	+1	+1	+1	-1	-1	-1	+1	+1	+1	-1
预测得分	0.424	0.424	0.424	-0.424	-0.424	-0.424	-0.424	-0.424	-0.424	-0.424
y预测	+1	+1	+1	-1	-1	-1	**-1**	**-1**	**-1**	-1

其中，函数 $sign(z)$ 表示当 $z > 0$ 时返回+1，否则返回-1。根据表 14-2 中的结果可知，当 x 取值为 6、7、8 时，对应的预测结果是错误的，样本点的权重相对也是最大的。所以在进入第二轮基础树的构建时，模型会更加关注这三个样本点。

步骤一：构建基础树 $f_2(x)$

由于此时样本点的权重已经不完全相同，故该轮基础树会更加关注于第一轮错分的样本点，根据数据可知，可以构造一个误分类率最低的 $f_2(x)$：

$$f_2(x) = \begin{cases} 1, & x < 8.5 \\ -1, & x > 8.5 \end{cases}$$

步骤二：计算基础树 $f_2(x)$ 的错误率 e_2

$$e_2 = \sum_{i=1}^{N} w_{1i} I(y_i \neq f_m(x_i)) = 0.07143 * 3 = 0.2143$$

步骤三：计算基础树 $f_2(x)$ 的权重 α_2

$$\alpha_2 = \frac{1}{2} log \frac{1 - e_2}{e_2} = 0.6496$$

步骤四：更新样本点的权重 w_{2i}

$$W_2 = (0.0455, 0.0455, 0.0455, 0.1667, 0.1667,$$
$$0.1667, 0.1060, 0.1060, 0.1060, 0.0455)$$

需要注意的是，这里样本点权重的计算是基于 W_1 和 α_2 的结果得到的，所以看见的权重有三种不同的结果。根据两棵基础树，可以组合为一个新的提升树：$F(x) = 0.4236f_1(x) + 0.6496f_2(x)$，进而依赖判断标准，得到相应的预测结果，见表 14-3。

表 14-3　提升树的第二轮迭代结果

x	0	1	2	**3**	**4**	**5**	6	7	8	9
y实际	+1	+1	+1	-1	-1	-1	+1	+1	+1	-1
预测得分	1.073	1.073	1.073	0.226	0.226	0.226	0.226	0.226	0.226	-1.073
y预测	+1	+1	+1	**-1**	**-1**	**-1**	+1	+1	+1	+1

如上结果所示，对于两棵基础树的 $F(x)$ 来说，当 x 取值为 3、4、5 时，提升树的预测结果是错误的。同理，经计算后的样本权重 W_2 中也是这三个样本点对应的值最大。接下来，继续进入第三轮基础树的构建，此时模型会根据样本点权重的大小给予不同的关注度。

步骤一：构建基础树 $f_3(x)$

$$f_3(x) = \begin{cases} -1, & x < 5.5 \\ 1, & x > 5.5 \end{cases}$$

步骤二：计算基础树 $f_3(x)$ 的错误率 e_3

$$e_3 = \sum_{i=1}^{N} w_{1i} I(y_i \neq f_m(x_i)) = 0.0455 * 4 = 0.1820$$

步骤三：计算基础树 $f_3(x)$ 的权重 α_3

$$\alpha_3 = \frac{1}{2} log \frac{1-e_3}{e_3} = 0.7514$$

步骤四：更新样本点的权重 w_{3i}

$$W_{3i} = (0.125, 0.125, 0.125, 0.102, 0.102, 0.102, 0.065, 0.065, 0.065, 0.125)$$

其中，样本权重 W_3 的值依赖于 W_2 和 α_3。进一步得到包含三棵基础树的提升树，它们与各种权重的线性组合可以表示为 $F(x) = 0.4236f_1(x) + 0.6496f_2(x) + 0.7514f_3(x)$，进而根据判断标准，得到如下的预测结果，见表 14-4。

表 14-4　提升树的第三轮迭代结果

x	0	1	2	3	4	5	6	7	8	9
y实际	+1	+1	+1	-1	-1	-1	+1	+1	+1	-1
预测得分	0.322	0.322	0.322	-0.525	-0.525	-0.525	0.977	0.977	0.977	-0.322
y预测	+1	+1	+1	-1	-1	-1	+1	+1	+1	-1

如表 14-4 的预测结果所示，经过三轮之后的提升过程，AdaBoost 模型可以百分之百准确地预测样本点所属的类别。所以，基于该样本运用提升树算法，求得最佳的提升树模型为 $F(x) = 0.4236f_1(x) + 0.6496f_2(x) + 0.7514f_3(x)$。

14.1.4　AdaBoost 算法的应用——违约客户的识别

前面通过简单的案例讲解了有关 AdaBoost 算法在求解分类问题中所涉及的几个步骤，除此，该算法还可以解决预测性问题。在 Python 中可以非常方便地将其实现落地，读者只需导入 sklearn 的子模块 ensemble，并从中调入 AdaBoostClassifier 类或 AdaBoostRegressor 类，其中 AdaBoostClassifier 用于解决分类问题，AdaBoostRegressor 则用于解决预测问题。有关这两个类的语法和参数含义如下：

```
AdaBoostClassifier(base_estimator=None, n_estimators=50, learning_rate=1.0,
                algorithm='SAMME.R', random_state=None)

AdaBoostRegressor(base_estimator=None, n_estimators=50, learning_rate=1.0,
                loss='linear', random_state=None)
```

- base_estimator: 用于指定提升算法所应用的基础分类器，默认为分类决策树（CART），也可以是其他基础分类器，但分类器必须支持带样本权重的学习，如神经网络。
- n_estimators: 用于指定基础分类器的数量，默认为 50 个，当模型在训练数据集中得到完美的拟合后，可以提前结束算法，不一定非得构建完指定个数的基础分类器。
- learning_rate: 用于指定模型迭代的学习率或步长，即对应的提升模型 $F(x)$ 可以表示为 $F(x) = F_{m-1}(x) + \upsilon\alpha_m f_m(x)$，其中的$\upsilon$就是该参数的指定值，默认值为 1；对于较小的学习率υ而言，则需要迭代更多次的基础分类器，通常情况下需要利用交叉验证法确定合理的基础分类器个数和学习率。
- algorithm: 用于指定 AdaBoostClassifier 分类器的算法，默认为'SAMME.R'，也可以使用 'SAMME'；使用'SAMME.R'时，基础模型必须能够计算类别的概率值；一般而言，'SAMME.R'算法相比于'SAMME'算法，收敛更快、误差更小、迭代数量更少。
- loss: 用于指定 AdaBoostRegressor 回归提升树的损失函数，可以是'linear'，表示使用线性损失函数；也可以是'square'，表示使用平方损失函数；还可以是'exponential'，表示使用指数损失函数；该参数的默认值为'linear'。
- random_state: 用于指定随机数生成器的种子。

需要说明的是，不管是提升分类器还是提升回归器，如果基础分类器使用默认的 CART 决策树，都可以调整决策树的最大特征数、树的深度、内部节点的最少样本量和叶子节点的最少样本量等；对于回归提升树 AdaBoostRegressor 而言，在不同的损失函数中，第k个基础分类器样本点损失值的计算也不相同。

（1）线性损失函数

$$e_{ki} = \frac{|y_i - f_k(x_i)|}{E_k}$$

（2）平方损失函数

$$e_{ki} = \frac{(y_i - f_k(x_i))^2}{E_k{}^2}$$

（3）指数损失函数

$$e_{ki} = 1 - exp\left(\frac{-y_i + f_k(x_i)}{E_k}\right)$$

其中，E_k表示第k个基础分类器在训练样本点上的最大误差，它的计算表达式可以写成 $E_k = max|y_i - f_k(x_i)|$。

本节中关于提升树的应用实战将以信用卡违约数据为例，该数据集来源于 UCI 网站，一共包含 30 000 条记录和 25 个变量，其中自变量包含客户的性别、受教育水平、年龄、婚姻状况、信用额度、6 个月的历史还款状态、账单金额以及还款金额，因变量 y 表示用户在下个月的信用卡还款中是否存在违约的情况（1 表示违约，0 表示不违约）。首先绘制饼图，查看因变量中各类别的比例差异，代码如下：

```python
# 导入第三方包
import pandas as pd
import matplotlib.pyplot as plt

# 读入数据
default = pd.read_excel(r'C:\Users\Administrator\Desktop\default of credit card.xls')
# 为确保绘制的饼图为圆形，需执行如下代码
plt.axes(aspect = 'equal')
# 中文乱码和坐标轴负号的处理
plt.rcParams['font.sans-serif'] = ['Microsoft YaHei']
plt.rcParams['axes.unicode_minus'] = False
# 统计客户是否违约的频数
counts = default.y.value_counts()
# 绘制饼图
plt.pie(x = counts, # 绘图数据
    labels=pd.Series(counts.index).map({0:'不违约',1:'违约'}), # 添加文字标签
    autopct='%.1f%%' # 设置百分比的格式，这里保留一位小数
    )
# 显示图形
plt.show()
```

如图 14-1 所示，数据集中违约客户占比为 22.1%，不违约客户占比为 77.9%，总体来说，两个类别的比例不算失衡（一般而言，如果两个类别比例为 9:1，则认为失衡；如果比例为 99:1，则认为严重失衡）。接下来，基于这样的数据构建 AdaBoost 模型，代码如下：

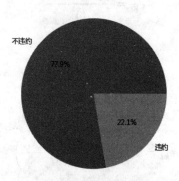

图 14-1　客户是否违约的比例

```python
# 导入第三方包
from sklearn import model_selection
from sklearn import ensemble
from sklearn import metrics

# 排除数据集中的 ID 变量和因变量，剩余的数据用作自变量 X
```

```
X = default.drop(['ID','y'], axis = 1)
y = default.y
# 数据拆分
X_train,X_test,y_train,y_test = model_selection.train_test_split
                              (X,y,test_size = 0.25, random_state = 1234)


# 构建 AdaBoost 算法的类
AdaBoost1 = ensemble.AdaBoostClassifier()
# 算法在训练数据集上的拟合
AdaBoost1.fit(X_train,y_train)
# 算法在测试数据集上的预测
pred1 = AdaBoost1.predict(X_test)


# 返回模型的预测效果
print('模型的准确率为：\n',metrics.accuracy_score(y_test, pred1))
print('模型的评估报告：\n',metrics.classification_report(y_test, pred1))


out:
模型的准确率为：
 0.812533333333
模型的评估报告：
             precision     recall    f1-score    support

         0      0.83        0.96       0.89        5800
         1      0.68        0.32       0.44        1700

  avg / total   0.80        0.81       0.79        7500
```

　　如上结果所示，在调用 **AdaBoost** 类构建提升树算法时，使用了"类"中的默认参数值，返回的模型准确率为 81.25%。并且预测客户违约（因变量 y 取 1）的精准率为 68%、覆盖率为 32%；预测客户不违约（因变量 y 取 0）的精准率为 83%、覆盖率为 96%。可以基于如上的预测结果，绘制算法在测试数据集上的 ROC 曲线，代码如下：

```
# 计算客户违约的概率值，用于生成 ROC 曲线的数据
y_score = AdaBoost1.predict_proba(X_test)[:,1]
fpr,tpr,threshold = metrics.roc_curve(y_test, y_score)
# 计算 AUC 的值
roc_auc = metrics.auc(fpr,tpr)


# 绘制面积图
plt.stackplot(fpr, tpr, color='steelblue', alpha = 0.5, edgecolor = 'black')
# 添加边际线
plt.plot(fpr, tpr, color='black', lw = 1)
# 添加对角线
plt.plot([0,1],[0,1], color = 'red', linestyle = '--')
# 添加文本信息
```

```
plt.text(0.5,0.3,'ROC curve (area = %0.2f)' % roc_auc)
# 添加 x 轴与 y 轴标签
plt.xlabel('1-Specificity')
plt.ylabel('Sensitivity')
# 显示图形
plt.show()
```

如图 14-2 所示，ROC 曲线下的面积为 0.78，接近于 0.8，可知 AdaBoost 算法在该数据集上的表现并不是特别突出。试问是否可以通过模型参数的调整改善模型的预测准确率呢？接下来通过交叉验证方法，选择相对合理的参数值。在参数调优之前，基于如上的模型寻找影响客户是否违约的重要因素，进而做一次特征筛选，代码如下：

```
# 自变量的重要性排序
importance = pd.Series(AdaBoost1.feature_importances_, index = X.columns)
importance.sort_values().plot(kind = 'barh')
plt.show()
```

如图 14-3 所示，可以一目了然地发现重要的自变量，如客户在近三期的支付状态（PAY_0，PAY_1，PAY_2）、支付金额（PAY_AMT1、PAY_AMT2、PAY_AMT3）、账单金额（BILL_AMT1、BILL_AMT2、BILL_AMT3）和信用额度（LIMIT_BAL）；而客户的性别、受教育水平、年龄、婚姻状况、更早期的支付状态、支付金额等并不是很重要。接下来就基于这些重要的自变量重新建模，并使用交叉验证方法获得最佳的参数组合，代码如下：

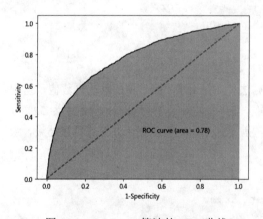

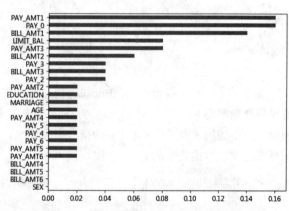

图 14-2　AdaBoost 算法的 ROC 曲线　　　　　图 14-3　变量的重要性排序

```
# 取出重要性比较高的自变量建模
predictors = list(importance[importance>0.02].index)
predictors

# 通过网格搜索法选择基础模型所对应的合理参数组合
# 导入第三方包
from sklearn.model_selection import GridSearchCV
from sklearn.tree import DecisionTreeClassifier

max_depth = [3,4,5,6]
```

```
params1 = {'base_estimator__max_depth':max_depth}
base_model = GridSearchCV(estimator = ensemble.AdaBoostClassifier
        (base_estimator = DecisionTreeClassifier()),param_grid= params1,
        scoring = 'roc_auc', cv = 5, n_jobs = 4, verbose = 1)
base_model.fit(X_train[predictors],y_train)
# 返回参数的最佳组合和对应 AUC 值
base_model.best_params_, base_model.best_score_
```

out:

```
{'base_estimator__max_depth': 3}, 0.74425046797936145
```

如上结果所示，经过 5 重交叉验证的训练和测试后，对于基础模型 CART 决策树来说，最大的树深度选择为 3 层比较合理。需要说明的是，在对 AdaBoost 算法做交叉验证时，有两层参数需要调优，一个是基础模型的参数，即 DecisionTreeClassifier 类；另一个是提升树模型的参数，即 AdaBoostClassifier 类。在对基础模型调参时，参数字典 params1 中的键必须以"base_estimator__"开头，因为该参数是嵌在 AdaBoostClassifier 类下的 DecisionTreeClassifier 类中。

如上是对基础模型 CART 决策树做的参数调优过程，还需要基于这个结果对 AdaBoost 算法进行参数调优，代码如下：

```
# 导入第三方包
from sklearn.model_selection import GridSearchCV

n_estimators = [100,200,300]
learning_rate = [0.01,0.05,0.1,0.2]
params2 = {'n_estimators':n_estimators,'learning_rate':learning_rate}
adaboost = GridSearchCV(estimator = ensemble.AdaBoostClassifier
            (base_estimator = DecisionTreeClassifier(max_depth = 3)),
            param_grid= params2, scoring = 'roc_auc', cv = 5, n_jobs = 4,
            verbose = 1)
adaboost.fit(X_train[predictors] ,y_train)
# 返回参数的最佳组合和对应 AUC 值
adaboost.best_params_, adaboost.best_score_
```

out:

```
{'learning_rate': 0.01, 'n_estimators': 300}, 0.76866547085583281
```

如上结果所示，经过 5 重交叉验证后，得知 AdaBoost 算法的最佳基础模型个数为 300、学习率为 0.01。到目前为止，参数调优过程就结束了（仅仅涉及基础模型 CART 决策树的深度、提升树中包含的基础模型个数和学习率）。如果读者还需探索其他更多的参数值，只需对如上代码稍做修改即可（修改 params1 和 params2）。

基于如上的调参结果重新构造 AdaBoost 模型，并检验算法在测试数据集上的预测效果，代码如下：

```
# 使用最佳的参数组合构建 AdaBoost 模型
AdaBoost2 = ensemble.AdaBoostClassifier(base_estimator =
DecisionTreeClassifier(max_depth = 3),n_estimators = 300, learning_rate = 0.01)
```

```
# 算法在训练数据集上的拟合
AdaBoost2.fit(X_train[predictors],y_train)
# 算法在测试数据集上的预测
pred2 = AdaBoost2.predict(X_test[predictors])

# 返回模型的预测效果
print('模型的准确率为: \n',metrics.accuracy_score(y_test, pred2))
print('模型的评估报告: \n',metrics.classification_report(y_test, pred2))
```

out:
模型的准确率为:
 0.816
模型的评估报告:

	precision	recall	f1-score	support
0	0.83	0.96	0.89	5800
1	0.69	0.34	0.45	1700
avg / total	0.80	0.82	0.79	7500

如上结果所示，经过调优后，模型在测试数据集上的预测准确率为 81.6%，相比于默认参数的 AdaBoost 模型，准确率仅提高 0.35%。

说明：算法处理该数据集时，模型的准确率遇到了瓶颈，读者不妨对比测试其他模型，如随机森林、SVM 等。

14.2　梯度提升树算法

梯度提升树算法实际上是提升算法的扩展版，在原始的提升算法中，如果损失函数为平方损失或指数损失，求解损失函数的最小值问题会非常简单，但如果损失函数为更一般的函数（如绝对值损失函数或 Huber 损失函数等），目标值的求解就会相对复杂很多。为了解决这个问题，Freidman 提出了梯度提升算法，即在第 m 轮基础模型中，利用损失函数的负梯度值作为该轮基础模型损失值的近似，并利用这个近似值构建下一轮基础模型。利用损失函数的负梯度值近似残差的计算就是梯度提升算法在提升算法上的扩展，这样的扩展使得目标函数的求解更为方便。GBDT 算法属于梯度提升算法中的经典算法，接下来介绍有关该算法的具体步骤以及算法在预测和分类问题中的解决方案。

14.2.1　GBDT 算法的操作步骤

GBDT 算法同样可以解决分类问题和预测问题，算法在运行过程中都会执行如下几个步骤：

（1）初始化一棵仅包含根节点的树，并寻找到一个常数 Const 能够使损失函数达到极小值；

（2）计算损失函数的负梯度值，用作残差的估计值，即：

$$r_{mi} = -\left[\frac{\partial L(y_i, f(x_i))}{\partial f(x_i)}\right]_{f(x)=f_{m-1}(x)}$$

（3）利用数据集(x_i, r_{mi})拟合下一轮基础模型，得到对应的J个叶子节点R_{mj}，$j = 1,2,\cdots,J$；计算每个叶子节点R_{mj}的最佳拟合值，用以估计残差r_{mi}：

$$c_{mj} = argmin_c \sum_{x_i \in R_{mj}} L(y_i, f_{m-1}(x_i) + c)$$

（4）进而得到第m轮的基础模型$f_m(x)$，再结合前$m-1$轮的基础模型，得到最终的梯度提升模型：

$$F_M(x) = F_{M-1}(x) + f_m(x)$$
$$= F_{M-1}(x) + \sum_{j=1}^{J} c_{mj}I(x_i \in R_{mj})$$
$$= \sum_{m=1}^{M} \sum_{j=1}^{J} c_{mj}I(x_i \in R_{mj})$$

如上几个步骤中，c_{mj}表示第m个基础模型$f_m(x)$在叶节点j上的预测值；$F_M(x)$表示由M个基础模型构成的梯度提升树，它是每一个基础模型在样本点x_i处的输出值c_{mj}之和。

与 AdaBoost 算法一样，GBDT 算法也能够非常好地解决离散型因变量的分类和连续型因变量的预测。接下来按照上面介绍的 5 个步骤，分别讲解分类和预测问题在 GBDT 算法的实现过程。

14.2.2 GBDT 分类算法

当因变量为离散的类别变量时，无法直接利用各个类别值拟合残差r_{mi}（因为残差是连续的数值型）。为了解决这个问题，通常将 GBDT 算法的损失函数设置为指数损失函数或对数似然损失函数，进而可以实现残差的数值化。如果损失函数选择为指数损失函数，GBDT 算法实际上退化为 AdaBoost 算法；如果损失函数选择为对数似然损失函数，GBDT 算法的残差类似于 Logistic 回归的对数似然损失。这里不妨以二分类问题为例，并选择对数似然损失函数，介绍 GBDT 分类算法的计算过程：

（1）初始化一个弱分类器：

$$f_0(x) = argmin_c \sum_{i=1}^{n} L(y_i, c)$$

（2）计算损失函数的负梯度值：

$$r_{mi} = -\left[\frac{\partial L(y_i, f(x_i))}{\partial f(x_i)}\right]_{f(x)=f_{m-1}(x)}$$
$$= -\left[\frac{\partial log\left(1 + exp(-y_i f(x_i))\right)}{\partial f(x_i)}\right]_{f(x)=f_{m-1}(x)}$$
$$= \frac{y_i}{1 + exp(-y_i f(x_i))}$$

（3）利用数据集(x_i, r_{mi})拟合下一轮基础模型：

$$f_m(x) = \sum_{j=1}^{J} c_{mj} I(x_i \in R_{mj})$$

其中，$c_{mj} = argmin_c \sum_{x_i \in R_{mj}} log\left(1 + exp\left(-y_i(f_{m-1}(x_i) + c)\right)\right)$。

（4）重复（2）和（3），并利用m个基础模型，构建梯度提升模型：

$$F_M(x) = F_{M-1}(x) + f_m(x)$$
$$= \sum_{m=1}^{M} \sum_{j=1}^{J} c_{mj} I(x_i \in R_{mj})$$

14.2.3　GBDT 回归算法

如果因变量为连续的数值型变量，问题就会相对简单很多，因为输出的残差值本身就是数值型的。GBDT 回归算法的损失函数就有比较多的选择了，例如平方损失函数、绝对值损失函数、Huber 损失函数和分位数回归损失函数，这些损失函数都可以非常方便地进行一阶导函数的计算。这里不妨以平方损失函数为例，介绍 GBDT 回归算法的计算过程：

（1）初始化一个弱回归器：

$$f_0(x) = argmin_c \sum_{i=1}^{n} L(y_i, c)$$

（2）计算损失函数的负梯度值：

$$r_{mi} = -\left[\frac{\partial L(y_i, f(x_i))}{\partial f(x_i)}\right]_{f(x)=f_{m-1}(x)}$$
$$= -\left[\frac{\partial \frac{1}{2}(y_i - f(x_i))^2}{\partial f(x_i)}\right]_{f(x)=f_{m-1}(x)} = y_i - f(x_i)$$

（3）利用数据集(x_i, r_{mi})拟合下一轮基础模型：

$$f_m(x) = \sum_{j=1}^{J} c_{mj} I(x_i \in R_{mj})$$

其中，$c_{mj} = argmin_c \sum_{x_i \in R_{mj}} \frac{1}{2}\left(y_i - (f_{m-1}(x_i) + c)\right)^2$。

（4）重复（2）和（3），并利用m个基础模型，构建梯度提升模型：

$$F_M(x) = F_{M-1}(x) + f_m(x) = \sum_{m=1}^{M} \sum_{j=1}^{J} c_{mj} I(x_i \in R_{mj})$$

14.2.4　GBDT 算法的应用——欺诈交易的识别

在 Python 中同样可以非常方便地将 GBDT 算法落地，读者只需导入 sklearn 的子模块 ensemble，并从中调入 GradientBoostingClassifier 类或 GradientBoostingRegressor 类，其中 GradientBoostingClassifier 用于解决分类问题，GradientBoostingRegressor 则用于解决预测问题。有关这两个类的语法和参数含义如下：

```
GradientBoostingClassifier(loss='deviance', learning_rate=0.1,
              n_estimators=100,subsample=1.0, criterion='friedman_mse',
              min_samples_split=2, min_samples_leaf=1,
              min_weight_fraction_leaf=0.0, max_depth=3,
              min_impurity_decrease=0.0, min_impurity_split=None,
              init=None, random_state=None, max_features=None, verbose=0,
              max_leaf_nodes=None, warm_start=False, presort='auto')

GradientBoostingRegressor(loss='ls', learning_rate=0.1, n_estimators=100,
              subsample=1.0, criterion='friedman_mse',
              min_samples_split=2, min_samples_leaf=1,
              min_weight_fraction_leaf=0.0, max_depth=3,
              min_impurity_decrease=0.0, min_impurity_split=None,
              init=None, random_state=None, max_features=None, alpha=0.9,
              verbose=0, max_leaf_nodes=None, warm_start=False,
              presort='auto')
```

- loss: 用于指定 GBDT 算法的损失函数，对于分类的 GBDT，可以选择'deviance'和'exponential'，分别表示对数似然损失函数和指数损失函数；对于预测的 GBDT，可以选择'ls' 'lad' 'huber'和'quantile'，分别表示平方损失函数、绝对值损失函数、Huber 损失函数（前两种损失函数的结合，当误差较小时，使用平方损失，否则使用绝对值损失，误差大小的度量可使用 alpha 参数指定）和分位数回归损失函数（需通过 alpha 参数设定分位数）。
- learning_rate: 用于指定模型迭代的学习率或步长，即对应的梯度提升模型 $F(x)$ 可以表示为 $F_M(x) = F_{M-1}(x) + \upsilon f_m(x)$:，其中的 υ 就是该参数的指定值，默认值为 0.1；对于较小的学习率 υ 而言，则需要迭代更多次的基础分类器，通常情况下需要利用交叉验证法确定合理的基础模型的个数和学习率。
- n_estimators: 用于指定基础模型的数量，默认为 100 个。
- subsample: 用于指定构建基础模型所使用的抽样比例，默认为 1，表示使用原始数据构建每一个基础模型；当抽样比例小于 1 时，表示构建随机梯度提升树模型，通常会导致模型的方差降低，偏差提高。
- criterion: 用于指定分割质量的度量，默认为'friedman_mse'，表示使用 Friedman 均方误差，还可以使用'mse'和'mae'，分别表示均方误差和绝对误差。
- min_samples_split: 用于指定每个基础模型的根节点或中间节点能够继续分割的最小样本量，默认为 2。
- min_samples_leaf: 用于指定每个基础模型的叶节点所包含的最小样本量，默认为 1。

- min_weight_fraction_leaf: 用于指定每个基础模型叶节点最小的样本权重，默认为 0，表示不考虑叶节点的样本权值。
- max_depth: 用于指定每个基础模型所包含的最大深度，默认为 3 层。
- min_impurity_decrease: 用于指定每个基础模型的节点是否继续分割的最小不纯度值，默认为 0；如果不纯度超过指定的阈值，则节点需要分割，否则不分割。
- min_impurity_split: 该参数同 min_impurity_decrease 参数，在 sklearn 0.21 版本及之后版本将删除。
- init: 用于指定初始的基础模型，用于执行初始的分类或预测。
- random_state: 用于指定随机数生成器的种子，默认为 None，表示使用默认的随机数生成器。
- max_features: 用于指定每个基础模型所包含的最多分割字段数，默认为 None，表示分割时使用所有的字段；如果为具体的整数，则考虑使用对应的分割字段数；如果为 0~1 的浮点数，则考虑对应百分比的字段个数；如果为'sqrt'，则表示最多考虑 $\sqrt{P}$ 个字段，与指定'auto'效果一致；如果为'log2'，则表示最多使用 $log_2 P$ 个字段。其中，P 表示数据集所有自变量的个数。
- verbose: 用于指定 GBDT 算法在计算过程中是否输出日志信息，默认为 0，表示不输出。
- alpha: 当 loss 参数为'huber'或'quantile'时，该参数有效，分别用于指定误差的阈值和分位数。
- max_leaf_nodes: 用于指定每个基础模型最大的叶节点个数，默认为 None，表示对叶节点个数不做任何限制。
- warm_start: bool 类型参数，表示是否使用上一轮的训练结果，默认为 False。
- presort: bool 类型参数，表示是否在构建基础模型时对数据进行预排序（用于快速寻找最佳分割点），默认为'auto'。当数据集比较密集时，该参数自动对数据集做预排序；当数据集比较稀疏时，则无须预排序；对于稀疏数据来说，设置该参数为 True 时，反而会提高模型的错误率。

本节的项目实战部分仍然使用上一节中所介绍的客户信用卡违约数据，并对比 GBDT 算法和 AdaBoost 算法在该数据集上的效果差异。首先，利用交叉验证方法，测试 GBDT 算法各参数值的效果，并从中挑选出最佳的参数组合，代码如下：

```
# 运用网格搜索法选择梯度提升树的合理参数组合
learning_rate = [0.01,0.05,0.1,0.2]
n_estimators = [100,200,300]
max_depth = [3,4,5,6]
params = {'learning_rate':learning_rate,'n_estimators':n_estimators,
          'max_depth':max_depth}
gbdt_grid = GridSearchCV(estimator = ensemble.GradientBoostingClassifier(),
                param_grid= params, scoring = 'roc_auc',
                cv = 5, n_jobs = 4, verbose = 1)
gbdt_grid.fit(X_train[predictors],y_train)
```

```
# 返回参数的最佳组合和对应 AUC 值
gbdt_grid.best_params_, gbdt_grid.best_score_
```

out:

```
{'learning_rate': 0.05, 'max_depth': 5, 'n_estimators': 100},
0.77397780446802755
```

如上结果所示，运用 5 重交叉验证方法对基础模型树的深度、基础模型个数以及提升树模型的学习率三个参数进行调优，得到的最佳组合值为 5、100 和 0.05。而且验证后的最佳 AUC 值为 0.77，进而利用这样的参数组合，对测试数据集进行预测，代码如下：

```
# 基于最佳参数组合的 GBDT 模型，对测试数据集进行预测
pred = gbdt_grid.predict(X_test[predictors])
# 返回模型的预测效果
print('模型的准确率为: \n',metrics.accuracy_score(y_test, pred))
print('模型的评估报告: \n',metrics.classification_report(y_test, pred))
```

out:

```
模型的准确率为:
 0.814266666667
模型的评估报告:
```

	precision	recall	f1-score	support
0	0.83	0.95	0.89	5800
1	0.68	0.35	0.46	1700
avg / total	0.80	0.81	0.79	7500

如上结果所示，GBDT 模型在测试数据集上的预测效果与 AdaBoost 算法基本一致，进而可以说明 GBDT 算法采用一阶导函数的值近似残差是合理的，并且这种近似功能也提升了 AdaBoost 算法求解目标函数时的便捷性。基于 GBDT 算法的预测结果，也可以绘制一幅 ROC 曲线图，代码如下：

```
# 计算客户违约的概率值，用于生成 ROC 曲线的数据
y_score = gbdt_grid.predict_proba(X_test[predictors])[:,1]
fpr,tpr,threshold = metrics.roc_curve(y_test, y_score)
# 计算 AUC 的值
roc_auc = metrics.auc(fpr,tpr)

# 绘制面积图
plt.stackplot(fpr, tpr, color='steelblue', alpha = 0.5, edgecolor = 'black')
# 添加边际线
plt.plot(fpr, tpr, color='black', lw = 1)
# 添加对角线
plt.plot([0,1],[0,1], color = 'red', linestyle = '--')
# 添加文本信息
plt.text(0.5,0.3,'ROC curve (area = %0.2f)' % roc_auc)
# 添加 x 轴与 y 轴标签
```

```
plt.xlabel('1-Specificity')
plt.ylabel('Sensitivity')
# 显示图形
plt.show()
```

见图 14-4。

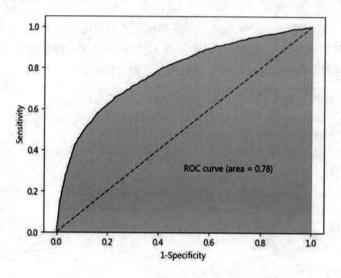

图 14-4　GBDT 算法的 ROC 曲线

14.3　非平衡数据的处理

在实际应用中，读者可能会碰到一种比较头疼的问题，那就是分类问题中类别型的因变量可能存在严重的偏倚，即类别之间的比例严重失调。如欺诈问题中，欺诈类观测在样本集中毕竟占少数；客户流失问题中，忠实的客户往往也是占很少一部分；在某营销活动的响应问题中，真正参与活动的客户也同样只是少部分。

如果数据存在严重的不平衡，预测得出的结论往往也是有偏的，即分类结果会偏向于较多观测的类。对于这种问题该如何处理呢？最简单粗暴的办法就是构造 1:1 的数据，要么将多的那一类砍掉一部分（欠采样），要么将少的那一类进行 Bootstrap 抽样（过采样）。但这样做会存在问题，对于第一种方法，砍掉的数据会导致某些隐含信息的丢失；而第二种方法中，有放回的抽样形成的简单复制，又会使模型产生过拟合。

为了解决数据的非平衡问题，2002 年 Chawla 提出了 SMOTE 算法，即合成少数过采样技术，它是基于随机过采样算法的一种改进方案。该技术是目前处理非平衡数据的常用手段，并受到学术界和工业界的一致认同，接下来简单描述一下该算法的理论思想。

SMOTE 算法的基本思想就是对少数类别样本进行分析和模拟，并将人工模拟的新样本添加到数据集中，进而使原始数据中的类别不再严重失衡。该算法的模拟过程采用了 KNN 技术，模拟生成新样本的步骤如下：

（1）采样最邻近算法，计算出每个少数类样本的 K 个近邻。

（2）从 K 个近邻中随机挑选 N 个样本进行随机线性插值。

（3）构造新的少数类样本。

（4）将新样本与原数据合成，产生新的训练集。

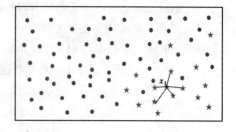

为了使读者理解 SMOTE 算法实现新样本的模拟过程，可以参考图 14-5 和人工新样本的生成过程。

如图 14-5 所示，实心圆点代表的样本数量要明显多于五角星代表的样本点，如果使用 SMOTE 算法模拟增加少类别的样本点，则需要经过如下几个步骤：

图 14-5　SMOTE 算法示意图

（1）利用第 11 章所介绍的 KNN 算法，选择离样本点x_1最近的 K 个同类样本点（不妨最近邻为 5）。

（2）从最近的 K 个同类样本点中，随机挑选 M 个样本点（不妨设 M 为 2），M 的选择依赖于最终所希望的平衡率。

（3）对于每一个随机选中的样本点，构造新的样本点。新样本点的构造需要使用下面的公式：

$$x_{new} = x_i + rand(0,1) \times (x_j - x_i), \qquad j = 1,2,\cdots,M$$

其中，x_i表示少数类别中的一个样本点（如图 14-5 中五角星所代表的x_1样本）；x_j表示从 K 近邻中随机挑选的样本点j；$rand(0,1)$表示生成 0~1 的随机数。

假设图 14-5 中样本点x_1的观测值为(2,3,10,7)，从图中的 5 个近邻随机挑选两个样本点，它们的观测值分别为(1,1,5,8)和(2,1,7,6)，由此得到的两个新样本点为：

$$x_{new1} = (2,3,10,7) + 0.3 \times ((1,1,5,8) - (2,3,10,7)) = (1.7,2.4,8.5,7.3)$$
$$x_{new2} = (2,3,10,7) + 0.26 \times ((2,1,7,6) - (2,3,10,7)) = (2,2.48,9.22,6.74)$$

（4）重复步骤（1）、（2）和（3），通过迭代少数类别中的每一个样本x_i，最终将原始的少数类别样本量扩大为理想的比例。

通过 SMOTE 算法实现过采样的技术并不是太难，读者可以根据上面的步骤自定义一个抽样函数。当然，读者也可以借助 imblearn 模块，并利用其子模块 over_sampling 中的 SMOTE "类" 实现新样本的生成。有关该 "类" 的语法和参数含义如下：

```
SMOTE(ratio='auto', random_state=None, k_neighbors=5, m_neighbors=10,
      kind='regular', svm_estimator=None, n_jobs=1)
```

- ratio：用于指定重抽样的比例，如果指定字符型的值，可以是'minority'（表示对少数类别的样本进行抽样）、'majority'（表示对多数类别的样本进行抽样）、'not minority'（表示采用欠采样方法）、'all'（表示采用过采样方法），默认为'auto'，等同于'all'和'not minority'。如果指定字典型的值，其中键为各个类别标签，值为类别下的样本量。
- random_state：用于指定随机数生成器的种子，默认为 None，表示使用默认的随机数生成器。
- k_neighbors：指定近邻个数，默认为 5 个。
- m_neighbors：指定从近邻样本中随机挑选的样本个数，默认为 10 个。

- kind: 用于指定 SMOTE 算法在生成新样本时所使用的选项，默认为'regular'，表示对少数类别的样本进行随机采样，也可以是'borderline1' 'borderline2'和'svm'。
- svm_estimator: 用于指定 SVM 分类器，默认为 sklearn.svm.SVC，该参数的目的是利用支持向量机分类器生成支持向量，然后生成新的少数类别的样本。
- n_jobs: 用于指定 SMOTE 算法在过采样时所需的 CPU 数量，默认为 1 表示仅使用 1 个 CPU 运行算法，即不使用并行运算功能。

14.4　XGBoost 算法

XGBoost 是由传统的 GBDT 模型发展而来的，在上一节中，GBDT 模型在求解最优化问题时应用了一阶导技术，而 XGBoost 则使用损失函数的一阶和二阶导，更神奇的是用户可以自定义损失函数，只要损失函数可一阶和二阶求导。除此，XGBoost 算法相比于 GBDT 算法还有其他优点，例如支持并行计算，大大提高算法的运行效率；XGBoost 在损失函数中加入了正则项，用来控制模型的复杂度，进而可以防止模型的过拟合；XGBoost 除了支持 CART 基础模型，还支持线性基础模型；XGBoost 采用了随机森林的思想，对字段进行抽样，既可以防止过拟合，也可以降低模型的计算量。既然 XGBoost 算法有这么多优点，接下来就详细研究一下该算法背后的理论知识。

14.4.1　XGBoost 算法的损失函数

正如前文所说，提升算法的核心思想就是多个基础模型的线性组合，对于一棵含有 t 个基础模型的集成树来说，该集成树可以表示为：

$$\hat{y}_i^{(t)} = \sum_{k=1}^{t} f_k(x_i) = \hat{y}_i^{(t-1)} + f_t(x_i)$$

其中，$\hat{y}_i^{(t)}$ 表示经第 t 轮迭代后的模型预测值，$\hat{y}_i^{(t-1)}$ 表示已知 $t-1$ 个基础模型的预测值，$f_t(x_i)$ 表示第 t 个基础模型。按照如上的集成树，关键点就是第 t 个基础模型 f_t 的选择。对于该问题，如前文提升算法中所提及的，只需要寻找一个能够使目标函数尽可能最大化降低的 f_t 即可，故构造的目标函数如下：

$$Obj^{(t)} = \sum_{i=1}^{n} L(y_i, \hat{y}_i^{(t)}) + \sum_{j=1}^{t} \Omega(f_j)$$
$$= \sum_{i=1}^{n} L(y_i, \hat{y}_i^{(t-1)} + f_t(x_i)) + \sum_{j=1}^{t} \Omega(f_j)$$

其中，$\Omega(f_j)$ 为第 j 个基础模型的正则项，用于控制模型的复杂度。为了简单起见，不妨将损失函数 L 表示为平方损失，则如上的目标函数可以表示为：

$$Obj^{(t)} = \sum_{i=1}^{n} \left(y_i - \left(\hat{y}_i^{(t-1)} + f_t(x_i)\right)\right)^2 + \sum_{j=1}^{t} \Omega(f_j)$$

$$= \sum_{i=1}^{n} \left(y_i{}^2 + \left(\widehat{y_i}^{(t-1)} + f_t(x_i) \right)^2 - 2y_i \left(\widehat{y_i}^{(t-1)} + f_t(x_i) \right) \right) + \sum_{j=1}^{t} \Omega(f_j)$$

$$= \sum_{i=1}^{n} \left(2f_t(x_i)\left(\widehat{y_i}^{(t-1)} - y_i \right) + f_t(x_i)^2 + \left(y_i - \widehat{y_i}^{(t-1)} \right)^2 \right) + \sum_{j=1}^{t} \Omega(f_j)$$

由于前 $t-1$ 个基础模型是已知的，故 $\widehat{y_i}^{(t-1)}$ 的预测值也是已知的，同时前 $t-1$ 个基础模型的复杂度也是已知的，故不妨将所有的已知项设为常数 $constant$，则目标函数可以重新表达为：

$$Obj^{(t)} = \sum_{i=1}^{n} \left(2f_t(x_i)\left(\widehat{y_i}^{(t-1)} - y_i \right) + f_t(x_i)^2 \right) + \Omega(f_t) + constant$$

其中，$\left(\widehat{y_i}^{(t-1)} - y_i \right)$ 项就是前 $t-1$ 个基础模型所产生的残差，说明目标函数的选择与前 $t-1$ 个基础模型的残差相关，这一点与 GBDT 是相同的。如上是假设损失函数为平方损失，对于更一般的损失函数来说，可以使用泰勒展开对损失函数值做近似估计。

根据泰勒展开式：

$$f(x + \Delta x) \approx f(x) + f(x)'\Delta x + f(x)''\Delta x^2$$

其中，$f(x)$ 是一个具有二阶可导的函数，$f(x)'$ 为 $f(x)$ 的一阶导函数，$f(x)''$ 为 $f(x)$ 的二阶导函数，Δx 为 $f(x)$ 在某点处的变化量。假设令损失函数 L 为泰勒公式中的 f，令损失函数中 $\widehat{y_i}^{(t-1)}$ 项为泰勒公式中的 x，令损失函数中 $f_t(x_i)$ 项为泰勒公式中的 Δx，则目标函数 $Obj^{(t)}$ 可以近似表示为：

$$Obj^{(t)} = \sum_{i=1}^{n} L\left(y_i, \widehat{y_i}^{(t-1)} + f_t(x_i) \right) + \Omega(f_t) + constant$$

$$\approx \sum_{i=1}^{n} \left(L\left(y_i, \widehat{y_i}^{(t-1)} \right) + g_i f_t(x_i) + \frac{1}{2} h_i f_t(x_i)^2 \right) + \Omega(f_t) + constant$$

其中，g_i 和 h_i 分别是损失函数 $L\left(y_i, \widehat{y_i}^{(t-1)} \right)$ 关于 $\widehat{y_i}^{(t-1)}$ 的一阶导函数值和二阶导函数值，即它们可以表示为：

$$\begin{cases} g_i = \dfrac{\partial L\left(y_i, \widehat{y_i}^{(t-1)} \right)}{\partial \widehat{y_i}^{(t-1)}} \\[4mm] h_i = \dfrac{\partial^2 L\left(y_i, \widehat{y_i}^{(t-1)} \right)}{\partial \widehat{y_i}^{(t-1)}} \end{cases}$$

所以，在求解目标函数 $Obj^{(t)}$ 的最优化问题时，需要用户指定一个可以计算一阶导和二阶导的损失函数，进而可知每个样本点所对应的 $L\left(y_i, \widehat{y_i}^{(t-1)} \right)$ 值、g_i 值和 h_i 值。这样一来，为求解关于 $f_t(x_i)$ 的目标函数 $Obj^{(t)}$，只需求解第 t 个基础模型 f_t 所对应的正则项 $\Omega(f_t)$ 即可，那 $\Omega(f_t)$ 该如何求解呢？

14.4.2　损失函数的演变

假设基础模型 f_t 由 CART 树构成，对于一棵树来说，它可以被拆分为结构部分 q，以及叶子节点所对应的输出值 w。可以利用这两部分反映树的复杂度，即复杂度由树的叶子节点个数（反映树的结构）和叶子节点输出值的平方构成：

$$\Omega(f_t) = \gamma T + \frac{1}{2}\lambda \sum_{j=1}^{T} w_j^2$$

其中，T表示叶子节点的个数，w_j^2表示输出值向量的平方。CART 树生长得越复杂，对应的T越大，$\Omega(f_t)$也越大。

根据上面的复杂度方程，可以将目标函数$Obj^{(t)}$改写为：

$$
\begin{aligned}
Obj^{(t)} &\approx \sum_{i=1}^{n}\left(L\big(y_i, \widehat{y_i}^{(t-1)}\big) + g_i f_t(x_i) + \frac{1}{2}h_i f_t(x_i)^2\right) + \Omega(f_t) + constant \\
&\approx \sum_{i=1}^{n}\left(g_i f_t(x_i) + \frac{1}{2}h_i f_t(x_i)^2\right) + \gamma T + \frac{1}{2}\lambda \sum_{j=1}^{T} w_j^2 + constant \\
&\approx \sum_{i=1}^{n}\left(g_i w_{q(x_i)} + \frac{1}{2}h_i w_{q(x_i)}^2\right) + \gamma T + \frac{1}{2}\lambda \sum_{j=1}^{T} w_j^2 + constant \\
&\approx \sum_{j=1}^{T}\left(\left(\sum_{i\in I_j} g_i\right)w_j + \frac{1}{2}\left(\sum_{i\in I_j} h_i\right)w_j^2\right) + \gamma T + \frac{1}{2}\lambda \sum_{j=1}^{T} w_j^2 + constant \\
&\approx \sum_{j=1}^{T}\left(\left(\sum_{i\in I_j} g_i\right)w_j + \frac{1}{2}\left(\sum_{i\in I_j}(h_i + \lambda)\right)w_j^2\right) + \gamma T + constant
\end{aligned}
$$

如上推导所示，由于$L\big(y_i, \widehat{y_i}^{(t-1)}\big)$是关于前$t-1$个基础模型的损失值，它是一个已知量，故将其归纳至常数项$constant$中；$w_{q(x_i)}$表示第i个样本点的输入值x_i所对应的输出值；$i \in I_j$表示每个叶子节点j中所包含的样本集合。在如上的推导过程中，最关键的地方是倒数第二行，非常巧妙地将样本点的和转换为叶子节点的和，从而降低了算法的运算量。对于目标函数$Obj^{(t)}$而言，我们是希望求解它的最小值，故可以将推导结果中的常数项忽略掉，进而目标函数重新表示为：

$$
\begin{aligned}
Obj^{(t)} &\approx \sum_{j=1}^{T}\left(\left(\sum_{i\in I_j} g_i\right)w_j + \frac{1}{2}\left(\sum_{i\in I_j}(h_i + \lambda)\right)w_j^2\right) + \gamma T + constant \\
&\approx \sum_{j=1}^{T}\left(\left(\sum_{i\in I_j} g_i\right)w_j + \frac{1}{2}\left(\sum_{i\in I_j}(h_i + \lambda)\right)w_j^2\right) + \gamma T \\
&\approx \sum_{j=1}^{T}\left(G_j w_j + \frac{1}{2}(H_j + \lambda)w_j^2\right) + \gamma T
\end{aligned}
$$

其中，$G_j = \sum_{i\in I_j} g_i$；$H_j = \sum_{i\in I_j} h_i$。它们分别表示所有属于叶子节点$j$的样本点对应的$g_i$之和以及$h_i$之和。所以，最终是寻找一个合理的$f_t$，使得式子$\sum_{j=1}^{T}\left(G_j w_j + \frac{1}{2}(H_j + \lambda)w_j^2\right) + \gamma T$尽可能大地减小。

由于构建 XGBoost 模型之前需要指定某个损失函数L（如平方损失、指数损失、Huber 损失等），进而某种树结构q下的G_j和H_j是已知的。所以要想得得$Obj^{(t)}$的最小化，需要对方程中的w_j（每个叶子节点的输出值）求偏导，并令导函数为0，即

$$\frac{\partial Obj^{(t)}}{\partial w_j} = G_j + (H_j + \lambda)w_j = 0$$

$$\therefore w_j = -\frac{G_j}{H_j + \lambda}$$

所以，将w_j的值导入到目标函数$Obj^{(t)}$中，可得：

$$J(f_t) = \sum_{j=1}^{T}\left(G_j w_j + \frac{1}{2}(H_j + \lambda)w_j^2\right) + \gamma T$$

$$= -\frac{1}{2}\sum_{j=1}^{T}\left(\frac{G_j^2}{H_j + \lambda}\right) + \gamma T$$

现在的问题是，树结构q该如何选择，即最佳的树结构q就对应了最佳的基础模型f_t。最笨的方法就是测试不同分割字段和分割点下的树结构q，并计算它们所对应的$J(f_t)$值，从而挑选出使$J(f_t)$达到最小的树结构。很显然，这样枚举出所有的树结构q是非常不方便的，计算量也是非常大的，通常会选择贪心法，即在某个已有的可划分节点中加入一个分割，并通过计算分割前后的增益值决定是否剪枝。有关增益值的计算如下：

$$Gain = \frac{1}{2}\left(\frac{G_L^2}{H_L + \lambda} + \frac{G_R^2}{H_R + \lambda} - \frac{(G_L + G_R)^2}{H_L + H_R + \lambda}\right) - \gamma$$

其中，G_L和H_L为某节点分割后对应的左支样本点的导函数值，G_R和H_R为某节点分割后对应的右支样本点的导函数值。这里的增益值$Gain$其实就是将某节点分割为另外两个节点后对应的目标值$J(f_t)$的减少量。为了帮助读者理解这个增益的计算，可以参考图14-6。

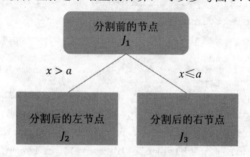

图 14-6 节点分割前后示意图

其中，J_1表示某个可分割节点在分割前的目标函数值，J_2和J_3则代表该节点按照某个变量x在a处的分割后对应的目标函数值。按照目标函数的公式，可以将这三个值表示为下面的式子：

$$\begin{cases} J_1 = -\frac{1}{2}\left(\frac{(G_L + G_R)^2}{H_L + H_R + \lambda}\right) + \gamma \\ J_2 = -\frac{1}{2}\left(\frac{G_L^2}{H_L + \lambda}\right) + \gamma \\ J_3 = -\frac{1}{2}\left(\frac{G_R^2}{H_R + \lambda}\right) + \gamma \end{cases}$$

根据增益值 $Gain$ 的定义，可以计算得到 $J_1 - J_2 - J_3$ 所对应的值，即 $Gain$。所以，在实际应用中，根据某个给定的增益阈值，对树的生长进行剪枝，当节点分割后产生的增益小于阈值时，剪掉该分割，否则允许分割。最终，根据增益值 $Gain$ 来决定最佳树结构 q 的选择。

14.4.3　XGBoost 算法的应用

XGBoost 算法并不存在于 sklearn 模块中，读者需要另行下载 xgboost 模块。笔者在初次下载并调用该模块时产生了错误，考虑到读者也可能出现类似的错误，这里简单描述一下该模块的下载和安装过程（以 64 位的 Window 系统为例）：

- 从微软官网（https://www.microsoft.com/zh-CN/download/details.aspx?id=13523）下载 vcredist_x64.exe 文件，并安装到计算机中。
- 从 Python 扩展库的平台（https://www.lfd.uci.edu/~gohlke/pythonlibs/）下载对应版本（如 Python 3.6 版本）的 xgboost 模块。
- 将下载的模块解压到某个磁盘路径中，在 cmd 窗口下，锁定到该解压文件所在的路径，并执行 python setup.py install 命令。

不出意外的话，xgboost 模块就可以成功地安装在 Python 中，通过 import 将其激活导入，读者只需调用 XGBClassifier 类和 XGBRegressor 类即可。其中 XGBClassifier 用于解决分类问题，XGBRegressor 则用于解决预测问题。有关这两个类的语法和参数含义如下：

```
XGBClassifier(max_depth=3, learning_rate=0.1, n_estimators=100,
              silent=True, objective='binary:logistic', booster='gbtree',
              n_jobs=1, nthread=None, gamma=0, min_child_weight=1,
              max_delta_step=0, subsample=1,colsample_bytree=1,
              colsample_bylevel=1, reg_alpha=0, reg_lambda=1,
              scale_pos_weight=1, base_score=0.5, random_state=0, seed=None,
              missing=None)

XGBRegressor(max_depth=3, learning_rate=0.1, n_estimators=100, silent=True,
              objective='reg:linear', booster='gbtree', n_jobs=1,
              nthread=None, gamma=0, min_child_weight=1, max_delta_step=0,
              subsample=1, colsample_bytree=1, colsample_bylevel=1,
              reg_alpha=0,reg_lambda=1, scale_pos_weight=1, base_score=0.5,
              random_state=0, seed=None, missing=None)
```

- max_depth: 用于指定每个基础模型所包含的最大深度，默认为 3 层。
- learning_rate: 用于指定模型迭代的学习率或步长，默认为 0.1，即对应的梯度提升模型 $F_T(x)$ 可以表示为 $F_T(x) = F_{T-1}(x) + \upsilon f_t(x)$:，其中的 υ 就是该参数的指定值，默认值为 1；对于较小的学习率 υ 而言，则需要迭代更多次的基础分类器，通常情况下需要利用交叉验证法确定合理的基础模型的个数和学习率。
- n_estimators: 用于指定基础模型的数量，默认为 100 个。
- silent: bool 类型参数，是否输出算法运行过程中的日志信息，默认为 True。

- objective: 用于指定目标函数中的损失函数类型，对于分类型的 XGBoost 算法，默认的损失函数为二分类的 Logistic 损失（模型返回概率值），也可以是'multi:softmax',表示用于处理多分类的损失函数（模型返回类别值），还可以是'multi:softprob',与'multi:softmax'相同，所不同的是模型返回各类别对应的概率值；对于预测型的 XGBoost 算法，默认的损失函数为线性回归损失。

- booster: 用于指定基础模型的类型，默认为'gbtree', 即 CART 模型，也可以是'gblinear', 表示基础模型为线性模型。

- n_jobs: 用于指定 XGBoost 算法在并行计算时所需的 CPU 数量，默认为 1，表示仅使用 1 个 CPU 运行算法，即不使用并行运算功能。

- nthread: 用于指定 XGBoost 算法在运行时所使用的线程数，默认为 None，表示使用计算机最大可能的线程数。

- gamma: 用于指定节点分割所需的最小损失函数下降值，即增益值Gain的阈值，默认为 0。

- min_child_weight: 用于指定叶子节点中各样本点二阶导之和的最小值，即H_j的最小值，默认为 1，该参数的值越小，模型越容易过拟合。

- max_delta_step: 用于指定模型在更新过程中的步长，如果为 0，表示没有约束；如果取值为某个较小的正数，就会导致模型更加保守。

- subsample: 用于指定构建基础模型所使用的抽样比例，默认为 1，表示使用原始数据构建每一个基础模型；当抽样比例小于 1 时，表示构建随机梯度提升树模型，通常会导致模型的方差降低，偏差提高。

- colsample_bytree: 用于指定每个基础模型所需的采样字段比例，默认为 1，表示使用原始数据的所有字段。

- colsample_bylevel: 用于指定每个基础模型在节点分割时所需的采样字段比例，默认为 1，表示使用原始数据的所有字段。

- reg_alpha: 用于指定 L1 正则项的系数，默认为 0。

- reg_lambda: 用于指定 L2 正则项的系数，默认为 1。

- scale_pos_weight: 当各类别样本的比例十分不平衡时，通过设定该参数为一个正值，可以使算法更快收敛。

- base_score: 用于指定所有样本的初始化预测得分，默认为 0.5。

- random_state: 用于指定随机数生成器的种子，默认为 0，表示使用默认的随机数生成器。

- seed: 同 random_state 参数。

- missing: 用于指定缺失值的表示方法，默认为 None，表示 NaN 即为默认值。

本节的应用实战部分将以信用卡欺诈数据为例，该数据集来源于 Kaggle 网站，一共包含 284 807 条记录和 25 个变量，其中因变量 Class 表示用户在交易中是否发生欺诈行为（1 表示欺诈交易，0 表示正常交易）。由于数据中涉及敏感信息，已将原始数据做了主成分分析（PCA）处理，一共包含 28 个主成分。此外，原始数据中仅包含两个变量没有做 PCA 处理，即"Time"和"Amount"，分别表示交易时间间隔和交易金额。首先，需要探索一下因变量 Class 中各类别的比例差异，查看是否存在不平衡状态，代码如下：

```
# 读入数据
creditcard = pd.read_csv(r'C:\Users\Administrator\Desktop\creditcard.csv')
# 为确保绘制的饼图为圆形，需执行如下代码
plt.axes(aspect = 'equal')
# 统计交易是否为欺诈的频数
counts = creditcard.Class.value_counts()
# 绘制饼图
plt.pie(x = counts, # 绘图数据
        labels=pd.Series(counts.index).map({0:'正常',1:'欺诈'}), # 添加文字标签
        autopct='%.2f%%' # 设置百分比的格式，这里保留两位小数
        )
# 显示图形
plt.show()
```

如图 14-7 所示，在 284 807 条信用卡交易中，欺诈交易仅占 0.17%，两个类别的比例存在严重的不平衡现象。对于这样的数据，如果直接拿来建模，效果一定会非常差，因为模型的准确率会偏向于多数类别的样本。换句话说，即使不建模，对于这样的二元问题，正确猜测某条交易为正常交易的概率值都是 99.83%，而正确猜测交易为欺诈的概率几乎为 0。试问是否可以通过建模手段，提高欺诈交易的预测准确率，这里不妨使用 XGBoost 算法对数据建模。建模之前，需要将不平衡数据通过 SMOTE 算法转换为相对平衡的数据，代码如下：

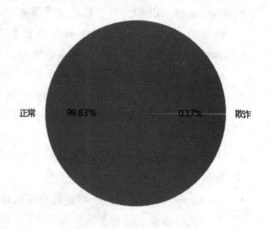

图 14-7　是否欺诈交易的比例

```
# 导入第三方包
from imblearn.over_sampling import SMOTE

# 将数据拆分为训练集和测试集
# 删除自变量中的 Time 变量
X = creditcard.drop(['Time'], axis = 1)
y = creditcard.Class
# 数据拆分
X_train,X_test,y_train,y_test = model_selection.train_test_split
(X,y,test_size = 0.3, random_state = 1234)

# 运用 SMOTE 算法实现训练数据集的平衡
over_samples = SMOTE(random_state=1234)
over_samples_X,over_samples_y = over_samples.fit_sample(X_train, y_train)
# 重抽样前的类别比例
print(y_train.value_counts()/len(y_train))
```

```
# 重抽样后的类别比例
print(pd.Series(over_samples_y).value_counts()/len(over_samples_y))

out:
0    0.998249
1    0.001751
Name: Class, dtype: float64
1    0.5
0    0.5
dtype: float64
```

如上代码所示，首先将数据集拆分为训练集和测试集，并运用训练数据集构建 XGBoost 模型，其中测试数据集占 30%的比重。由于训练数据集中因变量 Class 对应的类别存在严重的不平衡，即打印结果中欺诈交易占 0.175%、正常交易占 99.825%，所以需要使用 SMOTE 算法对其做平衡处理。如上结果所示，经 SMOTE 算法重抽样后，两个类别的比例达到平衡。接下来，利用重抽样后的数据构建 XGBoost 模型，代码如下：

```
# 导入第三方包
import xgboost
import numpy as np

# 构建 XGBoost 分类器
xgboost = xgboost.XGBClassifier()
# 使用重抽样后的数据，对其建模
xgboost.fit(over_samples_X,over_samples_y)
# 将模型运用到测试数据集中
resample_pred = xgboost.predict(np.array(X_test))

# 返回模型的预测效果
print('模型的准确率为: \n',metrics.accuracy_score(y_test, resample_pred))
print('模型的评估报告: \n',metrics.classification_report(y_test,
resample_pred))

out:
模型的准确率为:
 0.990145477102
模型的评估报告:
```

	precision	recall	f1-score	support
0	1.00	0.99	1.00	85302
1	0.13	0.88	0.23	141
avg / total	1.00	0.99	0.99	85443

如上结果所示，经过重抽样之后计算的模型在测试数据集上的表现非常优秀，模型的预测准确率超过 99%，而且模型对欺诈交易的覆盖率高达 88%（即正确预测为欺诈的交易量/实际为欺诈的交易量），对正常交易的覆盖率高达 99%。如上的模型结果是基于默认参数的计算，读者可以

进一步利用交叉验证方法获得更佳的参数组合，进而可以提升模型的预测效果。接下来，可以运用 ROC 曲线验证模型在测试数据集上的表现，代码如下：

```python
# 计算欺诈交易的概率值，用于生成 ROC 曲线的数据
y_score = xgboost.predict_proba(np.array(X_test))[:,1]
fpr,tpr,threshold = metrics.roc_curve(y_test, y_score)
# 计算 AUC 的值
roc_auc = metrics.auc(fpr,tpr)


# 绘制面积图
plt.stackplot(fpr, tpr, color='steelblue', alpha = 0.5, edgecolor = 'black')
# 添加边际线
plt.plot(fpr, tpr, color='black', lw = 1)
# 添加对角线
plt.plot([0,1],[0,1], color = 'red', linestyle = '--')
# 添加文本信息
plt.text(0.5,0.3,'ROC curve (area = %0.2f)' % roc_auc)
# 添加 x 轴与 y 轴标签
plt.xlabel('1-Specificity')
plt.ylabel('Sensitivity')
# 显示图形
plt.show()
```

如图 14-8 所示，ROC 曲线下的面积高达 0.98，接近于 1，说明 XGBoost 算法在该数据集上的拟合效果非常优秀。为了体现 SMOTE 算法在非平衡数据上的价值，这里不妨利用 XGBoost 算法直接在非平衡数据上重新建模，并比较重抽样前后模型在测试数据集上的预测效果，代码如下：

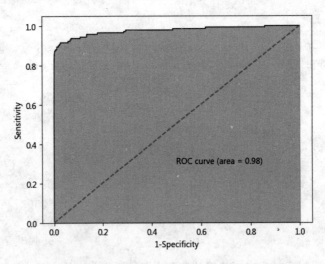

图 14-8　平衡数据 XGBoost 算法的 ROC 曲线

```python
# 构建 XGBoost 分类器
xgboost2 = xgboost.XGBClassifier()
```

```
# 使用非平衡的训练数据集拟合模型
xgboost2.fit(X_train,y_train)
# 基于拟合的模型对测试数据集进行预测
pred2 = xgboost2.predict(X_test)

# 返回模型的预测效果
print('模型的准确率为：\n',metrics.accuracy_score(y_test, pred2))
print('模型的评估报告：\n',metrics.classification_report(y_test, pred2))
```

out:
模型的准确率为：
 0.999403110846
模型的评估报告：

	precision	recall	f1-score	support
0	1.00	1.00	1.00	85302
1	0.88	0.74	0.80	141
avg / total	1.00	1.00	1.00	85443

　　如上结果所示，对于非平衡数据而言，利用 XGBoost 算法对其建模，产生的预测准确率非常高，几乎为 100%，要比平衡数据构建的模型所得的准确率高出近 1%。但是，由于数据的不平衡性，导致该模型预测的结果是有偏的，对正常交易的预测覆盖率为 100%，而对欺诈交易的预测覆盖率不足 75%。再对比平衡数据构建的模型，虽然正常交易的预测覆盖率下降 1%，但是促使欺诈交易的预测覆盖率提升了近 15%，这样的提升是有必要的，降低了欺诈交易所产生的损失。

　　同理，也基于非平衡数据构造的模型，绘制其在测试数据集上的 ROC 曲线，并通过比对 AUC 的值，比对前后两个模型的好坏，代码如下：

```
# 计算欺诈交易的概率值，用于生成 ROC 曲线的数据
y_score = xgboost2.predict_proba(X_test)[:,1]
fpr,tpr,threshold = metrics.roc_curve(y_test, y_score)
# 计算 AUC 的值
roc_auc = metrics.auc(fpr,tpr)

# 绘制面积图
plt.stackplot(fpr, tpr, color='steelblue', alpha = 0.5, edgecolor = 'black')
# 添加边际线
plt.plot(fpr, tpr, color='black', lw = 1)
# 添加对角线
plt.plot([0,1],[0,1], color = 'red', linestyle = '--')
# 添加文本信息
plt.text(0.5,0.3,'ROC curve (area = %0.2f)' % roc_auc)
# 添加 x 轴与 y 轴标签
plt.xlabel('1-Specificity')
plt.ylabel('Sensitivity')
```

```
# 显示图形
plt.show()
```

如图 14-9 所示，尽管 AUC 的值也是非常高的，但相对于平衡数据所构建的模型，AUC 值要小 0.1，进而验证了利用 SMOTE 算法实现数据的平衡是有必要的。通过平衡数据，可以获得更加稳定和更具泛化能力的模型。

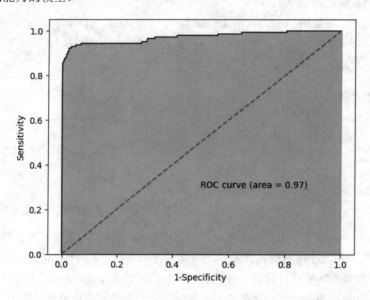

图 14-9　XGBoost 算法的 ROC 曲线

14.5　本章小结

本章介绍了几种有别于第 10 章中的随机森林集成算法，它们分别是提升算法 AdaBoost、梯度提升算法 GBDT 和升级版的梯度提升算法 XGBoost，内容中包含这几种集成算法的理论思想、基础模型的构建过程以及相应的应用实战。此外，也介绍了非平衡数据的处理技术 SMOTE 算法，并通过验证发现，该技术可以增强模型的稳定性和泛化能力。

AdaBoost 算法在解决分类问题时，是通过改变样本点的权重大小，并将各个基础模型按权重实现线性组合，最终得到拟合数据的提升树；在解决预测性问题时，每一轮基础模型都是拟合上一轮模型所形成的残差，最终将各个基础模型的预测值相加。不管是分类提升树还是回归提升树，都是将各个基础模型以串联形式构成最终的提升树。在回归提升树中，如果损失函数使用的是平方损失或指数损失，目标函数的求解会相对简单，为了能够使提升树适用于更多类型的损失函数，便诞生了梯度提升树（如 GBDT 算法），即利用损失函数的导函数作为残差的近似值，方便了运算也提高了提升树的灵活性。不管是 AdaBoost 算法还是 GBDT 算法，在构建目标函数时都没有加入反映模型复杂度的正则项，而 XGBoost 算法则实现了正则项的加入，进而可以防止模型的过拟合，并在求解最优化问题时利用了损失函数的一阶导和二阶导。相比于 GBDT 算法，XGBoost 算法具有更多的优势，如支持并行计算、支持线性的基础模型、支持建模字段的随机选择等。

为了使读者掌握有关本章内容所涉及的函数和"方法",这里将其重新梳理一下,以便读者查阅和记忆,见表 14-5。

表 14-5 Python 各模块的函数(方法)及函数说明

Python 模块	Python 函数或方法	函数说明
matplotlib	pie	绘制饼图的函数
	stackplot	绘制面积图的函数
	plot	绘制折线图的函数
	text	添加文本标签的函数
pandas	read_excel/read_csv	读取电子表格和 csv 文件数据的函数
	drop	删除记录和字段名称的"方法"
	sort_values	按值排序的"方法"
	Series	构建序列对象的函数
	value_counts	基于序列值的频次计算"方法"
	map	基于序列值的映射"方法"
sklearn	train_test_split	拆分数据为训练集和测试集的函数
	AdaBoostClassifier	构建 AdaBoost 算法的"类"
	fit/predict	基于"类"的模型拟合和预测
	accuracy_score	计算模型预测准确率的函数
	classification_report	返回模型预测效果的函数
	predict_proba	计算正例概率的函数
	roc_curve	生成用于绘制 ROC 曲线数据的函数
	auc	计算 AUC 值的函数
	GridSearchCV	网格搜索法实现交叉验证的"类"
	DecisionTreeClassifier	构建决策树分类器的"类"
	GradientBoostingClassifier	构建 GBDT 算法的"类"
imblearn	SMOTE	构建 SMOTE 算法的"类"
xgboost	XGBClassifier	构建 XGBoost 算法的"类"

14.6 课后练习

1. 请拿出一张白纸,并在白纸中认真地将 AdaBoost 算法损失函数推演一遍。

2. 请问 AdaBoost 算法在迭代过程中需要经过哪 4 个步骤?请简单描述一下。

3. 如下表所示,对于一个一维的自变量和因变量数据来说,如何构造 AdaBoost 强分类器?请根据所学内容,手工推导出 AdaBoost 分类器。

x	0	1	2	3	4	5	6	7	8	9
y	+1	+1	+1	-1	-1	-1	+1	+1	+1	-1

4. GBDT 算法相比于 AdaBoost 算法,它的优势在哪里?请简单描述两者的差异。

5. 请简单描述 GBDT 分类算法和回归算法的计算过程。

6. XGBoost 算法相比于 AdaBoost 算法，它的优势在哪里？请简单描述两者的差异。

7. 请认真地推导出 XGBoost 算法损失函数的演变过程。

8. 如下表所示（数据文件为 bank-additional-full.xlsx），为某银行促销期定期存款的产品，做了一波电销活动，数据中包含被访问者的工作类型、婚姻状态、教育水平、违约状况、房产信息等。请根据该数据，分别使用 AdaBoost 算法、GBDT 算法和 XGBoost 算法做一次模型间的对比，并挑选出最佳的模型。

age	job	marital	education	……	default	housing	loan	y
56	housemaid	married	basic.4y		no	no	no	no
57	services	married	high.school		unknown	no	no	no
37	services	married	high.school		no	yes	no	no
40	admin.	married	basic.6y		no	no	no	no
56	services	married	high.school		no	no	yes	no
45	services	married	basic.9y		unknown	no	no	no
59	admin.	married	professional.course		no	no	no	no
41	blue-collar	married	unknown		unknown	no	no	no
24	technician	single	professional.course		no	yes	no	no
25	services	single	high.school		no	yes	no	no
41	blue-collar	married	unknown		unknown	no	no	no

第15章

Kmeans 聚类分析

前面几章内容都是关于有监督的数据挖掘算法，第 7 章介绍的线性回归模型到第 14 章介绍的 GBDT 集成模型，在建模过程中都有一个共同特点，即数据集中包含了已知的因变量 y 值。但在有些场景下，并没有给定的 y 值，对于这类数据的建模，一般称为无监督的数据挖掘算法，最为典型的当属聚类算法。

聚类算法的目的就是依据已知的数据，将相似度高的样本集中到各自的簇中。例如，借助于电商平台用户的历史交易数据，将其划分为不同的价值等级（如 VIP、高价值、潜在价值、低价值等）；依据经纬度、交通状况、人流量等数据将地图上的几十个娱乐场所划分到不同的区块（如经济型、交通便捷型、安全型等）；利用中国各城市的经济、医疗等数据将其划分为几种不同的贫富等级（如发达、欠发达、贫困、极贫困等）。

当然，聚类算法不仅仅可以将数据实现分割，还可以用于异常点的监控，所谓的异常点就是远离任何簇的样本，而这些样本可能就是某些场景下的关注点。例如，信用卡交易中的异常，当用户进行频繁的奢侈品交易时可能意味着某种欺诈行为的出现；社交平台中的单击异常，当某个链接频繁地点入却又迅速地跳出，就可能说明这是一个钓鱼网站；电商平台中的交易异常，一张银行卡被用于上百个用户 ID 的支付，并且这些交易订单的送货地址都在某个相近的区域，则可能暗示"黄牛"的出现。

在数据挖掘领域，能够实现聚类的算法有很多，包括 Kmeans 聚类、K 中心聚类、谱系聚类、EM 聚类、基于密度的聚类和基于网格的聚类等。每一种聚类算法都具有各自的优缺点，如有的只适合小样本的数据集，有的善于发现任何形状的簇，所以，在实际应用中可以尝试多种聚类效果，最终得出理想的分割。本章将重点学习有关 Kmeans 的聚类算法，该算法利用距离远近的思想将目标数据聚为指定的 k 个簇，簇内样本越相似，表明聚类效果越好。通过本章内容的学习，读者将会掌握如下几个方面的知识点：

- Kmeans 聚类的思想和原理；
- 如何利用数据本身选出合理的 k 个簇；
- Kmeans 聚类的应用实战。

15.1 Kmeans 聚类

之所以称为 Kmeans，是因为该算法可以将数据划分为指定的 k 个簇，并且簇的中心点由各簇样本均值计算所得。那么，Kmeans 是如何实现数据聚类的呢？接下来介绍该算法的实现思路和原理。

15.1.1 Kmeans 的思想

该聚类算法的思路非常通俗易懂，就是不断地计算各样本点与簇中心之间的距离，直到收敛为止，其具体的步骤如下：

（1）从数据中随机挑选 k 个样本点作为原始的簇中心。

（2）计算剩余样本与簇中心的距离，并把各样本标记为离 k 个簇中心最近的类别。

（3）重新计算各簇中样本点的均值，并以均值作为新的 k 个簇中心。

（4）不断重复（2）和（3），直到簇中心的变化趋于稳定，形成最终的 k 个簇。

也许上面的 4 个步骤还不足以让读者明白 Kmeans 的执行过程，可以结合图 15-1 更进一步地理解其背后的思想。

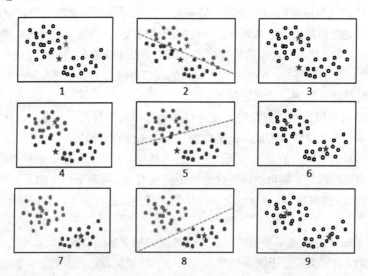

图 15-1　Kmeans 聚类过程示意图

如图 15-1 所示，通过 9 个子图对 Kmeans 聚类过程加以说明：子图 1，从原始样本中随机挑选两个数据点作为初始的簇中心，即子图中的两个五角星；子图 2，将其余样本点与这两个五角星分别计算距离（距离的度量可选择欧氏距离、曼哈顿距离等），然后将每个样本点划分到离五角星最近的簇，即子图中按虚线隔开的两部分；子图 3，计算两个簇内样本点的均值，得到新的簇中心，即子图中的五角星；子图 4，根据新的簇中心，继续计算各样本与五角星之间的距离，得到子图 5

的划分结果和子图 6 中新的簇内样本均值；以此类推，最终得到理想的聚类效果，如子图 9 所示，图中的五角星即最终的簇中心点。

通过图 15-1 的解释，Kmeans 聚类算法的思想还是比较简单的，Python 提供了实现该算法的模块，它就是 sklearn 模块，读者只需调用子模块 cluster 中的 Kmeans 类即可。下面针对该"类"的语法和参数含义做如下解释：

```
KMeans(n_clusters=8, init='k-means++', n_init=10, max_iter=300, tol=0.0001,
       precompute_distances='auto', verbose=0, random_state=None,
       copy_x=True, n_jobs=1, algorithm='auto')
```

- n_clusters: 用于指定聚类的簇数。
- init: 用于指定初始的簇中心设置方法，如果为'k-means++'，则表示设置的初始簇中心之间相距较远；如果为'random'，则表示从数据集中随机挑选 k 个样本作为初始簇中心；如果为数组，则表示用户指定具体的簇中心。
- n_init: 用于指定 Kmeans 算法运行的次数，每次运行时都会选择不同的初始簇中心，目的是防止算法收敛于局部最优，默认为 10。
- max_iter: 用于指定单次运行的迭代次数，默认为 300。
- tol: 用于指定算法收敛的阈值，默认为 0.0001。
- precompute_distances: bool 类型的参数，是否在算法运行之前计算样本之间的距离，默认为'auto'，表示当样本量与变量个数的乘积大于 1200 万时不计算样本间距离。
- verbose: 通过该参数设置算法返回日志信息的频度，默认为 0，表示不输出日志信息；如果为 1，就表示每隔一段时间返回一次日志信息。
- random_state: 用于指定随机数生成器的种子。
- copy_x: bool 类型参数，当 precompute_distances 参数为 True 时有效，如果该参数为 True，就表示提前计算距离时不改变原始数据，否则会修改原始数据。
- n_jobs: 用于指定算法运算时使用的 CPU 数量，默认为 1，如果为-1，就表示使用所有可用的 CPU。
- algorithm: 用于指定 Kmeans 的实现算法，可以选择'auto' 'full'和'elkan'，默认为'auto'，表示自动根据数据特征选择运算的算法。

15.1.2　Kmeans 的原理

前文已提到，对于指定的 k 个簇，簇内样本越相似，聚类效果越好，可以根据这个结论为 Kmeans 聚类算法构造目标函数。该目标函数的思想是，所有簇内样本的离差平方和之和达到最小。这样的思想理解起来比较简单，即如果某个簇内的样本很相似，则簇内离差平方和会非常小（可以理解为方差会很小），对于每个簇而言，就是保证这些簇的离差平方和的总和最小。

读者可能会问，要保证离差平方和的总和最小其实很简单，当簇的个数与样本个数一致时（每个样本代表一个类），就可以得到最小值 0。确实不假，簇被划分得越细，总和肯定会越小，但这样的簇不一定是合理的。所谓合理，就是随着簇的增加，离差平方和之和趋于稳定（波动小于某个给定的阈值），这样就回答了"直到簇中心的变化趋于稳定"这个问题。

所以，根据如上思想，可以将目标函数表示为：

$$J(c_1, c_2, \dots c_k) = \sum_{j=1}^{k} \sum_{i}^{n_j} (x_i - c_j)^2$$

其中，c_j 表示第 j 个簇的簇中心，x_i 属于第 j 个簇的样本 i，n_j 表示第 j 个簇的样本总量。对于该目标函数而言，c_j 是未知的参数，要想求得目标函数的最小值，得先知道参数 c_j 的值。由于目标函数 J 为一个凸函数，因此可以通过求导的方式获取合理的参数 c_j 的值。

步骤一： 对目标函数求偏导

$$\frac{\partial J}{\partial c_j} = \sum_{j=1}^{k} \sum_{i=1}^{n_j} \frac{(x_i - c_j)^2}{\partial c_j} = \sum_{i=1}^{n_j} \frac{(x_i - c_j)^2}{\partial c_j} = \sum_{i=1}^{n_j} -2(x_i - c_j)$$

由于仅对目标函数中的第 j 个簇中心 c_j 求偏导，因此其他簇的离差平方和的导数均为 0，进而只保留第 j 个簇的离差平方和的导函数。

步骤二： 令导函数为 0

$$\sum_{i=1}^{n_j} -2(x_i - c_j) = 0$$

$$n_j c_j - \sum_{i=1}^{n_j} x_i = 0$$

$$\therefore c_j = \frac{\sum_{i=1}^{n_j} x_i}{n_j} = \mu_j$$

由如上推导的结果可知，只有当簇中心 c_j 为簇内的样本均值时，目标函数才会达到最小，获得稳定的簇。有意思的是，推导出来的簇中心正好与 Kmeans 聚类思想中的样本均值相吻合。

上面的推导都是基于已知的 k 个簇运算出最佳的簇中心，如果聚类之前不知道聚为几类时，如何根据数据本身确定合理的 k 值呢？当然这也是 Kmeans 聚类的缺点，因为其需要用户指定该算法的聚类个数。下一节将探讨几种常用的确定 k 值的方法。

15.2 最佳 k 值的确定

对于 Kmeans 算法来说，如何确定簇数 k 值是一个至关重要的问题，为了解决这个难题，通常会选用探索法，即给定不同的 k 值下，对比某些评估指标的变动情况，进而选择一个比较合理的 k 值。本节将介绍实用的三种评估方法，即簇内离差平方和拐点法、轮廓系数法和间隔统计量法。

15.2.1 拐点法

簇内离差平方和拐点法的思想很简单，就是在不同的 k 值下计算簇内离差平方和，然后通过可视化的方法找到"拐点"所对应的 k 值。正如前文所介绍的 Kmeans 聚类算法的目标函数 J，随着簇数量的增加，簇中的样本量会越来越少，进而导致目标函数 J 的值也会越来越小。通过可视化方法，重点关注的是斜率的变化，当斜率由大突然变小时，并且之后的斜率变化缓慢，则认为突然变化的点就是寻找的目标点，因为继续随着簇数 *k* 的增加，聚类效果不再有大的变化。

为了验证这个方法的直观性，这里随机生成三组二元正态分布数据，首先基于该数据绘制散点图，具体代码如下：

```python
# 导入第三方包
import pandas as pd
import numpy as np
import matplotlib.pyplot as plt
from sklearn.cluster import KMeans

# 随机生成三组二元正态分布随机数
np.random.seed(1234)
mean1 = [0.5, 0.5]
cov1 = [[0.3, 0], [0, 0.3]]
x1, y1 = np.random.multivariate_normal(mean1, cov1, 1000).T

mean2 = [0, 8]
cov2 = [[1.5, 0], [0, 1]]
x2, y2 = np.random.multivariate_normal(mean2, cov2, 1000).T

mean3 = [8, 4]
cov3 = [[1.5, 0], [0, 1]]
x3, y3 = np.random.multivariate_normal(mean3, cov3, 1000).T

# 绘制三组数据的散点图
plt.scatter(x1,y1)
plt.scatter(x2,y2)
plt.scatter(x3,y3)
# 显示图形
plt.show()
```

见图 15-2。

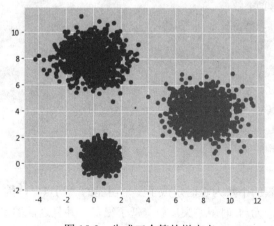

图 15-2　生成三个簇的样本点

在图 15-2 中虚拟的数据呈现三个簇，接下来基于这个虚拟数据，使用拐点法，绘制簇的个数与总的簇内离差平方和之间的折线图，确定该聚为几类比较合适，具体代码如下：

```python
# 构造自定义函数，用于绘制不同 k 值和对应总的簇内离差平方和的折线图
def k_SSE(X, clusters):
    # 选择连续的 K 种不同的值
    K = range(1,clusters+1)
    # 构建空列表用于存储总的簇内离差平方和
    TSSE = []
    for k in K:
        # 用于存储各个簇内离差平方和
        SSE = []
        kmeans = KMeans(n_clusters=k)
        kmeans.fit(X)
        # 返回簇标签
        labels = kmeans.labels_
        # 返回簇中心
        centers = kmeans.cluster_centers_
        # 计算各簇样本的离差平方和，并保存到列表中
        for label in set(labels):
            SSE.append(np.sum((X.loc[labels == label,]-centers[label,:])**2))
        # 计算总的簇内离差平方和
        TSSE.append(np.sum(SSE))

    # 中文和负号的正常显示
    plt.rcParams['font.sans-serif'] = ['Microsoft YaHei']
    plt.rcParams['axes.unicode_minus'] = False
    # 设置绘图风格
    plt.style.use('ggplot')
    # 绘制 K 的个数与 TSSE 的关系
    plt.plot(K, TSSE, 'b*-')
    plt.xlabel('簇的个数')
    plt.ylabel('簇内离差平方和之和')
    # 显示图形
    plt.show()

# 将三组数据集汇总到数据框中
X = pd.DataFrame(np.concatenate([np.array([x1,y1]),np.array([x2,y2]),
            np.array([x3,y3])], axis = 1).T)
# 自定义函数的调用
k_SSE(X, 15)
```

如图 15-3 所示，当簇的个数为 3 时形成了一个明显的"拐点"，因为 k 值从 1 到 3 时，折线的斜率都比较大，但是 k 值为 4 时斜率突然就降低了很多，并且之后的簇对应的斜率都变动很小。所以，合理的 k 值应该为 3，与虚拟的三个簇数据是吻合的。

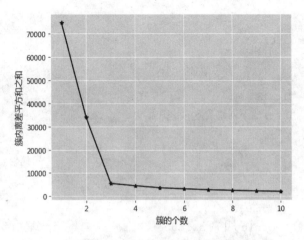

图 15-3　拐点法选择合理的 k 值

15.2.2　轮廓系数法

该方法综合考虑了簇的密集性与分散性两个信息，如果数据集被分割为理想的 k 个簇，那么对应的簇内样本会很密集，而簇间样本会很分散。轮廓系数的计算公式可以表示为：

$$S(i) = \frac{b(i) - a(i)}{max(a(i), b(i))}$$

其中，$a(i)$ 体现了簇内的密集性，代表样本 i 与同簇内其他样本点距离的平均值；$b(i)$ 反映了簇间的分散性，它的计算过程是，样本 i 与其他非同簇样本点距离的平均值，然后从平均值中挑选出最小值。

通过公式可知，当 $S(i)$ 接近于-1 时，说明样本 i 分配的不合理，需要将其分配到其他簇中；当 $S(i)$ 近似为 0 时，说明样本 i 落在了模糊地带，即簇的边界处；当 $S(i)$ 近似为 1 时，说明样本 i 的分配是合理的。

为了进一步理解 $a(i)$ 和 $b(i)$ 的计算含义，读者可以参考图 15-4。

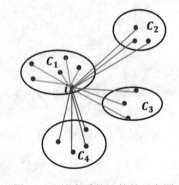

图 15-4　轮廓系数计算的示意图

如图 15-4 所示，假设数据集被拆分为 4 个簇，样本 i 对应的 $a(i)$ 值就是所有 C_1 中其他样本点与样本 i 的距离平均值；样本 i 对应的 $b(i)$ 值分两步计算，首先计算该点分别到 C_2、C_3 和 C_4 中样本点的平均距离，然后将三个平均值中的最小值作为 $b(i)$ 的度量。

上面计算的仅仅是样本 i 的轮廓系数，最终需要对所有点的轮廓系数求平均值，得到的结果才是对应 k 个簇的总轮廓系数。当总轮廓系数小于 0 时，说明聚类效果不佳；当总轮廓系数接近于 1 时，说明簇内样本的平均距离 a 非常小，而簇间的最近距离 b 非常大，进而表示聚类效果非常理想。

上面的计算思想虽然挺简单，但是其背后的计算复杂度还是蛮高的，当样本量比较多时，运行时间会比较长。有关轮廓系数的计算，可以直接调用 sklearn 子模块 metrics 中的函数，即 silhouette_score。需要注意的是，该函数接受的聚类簇数必须大于等于 2。下面基于该函数重新自定义一个函数，用于绘制不同 k 值下对应轮廓系数的折线图，具体代码如下：

```python
# 导入第三方模块
from sklearn import metrics
# 构造自定义函数
def k_silhouette(X, clusters):
    K = range(2,clusters+1)
    # 构建空列表,用于存储不同簇数下的轮廓系数
    S = []
    for k in K:
        kmeans = KMeans(n_clusters=k)
        kmeans.fit(X)
        labels = kmeans.labels_
        # 调用子模块 metrics 中的 silhouette_score 函数,计算轮廓系数
        S.append(metrics.silhouette_score(X, labels, metric='euclidean'))

    # 中文和负号的正常显示
    plt.rcParams['font.sans-serif'] = ['Microsoft YaHei']
    plt.rcParams['axes.unicode_minus'] = False
    # 设置绘图风格
    plt.style.use('ggplot')
    # 绘制 K 的个数与轮廓系数的关系
    plt.plot(K, S, 'b*-')
    plt.xlabel('簇的个数')
    plt.ylabel('轮廓系数')
    # 显示图形
plt.show()

# 自定义函数的调用
k_silhouette(X, 15)
```

见图 15-5。

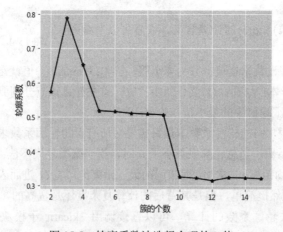

图 15-5 轮廓系数法选择合理的 k 值

在图 15-5 中,利用之前构造的虚拟数据,绘制了不同 k 值下对应的轮廓系数图,当 k 等于 3 时,

轮廓系数最大，且比较接近于 1，说明应该把虚拟数据聚为 3 类比较合理，同样与原始数据的 3 个簇是吻合的。

15.2.3　间隔统计量法

2000 年 Hastie 等人提出了间隔统计量法（Gap Statistic 方法）。该方法可以适用于任何聚类算法，有关该方法的定义如下：

$$D_k = \sum_{x_i \in C_k} \sum_{x_j \in C_k} (x_i - x_j)^2 = 2n_k \sum_{x_i \in C_k} (x_i - \mu_k)^2$$

$$W_k = \sum_{k=1}^{K} \frac{1}{2n_k} D_k$$

$$Gap_n(k) = E_n^*(log(W_{kb}^*)) - log(W_k)$$

其中，D_k 表示簇内样本点之间的欧氏距离，n_k 为第 k 个簇内的样本量，μ_k 为第 k 个簇内的样本均值；W_k 为 D_k 的标准化结果；W_{kb}^* 为各参照组数据集的 W_k 向量，$E_n^*(log(W_k))$ 为所有参照组数据集 W_k 的对数平均值，即 $\frac{1}{B} \sum_{i=1}^{B} log(W_{kb}^*)$。Gap Statistic 方法就是通过比较参照数据集的期望 $E_n^*(log(W_{kb}^*))$ 和实际数据集的 $log(W_k)$，找到使 $log(W_k)$ 下降最快的 k 值。

下降最快的度量可以借助于下面的不等式，在不同的 k 值下，首次满足不等式条件的 k 值就是最佳的聚类个数。判断标准如下：

$$Gap(k) \geqslant Gap(k+1) - s_{k+1}$$

其中，$s_k = \sqrt{(1/B) \sum \left(log(W_{kb}^*) - E_n^*\left(log(W_{kb}^*) \right) \right)^2} \sqrt{1 + 1/B}$，代表了所有参照数据集下 W_k 的无偏标准差。接下来，基于上方的理论知识，构造自定义函数，用于绘制不同的 k 值对应的间隙统计量折线图，具体代码如下：

```python
# 自定义函数，计算簇内任意两样本之间的欧氏距离 Dk
def short_pair_wise_D(each_cluster):
    mu = each_cluster.mean(axis = 0)
    Dk = sum(sum((each_cluster - mu)**2)) * 2.0 * each_cluster.shape[0]
    return Dk

# 自定义函数，计算簇内的 Wk 值
def compute_Wk(data, classfication_result):
    Wk = 0
    label_set = set(classfication_result)
    for label in label_set:
        each_cluster = data[classfication_result == label, :]
        Wk = Wk + short_pair_wise_D(each_cluster)/(2.0*each_cluster.shape[0])
    return Wk

# 自定义函数，计算 GAP 统计量
```

```python
def gap_statistic(X, B=10, K=range(1,11), N_init = 10):
    # 将输入数据集转换为数组
    X = np.array(X)
    # 生成 B 组参照数据集
    shape = X.shape
    tops = X.max(axis=0)
    bots = X.min(axis=0)
    dists = np.matrix(np.diag(tops-bots))
    rands = np.random.random_sample(size=(B,shape[0],shape[1]))
    for i in range(B):
        rands[i,:,:] = rands[i,:,:]*dists+bots

    # 自定义 0 元素的数组，用于存储 gaps、Wks 和 Wkbs
    gaps = np.zeros(len(K))
    Wks = np.zeros(len(K))
    Wkbs = np.zeros((len(K),B))
    # 循环不同的 k 值，计算各簇下的 Wk 值
    for idxk, k in enumerate(K):
        k_means = KMeans(n_clusters=k)
        k_means.fit(X)
        classfication_result = k_means.labels_
        # 将所有簇内的 Wk 存储起来
        Wks[idxk] = compute_Wk(X,classfication_result)

        # 通过循环，计算每一个参照数据集下的各簇 Wk 值
        for i in range(B):
            Xb = rands[i,:,:]
            k_means.fit(Xb)
            classfication_result_b = k_means.labels_
            Wkbs[idxk,i] = compute_Wk(Xb,classfication_result_b)

    # 计算 gaps、sd_ks、sk 和 gapDiff
    gaps = (np.log(Wkbs)).mean(axis = 1) - np.log(Wks)
    sd_ks = np.std(np.log(Wkbs), axis=1)
    sk = sd_ks*np.sqrt(1+1.0/B)
    # 用于判别最佳 k 的标准，当 gapDiff 首次为正时，对应的 k 即为目标值
gapDiff = gaps[:-1] - gaps[1:] + sk[1:]

    # 中文和负号的正常显示
    plt.rcParams['font.sans-serif'] = ['Microsoft YaHei']
    plt.rcParams['axes.unicode_minus'] = False
    # 设置绘图风格
    plt.style.use('ggplot')
    # 绘制 gapDiff 的条形图
    plt.bar(np.arange(len(gapDiff))+1, gapDiff, color = 'steelblue')
```

```
    plt.xlabel('簇的个数')
    plt.ylabel('k 的选择标准')
    plt.show()

# 自定义函数的调用
gap_statistic(X)
```

如图 15-6 所示，x 轴代表了不同的簇数 k，y 轴代表 k 值选择的判断指标 gapDiff，gapDiff 首次出现正值时对应的 k 为 3。所以，对于虚拟的数据集来说，将其划分为 3 个簇是比较合理的，同样与预设的簇数一致。代码中自定义了 3 个函数，分别用于计算公式中的 D_k、W_k 和 Gap_k，虽然计算逻辑比较简单，但是涉及的循环比较多，所以对大数据集而言，其 k 值的确定会比较慢。

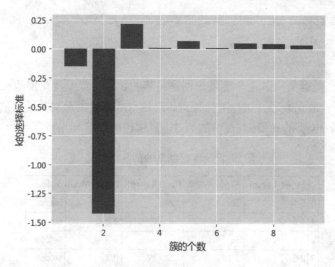

图 15-6　利用间隙统计量选择合理的 k 值

15.3　Kmeans 聚类的应用

在做 Kmeans 聚类时需要注意两点，一个是聚类前必须指定具体的簇数 k 值，如果 k 值是已知的，可以直接调用 cluster 子模块中的 Kmeans 类，对数据集进行分割；如果 k 值是未知的，可以根据行业经验或前面介绍的三种方法确定合理的 k 值；另一个是对原始数据集做必要的标准化处理，由于 Kmeans 的思想是基于点之间的距离实现"物以聚类"的，所以，如果原始数据集存在量纲上的差异，就必须对其进行标准化的预处理，否则可以不用标准化。数据集的标准化处理可以借助于 sklearn 子模块 preprocessing 中的 scale 函数或 minmax_scale 实现，这两种函数的标准化公式如下：

$$scale = \frac{x - mean(x)}{std(x)} \quad minmax\_scale = \frac{x - min(x)}{max(x) - min(x)}$$

其中，$mean(x)$ 为变量 x 的平均值，$std(x)$ 为变量 x 的标准差，$min(x)$ 为变量 x 的最小值，$max(x)$ 为变量 x 的最大值。第一种方法会将变量压缩为均值为 0、标准差为 1 的无量纲数据；第二种方法会将变量压缩为[0,1]之间的无量纲数据。

接下来将前面所讲的理论知识应用到实战中，分别针对 iris 数据集和 NBA 球员数据集构造已知簇数与未知簇数的 Kmeans 聚类模型，进一步让读者理解 Kmeans 聚类的操作步骤。

15.3.1 鸢尾花类别的聚合

iris 数据集经常被用于数据挖掘的项目案例中，它反映了 3 种鸢尾花在花萼长度、宽度和花瓣长度、宽度之间的差异，一共包含 150 个观测，且每个花种含有 50 个样本。下面将利用数据集中的 4 个数值型变量，对该数据集进行聚类，且假设已知需要聚为 3 类的情况下，该如何对其进行聚类操作呢？代码如下：

```
# 读取 iris 数据集
iris = pd.read_csv(r'C:\Users\Administrator\Desktop\iris.csv')
# 查看数据集的前几行
iris.head()
```

如表 15-1 所示，数据集的前 4 个变量分别是花萼的长度、宽度及花瓣的长度、宽度，它们之间没有量纲上的差异，故无须对其做标准化处理；最后一个变量为鸢尾花所属的种类。如果将其聚为 3 类，可设置 Kmeans 类的 n_clusters 参数为 3，具体代码如下：

表 15-1 iris 数据集的前 5 行预览

	Sepal_Length	Sepal_Width	Petal_Length	Petal_Width	Species
0	5.1	3.5	1.4	0.2	setosa
1	4.9	3.0	1.4	0.2	setosa
2	4.7	3.2	1.3	0.2	setosa
3	4.6	3.1	1.5	0.2	setosa
4	5.0	3.6	1.4	0.2	setosa

```
# 提取出用于建模的数据集 X
X = iris.drop(labels = 'Species', axis = 1)
# 构建 Kmeans 模型
kmeans = KMeans(n_clusters = 3)
kmeans.fit(X)
# 聚类结果标签
X['cluster'] = kmeans.labels_
# 各类频数统计
X.cluster.value_counts()

out:
0    62
1    50
2    38
```

如上结果所示，通过设定参数 n_clusters 为 3 就可以非常方便地得到三个簇，并且各簇样本量分别为 62、50 和 38。为了直观验证聚类效果，不妨绘制花瓣长度与宽度的散点图，对比原始数据的三类和建模后的三类差异，代码如下：

```
# 导入第三方模块
import seaborn as sns

# 三个簇的簇中心
centers = kmeans.cluster_centers_
# 绘制聚类效果的散点图
sns.lmplot(x = 'Petal_Length', y = 'Petal_Width', hue = 'cluster',
           markers = ['^','s','o'],data = X, fit_reg = False,
           scatter_kws = {'alpha':0.8}, legend_out = False)
plt.scatter(centers[:,2], centers[:,3], marker = '*', color = 'black',
           s = 130)
plt.xlabel('花瓣长度')
plt.ylabel('花瓣宽度')
# 图形显示
plt.show()

# 增加一个辅助列，将不同的花种映射到 0,1,2 三种值，目的是方便后面图形的对比
iris['Species_map'] = iris.Species.map({'virginica':0,'setosa':1,
'versicolor':2})
# 绘制原始数据三个类别的散点图
sns.lmplot(x = 'Petal_Length', y = 'Petal_Width', hue = 'Species_map',
           data = iris, markers = ['^','s','o'], fit_reg = False,
           scatter_kws ={'alpha':0.8}, legend_out = False)
plt.xlabel('花瓣长度')
plt.ylabel('花瓣宽度')
# 图形显示
plt.show()
```

如图 15-7 所示，左图为聚类效果的散点图，其中五角星为每个簇的簇中心；右图为原始分类的散点图。从图中可知，聚类算法将标记为 1 的所有花种聚为一簇，与原始数据吻合；对于标记为 0 和 2 的花种，聚类算法存在一些错误分割，但绝大多数样本的聚类效果还是与原始数据比较一致的。

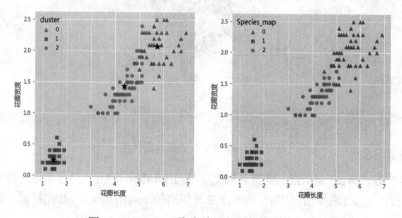

图 15-7　Kmeans 聚类效果与原始类别的对比

为了直观对比三个簇内样本之间的差异，使用雷达图对四个维度的信息进行展现，绘图所使用的数据为簇中心。雷达图的绘制需要导入 pygal 模块，需要读者提前在 Python 中安装该模型，绘图代码如下：

```
# 导入第三方模块
import pygal(需自行下载pygal模块)


# 调用Radar这个类，并设置雷达图的填充及数据范围
radar_chart = pygal.Radar(fill = True)
# 添加雷达图各顶点的名称
radar_chart.x_labels = ['花萼长度','花萼宽度','花瓣长度','花瓣宽度']


# 绘制三个雷达图区域，代表三个簇中心的指标值
radar_chart.add('C1', centers[0])
radar_chart.add('C2', centers[1])
radar_chart.add('C3', centers[2])
# 保存图像
radar_chart.render_to_file('radar_chart.svg')
```

如图 15-8 所示，对于 C1 类的鸢尾花而言，其花萼长度以及花瓣长度与宽度都是最大的；而 C2 类的鸢尾花，对应的三个值都是最小的；C3 类的鸢尾花，三个指标的平均值恰好均落在 C1 和 C2 之间。

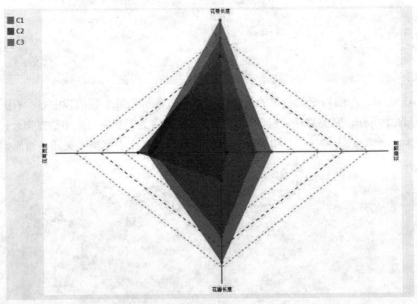

图 15-8　基于聚类结果的雷达图

需要注意的是，pygal 模块绘制的雷达图无法通过 plt.show 的方式进行显示，故选择 svg 的保存格式。读者可以在运行完绘图程序后，在工作空间的路径下双击该文件，在浏览器中显示雷达图。

15.3.2　基于 NBA 球员历史参赛数据的聚类

如上的案例是假设研究人员已经知道数据该聚为几类时,可以直接调用 Kmeans 类完成聚类工作。接下来所使用的 NBA 球员数据集却是未知分类个数的,对于这样的数据集就需要通过探索方法获知理想的簇数 k 值,然后进行聚类操作。

该数据集来自于虎扑体育网,一共包含 286 名球员的历史投篮记录,这些记录包括球员姓名、所属球队、得分、各命中率等信息。首先,预览一下该数据集的前几行:

```
# 读取球员数据
players = pd.read_csv(r'C:\Users\Administrator\Desktop\players.csv')
players.head()
```

见表 15-2。

表 15-2　NBA 球员数据的前 5 行预览

	排名	球员	球队	得分	命中-出手	命中率	命中-三分	三分命中率	命中-罚球	罚球命中率	场次	上场时间
0	1	詹姆斯-哈登	火箭	31.9	9.60-21.10	0.454	4.20-10.70	0.397	8.50-9.90	0.861	30	36.1
1	2	扬尼斯-阿德托昆博	雄鹿	29.7	10.90-19.90	0.545	0.50-1.70	0.271	7.50-9.80	0.773	28	38.0
2	3	勒布朗-詹姆斯	骑士	28.2	10.80-18.80	0.572	2.10-5.10	0.411	4.50-5.80	0.775	32	37.3
3	4	斯蒂芬-库里	勇士	26.3	8.30-17.60	0.473	3.60-9.50	0.381	6.00-6.50	0.933	23	32.6
4	4	凯文-杜兰特	勇士	26.3	9.70-19.00	0.510	2.50-6.30	0.396	4.50-5.10	0.879	26	34.8

从数据集来看,得分、命中率、三分命中率、罚球命中率、场次和上场时间都为数值型变量,并且量纲也不一致,故需要对数据集做标准化处理。这里不妨挑选得分、命中率、三分命中率和罚球命中率 4 个维度用于球员聚类的依据。首先绘制球员得分与命中率之间的散点图,便于后文比对聚类后的效果,代码如下:

```
# 绘制得分与命中率之间的散点图
sns.lmplot(x = '得分', y = '命中率', data = players,
        fit_reg = False, scatter_kws = {'alpha':0.8, 'color': 'steelblue'})
# 图形显示
plt.show()
```

如图 15-9 所示,通过肉眼,似乎无法直接对这 286 名球员进行分割。如果需要将这些球员聚类的话,该划为几类比较合适呢?下面将利用前文介绍的三种选择 k 值的方法,对该数据集进行测试,代码如下:

```
# 数据标准化处理
X = preprocessing.minmax_scale(players[['得分','罚球命中率','命中率','三分命中率']])
# 将数组转换为数据框
X = pd.DataFrame(X, columns=['得分','罚球命中率','命中率','三分命中率'])
```

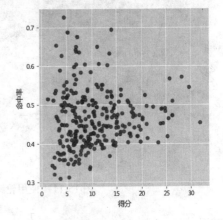

图 15-9　球员得分与命中率之间的散点图

```
# 使用拐点法选择最佳的 K 值
k_SSE(X, 15)
```

如图 15-10 所示，随着簇数 k 的增加，簇内离差平方和的总和在不断减小，当 k 在 4 附近时，折线斜率的变动就不是很大了，故可选的 k 值可以是 3、4 或 5。为了进一步确定合理的 k 值，再参考轮廓系数和间隙统计量的结果，代码如下：

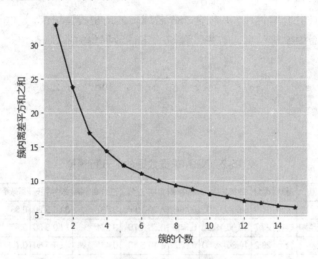

图 15-10　使用拐点法选择合适的 k 值

```
# 调用自定义函数，使用轮廓系数选择最佳的 k 值
k_silhouette(X, 15)
#调用自定义函数，使用间隙统计量选择最佳的 k 值
gap_statistic(X, B = 20, K=range(1, 16))
```

如图 15-11 所示，左图为轮廓系数图，右图为 Gap Statistic 图。对于左图而言，当 k 值为 2 时对应的轮廓系数最大；在右图中，纵坐标首次为正时所对应的 k 值为 3。故综合考虑上面的三种探索方法，将最佳的聚类个数 k 确定为 3。接下来基于这个 k 值，对 NBA 球员数据集进行聚类，然后基于分组好的数据，重新绘制球员得分与命中率之间的散点图，详细代码如下：

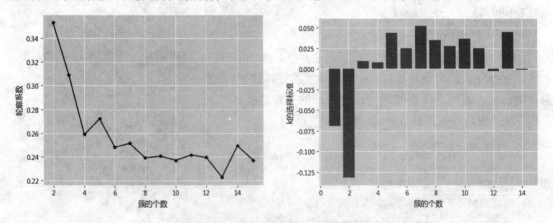

图 15-11　使用轮廓系数法和间隙统计量选择合适的 k 值

```
# 将球员数据集聚为 3 类
kmeans = KMeans(n_clusters = 3)
kmeans.fit(X)
# 将聚类结果标签插入到数据集 players 中
players['cluster'] = kmeans.labels_
# 构建空列表,用于存储三个簇的簇中心
centers = []
for i in players.cluster.unique():
    centers.append(players.ix[players.cluster == i,['得分','罚球命中率','命中
率','三分命中率']].mean())
# 将列表转换为数组,便于后面的索引取数
centers = np.array(centers)


# 绘制散点图
sns.lmplot(x = '得分', y = '命中率', hue = 'cluster', data = players, markers
= ['^','s','o'],
           fit_reg = False, scatter_kws = {'alpha':0.8}, legend = False)
# 添加簇中心
plt.scatter(centers[:,0], centers[:,2], c='k', marker = '*', s = 180)
plt.xlabel('得分')
plt.ylabel('命中率')
# 图形显示
plt.show()
```

如图 15-12 所示,三类散点图看上去很有规律,其中五角星代表各个簇的中心点。对比正方形和圆形的点,它们之间的差异主要体现在命中率上,正方形所代表的球员属于低得分低命中率型,命中率普遍在 50%以下;圆形所代表的球员属于低得分高命中率型。再对比正方形和三角形的点,它们的差异体现在得分上,三角形所代表的球员属于高得分低命中率型,当然,从图中也能发现几个强悍的球员,即高得分高命中率(如图 5-12 中圈出的三个点)。

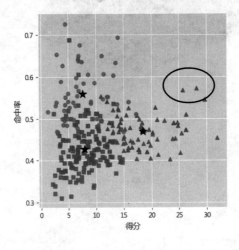

图 15-12　Kmeans 聚类效果

需要注意的是，由于对原始数据做了标准化处理，因此图中的簇中心不能够直接使用 cluster_centers_ 方法获得，因为它返回的是原始数据标准化后的中心。故在代码中通过 for 循环重新找出了原始数据下的簇中心，并将其以五角星的标记添加到散点图中。

最后看看三类球员的雷达图，比对 4 个指标上的差异。由于 4 个维度间存在量纲上的不一致，故需要使用标准化后的中心点绘制雷达图，代码如下：

```python
# 调用模型计算出来的簇中心
centers_std = kmeans.cluster_centers_
# 设置填充型雷达图
radar_chart = pygal.Radar(fill = True)
# 添加雷达图各顶点的名称
radar_chart.x_labels = ['得分','罚球命中率','命中率','三分命中率']

# 绘制雷达图代表三个簇中心的指标值
radar_chart.add('C1', centers_std[0])
radar_chart.add('C2', centers_std[1])
radar_chart.add('C3', centers_std[2])
# 保存图像
radar_chart.render_to_file('radar_chart.svg')
```

如图 15-13 所示，三个群体的球员在各个维度上还是存在差异的，以 C2 和 C3 举例，他们的平均得分并没有显著差异，但是 C3 的命中率却比 C2 高很多；再从平均的罚球命中率和三分命中率来看，C2 类的球员要普遍比 C3 类球员强一些。

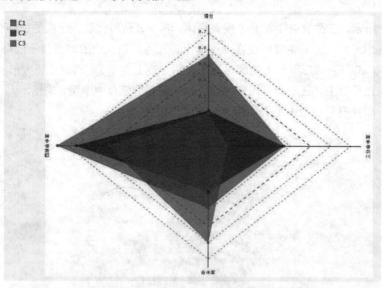

图 15-13　基于聚类结果的球员雷达图

15.4　Kmeans 聚类的注意事项

前面通过两个案例详细介绍了有关 Kmeans 聚类的应用实战，虽然操作起来都非常简单，但是还有一些重要的细节需要强调：

- 如果用于聚类的数据存在量纲上的差异，就必须对其做标签化处理。
- 如果数据集中含有离散型的字符变量，就需要对该变量做预处理，如设置为哑变量或转换成数值化的因子。
- 对于未知聚类个数的数据集而言，不能随意拍脑袋确定簇数，而应该使用探索方法寻找最佳的 k 值。

15.5　本 章 小 结

本章首次介绍了有关无监督的聚类算法——Kmeans 聚类，并详细讲述了相关的理论知识与应用实战，内容包含 Kmeans 聚类的思想、原理以及几种常见的 k 值确定方法。虽然 Kmeans 聚类算法非常强大和灵活，但是它还是存在缺点的。例如，该算法对异常点非常敏感，因为中心点是通过样本均值确定的；该算法不适合发现非球形的簇，因为它是基于距离的方式判断样本之间的相似度。通过本章内容的学习，读者可以掌握有关 Kmeans 聚类的相关知识点，进而可以将其应用到实际的工作中，解决非监督型的数据问题。

为了使读者掌握有关本章内容所涉及的函数和"方法"，这里将其重新梳理一下，以便读者查阅和记忆，见表 15-3。

表 15-3　Python 各模块的函数（方法）及函数说明

Python 模块	Python 函数或方法	函数说明
numpy	multivariate_normal	生成多元正态随机数的函数
sklearn	Kmeans	构造 Kmeans 聚类算法的"类"
	fit	基于"类"的模型拟合"方法"
	labels_	返回聚类结果的簇标签
	cluster_centers_	返回聚类结果的簇中心
	silhouette_score	计算轮廓系数的函数
	scale	数据标准化的函数：$(x - mean(x))/std(x)$
	minmax_scale	数据标准化的函数：$(x - min(x))/(max(x) - min(x))$
seaborn	lmplot	绘制分组散点的函数
matplotlib	scatter	绘制散点图的函数
pygal	Radar	绘制雷达图的"类"

15.6 课 后 练 习

1. 请简单描述 K 均值聚类的操作思想。

2. 对于 K 均值聚类而言，同样需要确定聚类的个数，请指出有哪些方法可以帮助我们实现聚类个数的确定？

3. 请简单描述轮廓系数法在确定聚类个数过程中的思想。

4. 请分别指出 K 均值聚类的优点和缺点。

5. 如下表所示（数据文件为 CLV.csv），为部分用户的调查数据，包含两个变量，分别是年收入与年度电商网站总消费。请探索该数据，并使用 K 均值聚类对用户做聚类分析。

INCOME	SPEND
233	150
250	187
204	172
236	178
354	163
192	148
294	153
263	173
199	162
168	174
239	160
275	139
266	171
211	144

第16章

DBSCAN 与层次聚类分析

前一章介绍了有关 Kmeans 聚类算法的理论和实战，也提到了该算法的两个致命缺点，一是聚类效果容易受到异常样本点的影响；二是该算法无法准确地将非球形样本进行合理的聚类。为了弥补 Kmeans 算法两方面的缺点，本章将介绍另一种聚类算法，即基于密度的聚类 DBSCAN（Density-Based Special Clustering of Applications with Noise），"密度"可以理解为样本点的紧密度，而紧密度的衡量则需要使用半径和最小样本量进行评估，如果在指定的半径领域内，实际样本量超过给定的最小样本量阈值，则认为是密度高的对象。DBSCAN 密度聚类算法可以非常方便地发现样本集中的异常点，故通常可以使用该算法实现异常点的检测。

同时，也会介绍层次聚类算法，该算法比较适合小样本的聚类，它是通过计算各个簇内样本点之间的相似度，进而构建一棵有层次的嵌套聚类树。该算法仍然不适合非球形样本的聚类，但它与 Kmeans 算法类似，可以通过人为设定聚类个数实现样本点的聚合，相比于密度聚类来说，似乎会方便很多。

通过本章内容的学习，读者将会掌握如下几个方面的知识点：

- 密度聚类所涉及的几个概念；
- 密度聚类的实现步骤；
- 密度聚类与 Kmeans 聚类的比较；
- 层次聚类的思想与步骤；
- 三种不同的层次聚类方法；
- 密度聚类与层次聚类的应用实战。

16.1　密度聚类简介

如前文所说，密度聚类算法可以发现任何形状的样本簇，而且该算法具有很强的抗噪声能力。算法具有这些优点的背后是需要用户设定合理的半径ε和对应领域内最少的样本数量$MinPts$，在学习密度聚类之前，介绍几个与密度聚类紧密相关的概念。

16.1.1　密度聚类相关的概念

- **点的ε领域**：在某点p处，给定其半径ε后，所得到的覆盖区域。
- **核心对象**：对于给定的最少样本量$MinPts$而言，如果某点p的ε领域内至少包含$MinPts$个样本点，则点p就为核心对象。
- **直接密度可达**：假设点p为核心对象，且在点p的ε领域内存在点q，则从点p出发到点q是直接密度可达的。
- **密度可达**：假设存在一系列的对象链$p_1, p_2, \cdots, p_n$，如果p_i是关于半径ε和最少样本点$MinPts$的直接密度可达p_{i+1}（$i=1,2,\cdots,n$），则p_1密度可达p_n。
- **密度相连**：假设点o为核心对象，从点o出发得到两个密度可达点p和点q，则称点p和点q是密度相连的。
- **聚类的簇**：簇包含了最大的密度相连所构成的样本点。
- **边界点**：假设点p为核心对象，在其领域内包含了点b，如果点b为非核心对象，则称其为点p的边界点。
- **异常点**：不属于任何簇的样本点。

在密度聚类过程中会不断地使用上面的几个概念，为了使读者能够清晰地理解这几个概念之间的区别，可以参考图 16-1。

如图 16-1 所示，如果ε为 3、$MinPts$为 7，则点p为核心对象（因为在其领域内至少包含了 7 个样本点）；点p为非核心对象；点m为点p的直接密度可达（因为它在点p的ε领域内）。

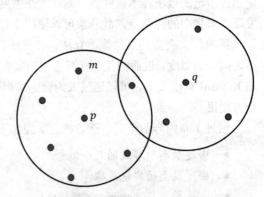

图 16-1　密度聚类概念解释 1

如图 16-2 所示，如果ε为 3、$MinPts$为 7，则点p_1、p_2和p_3为核心对象，点p_4为非核心对象。点p_1直接密度可达点p_2、点p_2直接密度可达点p_3、点p_3直接密度可达点p_4，所以点p_1密度可达点p_4。点p_4为核心点p_3的边界点。

如图 16-3 所示，如果ε为 3、$MinPts$为 7，则点$o\backslash p_1$和q_1为核心对象，点p_2和q_2为非核心对象。由于点o密度可达点p_2，并且点o密度可达点q_2，则称点p_2和点q_2是密度相连的，如果点p_2和点q_2是最大的密度相连，则图中的所有样本点构成一个簇；由于点N不属于图中呈现的簇，故将其判断为异常点。

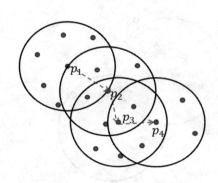

图 16-2 密度聚类概念解释 2

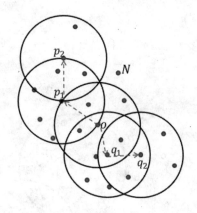

图 16-3 密度聚类概念解释 3

16.1.2 密度聚类的步骤

在了解上述几个概念含义之后，再来掌握密度聚类的具体操作步骤会相对轻松一些。密度聚类的过程有点像"贪吃蛇"，从某个点出发，不停地向外扩张，直到获得一个最大的密度相连，进而形成一个样本簇。为了使读者理解 DBSCAN 的聚类过程，将其执行步骤详细地写在下面：

（1）为密度聚类算法设置一个合理的半径 ε 以及 ε 领域内所包含的最少样本量 $MinPts$。

（2）从数据集中随机挑选一个样本点 p，检验其 ε 领域内是否包含指定的最少样本量，如果包含就将其定性为核心对象，并构成一个簇 C；否则，重新挑选一个样本点。

（3）对于核心对象 p 所覆盖的其他样本点 q，如果点 q 对应的 ε 领域内仍然包含最少样本量 $MinPts$，就将其覆盖的样本点统统归于簇 C。

（4）重复步骤（3），将最大的密度相连所包含的样本点聚为一类，形成一个大簇。

（5）完成步骤（4）后，重新回到步骤（2），并重复步骤（3）和（4），直到没有新的样本点可以生成新簇时算法结束。

如上步骤中的文字可能理解起来不够形象，下面结合图形的方式来描述密度聚类的具体过程。如图 16-4 所示，如果密度聚类算法中的半径 ε 为 1、最少样本量 $MinPts$ 为 4，假设初始选择的样本点为 C_1，则在其对应的 ε 领域内一共包含 6 个样本点，故点 C_1 为核心对象，同时点 p_1 到 p_5 都是点 C_1 直接密度可达的。继续以点 p_1 至 p_5 为中心，计算各自 ε 领域内的最少样本量，发现它们仍然为核心对象。再以点 p_4 所覆盖的 ε 领域为例，绘制点 p_6 的 ε 领域，发现其不满足最小样本量为 4 的条件，故点 p_6 不属于核心对象。由图可知，以点 C_1 为核心的点，都可以密度可达簇中的所有点，故这些点之间也是密度相连的。以此类推，不断地向外"扩长"，直到获得最大的密度相连，便形成最终的一个簇。同理，再以被重新选择的样本点 C_2 为例，利用"贪吃蛇"的思路不停地迭代，寻找其他的核心对象，直到能够构成簇的最大密度相连。从图中的结果来看，通过密度聚类算法，会将样本点聚为两个簇，并且点 N 为离群点，因为它不属于任何一个簇。

在 Python 中可以非常方便地实现密度聚类算法的落地，读者只需要调用 sklearn 子模块 cluster 中的 DBSCAN 类就可以了，关于该"类"的语法和参数含义如下：

```
cluster.DBSCAN(eps=0.5, min_samples=5, metric='euclidean',
    metric_params=None,algorithm='auto', leaf_size=30, p=None, n_jobs=1)
```

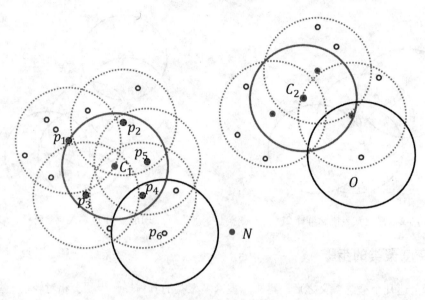

图 16-4　密度聚类过程的示意图

- eps: 用于设置密度聚类中的 ε 领域，即半径，默认为 0.5。
- min_samples: 用于设置 ε 领域内最少的样本量，默认为 5。
- metric: 用于指定计算点之间距离的方法，默认为欧氏距离。
- metric_params: 用于指定 metric 所对应的其他参数值。
- algorithm: 在计算点之间距离的过程中，用于指定搜寻最近邻样本点的算法。默认为'auto'，表示密度聚类会自动选择一个合适的搜寻方法。如果为'ball_tree'，则表示使用球树搜寻最近邻。如果为'kd_tree'，则表示使用 K-D 树搜寻最近邻。如果为'brute'，则表示使用暴力法搜寻最近邻。有关这几种最近邻搜寻方法，可以参考第 11 章的内容。
- leaf_size: 当参数 algorithm 为'ball_tree'或'kd_tree'时，用于指定树的叶子节点中所包含的最多样本量，默认为 30；该参数会影响搜寻树的构建和搜寻最近邻的速度。
- p: 当参数 metric 为闵可夫斯基（'minkowski'）距离时，p=1，表示计算点之间的曼哈顿距离；p=2，表示计算点之间的欧氏距离；该参数的默认值为 2。
- n_jobs: 用于设置密度聚类算法并行计算所需的 CPU 数量，默认为 1，表示仅使用 1 个 CPU 运行算法，即不使用并行运算功能。

需要说明的是，在 DBSCAN 类中，参数 eps 和 min_samples 需要同时调参，即通常会指定几个候选值，并从候选值中挑选出合理的阈值。在参数 eps 固定的情况下，参数 min_samples 越大，所形成的核心对象就越少，往往会误判出许多异常点，聚成的簇数目也会增加。反之，会产生大量的核心对象，导致聚成的簇数目减少。在参数 min_samples 固定的情况下，参数 eps 越大，就会导致越多的点落入到 ε 领域内，进而使核心对象增多，最终使聚成的簇数目减少；反之，会导致核心对象大量减少、最终聚成的簇数目增多。在参数 eps 和 min_samples 不合理的情况下，簇数目的增加或减少往往都是错误的。例如，应该聚为一类的样本由于簇数目的增加而聚为多类，不该聚为一类的样本由于簇数目的减少而聚为一类。

16.2　密度聚类与 Kmeans 的比较

Kmeans 聚类的短板是无法对非球形的簇进行聚类，同时也非常容易受到极端值的影响，而密度聚类则可以弥补它的缺点。如果用于聚类的原始数据集为类球形，那么密度聚类和 Kmeans 聚类的效果基本一致。接下来通过图形的方式对比两种算法的聚类效果。

首先通过随机抽样的方式形成两个球形簇的样本集，然后对比密度聚类和 Kmeans 聚类算法的聚类结构，代码如下：

```python
# 导入第三方模块
import pandas as pd
import numpy as np
from sklearn.datasets.samples_generator import make_blobs
import matplotlib.pyplot as plt
import seaborn as sns

# 模拟数据集
X,y = make_blobs(n_samples = 2000, centers = [[-1,-2],[1,3]], cluster_std = [0.5,0.5], random_state = 1234)
# 将模拟得到的数组转换为数据框，用于绘图
plot_data = pd.DataFrame(np.column_stack((X,y)), columns = ['x1','x2','y'])
# 设置绘图风格
plt.style.use('ggplot')
# 绘制散点图（用不同的形状代表不同的簇）
sns.lmplot('x1', 'x2', data = plot_data, hue = 'y',markers = ['^','o'],
           fit_reg = False, legend = False, scatter_kws = {'color':'steelblue'})
# 显示图形
plt.show()
```

如图 16-5 所示，模拟两个类球形的样本簇，接下来使用密度聚类和 Kmeans 聚类两种算法对如上样本集进行聚类，查看两种算法的聚类效果：

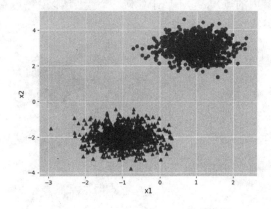

图 16-5　生成两个球形簇的样本点

```
# 导入第三方模块
from sklearn import cluster

# 构建 Kmeans 聚类和密度聚类
kmeans = cluster.KMeans(n_clusters=2, random_state=1234)
kmeans.fit(X)
dbscan = cluster.DBSCAN(eps = 0.5, min_samples = 10)
dbscan.fit(X)
# 将 Kmeans 聚类和密度聚类的簇标签添加到数据框中
plot_data['kmeans_label'] = kmeans.labels_
plot_data['dbscan_label'] = dbscan.labels_

# 绘制聚类效果图
# 设置大图框的长和高
plt.figure(figsize = (12,6))
# 设置第一个子图的布局
ax1 = plt.subplot2grid(shape = (1,2), loc = (0,0))
# 绘制散点图
ax1.scatter(plot_data.x1, plot_data.x2, c = plot_data.kmeans_label)
# 设置第二个子图的布局
ax2 = plt.subplot2grid(shape = (1,2), loc = (0,1))
# 绘制散点图(为了使 Kmeans 聚类和密度聚类的效果图颜色一致，通过序列的 map "方法"对颜色
做重映射)
ax2.scatter(plot_data.x1, plot_data.x2,
c=plot_data.dbscan_label.map({-1:1,0:2,1:0}))
# 显示图形
plt.show()
```

如图 16-6 所示，对于两个球形簇的样本点而言，不管是 Kmeans 聚类（左图）还是密度聚类（右图）都能够很好地将样本聚为两个簇。所不同的是，密度聚类发现了一个异常点（如图中虚线圈内的点），它不属于任何一个簇。所以，密度聚类算法既可以在球形簇得到很好的效果，又可以发现远离簇的异常点。

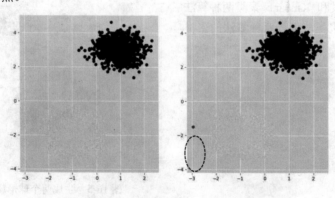

图 16-6 Kmeans 聚类与密度聚类效果图

对于非球形簇的样本点而言，再来看看两个算法在聚类过程中的差异，样本数据仍然采用随机抽样的方式，代码如下：

```
# 导入第三方模块
from sklearn.datasets.samples_generator import make_moons

# 构造非球形样本点
X1,y1 = make_moons(n_samples=2000, noise = 0.05, random_state = 1234)
# 构造球形样本点
X2,y2 = make_blobs(n_samples=1000, centers = [[3,3]], cluster_std = 0.5,
random_state = 1234)
# 将 y2 的值替换为 2（为了避免与 y1 的值冲突，因为原始 y1 和 y2 中都有 0 这个值）
y2 = np.where(y2 == 0,2,0)
# 将模拟得到的数组转换为数据框，用于绘图
plot_data = pd.DataFrame(np.row_stack([np.column_stack((X1,y1)),
                         np.column_stack((X2,y2))]), columns = ['x1','x2','y'])

# 绘制散点图（用不同的形状代表不同的簇）
sns.lmplot('x1', 'x2', data = plot_data, hue = 'y',markers = ['^','o','>'],
           fit_reg = False, legend = False)
# 显示图形
plt.show()
```

如图 16-7 所示，通过随机数生成的方式构造了三个簇的样本点，其中左下角的两个月亮形样本点代表两个非球形簇，右上角的样本点为球形簇。对于这样的数据集，通过密度聚类和 Kmeans 聚类算法，是否可以得到与原始样本点一致的簇特征？执行代码如下：

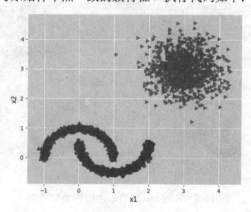

图 16-7　生成球形簇和非球形簇的样本点

```
# 构建 Kmeans 聚类和密度聚类
kmeans = cluster.KMeans(n_clusters=3, random_state=1234)
kmeans.fit(plot_data[['x1','x2']])
dbscan = cluster.DBSCAN(eps = 0.3, min_samples = 5)
dbscan.fit(plot_data[['x1','x2']])
```

```
# 将 Kmeans 聚类和密度聚类的簇标签添加到数据框中
plot_data['kmeans_label'] = kmeans.labels_
plot_data['dbscan_label'] = dbscan.labels_

# 绘制聚类效果图
# 设置大图框的长和高
plt.figure(figsize = (12,6))
# 设置第一个子图的布局
ax1 = plt.subplot2grid(shape = (1,2), loc = (0,0))
# 绘制散点图
ax1.scatter(plot_data.x1, plot_data.x2, c = plot_data.kmeans_label)
# 设置第二个子图的布局
ax2 = plt.subplot2grid(shape = (1,2), loc = (0,1))
# 绘制散点图(为了使 Kmeans 聚类和密度聚类的效果图颜色一致，通过序列的 map "方法" 对颜色
做重映射)
    ax2.scatter(plot_data.x1, plot_data.x2,
c=plot_data.dbscan_label.map({-1:2,0:0,1:3,2:1}))
    # 显示图形
plt.show()
```

如图 16-8 所示，对于原始三个簇的样本点而言，当其中的样本簇不满足球形时，Kmeans 聚类效果就非常不理想，会将原本不属于一类的样本点聚为一类（如左图所示），而对应的密度聚类就可以非常轻松地将非球形簇准确地划分开来（如右图所示）。在上面的图形中，再次验证了 Kmeans 聚类和密度聚类在对待球形簇的时候，聚类效果都比较出色。右图中的 4 个点仍然是通过密度聚类算法得到的异常点，但对于 Kmeans 聚类来说，并不会直接给出异常数据。

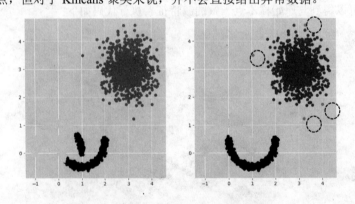

图 16-8　Kmeans 聚类与密度聚类效果图

16.3　层次聚类

层次聚类的实质是计算各簇内样本点之间的相似度，并通过相似度的结果构建凝聚或分裂的层次树。凝聚树是一种自底向上的造树过程，起初将每一个样本当作一个类，然后通过计算样本间

或簇间的距离进行样本合并，最终形成一个包含所有样本的大簇；分裂树与凝聚树恰好相反，它是自顶向下的造树过程，起初将所有样本点聚为一个类，然后利用相似度的方法将大簇进行分割，直到所有样本为一个类为止。有关凝聚树和分裂树的生长过程可以参考图 16-9 加以理解。

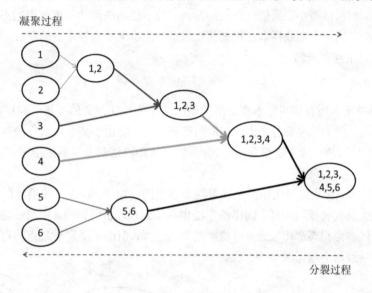

图 16-9　层次聚类过程的示意图

如图 16-9 所示，假设有 6 个样本点需要聚类，既可以使用层次聚类中的凝聚过程，又可以使用分裂过程。从图中来看，凝聚过程是从左到右的聚类过程，即从每个样本一个类别到所有样本一个类别的过程，而分裂过程则完全相反。相比于分裂过程，凝聚过程的聚类更容易理解和实现，所以本章将介绍凝聚过程的聚类算法。

不管是凝聚过程还是分裂过程，都需要回答两个问题，一个是样本点之间通过什么指标衡量它们之间的相似性，另一个是如何衡量簇与簇之间的距离。对于第一个问题来说，与 Kmeans 算法一致，就是通过样本点之间的欧氏距离或曼哈顿距离来衡量它们的相似性，距离越近，相似性越高。第二个问题会稍微复杂一些，簇与簇之间的距离不像点与点之间的距离那样可以直接计算，而是要计算所有簇间样本点之间的距离，然后从中挑选出一个具有代表性的距离值表示簇间距离。接下来将详细介绍有关簇间距离的几种度量方法。

16.3.1　簇间的距离度量

假设在聚类的第一步过程中将两个距离最近的样本点聚为一个簇 C_1，对于其他数据点而言，如何计算点与簇之间的距离？同理，假设在某步过程中生成了另一个簇 C_2，又该如何度量簇 C_1 和 C_2 之间的距离？在 sklearn 模块中，为层次聚类所涉及的簇间距离提供了三种度量方法，分别是最小距离法、最大距离法和平均距离法。

1. 最小距离法

最小距离法是指以所有簇间样本点距离的最小值作为簇间距离的度量，但是该方法非常容易受到极端值的影响。例如，对于两个不太相似的簇而言，可能由于某个极端点的存在，会使簇间距离大大缩小，进而导致两个簇合并到一起。如果将最小距离法形象地展现出来，可以参考图 16-10 所示的内容。

如图 16-10 所示，在两个簇内均有各自的样本点，簇间距离的度量需要计算簇C_1和簇C_2间任意两点之间的距离，然后以最小距离值代表簇间距离。最小距离法可能导致聚类的不合理，如第二幅图中，簇C_1和簇C_2内的绝大多数样本点相离都比较远，但由于个别异常点的存在，导致两个不该聚为一个类的样本点聚到了一起。

2. 最大距离法

最大距离法是指以所有簇间样本点距离的最大值作为簇间距离的度量，同样，该方法也容易受到极端值的影响。例如，对于两个比较相似的簇而言，可能由于某个极端点的存在，会使簇间距离过分放大，进而导致两个簇无法聚到一起。如果将最大距离法形象地展现出来，可以参考图 16-11 所示的内容。

如图 16-11 所示，如果以最大距离法度量两个簇之间的距离，则需要使用簇C_1和簇C_2间任意两点之间距离的最大值代表簇间距离。同样该方法也易受到极端值的影响，如第二幅图中，簇C_1和簇C_2内的绝大多数样本点相离都比较近，可能需要聚为一类，但由于个别异常点的存在，拉大了两个簇之间的距离，导致两个簇无法聚为一类。

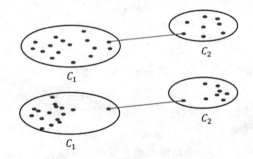

图 16-10　最小距离法度量簇间距离的示意图 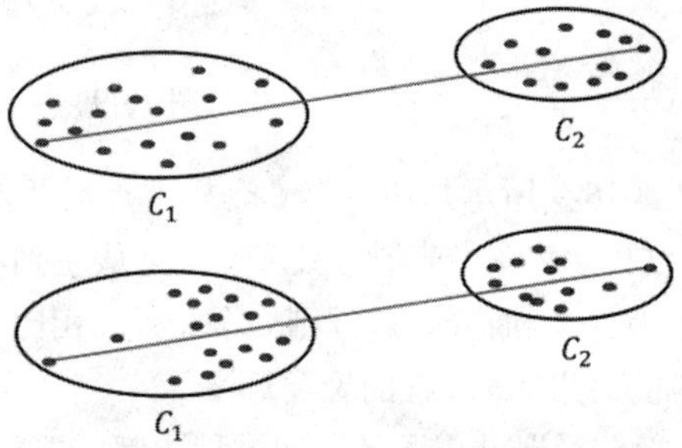　　　图 16-11　最大距离法度量簇间距离的示意图

3. 平均距离法

最小距离法和最大距离法都容易受到极端值的影响，可以使用平均距离法对如上两种方法做折中处理，即以所有簇间样本点距离的平均值作为簇间距离的度量。如果将平均距离法形象地展现出来，可以参考图 16-12 所示的内容。

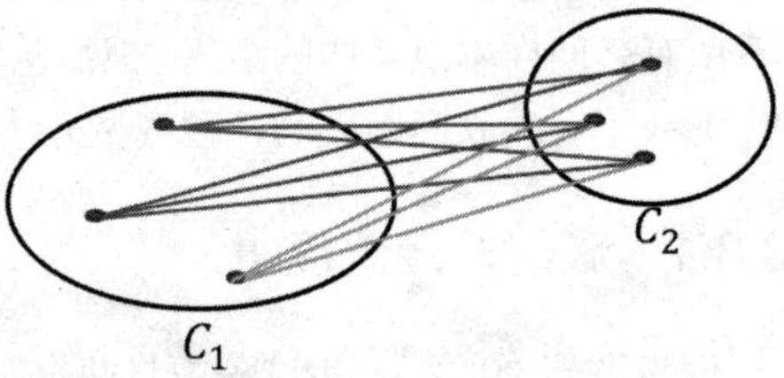

如图 16-12 所示，通过计算簇间样本点之间的距离，然后以综合的均值代替簇之间的距离，从而得到一个相对于最大距离法和最小距离法更加合理的聚类效果。当然，并非说平均距离法就一定很好，如果簇内样本点的分布都比较均匀，那么这三种方法的效果几乎是一样的。

图 16-12　平均距离法度量簇间距离的示意图

16.3.2　层次聚类的步骤

在理解有关点与点、点与簇和簇与簇之间的距离度量标准之后，就需要进一步掌握层次聚类算法是如何实现样本点聚类的。本小节将详细介绍有关层次聚类算法的操作步骤，并通过举例说明的方式加强对聚类步骤的理解。层次聚类的步骤如下：

（1）将数据集中的每个样本点当作一个类别。

（2）计算所有样本点之间的两两距离，并从中挑选出最小距离的两个点构成一个簇。

（3）继续计算剩余样本点之间的两两距离和点与簇之间的距离，然后将最小距离的点或簇合并到一起。

（4）重复步骤（2）和（3），直到满足聚类的个数或其他设定的条件，便结束算法的运行。

如上的 4 个步骤光用文字说明可能理解起来比较困难，接下来通过一个简单的例子形象地说明层次聚类法的整个聚类过程。

假设有 5 个样本点，分别是 $p_1(1,3)$、$p_2(2,2)$、$p_3(0,0)$、$p_4(5,1)$ 和 $p_5(5,2)$，接下来按照上述步骤对这 5 个点进行聚类。首先需要计算这 5 个样本点之间的两两距离，如表 16-1 所示。

表 16-1　两两样本点之间的欧氏距离

	p_1	p_2	p_3	p_4	p_5
p_1	0				
p_2	$\sqrt{2}$	0			
p_3	$\sqrt{10}$	$\sqrt{8}$	0		
p_4	$\sqrt{20}$	$\sqrt{10}$	$\sqrt{26}$	0	
p_5	$\sqrt{17}$	$\sqrt{9}$	$\sqrt{29}$	$\sqrt{1}$	0

如表 16-1 所示，通过样本点两两之间距离的计算，发现 p_4 和 p_5 之间的距离最近，故首先将这两个样本点聚为一类 C_1。接下来需要计算剩余点 p_1、p_2 和 p_3 之间的两两距离以及点和簇 C_1 之间的距离，假设使用最小距离法度量点和簇以及簇和簇之间的距离，如表 16-2 所示。

表 16-2　第一轮聚类结果

	p_1	p_2	p_3	(p_4, p_5)
p_1	0			
p_2	$\sqrt{2}$	0		
p_3	$\sqrt{10}$	$\sqrt{8}$	0	
(p_4, p_5)	$\sqrt{17}$	$\sqrt{9}$	$\sqrt{26}$	0

如表 16-2 所示，经过计算，发现点 p_1 与点 p_2 之间的距离最近，故将点 p_1 和 p_2 聚为一类 C_2。以此类推，需要继续计算样本点 p_3 与簇 C_1、C_2 之间的距离以及簇 C_1 与簇 C_2 之间的距离，如表 16-3 所示。

表 16-3　第二轮聚类结果

	p_3	(p_1, p_2)	(p_4, p_5)
p_3	0		
(p_1, p_2)	$\sqrt{2}$	0	
(p_4, p_5)	$\sqrt{26}$	$\sqrt{9}$	0

如表 16-3 所示，在所有距离中，发现点 p_3 与簇 C_2 之间的距离最近，距离为 $\sqrt{2}$。所以，可以将点 p_3 与簇 C_2 进行合并，构成更大的簇 C_3。

假设将 5 个样本点聚为两类的话，如上的聚类过程就结束了，最终形成由点 p_1、p_2 和 p_3 构成的类以及包含 p_4 和 p_5 两个样本点的类。按照聚类过程，可以将其可视化为如图 16-13 所示。

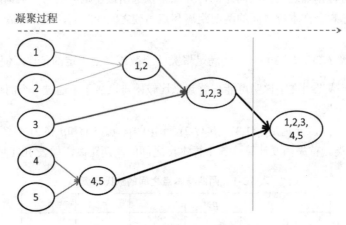

图 16-13　层次聚类过程

在图 16-13 中，起初的 5 个样本点各代表一个类，然后在聚类过程中将样本点 p_4 和 p_5 聚为一类、p_1 和 p_2 聚为一类，再将样本点 p_3 与样本点 p_1、p_2 聚为一类，最后将两个簇归为一个大簇。如果需要将所有样本点聚为两类，只需要在最右侧的分支切一刀，得到左侧的两个根节点就是对应的两个簇。

如上利用的是最小距离法度量点与簇之间以及簇与簇之间的距离，读者还可以尝试最大距离法或者平均距离法对上面的 5 个样本点进行聚类。

16.3.3　三种层次聚类的比较

运用 Python 可以非常方便地将层次聚类算法运用到实际工作中，读者只需导入 sklearn 中的 cluster 子模块，并从中调用 AgglomerativeClustering 类即可。有关该"类"的语法和参数含义如下：

```
cluster.AgglomerativeClustering(n_clusters=2, affinity='euclidean',
        memory=None, connectivity=None, compute_full_tree='auto',
        linkage='ward')
```

- n_clusters: 用于指定样本点聚类的个数，默认为 2。
- affinity: 用于指定样本间距离的衡量指标，可以是欧氏距离、曼哈顿距离、余弦相似度等，默认为'euclidean'；如果参数 linkage 为'ward'，该参数只能设置为欧氏距离。
- memory: 是否指定缓存结果的输出，默认为否；如果该参数设置为一个路径，最终将把计算过程的缓存输出到指定的路径中。
- connectivity: 用于指定一个连接矩阵。
- compute_full_tree: 通常情况下，当聚类过程达到 n_clusters 时，算法就会停止，如果该参数设置为 True，则表示算法将生成一棵完整的凝聚树。
- linkage: 用于指定簇间距离的衡量指标，默认为'ward'，表示最小距离法；如果为'complete'，则表示使用最大距离法；如果为'average'，则表示使用平均距离法。

如前文所说，层次聚类法对于球形簇的样本点会有更佳的聚类效果，接下来将随机生成两个球形簇的样本点，并利用层次聚类算法对它们进行聚类，比较三种簇间的距离指标所形成聚类差异。

```
# 构造两个球形簇的数据样本点
X,y = make_blobs(n_samples = 2000, centers = [[-1,0],[1,0.5]], cluster_std
= [0.2,0.45], random_state = 1234)
# 将模拟得到的数组转换为数据框，用于绘图
plot_data = pd.DataFrame(np.column_stack((X,y)), columns = ['x1','x2','y'])
# 绘制散点图（用不同的形状代表不同的簇）
sns.lmplot('x1', 'x2', data = plot_data, hue = 'y',markers = ['<','o'],
          fit_reg = False, legend = False)
# 显示图形
plt.show()
```

如图 16-14 所示，两种不同形状的点代表了两个不同的簇。需要注意的是，三角形的样本点相对更加集中。下面采用层次聚类法对生成好的随机样本点进行聚类，代码如下：

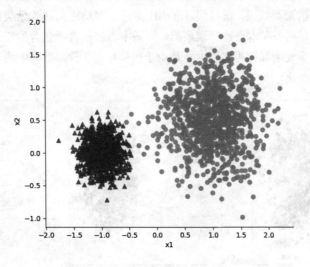

图 16-14 生成两个球形簇

```
# 设置大图框的长和高
plt.figure(figsize = (16,5))
# 设置第一个子图的布局
ax1 = plt.subplot2grid(shape = (1,3), loc = (0,0))
# 层次聚类--最小距离法
agnes_min = cluster.AgglomerativeClustering(n_clusters = 2, linkage='ward')
agnes_min.fit(X)
# 绘制聚类效果图
ax1.scatter(X[:,0], X[:,1], c=agnes_min.labels_)

# 设置第二个子图的布局
ax2 = plt.subplot2grid(shape = (1,3), loc = (0,1))
```

```
# 层次聚类--最大距离法
agnes_max = cluster.AgglomerativeClustering(n_clusters = 2,
linkage='complete')
agnes_max.fit(X)
ax2.scatter(X[:,0], X[:,1], c=agnes_max.labels_)

# 设置第三个子图的布局
ax2 = plt.subplot2grid(shape = (1,3), loc = (0,2))
# 层次聚类--平均距离法
agnes_avg = cluster.AgglomerativeClustering(n_clusters = 2,
linkage='average')
agnes_avg.fit(X)
plt.scatter(X[:,0], X[:,1], c=agnes_avg.labels_)
plt.show()
```

如图 16-15 所示，左图为最小距离法形成的聚类效果；中图为最大距离法构成的聚类效果；右图为平均距离法完成的聚类效果。很显然，最小距离法与平均距离法的聚类效果完全一样，并且相比于原始样本点，只有三个样本点被错误聚类，即图中虚线框内所包含的三个点。但是利用最大距离法所产生的聚类效果要明显差很多，主要是由于模糊地带（原始数据中两个簇交界的区域）的异常点夸大了簇之间的距离。

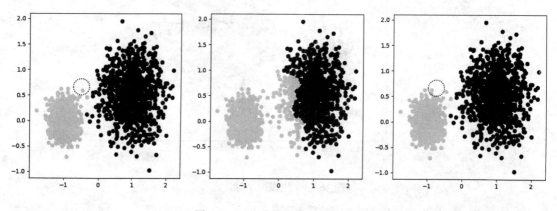

图 16-15　三种层次聚类的效果图

16.4　密度聚类与层次聚类的应用——基于各省出生率与死亡率的聚类

为了方便对比密度聚类与层次聚类的效果图，这里以我国 31 个省份的人口出生率和死亡率两个维度的数据为例，对其进行聚类分析。首先，将数据读入 Python 中，并绘制出生率和死亡率数据的散点图，代码如下：

```
# 读取外部数据
Province = pd.read_excel(r'C:\Users\Administrator\Desktop\Province.xlsx')
Province.head()
# 绘制出生率与死亡率散点图
plt.scatter(Province.Birth_Rate, Province.Death_Rate)
# 添加轴标签
plt.xlabel('Birth_Rate')
plt.ylabel('Death_Rate')
# 显示图形
plt.show()
```

如图 16-16 所示，31 个点分别代表了各省份人口的出生率和死亡率，通过肉眼就能够快速发现三个簇，即图中的虚线框，其他不在圈内的点可能就是异常点了。接下来利用密度聚类对该数据集进行验证，代码如下：

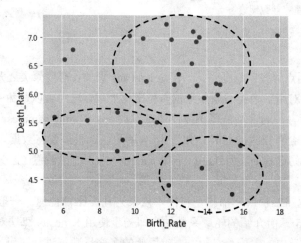

图 16-16　各省份出生率与死亡率之间的散点图

```
# 读入第三方包
from sklearn import preprocessing

# 选取建模的变量
predictors = ['Birth_Rate','Death_Rate']
# 变量的标准化处理
X = preprocessing.scale(Province[predictors])
X = pd.DataFrame(X)

# 构建空列表，用于保存不同参数组合下的结果
res = []
# 迭代不同的 eps 值
for eps in np.arange(0.001,1,0.05):
    # 迭代不同的 min_samples 值
    for min_samples in range(2,10):
        dbscan = cluster.DBSCAN(eps = eps, min_samples = min_samples)
```

```
          # 模型拟合
          dbscan.fit(X)
          # 统计各参数组合下的聚类个数（-1 表示异常点）
          n_clusters = len([i for i in set(dbscan.labels_) if i != -1])
          # 异常点的个数
          outliners = np.sum(np.where(dbscan.labels_ == -1, 1,0))
          # 统计每个簇的样本个数
          stats = str(pd.Series([i for i in dbscan.labels_ if i != -1]).
value_counts().values)
          res.append({'eps':eps,'min_samples':min_samples,
               'n_clusters':n_clusters,'outliners':outliners,'stats':stats})
     # 将迭代后的结果存储到数据框中
     df = pd.DataFrame(res)

     # 根据条件筛选合理的参数组合
     df.loc[df.n_clusters == 3, :]
```

见表 16-4。

针对如上代码做两点解释：一方面，不管是 Kmeans 聚类、密度聚类还是层次聚类，读者都需要养成一个好习惯，即对用于聚类的原始数据做标准化处理，这样可以避免不同量纲的影响；另一方面，对于密度聚类而言，通常都需要不停地调试参数 eps 和 min_samples，因为该算法的聚类效果在不同的参数组合下会有很大的差异。如表 16-4 所示，如果需要将数据聚为 3 类，则得到如上几种参数组合，这里不妨选择 eps 为 0.801、min_samples 为 3 的参数值（因为该参数组合下的异常点个数比较合理）。

这里还有一个问题需要解决，那就是将样本点聚为几类比较合理。一般建议选择两种解决方案：一种是借助于第 15 章所介绍的轮廓系数法，即初步使用 Kmeans 算法对聚类个数做探索性分析；另一种是采用统计学中的主成分分析法，对原始的多变量数据进行降维，绝大多数情况下，两个主成分基本可以覆盖原始数据 80%左右的信息，从而可以根据主成分绘制对应的散点图，并通过肉眼发现数据点的分布块。

表 16-4　通过迭代方法选择合理的 eps 和 min_samples

	eps	min_samples	n_clusters	outliners	stats
40	0.251	2	3	23	[3 3 2]
57	0.351	3	3	19	[6 3 3]
88	0.551	2	3	7	[17 5 2]
96	0.601	2	3	7	[17 5 2]
104	0.651	2	3	5	[17 7 2]
112	0.701	2	3	5	[17 7 2]
129	0.801	3	3	4	[17 7 3]
136	0.851	2	3	2	[24 3 2]
144	0.901	2	3	1	[24 4 2]
152	0.951	2	3	1	[24 4 2]

接下来，利用如上所得的参数组合，构造密度聚类模型，实现原始数据集的聚类，代码如下：

```
# 中文乱码和坐标轴负号的处理
plt.rcParams['font.sans-serif'] = ['Microsoft YaHei']
plt.rcParams['axes.unicode_minus'] = False

# 利用上述的参数组合值，重建密度聚类算法
dbscan = cluster.DBSCAN(eps = 0.801, min_samples = 3)
# 模型拟合
dbscan.fit(X)
Province['dbscan_label'] = dbscan.labels_
# 绘制聚类的效果散点图
sns.lmplot(x = 'Birth_Rate', y = 'Death_Rate', hue = 'dbscan_label',
           data = Province, markers = ['*','d','^','o'], fit_reg = False,
           legend = False)
# 添加省份标签
for x,y,text in zip(Province.Birth_Rate,Province.Death_Rate,
Province.Province):
    plt.text(x+0.1,y-0.1,text, size = 8)
# 添加参考线
plt.hlines(y = 5.8, xmin = Province.Birth_Rate.min(),
      xmax = Province.Birth_Rate.max(),linestyles = '--', colors = 'red')
plt.vlines(x = 10, ymin = Province.Death_Rate.min(),
      ymax = Province.Death_Rate.max(),linestyles = '--', colors = 'red')
# 添加轴标签
plt.xlabel('Birth_Rate')
plt.ylabel('Death_Rate')
# 显示图形
plt.show()
```

如图 16-17 所示，三角形、菱形和圆形所代表的点即为三个不同的簇，五角星所代表的点即为异常点，这个聚类效果还是非常不错的，对比建模之前的结论非常吻合。从图 16-17 可知，以北京、天津、上海为代表的省份，属于低出生率和低死亡率类型；广东、宁夏和新疆三个省份属于高出生率和低死亡率类型；江苏、四川、湖北为代表的省份属于高出生率和高死亡率类型。四个异常点中，黑龙江与辽宁比较相似，属于低出生率和高死亡率类型；山东省属于极高出生率和高死亡率的省份；西藏属于高出生率和低死亡率的省份，但它与广东、宁夏和新疆更为相似。

同理，再使用层次聚类算法，对该数据集进行聚类，并比较其与密度聚类之间的差异，代码如下：

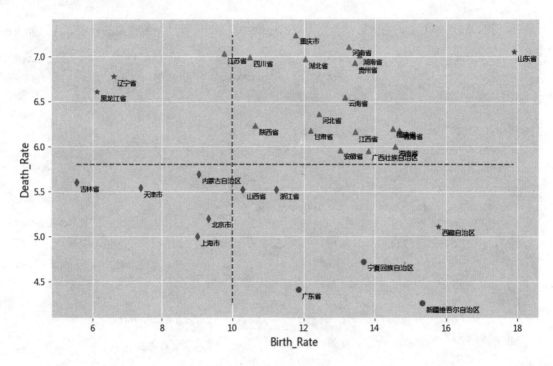

图 16-17　密度聚类效果图

```
# 利用最小距离法构建层次聚类
agnes_min = cluster.AgglomerativeClustering(n_clusters = 3, linkage='ward')
# 模型拟合
agnes_min.fit(X)
Province['agnes_label'] = agnes_min.labels_
# 绘制层次聚类的效果散点图
sns.lmplot(x = 'Birth_Rate', y = 'Death_Rate', hue = 'agnes_label',
           data = Province,markers = ['d','^','o'], fit_reg = False,
           legend = False)
# 添加轴标签
plt.xlabel('Birth_Rate')
plt.ylabel('Death_Rate')
# 显示图形
plt.show()
```

　　如图 16-18 所示，由于层次聚类不会返回异常点的结果，故图中的所有散点聚成了三个簇。与密度聚类相比，除了将异常点划分到对应的簇中，其他点均被正确地聚类。

　　为了对比第 15 章的内容，这里利用 Kmeans 算法对该数据集进行聚类，聚类之前利用轮廓系数法判断合理的聚类个数，代码如下：

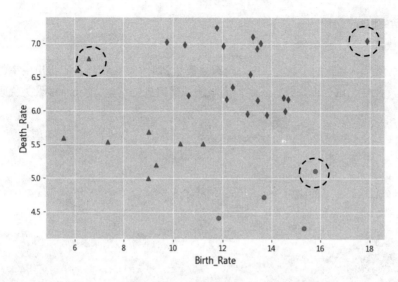

图 16-18 基于最小距离法形成的层次聚类效果

```python
# 导入第三方模块
from sklearn import metrics

# 构造自定义函数，用于绘制不同 k 值和对应轮廓系数的折线图
def k_silhouette(X, clusters):
    K = range(2,clusters+1)
    # 构建空列表，用于存储不同簇数下的轮廓系数
    S = []
    for k in K:
        kmeans = cluster.KMeans(n_clusters=k)
        kmeans.fit(X)
        labels = kmeans.labels_
        # 调用子模块 metrics 中的 silhouette_score 函数，计算轮廓系数
        S.append(metrics.silhouette_score(X, labels, metric='euclidean'))


# 中文和负号的正常显示
plt.rcParams['font.sans-serif'] = ['Microsoft YaHei']
plt.rcParams['axes.unicode_minus'] = False
# 设置绘图风格
plt.style.use('ggplot')
# 绘制 K 的个数与轮廓系数的关系
plt.plot(K, S, 'b*-')
plt.xlabel('簇的个数')
plt.ylabel('轮廓系数')
# 显示图形
plt.show()
```

```
# 聚类个数的探索
k_silhouette(X, clusters = 10)
```

如图 16-19 所示，当簇的个数为 3 时，轮廓系数达到最大，说明将各省份出生率与死亡率数据集聚为 3 类比较合理，这也恰好验证了之前肉眼所观察得到的结论。Kmeans 聚类代码如下：

```
# 利用 Kmeans 聚类
kmeans = cluster.KMeans(n_clusters = 3)
# 模型拟合
kmeans.fit(X)
Province['kmeans_label'] = kmeans.labels_
# 绘制 Kmeans 聚类的效果散点图
sns.lmplot(x = 'Birth_Rate', y = 'Death_Rate', hue = 'kmeans_label', data = Province,
           markers = ['d','^','o'], fit_reg = False, legend = False)
# 添加轴标签
plt.xlabel('Birth_Rate')
plt.ylabel('Death_Rate')
plt.show()
```

如图 16-20 所示，Kmeans 聚类与层次聚类的效果完全一致。从上面的分析结果可知，该数据集仍然为球形分布的数据，因为密度聚类、层次聚类和 Kmeans 聚类的效果几乎一致，所不同的是密度聚类可以非常方便地发现数据中的异常点。

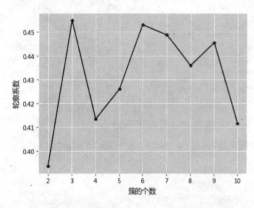

图 16-19 轮廓系数法选择合理的 K 值

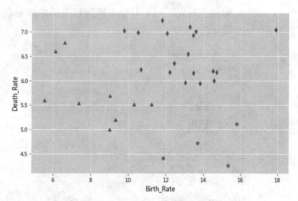

图 16-20 Kmeans 聚类效果

16.5 本 章 小 结

本章介绍了另外两种常用的无监督学习算法，即密度聚类和层次聚类。密度聚类的最大优点在于它可以发现任意形状的样本簇，它是利用 ε 领域内的最少样本量定义点的密度，读者在利用该算法对样本聚类时需要不断地调整参数 eps 和 min_samples。层次聚类采用"凝聚树"的思想对样本点进行划分，在 sklearn 中可以使用最小距离法、最大距离法和平均距离法衡量簇之间的距离，该算法的操作思想非常简单，但是不太适合大样本的聚类，而且当数据量非常大时，它的运算效率会非常低，同时结果不一定准确。

　　本章详细讲述了有关密度聚类和层次聚类的实现思想和步骤，同时对比了密度聚类与 Kmeans 聚类在球形与非球形样本点上的聚类效果；在层次聚类中，也对比了最小距离法、最大距离法和平均距离法这三种度量簇间距离的聚类差异；最后将密度聚类和层次聚类算法应用在各省份出生率与死亡率的数据集中，进而发现它们之间的一些细微差异。通过本章内容的学习，读者可以掌握有关密度聚类和层次聚类的知识点，进而将其应用到实际的工作中，解决非监督型的数据问题。

　　为了使读者掌握有关本章内容所涉及的函数和"方法"，这里将其重新梳理一下，以便读者查阅和记忆，见表 16-5。

表 16-5　Python 各模块的函数（方法）及函数说明

Python 模块	Python 函数或方法	函数说明
sklearn	make_blobs	用于生成高斯分布样本点的函数
	make_moons	用于生成"月亮形"样本点的函数
	Kmeans	用于构造 K 均值聚类的"类"
	DBSCAN	用于构造密度聚类的"类"
	AgglomerativeClustering	用于构造层次聚类的"类"
	fit	基于"类"的模型拟合"方法"
	labels_	返回聚类结果的"簇"标签
	silhouette_score	用于计算轮廓系数的函数
	scale	用于数据标准化的函数
seaborn	lmplot	用于绘制散点拟合线的函数
matplotlib	subplot2grid	用于设置子图布局的函数
	scatter	用于绘制散点图的函数
	text	用于添加图形文本的函数
	hlines/ vlines	用于添加水平和垂直参考线的函数
	xlabel/ ylabel	用于添加 x 轴和 y 轴标签的函数
pandas	value_counts	用于统计序列值的频次函数
	read_excel	用于读取 Excel 文件的函数
	read_csv	用于读取文本文件的函数
numpy	sum	用于计算数值和的函数
	where	用于条件判断的函数，类似于 Excel 中的 if 函数
	row_stack	用于数组的纵向合并函数
	column_stack	用于数组的横向合并函数
	arange	用于生成固定步长的一维数组函数

16.6 课后练习

1. 请简述密度聚类中的几个基本概念：核心对象、直接密度可达、密度可达、密度相连以及边界点。
2. 请分别简述 K 均值聚类和密度聚类的聚类步骤。
3. 请简述 K 均值聚类和密度聚类之间的差异，相比于 K 均值聚类，密度聚类的优势在哪里？
4. 请简述层次聚类的过程，对于簇与簇之间的距离是如何衡量的？
5. 假设有 5 个样本点，分别是 $p_1(1,3)$、$p_2(2,2)$、$p_3(0,0)$、$p_4(5,1)$ 和 $p_5(5,2)$，请按照你所学的内容对这 5 个点进行聚类（使用层次聚类法）。
6. 如下表所示（数据文件为 seeds.csv），为种子的几方面几何特征，包括面积、周长、长度、宽度等。请根据如下数据，分别使用 K 均值聚类、密度聚类和层次聚类将种子进行划分，并将聚类结果与实际的"种类"作对比，对比三个聚类方法的优差。

面 积	周 长	紧 致 性	长 度	宽 度	偏 斜 度	籽粒长度	种 类
15.26	14.84	0.871	5.763	3.312	2.221	5.22	Kama wheat
14.88	14.57	0.8811	5.554	3.333	1.018	4.956	Kama wheat
14.29	14.09	0.905	5.291	3.337	2.699	4.825	Kama wheat
13.84	13.94	0.8955	5.324	3.379	2.259	4.805	Kama wheat
16.14	14.99	0.9034	5.658	3.562	1.355	5.175	Kama wheat
14.38	14.21	0.8951	5.386	3.312	2.462	4.956	Kama wheat
14.69	14.49	0.8799	5.563	3.259	3.586	5.219	Kama wheat
14.11	14.1	0.8911	5.42	3.302	2.7	5	Kama wheat
16.63	15.46	0.8747	6.053	3.465	2.04	5.877	Kama wheat
16.44	15.25	0.888	5.884	3.505	1.969	5.533	Kama wheat
15.26	14.85	0.8696	5.714	3.242	4.543	5.314	Kama wheat
14.03	14.16	0.8796	5.438	3.201	1.717	5.001	Kama wheat